微信开发深度解析

微信公众号、小程序高效开发秘籍

苏震巍 著

电子工业出版社
Publishing House of Electronics Industry
北京·BEIJING

内 容 简 介

本书以深度剖析 Senparc.Weixin SDK 框架的设计思想和使用方法为主干，全面介绍了开发微信公众号（包含了订阅号、服务号和小程序）所需的关键技能，包括了从需求分析、策划，到账号申请、验证，再到全面的 API 及开发工具介绍，侧重于服务器端开发。本书也涵盖了盛派网络团队在多年的研发过中收集到的大量注意点，帮助开发者"避坑"。

全书包含了四个部分：微信基础介绍（第 1~3 章）、Senparc.Weixin SDK 框架介绍（第 4~13 章）、Senparc.Weixin SDK 接口介绍（第 14~19 章）和微信小程序（第 20 章），由浅入深指导开发者学习微信开发，在此过程中可以结合配套系统进行阅读和练习：https://book.weixin.senparc.com。

同时，本书也是 Senparc.Weixin SDK 作者为开发者奉上的一份官方文档，书中详细介绍了 SDK 中各个接口的位置及用法，可以帮助开发者灵活应用和改写代码。对于需要学习编程架构思想的开发者，本书也凝结了较多精华的思想和思考过程，可以作为参考。

Senparc.Weixin SDK 已经支持了多个 .NET 版本，包括 .NET Core、.NET Framework 4.5 和 .NET Framework 4.0，各个版本的接口和使用方法保持了高度的一致，本书以目前使用率最高的 .NET 4.5（C#）版本为例进行介绍，针对其他框架本书也同样适用，读者可以举一反三。

本书除提供给专业开发人员使用以外，也适合大专院校、培训机构作为相关教材和参考书使用。

未经许可，不得以任何方式复制或抄袭本书之部分或全部内容。
版权所有，侵权必究。

图书在版编目（CIP）数据

微信开发深度解析：微信公众号、小程序高效开发秘籍 / 苏震巍著. —北京：电子工业出版社，2017.7
ISBN 978-7-121-31738-5

Ⅰ．①微… Ⅱ．①苏… Ⅲ．①移动终端—应用程序—程序设计 Ⅳ．①TN929.53

中国版本图书馆 CIP 数据核字（2017）第 124132 号

策划编辑：董　英
责任编辑：徐津平
印　　刷：北京盛通商印快线网络科技有限公司
装　　订：北京盛通商印快线网络科技有限公司
出版发行：电子工业出版社
　　　　　北京市海淀区万寿路 173 信箱　　邮编：100036
开　　本：787×1092　1/16　　印张：39　　字数：990 千字
版　　次：2017 年 7 月第 1 版
印　　次：2021 年 3 月第 9 次印刷
定　　价：99.00 元

凡所购买电子工业出版社图书有缺损问题，请向购买书店调换。若书店售缺，请与本社发行部联系，联系及邮购电话：（010）88254888，88258888。
质量投诉请发邮件至 zlts@phei.com.cn，盗版侵权举报请发邮件至 dbqq@phei.com.cn。
本书咨询联系方式：010-51260888-819，faq@phei.com.cn。

推 荐 序

互联网所催生的新一轮产业革命，移动 App 不断地连接着"人"，创造了一个个基于人的应用场景；物联网传感器在不断地连接着"物"，也在创造一个个基于物的应用场景。在这样一个连接的时代诞生的微信，它不仅成为我们连接人的日常沟通交流的工具，也已经成为了中国整个社会的信息基础设施。在国内，由于微信在实时地连接每一个人，它已经成为一个最强大的入口，我本身从事微信支付的后端清算业务，能够深刻地体验到微信的强大引力，同时我也在运营微信公众号。公众号，服务号和企业号的诞生已经让微信开始连接后端的企业系统，小程序正在发展过程中，小程序让微信连接后端的企业系统打开新的窗户。但是这些后端的企业系统很多都是用 C# 开发的，正好 C# 的开源项目 Senparc.Weixin SDK 成为 .NET 平台上进行微信快速开发的一个好工具，让开发者更好地对接后端的企业系统。

Senparc.Weixin SDK 从诞生起就采用开源模式持续更新，Senparc.Weixin SDK 是目前使用率最高的微信 .NET SDK，也是国内最受欢迎的 .NET 开源项目之一，已经支持几乎所有微信平台模块和接口，同时支持 .NET 3.5 / 4.0 / 4.5 / .NET Core 1.x / 2.x。很早我知道本书作者苏震巍在众筹写一本《微信公众平台快速开发》（原名）的书，在小程序对外正式发布的时候，我找他约稿了一篇小程序的文章发在我的微信公众号，那篇文章也是这本书其中的一章内容，最近这本书接近发稿了，有幸为这本书写序。

认识苏震巍多年，知道他不仅是技术专家，也是热心公益、乐于分享助人的好朋友。就如他自己所言，促使他开始准备创作这本书的初心是要帮助朋友，帮助更多有理想的开发者实现价值，倡导开放共享的开发生态圈，助力中国开源事业，同时也感恩一路上给我们提供帮助的朋友们。

阅读完苏震巍传给我的书稿，这是一本比较全面地介绍微信公众号开发技术的图书，是一本从实践总结出来的实战类书籍，各章节的安排具有一定的知识层次，推荐给广大 .NET 开发者，非常感谢苏震巍夜以继日的辛苦努力，能让广大开发者拿到详实的微信开发指南和参考资料。我很高兴能为这本书作序！可以说，《微信开发深度解析：公众号、小程序高效开发秘籍》这本书是这个时代带给中国 .NET 开发人员的及时雨，不仅仅告诉我们微信公众平台、小程序的开发和使用，也为我们设计应用系统提供很好的参考和借鉴的经验。

张善友

微软最有价值专家，腾讯高级工程师

前　　言

自 2013 年 1 月 13 日 Senparc.Weixin SDK 开源项目发布以来，得到了 .NET 开发者的广泛关注，成为了目前使用率最高的微信 .NET（C#）SDK，借着微信开发的风口，这个项目也成为国内关注度最高的 .NET 开源项目之一。

在这四年多的时间里，我带领着盛派团队一直保持着项目更新，目前也已经建立了 13 个 QQ 群和多个微信群，以及 1 个问答平台为开发者们答疑解惑、交流开发经验。但是，我们的能力和精力终究是有限的，所谓"授人以鱼，不如授人以渔"，将 SDK 的设计思想和使用方法整理成册，提供给开发者们索引查阅，我想这或许是一件更有意义的事情。同时，在这多年的时间里，我们也接触了众多的项目，收集了许多开发者的交流内容，于是，我们将微信开发过程中的许多"坑"和注意点也整理到书中，方便开发者们"避坑"。书中的章节顺序及内容都经过了仔细推敲，从微信开发的必备基础知识，到 SDK 的原理介绍，再到接口的调用及使用技巧，辅以真实的开发案例和 Demo 介绍，帮助开发者轻松地搭建微信公众号（包括小程序）的应用。

在盛派的文化中，"爱"和"分享"是两个非常重要的元素。"爱"使我们能"爱人如己"，用爱人的心去对待每一件事，用感恩的心去对待每一份收获和挑战；"分享"使我们乐意敞开自己，奉献自己。向需要帮助的人分享自己的知识和见解已经成为盛派人几乎每天的必修课，Senparc.Weixin SDK 开源项目就是在这样的文化中孕育成长起来的。我们用"爱"不断地"分享"着我们的成果，使越来越多的人受益，与此同时，我们也收到了来自开发者们大量的反馈和帮助，以及来自各界的捐赠，这一切助推着 SDK 的成长，也助力着中国的开源事业。看到越来越多的人相互帮助、乐于分享，是给我们最大的鼓舞。这里，我要真心地感谢曾经帮助过 Senparc.Weixin SDK 项目和盛派团队的人们，以及现在、曾经在盛派一起奋斗的同事们，有你们才有盛派的今天，有你们才有盛派的未来！

本书从策划到最终完稿历经 2 年时间，除去经营两家公司已经非常忙碌的原因，我花了大量的时间反复推敲章节的设置和内容的表达，甚至将几十页不满意的内容全部删掉，这一切只是希望将这本书可以秉承 SDK 精益求精的品质，成为精心雕琢的又一件良心产品。当然，我也自知水平有限，书中一定会有不少瑕疵，恳请读者们多多包涵，更重要的是多多反馈和交流，使我们能一同进步。

苏震巍

2017 年 5 月 20 日

致　　谢

本书得以顺利出版，离不开许多人的支持和帮助，尤其离不开微信团队开发了如此出色的应用，以及微软 .NET、Visual Studio、Azure、AI、Office 等等众多团队的耕耘，并对技术的持续开放，使得 .NET 功能越来越强大，生态越来越繁荣。

感谢参与了本书整理和编辑工作以及 SDK 项目维护的盛派同事们（按姓名拼音排序）：伏允坤（Francis）、胡倩倩（Kitty）、胡庆侠（Summer）、李言蹊（Lester）、李增辉（Lee）、吕宏超（Kevin）、庞苏瑶（Elena）、王承勇（Sam）、杨金晶（Yoji）、张豪（Groot），兢兢业业，风雨同舟！

感谢广大开发者和社会各界对本书、Senparc SDK 及盛派网络的支持和帮助，是你们一点一滴的支持，成就了今天的盛派网络和围绕 Senparc SDK 成长起来的技术生态。

感谢九章文化中心文武先生对本书策划提供的指导，以及对盛派网络长期以来的帮助。

感谢电子工业出版社的董英老师及她的同事们，他们专业、严谨、耐心的指点和帮助，使本书的内容安排更加合理，并得以顺利出版，取得了不错的销量。

感谢王为虎、刘剑铭、耿志军、王建兵在本书筹划过程中给予的支持，以及五百多位已经参与了预定的朋友们。

感谢我的家人们，在撰写本书的过程中给了我极大的支持和理解。特别感谢我的夫人徐洁沁女士，在我对孩子们缺少足够陪伴的这段时间里担当了更多的责任。

谨以此书献给中国的软件事业和为开源软件做出贡献的人们。

部分代码贡献者名单：https://github.com/JeffreySu/WeiXinMPSDK/blob/master/Contributors.md。如有遗漏请联系我们。

读者服务

轻松注册成为博文视点社区用户（www.broadview.com.cn），扫码直达本书页面。

- **下载资源**：本书如提供示例代码及资源文件，均可在下载资源处下载。
- **提交勘误**：您对书中内容的修改意见可在提交勘误处提交，若被采纳，将获赠博文视点社区积分（在您购买电子书时，积分可用来抵扣相应金额）。
- **交流互动**：在页面下方读者评论处留下您的疑问或观点，与我们和其他读者一同学习交流。

页面入口：http://www.broadview.com.cn/31738

软件著作权及商标说明

Senparc.Weixin SDK 已申请并获得软件著作权证书，使用 Apache License 2.0 开源协议，我们鼓励开发者们对代码进行修改和再发布，同时也提倡在此过程中保留作者、贡献者和版权信息。

Senparc.Weixin SDK 可无偿授权用于教育、研究及商业应用。在 Apache License 2.0 开源协议下，所有权利一旦被授权，永久拥有，包括作者本人也无权撤回，您可以放心使用。

苏州盛派网络科技有限公司（包括子公司：苏州微微嗨网络科技有限公司、苏州盛算智能科技有限公司）依法享有以下商标专用权：

Senparc 英文商标

Senparc 英文 + 中文商标

Senparc 的 CRM 系统商标

人工智能服务品牌：盛算智能

人工智能产品备用商标

会议智能助手"微微嗨"商标

会议智能助手"微微嗨"商标

盛派网络备用图形商标

大数据品牌中文商标

大数据品牌英文商标

大数据品牌图形商标

NeuChar 平台英文商标

NeuChar 平台中文商标

目 录

第一部分 微信基础介绍

第 1 章 使用本书 2
 1.1 我是否适合读这本书 3
 1.2 如何用好这本书 3
 1.3 各章节导读 5
 1.4 名词解释 7
 1.5 学习资源 8
 1.6 帮助我们改进 9
 习题 9

第 2 章 策划你的第一个微信项目 10
 2.1 需求分析 10
   2.1.1 沟通需求 10
   2.1.2 整理需求 13
   2.1.3 制定方案 14
 2.2 数据库设计 17
 2.3 接口统计 21
 2.4 业务逻辑 22
 2.5 技术架构 24
 2.6 微信公众号策划 26
 2.7 统一培训 27
 习题 28

第 3 章 开发微信公众号前的准备 29
 3.1 准备工作 29
   3.1.1 基本技能 29
   3.1.2 开发环境 30
   3.1.3 域名 31
   3.1.4 服务器 31

3.1.5　SSL 证书 31
3.2　消息通信 31
　　3.2.1　公众平台的消息通信过程 31
　　3.2.2　XML 通信格式 32
　　3.2.3　消息通信中需要注意的问题 33
3.3　访问网页 34
3.4　使用测试号进行测试 34
3.5　使用微信 Web 开发者工具调试微信 36
　　3.5.1　下载和安装 36
　　3.5.2　使用开发者工具 37
3.6　单元测试 39
3.7　在线接口调试工具 39
3.8　服务号、订阅号和认证账号的功能差别 40
　　3.8.1　服务号 40
　　3.8.2　订阅号 44
3.9　微信公众号申请 47
习题 56

第二部分　Senparc.Weixin SDK 框架介绍

第 4 章　Senparc.Weixin SDK 设计架构 58

4.1　开源项目 58
4.2　开源协议 58
4.3　微信平台生态与 Senparc.Weixin SDK 59
4.4　文件目录 61
　　4.4.1　根目录 61
　　4.4.2　src 目录 61
4.5　Senparc.Weixin.dll 62
　　4.5.1　Senparc.Weixin 文件结构 62
　　4.5.2　Senparc.Weixin 类库结构 65
　　4.5.3　使用 Senparc.Weixin 注意点 65
4.6　Senparc.Weixin.MP.dll 66
　　4.6.1　Senparc.Weixin.MP.dll 文件结构 66
　　4.6.2　Senparc.Weixin.MP.dll 类库 69
4.7　Senparc.Weixin.WxOpen.dll 69
4.8　Senparc.Weixin.MP.MvcExtension.dll 71
4.9　Senparc.Weixin.Cache.Redis.dll 71
4.10　Senparc.Weixin.Cache.Memcached.dll 72

4.11	其他类库	72
4.12	单元测试	72
4.13	修改源代码和贡献代码	72
	4.13.1 注册 GitHub 账号	73
	4.13.2 Fork 项目	75
	4.13.3 修改代码	76
	4.13.4 提交代码	78
	4.13.5 贡献代码	79
习题		82

第 5 章 微信公众号开发全过程案例 ... 83

5.1	开发准备	83
	5.1.1 安装开发环境及工具	83
	5.1.2 创建解决方案	84
	5.1.3 创建项目	85
	5.1.4 使用 Nuget 安装 Senparc.Weixin SDK	88
5.2	开发	90
	5.2.1 准备基础框架	91
	5.2.2 创建数据库	91
	5.2.3 同步数据库	92
	5.2.4 建立数据库框架	95
	5.2.5 开发 Repository 仓储模块	98
	5.2.6 缓存	100
	5.2.7 开发业务逻辑	102
	5.2.8 Controller 控制器	105
	5.2.9 Web 项目和 UI	111
5.3	单元测试	111
5.4	部署	112
5.5	消息验证和线上测试	112
5.6	在 Microsoft Azure 上运行微信公众号示例	112
习题		116

第 6 章 使用 SDK Demo：Senparc.Weixin.MP.Sample ... 117

6.1	文件位置及结构	117
	6.1.1 Senparc.Weixin.MP.Sample 解决方案文件夹	117
	6.1.2 Senparc.Weixin.MP.Sample 解决方案	118
	6.1.3 Senparc.Weixin.MP.Sample Web 项目	119
	6.1.4 Senparc.Weixin.MP.Sample.CommonService 项目	121

6.2 配置项目 122
6.2.1 Web.Config 文件 122
6.2.2 Global.asax 文件 124
6.2.3 首页 125
6.3 微信消息 126
6.3.1 消息处理 127
6.3.2 消息模拟及并发消息测试 134
6.4 微信菜单 135
6.5 OAuth 138
6.6 JS-SDK 140
6.7 微信支付 141
6.8 素材 143
6.9 缓存测试 143
6.10 异步方法 145
6.11 微信内置浏览器过滤 146
6.12 微信小程序 147
6.12.1 消息处理 147
6.12.2 模板消息 148
6.12.3 WebSocket 148
6.13 其他 148
6.13.1 开放平台 148
6.13.2 企业号 149
6.13.3 文档下载 149
6.14 WebForms 项目 150
6.15 单元测试 150
6.15.1 单元测试项目 150
6.15.2 单元测试方法 151
6.16 配置服务器和参数 153
6.16.1 配置 IIS 153
6.16.2 安装 .NET Framework 4.5 154
6.16.3 设置 IIS 站点 155
6.16.4 解析域名 156
6.16.5 检查 Web.config 文件 156
6.17 部署 156
习题 157

第 7 章 MessageHandler：简化消息处理流程 158
7.1 设计思想 158

7.2 消息类型 160
7.2.1 概述 160
7.2.2 命名规则 161
7.2.3 全局消息基类 161
7.2.4 请求消息 161
7.2.5 响应消息 165
7.3 原始消息处理方法 169
7.4 使用 MessageHandler 170
7.4.1 第一步：通过 Nuget 安装 Senparc.Weixin.MP 170
7.4.2 第二步：创建你自己的 MessageHandler 170
7.4.3 第三步：写 3 行关键代码 175
7.5 OnExecuting() 和 OnExecuted() 175
7.6 解决用户上下文（Session）问题 176
7.6.1 消息容器：MessageContainer 177
7.6.2 消息队列：MessageQueue 178
7.6.3 单用户上下文：MessageContext 179
7.6.4 全局上下文：WeixinContext 183
7.6.5 上下文移除事件：WeixinContextRemovedEventArgs 185
7.7 消息去重 185
7.8 消息加密 187
7.9 消息格式转换 189
7.9.1 XML 转实体 190
7.9.2 实体转 XML 190
7.10 消息代理 191
7.11 了解 MessageHandler 设计原理 191
7.11.1 Senparc.Weixin.MessageHandlers.MessageHandler 结构 192
7.11.2 Senparc.Weixin.MP.MessageHandlers.MessageHandler 结构 196
7.11.3 抽象类及虚方法 198
7.11.4 构造函数 198
7.11.5 Execute() 方法 200
7.11.6 CancelExcute 属性 201
7.11.7 OnExecuting() 方法 202
7.11.8 DefaultResponseMessage() 方法 202
习题 203

第 8 章 缓存策略 204
8.1 设计原理 204
8.2 基础缓存策略接口：IBaseCacheStrategy 206

8.3 数据容器缓存策略接口：IContainerCacheStragegy ... 207
8.3.1 原始 IContainerCacheStragegy 设计思路 ... 207
8.3.2 优化 IContainerCacheStragegy 设计思路 ... 208
8.3.3 优化 IContainerItemCollection 和 ContainerItemCollection ... 208
8.4 本地数据容器缓存策略：LocalContainerCacheStrategy ... 211
8.4.1 创建 LocalContainerCacheStrategy 类 ... 211
8.4.2 定义数据源 ... 212
8.4.3 实现容器缓存策略 ... 214
8.4.4 运用单例模式 ... 216
8.4.5 测试 ... 218
8.5 分布式缓存 ... 219
8.5.1 起因 ... 219
8.5.2 负载均衡 ... 220
8.5.3 分布式缓存 ... 220
8.5.4 分布式使用的注意点 ... 221
8.6 Redis 分布式缓存策略：RedisContainerCacheStrategy ... 222
8.6.1 Redis 简介 ... 222
8.6.2 安装 Redis ... 222
8.6.3 StackExchange.Redis 缓存扩展 ... 222
8.6.4 实现 Redis 缓存策略 ... 224
8.6.5 单元测试 ... 225
8.7 Memcached 分布式缓存策略：MemcachedContainerCacheStrategy ... 225
8.7.1 Memcached 简介 ... 225
8.7.2 安装 Memcached ... 226
8.7.3 EnyimMemcached 缓存扩展 ... 226
8.7.4 实现 Memcached 缓存策略 ... 227
8.8 缓存策略工厂：CacheStrategyFactory ... 227
8.8.1 创建 CacheStrategyFactory ... 227
8.8.2 配置和使用 CacheStrategyFactory ... 229
习题 ... 230

第 9 章 并发场景下的分布式锁 ... 231
9.1 概述 ... 231
9.2 为什么需要分布式锁 ... 231
9.3 分布式锁的设计 ... 232
9.3.1 IBaseCacheStrategy 接口设计 ... 232
9.3.2 ICacheLock 接口设计 ... 234
9.3.3 分布式锁基类：BaseCacheLock ... 236

目　录　XIII

- 9.4 本地锁 236
  - 9.4.1 LocalCacheLock 236
  - 9.4.2 实现 BeginCacheLock 238
- 9.5 Redis 锁 238
  - 9.5.1 RedisCacheLock 238
  - 9.5.2 Redlock.CSharp 240
  - 9.5.3 实现 BeginCacheLock 240
- 9.6 Memcached 锁 241
  - 9.6.1 MamcachedCacheLock 241
  - 9.6.2 实现 BeginCacheLock 242
- 习题 242

第 10 章　Container：数据容器 243

- 10.1 设计思路及原理 243
- 10.2 BaseContainerBag 245
- 10.3 BaseContainer 246
- 10.4 AccessTokenContainer 253
- 10.5 JsApiTicketContainer 262
- 10.6 BindableBase 262
- 10.7 ContainerHelper 264
- 习题 265

第 11 章　SenparcMessageQueue：消息队列 266

- 11.1 设计原理 266
- 11.2 队列项：SenparcMessageQueueItem 267
- 11.3 消息队列：SenparcMessageQueue 268
  - 11.3.1 GenerateKey() 方法 269
  - 11.3.2 MessageQueueDictionary 269
  - 11.3.3 MessageQueueList 269
  - 11.3.4 有关 Dictionary 和 List 的效率测试 270
- 11.4 自动线程处理：SenparcMessageQueueThreadUtility 272
  - 11.4.1 SenparcMessageQueueThreadUtility 272
  - 11.4.2 线程工具类：ThreadUtility 274
  - 11.4.3 优化扩展 276
- 习题 278

第 12 章　接口调用及数据请求 279

- 12.1 设计规则 279

12.2 响应类型 281
12.2.1 基类：WxJsonResult 281
12.2.2 扩展响应类型 282
12.3 请求 284
12.3.1 GET 请求 284
12.3.2 POST 请求 286
12.3.3 JSON 请求 290
12.3.4 文件上传/下载 292
12.3.5 公共方法 293
12.4 使用 AccessToken 请求接口：CommonJsonSend 293
12.4.1 Sent<T>() 方法 293
12.4.2 JsonSetting 295
12.4.3 WeixinJsonConventer 298
12.5 AccessToken 自动处理器：ApiHandlerWapper 299
习题 302

第 13 章 Debug 模式及异常处理 303
13.1 Debug 模式设计原理 303
13.2 WeixinTrace 304
13.3 异常处理 308
13.3.1 WeixinException 308
13.3.2 ErrorJsonResultException 309
13.3.3 MessageHandlerException 310
13.3.4 UnknownRequestMsgTypeException 311
13.3.5 UnRegisterAppIdException 311
13.3.6 WeixinMenuException 312
13.4 微信官方在线调试工具 314
习题 315

第三部分　Senparc.Weixin SDK 接口介绍

第 14 章 微信接口 318
14.1 微信接口概述 318
14.2 开始使用微信接口 319
14.2.1 获取接口调用凭据（AccessToken） 319
14.2.2 获取凭证接口 320
14.2.3 获取微信服务器 IP 地址 321
14.3 自定义菜单管理 322

目　　录　XV

14.3.1　自定义菜单 322
14.3.2　个性化菜单 328
14.4　消息管理 329
14.4.1　发送客服消息 329
14.4.2　发送消息-群发接口和原创校验 332
14.4.3　发送消息-模板消息接口 334
14.4.4　获取公众号的自动回复规则 334
14.5　微信网页授权（OAuth） 334
14.6　素材管理 335
14.6.1　新增临时素材 335
14.6.2　获取临时素材 335
14.6.3　新增永久素材 335
14.6.4　获取永久素材 335
14.6.5　删除永久素材 335
14.6.6　修改永久图文素材 336
14.6.7　获取素材总数 336
14.6.8　获取素材列表 336
14.7　用户管理 336
14.7.1　用户标签管理 336
14.7.2　设置用户备注名 338
14.7.3　获取用户基本信息（UnionID 机制） 338
14.8　账号管理 339
14.8.1　创建二维码 339
14.8.2　获取下载二维码的地址 339
14.8.3　长链接转短链接 339
14.9　数据统计接口 339
14.9.1　用户分析数据接口 340
14.9.2　图文分析数据 340
14.9.3　消息分析数据 341
14.9.4　接口分析数据接口 342
14.10　微信 JS-SDK 343
14.10.1　获取验证地址 343
14.10.2　获取 AccessToken 343
14.10.3　刷新 access_token 343
14.10.4　获取用户基本信息 343
14.10.5　检验授权凭证（access_token）是否有效 343
14.11　微信小店接口 344
14.11.1　语义理解接口 344

14.12 微信卡券接口 ... 344
14.12.1 创建卡券 ... 344
14.12.2 投放卡券 ... 345
14.12.3 核销卡券 ... 346
14.12.4 管理卡券 ... 346
14.12.5 会员卡专区 ... 348
14.12.6 朋友的券专区 ... 349
14.12.7 第三方代制专区 ... 350
14.12.8 第三方授权相关接口（开放平台）... 352

14.13 微信门店接口 ... 352
14.13.1 上传图片 ... 352
14.13.2 创建门店 ... 352
14.13.3 查询门店信息 ... 353
14.13.4 查询门店列表 ... 353
14.13.5 修改门店服务信息 ... 353
14.13.6 删除门店 ... 353
14.13.7 获取门店类目表 ... 353
14.13.8 设备功能介绍 ... 353

14.14 多客服功能 ... 354
14.14.1 客服管理接口 ... 354
14.14.2 多客服会话控制接口 ... 355
14.14.3 获取客服聊天记录接口 ... 356

14.15 摇一摇周边 ... 356
14.15.1 申请开通摇一摇周边 ... 356
14.15.2 设备管理 ... 356
14.15.3 页面管理 ... 357
14.15.4 素材管理 ... 358
14.15.5 配置设备与页面的关联关系 ... 358
14.15.6 数据统计 ... 359
14.15.7 HTML5 页面获取设备信息 ... 359
14.15.8 获取设备及用户信息 ... 360
14.15.9 摇一摇红包 ... 361

14.16 微信连 Wi-Fi ... 361
14.16.1 第三方平台获取开插件 wifi_token ... 361
14.16.2 Wi-Fi 门店管理 ... 362
14.16.3 Wi-Fi 设备管理 ... 362
14.16.4 配置联网方式 ... 363
14.16.5 商家主页管理 ... 363

| 14.16.6   Wi-Fi 数据统计 ... 364

| 14.16.7   卡券投放 ... 364

| 14.17   小程序 ... 364

| 14.18   异步方法 ... 365

| 习题 ... 366

第 15 章　模板消息 ... 367

| 15.1   概述 ... 367

| 15.2   使用规则 ... 367

| 15.3   申请模板消息 ... 369

| 15.3.1   开通模板消息功能 ... 369

| 15.3.2   添加消息模板 ... 370

| 15.3.3   创建自定义消息模板 ... 373

| 15.4   接口介绍 ... 374

| 15.4.1   设置所属行业 ... 374

| 15.4.2   获取设置的行业信息 ... 374

| 15.4.3   获得模板 ID（添加模板） ... 374

| 15.4.4   获取模板列表 ... 375

| 15.4.5   删除模板 ... 375

| 15.4.6   发送模板消息 ... 375

| 15.4.7   事件推送 ... 381

| 15.4.8   异步方法 ... 382

| 习题 ... 383

第 16 章　微信网页授权（OAuth 2.0） ... 384

| 16.1   OAuth 2.0 简介 ... 384

| 16.2   设置微信 OAuth 回调域名 ... 386

| 16.3   开发微信 OAuth 接口 ... 387

| 16.3.1   创建 Controller ... 387

| 16.3.2   GetAuthorizeUrl() 方法 ... 388

| 16.3.3   GetAccessToken() 方法 ... 391

| 16.3.4   GetUserInfo() 方法 ... 394

| 16.3.5   RefreshToken() 方法 ... 398

| 16.3.6   Auth() 方法 ... 398

| 16.4   异步 OAuth 接口 ... 399

| 16.5   调试 OAuth ... 399

| 16.5.1   调试工具 ... 399

| 16.5.2   设置 ... 400

16.6 使用 SenparcOAuthAttribute 实现 OAuth 自动登录 403
    16.6.1 SenparcOAuthAttribute 定义 403
    16.6.2 使用 SenparcOAuthAttribute 406
16.7 解决 OAuth 出现 40029（invalid code）错误 408
    16.7.1 现象和问题 408
    16.7.2 原因 408
    16.7.3 解决方案一 411
    16.7.4 解决方案二 411
    16.7.5 解决方案三 412
    16.7.6 解决方案四 412
    16.7.7 解决方案总结 414
16.8 一些误区和注意点 414
    16.8.1 每次打开页面都使用 OAuth 获取 OpenId 414
    16.8.2 认为不使用 HTTPS 没有关系 416
    16.8.3 在 Callback（redirectUrl）页面直接输出页面 416
    16.8.4 短信通知包含需要 OAuth 的网页（体验问题） 417
    16.8.5 不使用 OAuth，而使用菜单事件判断来访者身份 418
习题 419

第 17 章 其他帮助类及辅助接口 420

17.1 概述 420
17.2 序列化和 JSON 相关 420
    17.2.1 SerializerHelper 420
    17.2.2 WeixinJsonConventer 422
    17.2.3 JsonSetting 422
17.3 时间帮助类：DateTimeHelper 423
17.4 加密解密 424
    17.4.1 MD5 424
    17.4.2 SHA1 425
    17.4.3 AES 426
17.5 浏览器相关 427
    17.5.1 判断当前网页是否在浏览器内 427
17.6 JS-SDK 429
    17.6.1 获取签名信息 429
    17.6.2 JsSdkUiPackage 430
    17.6.3 获取 SHA1 加密信息 432
    17.6.4 卡券相关 433
17.7 地图及位置 435

         17.7.1　LBS 位置计算帮助类：GpsHelper 435
         17.7.2　百度地图 435
         17.7.3　谷歌地图 435
   习题 436

第 18 章　微信网页开发：JS-SDK 437
   18.1　概述 437
   18.2　签名 438
         18.2.1　通过 JsApiTicketContainer 获取 jsapi_ticket 438
         18.2.2　获取签名 439
   18.3　JS-SDK 使用步骤 439
         18.3.1　第一步：绑定域名 439
         18.3.2　第二步：引入 JS 文件 440
         18.3.3　第三步：通过 config 接口注入权限验证配置 441
         18.3.4　第四步：通过 ready 接口处理成功验证 442
         18.3.5　第五步：通过 error 接口处理失败验证 442
   18.4　接口调用说明 442
   18.5　基础接口 443
   18.6　具体业务接口 443
         18.6.1　分享接口 444
         18.6.2　图像接口 446
         18.6.3　音频接口 447
         18.6.4　智能接口 450
         18.6.5　设备信息 451
         18.6.6　地理位置 451
         18.6.7　摇一摇周边 452
         18.6.8　界面操作 452
         18.6.9　微信扫一扫 454
         18.6.10　微信小店 454
         18.6.11　微信支付 455
         18.6.12　微信卡券 455
   18.7　参考资料 458
         18.7.1　所有菜单项列表 458
         18.7.2　卡券扩展字段 cardExt 说明 459
         18.7.3　所有 JS 接口列表 459
   习题 461

第19章 微信支付 ... 462

19.1 支付模式 ... 463
19.1.1 刷卡支付 ... 463
19.1.2 扫码支付 ... 463
19.1.3 公众号支付 ... 463
19.1.4 APP 支付 ... 463

19.2 申请微信支付 ... 463
19.2.1 流程介绍 ... 463
19.2.2 第一步：申请开户 ... 464
19.2.3 第二步：小额打款 ... 466
19.2.4 第三步：支付验证费用 ... 467

19.3 获取商户证书 ... 468
19.3.1 接收邮件 ... 468
19.3.2 安装操作证书 ... 468
19.3.3 下载证书 ... 471
19.3.4 一些注意点 ... 474

19.4 接口规则 ... 475
19.4.1 协议规则 ... 475
19.4.2 参数规定 ... 476
19.4.3 安全规范 ... 479
19.4.4 获取 OpenId ... 480

19.5 公众号支付 ... 480
19.5.1 支付场景介绍 ... 480
19.5.2 公众号后台的配置 ... 482
19.5.3 设置测试目录 ... 486
19.5.4 商户后台的配置 ... 487
19.5.5 业务流程 ... 489
19.5.6 HTML5 页面调起支付 API ... 491

19.6 微信支付 API ... 492
19.6.1 统一下单 ... 493
19.6.2 查询订单 ... 496
19.6.3 关闭订单 ... 497
19.6.4 申请退款 ... 498
19.6.5 查询退款 ... 499
19.6.6 下载对账单 ... 500
19.6.7 支付结果通知 ... 502
19.6.8 交易保障 ... 503

19.7 企业付款 ... 503

	19.7.1	概述 503
	19.7.2	企业付款 API 505
	19.7.3	查询企业付款 API 506

19.8 微信支付 Demo 开发 507
    19.8.1 后端开发 507
    19.8.2 前端开发 514

19.9 需要注意的一些事 517
    19.9.1 关于服务器 SSL 版本 517
    19.9.2 关于 IPv6 518
    19.9.3 关于阿里云主机 518

习题 518

第四部分　微信小程序

第 20 章　微信小程序 522

20.1 注册小程序 523
20.2 管理信息及微信认证 525
    20.2.1 信息设置 525
    20.2.2 微信认证 527
20.3 准备开发 528
    20.3.1 开发参数设置 528
    20.3.2 添加开发者和体验者 532
    20.3.3 下载开发工具 532
    20.3.4 开发第一个小程序 533
    20.3.5 预览小程序 542
    20.3.6 发布小程序 542
20.4 使用 SDK 进行后端开发 545
    20.4.1 Senparc.Weixin.WxOpen.dll 545
    20.4.2 对接 MessageHandler 545
    20.4.3 回复客服消息 551
    20.4.4 获取二维码 555
    20.4.5 其他高级接口 556
20.5 使用模板消息 556
    20.5.1 概述 556
    20.5.2 第一步：选取消息模板 556
    20.5.3 第二步：设置并添加模板 558
    20.5.4 第三步：发送模板消息 559
    20.5.5 申请模板 563

20.6 实现数据请求 565
20.7 登录接口及用户信息管理 569
  20.7.1 登录：wx.login 569
  20.7.2 登录状态维护：SessionContainer 571
  20.7.3 验证：wx.checkSession 573
  20.7.4 签名加密 573
  20.7.5 加密数据解密算法 575
20.8 实现 WebSocket 通信 578
  20.8.1 关于 WebSocket 578
  20.8.2 在服务器上配置 WebSocket 578
  20.8.3 使用 Senparc.WebSocket 进行 WebSocket 开发 580
20.9 小程序的微信支付 591
20.10 小程序开发过程中的常见问题 594
  20.10.1 使用 HTTPS 594
  20.10.2 安装 WMSVC 证书 596
  20.10.3 申请免费的 SSL 证书 596
  20.10.4 解决 Unexpected response code: 200 错误 601
习题 602

第一部分　微信基础介绍

第1章　使用本书

第2章　策划你的第一个微信项目

第3章　开发微信公众号前的准备

第 1 章 使用本书

微信自诞生以来一直在以惊人的速度成长和完善，其中以微信公众平台为代表的微信服务生态已经深入到各行各业和我们的日常生活中。

对接了开发功能的微信公众号也从一个前卫的呈现方式，逐渐沉淀为企业服务必备的名片、窗口以及服务工具，甚至是线下到线上的入口。

在这样一个转变的过程中，微信公众号的功能需要越来越多地从表面的信息互动下沉到更深层次的服务中去，而不是继续纠缠于微信公众号的配置、通信、调试、稳定性、更新官方接口等一系列烦琐的底层事务中。

得益于微信团队出色的工作，无论是用户还是开发者都能够使用到稳定可靠的服务，在经历了将近 5 年无数个版本的迭代之后，用户的体验不断提升，而开发者需要面对的微信也已经不是三两个接口，四五个模块这么简单，开发者需要面对数量庞大的 API 和官方文档，以及很难联系上的客服。这个时候，你是花时间去修一条路出来，还是找一条前人已经帮你铺好的高速公路，迅速让你的应用上线？我想答案是显而易见的。Senparc.Weixin SDK 就是这样一个工具，本书就将使用这个非常优秀的 SDK 指导开发者进行微信公众号快速开发。

多年来，Senparc.Weixin SDK 以优秀的架构、持续的更新和开放的分享理念获得了众多开发者的支持和信任。在这个过程中，我们踩了一些坑，总结了一些经验，也做了许多出色的事情，于是我们花了一些时间将其设计思想和精髓整理到这本书中，希望可以给开发者带来更多的福利。

截至 2017 年 6 月下旬，发布在 GitHub 上的 SDK 开源项目共计提交 3000 余次，整个项目的 Star 数超过了 2000 个，Fork 数超过了 1850 个，这些数字每天都在增长。目前被 GitHub 记录的贡献者（Contributors）有 46 人，实际代码贡献者已超过 200 人。Senparc.Weixin SDK 是目前使用率最高的微信 C# SDK，同时也是中国 Star 数和 Fork 数排名第一的 C# 开源项目，服务着数十万计的微信应用。

能够帮助到这么多开发者，并且得到积极的响应，这是一件多么愉快和有意义的事情！如果你能够把这本书介绍给其他正在做微信开发的朋友，我想他（她）也将会对你万分感激！

这是一本比较全面地介绍微信公众号开发技术的图书，不过和其他图书一样，也会设定目标读者群体范围，因此继续深入阅读之前，你不妨对照一下，这本书是不是适合自己。

1.1 我是否适合读这本书

如果你有以下的情况或想法，笔者建议你不要马上读这本书，而是先去做一些相关的功课或者直接绕道而行：

- 我对公众号一无所知
- 我对 B/S 一无所知
- 我没有 ASP.NET 和 C# 编程基础
- 我希望找一本有很多微信应用开发案例的书，照着做就能开发出微信公众号应用
- 我希望很快读完这本书，马上就能把手头的项目开发出来
- 我希望这本书可以帮我解决所有微信公众号的开发问题
- 我希望这本书可以帮我成为架构和编程高手

如果你的答案都是"否"，并且符合下面任意一条，那这本书可能就适合你：

- 我希望深入了解微信开发的过程
- 我希望了解微信开发过程中的"坑"
- 我希望学会使用 Senparc.Weixin SDK 进行微信公众号、小程序等开发
- 我已经会使用 Senparc.Weixin SDK，但我希望有一本"字典"帮助我查找一些信息和了解其中的原理
- 我希望通过 Senparc.Weixin SDK 学习优秀的架构思想
- 我是一位微信开发的培训师
- 我不希望开发微信公众号，但我希望有本书可以帮我催眠

1.2 如何用好这本书

这是一本从实践总结出来的书，各章节的安排具有一定的知识层次，建议结合开发工具，按照书本内容中层层深入的知识顺序，边阅读边练习。

由于书中涉及了较多的链接和大量代码，为了方便读者查询和开发，我们专门开发了一套名为 SenparcBookHelper 的在线系统，在系统中，读者可以非常方便地找到书中重要的链接、图片和代码片段等资源，也可以直接在搜索结果中打开链接、保存或放大图片以及复制代码。

通常开发者都不太喜欢在书本上看太长的代码段，全部用键盘敲到电脑中更是一个让人抓狂的过程，阅读这本书你不再需要担心这个问题！

在本书中你可以看到这样的格式标记：659# 或 155#58 ，这个标记是相关资源的唯一编号，只需要在搜索栏中输入对应的编号，即可快速查看到详细的内容，也可以直接复制代码到 IDE 中调试。对于部分比较长的代码，我们也会直接用编号取代，这么做有助于开发者更连贯地阅读内容，同时也是件很环保的事情。

SenparcBookHelper 的地址是 4#475：http://book.weixin.senparc.com，打开首页后如图 1-1 所示（UI 会不断更新优化）。

图1-1

SenparcBookHelper 的设计很简单：左侧为全书的目录，精确到 3 级，右侧为资源内容，访客可以直接单击左侧目录查找对应章节的资源内容，也可以在右侧顶部的搜索栏中搜索关键字，系统将进行标题和内容的模糊查询，如图 1-2 所示。

图1-2

搜索小技巧一：在搜索框中输入章节编号可以直接搜索对应章节及以下的所有资料，用法如下。

- 输入 1，则搜索第 1 章下的所有资料；

- 输入 2.1，则搜索第 2 章第 1 节下的所有资料。

搜索小技巧二：在搜索框中输入书中的资源编号（如：155#58），即可直接索引到对应的内容，或查看所在小节的所有素材，用法如下。

- 输入 155#58，精准查找对应素材；
- 输入 155#，查看某素材所在小节的所有素材。

搜索小技巧三：在搜索框中输入格式"P[页码]"，如"P100"，搜索本书对应页码中的所有素材（代码或内容跨页的，按首行起始的页码）。

如何学得更好更快？

在学习和练习的过程中，以下的建议将有助于更好地学习：

1）准备一台固定的电脑，安装好本书教学使用的软件（可以是更高版本），以便随时可以动手实验；

2）选择一个能够上网的环境，SenparcBookHelper 可以成为你很好的学习帮手；

3）找到一个实际落地的项目进行开发，或者假想一个场景，学会举一反三做自己的应用；

4）学会分享和帮助别人，在这过程中，施者往往比受者收获更多；

5）如果你不打算看完卖掉这本书，对于重要的内容标注是必要的；

6）如果你打算看完就卖掉这本书，对于重要的内容标注同样是重要的，下一位书的主人会对你感激万分；

7）三人行必有我师，想要学得更好更快，除了推敲理解书本中的内容并加以练习以外，和同行进行沟通和交流也是一个绝佳的途径，Senparc 官方目前已经提供了 13 个 QQ 群和多个微信群，其信息可以在问答社区内找到，你也可以随时联系作者或 Senparc 团队来获取帮助；

8）将本书推荐或分享给你身边的朋友、同事，也会让你多一位交流的伙伴。

1.3 各章节导读

本书各章节的内容安排和学习建议见表 1-1。

表 1-1

章节	名称	学习目标和说明
第一部分：微信基础介绍		
第 1 章	使用本书	介绍本书的阅读和学习技巧，以及微信开发学习资源
第 2 章	策划你的第一个微信项目	从一个实际的需求开始，学习一个典型的微信公众号定制开发的策划工作，学会如何在开发之前"做足功课"
第 3 章	开发微信公众号前的准备	学习在进行微信开发之前，需要进行的准备工作，以及必须了解的微信知识

续表

章节	名称	学习目标和说明
第二部分：Senparc.Weixin SDK 框架介绍		
第 4 章	Senparc.Weixin SDK 设计架构	学习 Senparc.Weixin SDK 的各微信相关模块的总体设计思路及源代码的文件位置和说明
第 5 章	微信公众号开发全过程案例	根据第 2 章策划好的微信开发项目，进行一次完整 Web 项目的搭建，学习开发过程中的要点和设计思想。本章不强调学习微信 SDK 的应用，重点在项目框架的搭建上，关于 SDK 的使用介绍将从第 6 章正式开始
第 6 章	使用 SDK Demo：Senparc.Weixin.MVC.Sample	深入学习 Senparc.Weixin SDK 官方 Demo 的各项演示功能的实现，大多数方法可以在项目中借鉴使用。在学习 Demo 的过程中，举一反三，你会发现再多的示例也无非就是 Demo 中各项功能的组合
第 7 章	MessageHandler：简化消息处理流程	学习对微信消息的处理
第 8 章	缓存策略	深入剖析 Senparc.Weixin SDK 的缓存架构思想及其实现
第 9 章	并发场景下的分布式锁	学习开发并使用分布式锁
第 10 章	Container：数据容器	深入剖析 Senparc.Weixin SDK Container 的设计思想及实现，学习使用 Container 结合缓存策略管理微信数据
第 11 章	SenparcMessageQueue：消息队列	学习 Senparc.Weixin SDK 的消息队列设计思想和实现方式，了解消息队列的使用
第 12 章	接口调用及数据请求	学习 Senparc.Weixin SDK 的接口调用及数据请求的基本原理和使用方法
第 13 章	Debug 模式及异常处理	学习 Senparc.Weixin SDK 的 Debug 模式及异常处理机制，并在开发、调试过程中使用它们
第三部分：Senparc.Weixin SDK 接口介绍		
第 14 章	微信接口	详细了解 Senparc.Weixin SDK 的微信接口访问机制，并详细介绍每一个微信接口所对应的 SDK 中的方法
第 15 章	模板消息	详细了解模板消息的申请、使用流程和规则，学习使用模板消息接口（基于微信接口实现）
第 16 章	微信网页授权（OAuth 2.0）	学习 OAuth 2.0 的工作原理，学习使用 Senparc.Weixin SDK 完成微信 OAuth 2.0 网页授权
第 17 章	其他帮助类及辅助接口	学习 Senparc.Weixin SDK 中各种帮助类、工具类中的方法的使用，如 JSON、序列化、加密和解密、JS-SDK 扩展方法等

续表

章节	名称	学习目标和说明
第 18 章	微信网页开发：JS-SDK	学习微信网页开发所需的 JS-SDK API 的使用方法，以及具体业务接口的使用方法
第 19 章	微信支付	深入了解微信支付从申请到开发的全流程，涵盖了所有微信支付接口的介绍，及开发示例
第四部分：微信小程序		
第 20 章	微信小程序	深入了解微信小程序从注册、认证到开发、部署的全流程，学习微信后端程序的实现原理和方法（部分基于公众号模块），以及微信小程序开发所需要掌握的 WebSocket、HTTPS 等相关知识和配置技巧

1.4 名词解释

本书中的一些固定名词如无特殊说明，则参考表 1-2 中的说明。

表 1-2

名词	说明
Senparc	苏州盛派网络科技有限公司的英文名称及所持有的文字商标之一
Senparc.Weixin SDK	由 Senparc 开发的系列微信开发套件，本书详细介绍的微信开发框架
SDK	如无特殊说明，指 Senparc.Weixin SDK
我们	多指 Senparc 团队
微信服务器	微信官方提供接口通信的服务器，是微信客户端和应用服务器的主要通信媒介
应用（程序）服务器	由开发者自行部署微信应用的服务器，用于和微信服务器通信或给微信客户端提供网页访问
公众号	如无特殊说明，指服务号或订阅号，不包括企业号和小程序
开发环境	开发阶段使用的软硬件环境，通常是 PC 或笔记本电脑
生产环境	应用服务器的软硬件环境，通常为机房内的服务器
上下文	Context，通常指与某个功能或状态相关的环境，这个环境可以是变量，也可以是参数或状态
微信消息	特指在微信公众号界面可以发送的文字、图片、语音等类型的消息，以及服务器端主动推送给应用服务器的消息，到达服务器时通常为 XML 格式（小程序也可以选择 JSON），不包含网页内的消息通信
微信接口	以 URL 形式（RESTful）存在的微信通信接口
Debug	专指调试和跟踪，不包括 Bug 修复（Fix Bug）的过程
容器（Container）	本书中特指进行数据管理的"数据容器"，而不是 Docker 等技术所属的"容器技术"

1.5 学习资源

除本书介绍的信息以外,我们也为开发者准备了许多学习资源。

本书的线上素材查询系统 SenparcBookHelper 10#419:

https://book.weixin.senparc.com

本章 1.2 节中已有介绍。

Senparc.Weixin SDK 源代码 10#420:

https://github.com/JeffreySu/WeiXinMPSDK

其中"Issues"模块可以提交各类发现的问题或建议,"Wiki"模块中有部分基础功能的使用说明。

Senparc.Weixin SDK 官网入口 10#421:

https://weixin.senparc.com

线上问答社区 10#422:

https://weixin.senparc.com/QA

社区中可以进行技术交流和咨询,也包括了 QQ 群号码及最新的开放状态,如图 1-3 所示。

图1-3

线上 Demo 10#423:

http://sdk.weixin.senparc.com/

关于 Demo(也叫 Senparc.Weixin.MVC.Sample)项目的详细介绍请见第 6 章,对应公众号名称为"盛派网络小助手",二维码如图 1-4 所示。

图1-4

程序集帮助文档下载 10#424：

http://sdk.weixin.senparc.com/Document

在线版程序集帮助文档 10#425：

http://doc.weixin.senparc.com

微信开发资源集合 10#426：

https://github.com/JeffreySu/WeixinResource

此项目包含了部分微信开发的资源，和在实践过程中我们碰到的一些"坑"及解决方案。项目中同样包含了最新版本的"在线版程序集帮助文档"，并会持续进行更新。也欢迎开发者们贡献内容。

微信开发基础教程 10#427：

http://www.cnblogs.com/szw/p/weixin-course-index.html

1.6 帮助我们改进

由于作者写作水平、认知范围和深度都有限，书中不免会有一些笔误甚至错误，欢迎读者不吝提出意见或建议，帮助我们改进，我们也会在 SenparcBookHelper 中及时更新已经发现的问题，并在下次出版时修正，作者邮箱：zsu@senparc.com（邮件标题请以"图书"开头，如"图书反馈""图书疑问"等），非常感谢你的支持和包容！

习题

1.1 本书重点介绍的微信开发框架名称叫什么？

1.2 Senparc 团队为了方便读者阅读，特地开发了一套辅助阅读系统，其名称叫什么？网址是什么？

1.3 SenparcBookHelper 系统支持模糊搜索吗？还有哪些搜索小技巧？

Chapter 02

第 2 章　策划你的第一个微信项目

俗话说：预则立，不预则废。

开发一个微信公众号的项目也需要进行一系列的准备工作，其中重要的一环就是需求分析及系统设计。一个没有周全计划的系统往往流程混乱、漏洞百出。

本章将以一个典型的项目为例，从需求出发，带领开发者（或项目经理）完成一个微信项目的设计。第 5 章中会对这个项目的开发流程做一个概括性的全流程介绍。

2.1　需求分析

2.1.1　沟通需求

项目沟通是从一个电话开始的。

客户：你好，你们是做微信的吗？
客服：您好，您是说微信公众号开发吗？

客户：是的，做一个微信多少钱？
客服：这要看您需要做什么样的功能。

客户：不需要什么功能，最简单的那种。
客服：您说的最简单是什么样的，可以描述一下吗？

客户：就是一个最简单的微信！
客服：……好的，我可以再问您几个问题吗？

客户：你说。

客服：请问您的业务是做什么的？

客户：我是卖化妆品的。
客服：好的，您有实体店吗？

客户：我有 5 个连锁店。
客服：有没有线上的销售？

客户：我有一个天猫店。
客服：有多少人在打理天猫店？

客户：2 个，我和我表妹。
客服：销售量很大吗？

客户：不大，平均一天 2 万吧，搞促销就多一点。
客服：还有别的在线电商平台吗？

客户：我自己发朋友圈算不算？
客服：这个不算。好的，你们有开发过自己的微网站或者 PC 端的官网吗？

客户：没有，我不懂技术。我朋友的店以前找人开发过微信上的游戏，每次活动要用新的游戏就要重新开发，感觉很麻烦，而且成本太高了。
客服：好的，请问您现在已经有公众号了吗？

客户：没有。
客服：好的，您开发微信公众号的目的是什么？

客户：可以帮我宣传产品，让更多的人来关注我。
客服：好的，公众号分为两种，一种是可以每天群发一次文章，但是需要您自己用其他方式推广，或者用文章吸引别人来看，就像您看到的朋友圈转发的文章一样。还有一种是可以和用户进行深入互动的，但是每个月只有 4 次群发机会。您之前有了解吗？

客户：我不清楚这个，有什么区别？
客服：简单地说，您需要用户的关注，是用户通过你们的文章来知道你，还是通过好玩的互动来了解你？

客户：最好是能互动的，我们也没有人会写那种文章。
客服：好的，刚才您说您的朋友会不断举办各种活动，是类似促销的活动吗？

客户：是的。
客服：你们也会有吗？

客户：是的，我们经常有的。
客服：您现在最大的痛点是什么？

客户：我们商场里面的店很大一部分是做老客户，另外就是靠促销、打折来吸引新客户，但是大家现在对这个没有以前感兴趣了，现在网上对比价格也很方便。

客服：就是说您希望通过微信公众号提供一些新的吸引用户来关注的手段，但是又不是用传统的方式？

客户：是的！要有创意！另外每个分店是独立结算的，办活动是总店统一安排的。如果这套东西我以后还可以推广到其他地方去用就更好了。

客服：了解了，您需要让用户在微信上进行成交吗？就像天猫一样在手机上下订单、支付。

客户：有的话当然最好，但我一开始只要做宣传就行了，让大家看我的东西，留下手机号和姓名，我们的客服会去联系客户的。对，最好能让他们留下联系方式。就算发一些红包也可以，只要他们能留下联系方式。我们会不停地办很多活动，最好每次内容都能有点不一样。

客服：好的，明白了。请问您做这个项目的预算有多少呢？

客户：我也不知道！没有预算！一般要多少钱？

客服：这……要看您了，有一个预算的范围做方案会更靠谱。

客户：刚才你说的那种，最简单的那种需要多少钱？

客服：刚才我只是问了一下您的情况，还没有深入谈到功能。我们来策划一下功能，然后再联系您，您看可以吗？

客户：好。

客服：好的，那我先和产品经理沟通一下。

客户：好的，谢谢你们。

客服：好的，请问您贵姓？

客户：免贵，姓胡。

客服：好的，胡先生，您好，我姓蒋，叫我小蒋就好。您的公司名字方便说一下吗？

客户：苏州XX贸易有限公司

客服：好的，这个电话可以联系到您吗？

客户：可以。谢谢！

客服：好的，不用客气，还有其他需要说明的要求吗？

客户：没有了。

客服：好的，那请您等我们消息，今天可以给您答复，谢谢您，再见。

客户：好的，谢谢，再见。

这是一个比较有代表性的沟通过程，看似比较复杂，其实客服在接听电话的时候，是按照公司已经设计好的表格提问和主导谈话内容的，每一个问题都非常重要和有针对性。

原始的表格如表 2-1 所示。这个表格已经经过了多个版本的优化，你可以在实际的项目沟通过程中直接使用这个表格，或加以修改。

表 2-1

盛派网络微信公众号需求统计表					
日期		编号		沟通方式	
接待人		部门		状态	
客户信息	客户单位				
	联系人		联系电话		
	微信/QQ		Email		
	地址（邮编）				
	有开发能力	□ 是　□ 否		预算	
	公司现状				
	行业经验				
	其他信息				
开发要求	开发周期		系统/语言		
	服务器类型		负载要求		
推广方式					
系统目标					
微信平台	□ 服务号　□ 订阅号　□ 企业号　□ 小程序　□ 开放平台　□ 微信硬件　□ 周边摇一摇				
微信支付	□ 已开通普通账号　□ 已开通特约商户　□ 未开通				
系统集成	客户已有系统				
	需要对接系统				
功能描述					
微信接口	接口	位置		说明	
其他接口					
项目组	沟通时间		参与人		
	沟通记录				
备用符号	□　√				

下一步就是进一步整理需求。

2.1.2　整理需求

沟通之后，客服会将用户的信息进一步整理到已经设计好的表格中，如表 2-2 所示。

表 2-2

盛派网络微信公众号需求统计表					
日期	2017.03.18	编号	Q012017031801	沟通方式	400 电话
接待人	蒋中	部门	销售 1 部	状态	初次沟通

续表

客户信息	客户单位	苏州XX贸易有限公司			
	联系人	胡先生	联系电话	139XXXXXXXX	
	微信/QQ		Email		
	地址（邮编）				
	有开发能力	□ 是　　√ 否	预算	不多，可发红包	
	公司现状	卖化妆品，有5家线下店			
	行业经验	有天猫商城，有维护经验			
	其他信息	● 预算不多 ● 要有创意 ● 有长期活动需求，但不希望长期投入 ● 需要收集用户手机和姓名			
开发要求	开发周期		系统/语言		
	服务器类型		负载要求		
推广方式	线下推广+转发				
系统目标	增加品牌曝光，让用户留下联系方式。 会有比较多的活动，每次活动内容要有变化。				
微信平台	√ 服务号　　□ 订阅号　　□ 企业号　　□ 小程序 □ 开放平台　　□ 微信硬件　　√ 周边摇一摇				
微信支付	□ 已开通普通账号　　□ 已开通特约商户　　√ 未开通				
系统集成	客户已有系统	无			
	需要对接系统	无			
功能描述	待讨论				
微信接口	接口	位置		说明	
其他接口					
项目组	沟通时间		参与人		
	沟通记录				
备用符号	□　　√				

随后，售前客服将需求发给产品经理对需求进行进一步分析，并确定一个初步的方案。

2.1.3 制定方案

产品经理和项目组进行了40分钟的沟通之后，初步定下方案。如表2-3所示。

表 2-3

编号	功能	说明
1	微信服务号 OAuth 2.0	用于识别用户信息
2	企业付款	客户向最终用户发红包
3	微信支付	客户向平台现金充值（因为有连锁店，还是要考虑到结算的问题，而不只是向微信支付后台充值）
4	灵活定义活动流程（WorkFlow）	客户需要长期使用，并且不希望有持续的投入。自定义的流程里面包括用户信息的收集（姓名、手机）
5	可以考虑在流程中使用人脸识别	卖化妆品的，可以让用户自拍，收集用户脸部信息，并根据脸部信息的分析，发送不同额度的红包
6	流程中的功能需要可扩展	应对将来的需求，使用户可以像搭积木一样组装一个营销活动

同时进一步完善了"微信公众号需求统计表"，如表 2-4 所示。

表 2-4

盛派网络微信公众号需求统计表					
	2017.03.18	编号	Q012017031801	沟通方式	400 电话
接待人	蒋中	部门	销售 1 部	状态	初次沟通
客户信息	客户单位	苏州 XX 贸易有限公司			
	联系人	胡先生	联系电话	139XXXXXXXX	
	微信/QQ		Email		
	地址（邮编）				
	有开发能力	□ 是　√ 否		预算	不多，可发红包
	公司现状	卖化妆品，有 5 家线下店			
	行业经验	有天猫商城，有维护经验			
	其他信息	● 预算不多 ● 要有创意 ● 有长期活动需求，但不希望长期投入 ● 需要收集用户手机和姓名			
开发要求	开发周期	18 工作日	系统/语言	C#	
	服务器类型	Microsoft Azure	负载要求	1000 并发	
推广方式	线下推广+转发				
系统目标	增加品牌曝光，让用户留下联系方式 会有比较多的活动，每次活动内容要有变化				
微信平台	√ 服务号　□ 订阅号　□ 企业号　□ 小程序 □ 开放平台　□ 微信硬件　□ 周边摇一摇				
微信支付	□ 已开通普通账号　□ 已开通特约商户　√ 未开通				
系统集成	客户已有系统	无			
	需要对接系统	无			

续表

功能描述	1. 使用通过认证的微信服务号提供服务 2. 使用 OAuth 2.0 获取用户资料 3. 建立一套可以自助搭建的营销工具，具体包括： a）具有独立功能的模块，并可扩展。第一阶段需要的模块： i. 摇一摇 ii. 用户信息录入（姓名、手机号） iii. 红包发送（包含红包金额判断逻辑） iv. 情绪识别，使用微软认知服务（Microsoft Cognitive Services） b）独立模块可以任意拼接及传递参数 c）完全可视化操作，无须任何编程 4. 用户自定义的不同活动之间相互独立，同一时间允许进行多场活动 5. 使用微信支付接口进行充值（主要为了方便结算，发红包的费用还是需要另外在微信支付后台充值） 6. 使用企业付款功能发送"红包"（每个红包必须大于 1 元才能发） 7. 管理员拥有独立的后台进行操作，并且可以设置多个管理员 8. 除转发外，用户可以通过扫二维码进入页面（在管理员后台生成二维码） 9. UI 需要独立设计

微信接口	接口	位置	说明
	OAuth 2.0		
	微信支付		
	企业付款		
	模板消息		

其他接口	1 微软认知服务： 1.1 表情识别 1.2 其他 2 其他 2.1 二维码生成
项目组	沟通时间　2017.03.18　　参与人　蒋中，吴敏 沟通记录　400 客服电话录音：201703181002121304.wav 　　　　　开发计划：2017031801.mppx 　　　　　开发总时间：18d 　　　　　开发分配时间：设计 3d，前端 8d，后端 12d 　　　　　需要新申请微信公众号、微信支付 　　　　　PS：近期收到多个相似需求，可以考虑做成平台或产品，直接给用户部署
备用符号	□　√

之后，客服拨通了客户的电话。

客服：您好，请问是胡先生吗？
客户：是的，你好。

客服：您好，我是刚才您打电话过来的盛派网络客服小蒋。

客户：你好。

客服：我们已经根据您的需求整理了一个大概的方案，您看一下是否可以。

客户：好的

客服：我们现在设想的是这样，开发一个系统，里面有很多的小功能，例如人脸识别、填写客户手机和姓名、发送红包等独立的功能，每次举办活动，您根据活动的需要可视化地任意拼接，创建一套流程，这样就是一个完整的互动小游戏。不同的活动可以拼接出不同规则的游戏，每次您自己设置这个营销的工具也不会有额外的费用产生，开发都是一次性的。

客户：在这个过程中我可以拿到用户的信息，也可以转发，让别人来参与，是吗？

客服：是的，这就是一个网页，您可以转发给朋友或者转发到朋友圈，后台也会提供二维码，您可以把二维码打印出来放到店里，也可以让用户通过微信摇一摇进入。

客户：你们这个主意太棒了！就按你们说的做！

客服：谢谢，开发和测试时间约为 20 个工作日。关于费用，项目组提出了两种方案，您可以选择一下：第一种是单独按照您所有的要求完全定制，费用会略高；第二种是将这个项目做成一个产品，除了您以外，其他人也可以使用，费用会低很多。

客户：如果选择第二种，我的资料会被别人看到吗？

客服：不会，数据是完全独立的，服务器也是独立的，只是这个软件做出来之后还会卖给别的需要的人。

客户：只要能保证安全，那就第二种好了，具体的费用是多少呢？

客服：您大约只需要支付一个租用服务器的费用，和可能的少量的授权费用，具体的报价和协议稍后商务负责人会联系您。

客户：好的，那我等你们消息，谢谢！

客服：好的，预祝合作愉快，再见。

客户：再见。

这一轮沟通之后，基本可以确认接下来需要做的是一个多个用户、多次部署的产品，除需要考虑满足当前用户的需求外，还需要考虑要做到足够灵活，以便为不同的客户、不同的微信公众号服务。

2.2 数据库设计

在着手进行具体开发工作之前，我们需要进行一系列的功能、架构和 UI 的设计，包括了"概要设计"和"详细设计"等。因为这部分在多数项目中具有很大的共性，且本书重点不是介绍项目管理，因此略过，直接进行和程序有关的设计，例如数据库设计和部分业务逻辑。

直接围绕业务逻辑的数据库表如表 2-5 所示。

表 2-5

表名	说明
Account	用户个人信息
AdminUserInfo	管理员信息

续表

表名	说明
APP_RedPackage_Activity	活动信息
APP_RedPackage_Activity_Award_Log	活动获奖记录
Order	订单（充值记录）
SystemConfig	系统配置信息

Account 表结构如表 2-6 所示。

表 2-6

字段名称	字段类型	允许空	默认值	字段描述
Id	int			主键，自动增长
UserName	varchar(50)			用户名
Password	varchar(50)			密码
PasswordSalt	varchar(50)			密码盐
NickName	nvarchar(50)	True		用户昵称
RealName	nvarchar(50)	True		真实姓名
Tel	varchar(50)	True		电话（预留）
Email	varchar(150)	True		邮箱
EmailTrue	bit		0	是否验证邮箱
Phone	varchar(20)			手机号
PhoneTrue	bit		0	是否验证手机号
WeixinOpenId	varchar(100)	True		微信 OpenId
PicUrl	varchar(200)	True		本地头像
HeadImgUrl	varchar(200)	True		远程头像[微信]
Sex	tinyint			性别 未知=0 男=1， 女=2
QQ	varchar(50)	True		QQ
Country	nvarchar(20)	True		国家
Province	nvarchar(20)	True		省份
City	nvarchar(20)	True		城市
District	nvarchar(20)	True		区域
Address	nvarchar(250)	True		地址
Note	ntext	True		备注
Type	int			账号类型（预留）
ThisLoginTime	datetime			当前登录时间
ThisLoginIP	varchar(50)	True		当前登录 IP
LastLoginTime	datetime			最后一次登录时间
LastLoginIP	varchar(50)	True		最后一次登录 IP
LastWeixinSignInTime	datetime	True		最后一次授权时间
Wallet	decimal(18, 2)			钱包余额
AddTime	datetime			添加时间

Account 表中包含了常规的进行微信绑定的用户信息以及用户账户,在实际的开发过程中,例如 Wallet(钱包)还需要配合相应的流水记录(如 WalletLog 表),以达到更好的系统健壮性。

其中使用的 PasswordSalt(密码盐)是一种更加安全的加密手段,其原理是在生成不可逆的加密字符串(Password)之前,随机生成一个密码盐字符串,并使用一定的规则插入明文(或初步加密的)密码中,大幅增加密码的长度和复杂性,使最终的密码几乎无法被暴力破解。

AdminUserInfo 表结构如表 2-7 所示。

表 2-7

字段名称	字段类型	允许空	默认值	字段描述
Id	int			主键,自动增长
UserName	varchar(50)			登录名
Password	varchar(50)			密码
PasswordSalt	varchar(50)			密码盐
RealName	nvarchar(50)	True		管理员昵称
Sex	int		0	性别
Phone	varchar(50)			手机号
ThisLoginTime	datetime			当前登录时间
ThisLoginIP	varchar(50)	True		当前登录 IP
LastLoginTime	datetime			上一次登录时间
LastLoginIP	varchar(50)	True		上一次登录 IP
Note	ntext	True		备注
AddIP	varchar(50)	True		添加 IP
UpdateTime	datetime			更新时间
UpdateIP	varchar(50)	True		更新 IP
AddTime	datetime			添加时间

APP_RedPackage_Activity 表结构如表 2-8 所示。

表 2-8

字段名称	字段类型	允许空	默认值	字段描述
Id	int			主键,自动增长
Name	nvarchar(250)			活动名称
Type	int			活动类型
State	int			活动状态
Description	ntext	True		活动描述
PicUrl	varchar(250)	True		活动图片
TotalMoney	money		0	活动总金额
[Rule]	ntext	True		活动规则
RemainingMoney	money		0	活动剩余金额
EndTime	datetime			结束时间
BeginTime	datetime			开始时间
AddTime	datetime			添加时间

APP_RedPackage_Activity_Award_Log 表结构如表 2-9 所示。

表 2-9

字段名称	字段类型	允许空	默认值	字段描述
Id	int			主键，自动增长
AccountId	int			外键
ActivityId	int			外键
AwardName	nvarchar(20)			奖品名称
Money	decimal(18, 2)			金额
State	int			状态 开始=0， 结束=1
RegisterInfo	ntext	True		活动参数
AddTime	datetime			添加时间

Order 表结构如表 2-10 所示。

表 2-10

字段名称	字段类型	允许空	默认值	字段描述
Id	int			主键，自动增长
AccountId	int	True		外键
ActivityId	int			外键
OrderNumber	varchar(100)			订单号
TotalPrice	money		0	总金额
Price	money		0	实际支付金额
PayMoney	money			订单金额
CompleteTime	datetime			支付成功时间
GetPayOrderTime	datetime	True		预支付订单获取时间
Status	tinyint			订单状态 未支付=0， 已支付=1， 已取消=2， 已冻结=3
Description	varchar(250)	True		订单描述
PrepayId	varchar(100)	True		预支付订单号
PrepayCodeUrl	varchar(100)	True		预支付订单二维码
PayType	int		0	支付类型 微信支付=0， 其他=1
OrderType	int		0	订单类型 摇一摇红包=0
PayParam	ntext	True		支付参数
AddIp	varchar(50)	True		IP 地址
AddTime	datetime			添加时间

SystemConfig 表结构如表 2-11 所示。

表 2-11

字段名称	字段类型	允许空	默认值	字段描述
Id	int			主键,自动增长
SystemName	varchar(150)	True		系统名称
MchId	varchar(20)	True		微信支付 MchId
MchKey	varchar(150)	True		微信支付 MchKey
TenPayAppId	varchar(50)	True		微信支付 AppId

2.3 接口统计

对项目中需要使用到的微信接口进行事先的统计是十分必要的，但这一步经常会被开发者或项目经理、产品经理忽略，以至于在实际运行过程中出现很多尴尬的局面，进行接口的统计主要目标如下：

1）估算访问量、并发量，并核对接口提供能力（参考第 3 章 3.8 节"服务号、订阅号和认证账号的功能差别"）；

2）查看当前公众号是否具备相关接口能力，并进行必要的准备工作；

3）根据情况制订时间计划和费用预算，明确任务分配和责任人；

4）查看相关的接口的可用性，以及 SDK 的支持能力，及各版本的稳定性；

5）查看接口需要的参数，可能会影响 UI 设计或流程。

针对公众号，我们按照接口功能划分可以得出一个大致的分类，如下所示：

- 接收/发送消息（事件）
- 自定义菜单 & 个性化菜单
- 消息管理
- OAuth 授权
- JSSDK
- 微信支付
- 用户管理
- 素材管理
- 账号管理
    - 带参数二维码
    - 长链接转短链接接口
    - 微信认证事件推送
- 数据统计
- 微信小店
- 微信卡券
    - 卡券事件推送
        - 买单事件推送
        - 会员卡内容更新事件推送
        - 库存报警事件推送
        - 券点流水详情事件推送
- 微信门店
- 微信智能
- 微信设备功能
- 多客服功能

- □ 微信摇一摇周边
- □ 微信连Wi-Fi（未完整）
- □ 微信扫一扫（商家）
  - □ 扫一扫事件推送
    - □ 打开商品主页事件推送
    - □ 关注公众号事件推送
    - □ 进入公众号事件推送
    - □ 地理位置信息异步推送
    - □ 商品审核结果推送

按照本次需求分析，连同考虑到后期扩展，需要用到的接口及功能为：

- √ 接收/发送消息（事件）
- √ 自定义菜单 & 个性化菜单
- √ 消息管理
- √ OAuth 授权
- √ JSSDK
- √ 微信支付
- √ 用户管理
- √ 微信摇一摇周边

针对每一个大块的功能，我们还可以继续细分，例如"消息管理"中我们主要用到的是"模板消息"。

2.4 业务逻辑

业务层面，可以大致分为 2 个人类角色：用户及商家，利用 HTML5 使用网页方式呈现，外部的接口除需要和微信通信外，我们还需要使用到人脸表情识别等认知服务，我们选择了微软的认知服务，几者之间的关系和流程如图 2-1 所示 23#349 。

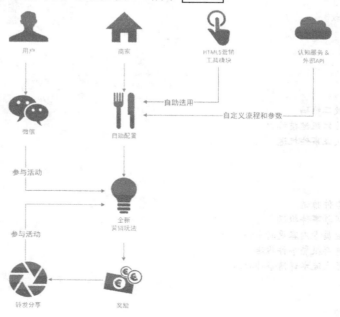

图2-1

管理员设置活动的流程如图 2-2 所示 23#371 。

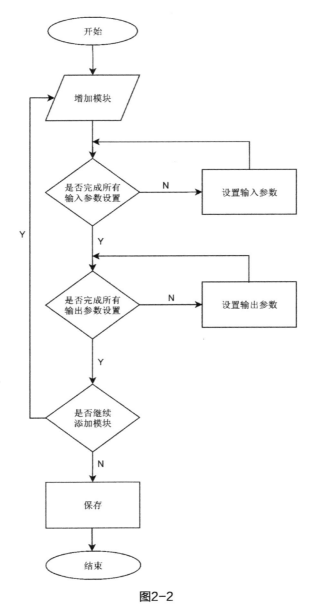

图2-2

用户参与活动只需要按照管理员设置的活动参与即可，如果从程序方面梳理流程的话，如图 2-3 所示 23#372 。

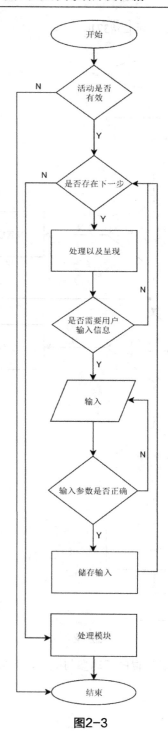

图2-3

2.5 技术架构

系统总体框架使用 ASP.NET MVC，数据库采用 SQL Server，整体的架构从底层向上分为 5

层,分别是"数据库""核心及工具""服务""控制器"和"视图"。

"数据库"为独立的底层,由 ADO.NET 连接,为了方便开发和学习,我们采用 EntityFramwork 6.0,其底层采用了 ADO.NET。

"核心及工具"层包括了以下多个模块。

1)Log(日志):负责记录系统日志;

2)Utilities(工具):提供各类工具,如加密、网络访问等重用方法;

3)Image(图形):负责图形处理(如水印);

4)Repository(实体库):提供实体和数据库之间操作的基础方法和接口;

5)Cache(缓存):提供实体和系统模型所需要的缓存功能(可支持 Redis 等分布式缓存),由于系统使用了 ORM,为弥补部分效率问题,缓存模块也担负着对部分数据库数据进行缓存的角色;

6)Core(系统核心模块):提供系统核心的参数配置和最底层的公用方法,以及各类实体(包括 ORM 所需的实体)、枚举等定义;

7)Threads(线程):负责管理需要单独运行的线程。

"服务"层包含了所有业务逻辑,其中也包括了对微信接口、微软认知服务接口及其他外部接口的集成。

"核心及工具"和"服务"层共同组成了 MVC 中的"M",即 Model。

"控制器"层包含了所有的控制器,其中根据功能的不同分布于以下三个不同的地方。

1)最底层:提供基础的公用基类;

2)微信端:提供一个独立 Area,提供在手机端访问的控制器;

3)管理员:提供一个独立的 Area,服务于管理员后台。

"视图"层包含了"Web.UI Extensions(视图扩展)"和"Senparc Marketing Web(Web 视图)"两个部分,其中"Web 视图"提供和"控制器"对应的视图文件以及静态文件,并包含 Web 项目所必需的一些基础文件(如 Web.config、Global 等),其中也包含了两个 Area 所需要的视图文件,"视图扩展"主要用于为"Web 视图"提供扩展方法,例如输出一些固定格式的 HTML 等。

整个项目计划部署于 Microsoft Azure,因其提供了非常出色的云计算服务能力以及诸多的扩展功能。需要用到的服务大致如下。

1)Web App:提供 Web 宿主服务和计算能力;

2)Perceived Service APIs:认知服务接口;

3)Certificate Service:证书服务(使用企业付款必须要用到证书服务);

4)Redis Cache:Redis 缓存服务(可选);

5)SQL Service:专门对云架构进行过优化的 SQL Server。

以上结构的总体架构如图 2-4 所示 654#350。

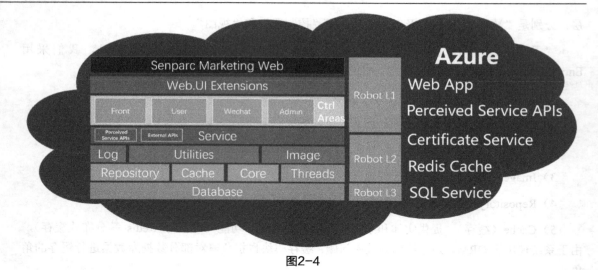

图2-4

2.6 微信公众号策划

完成了程序层面的规划之后,就需要进行公众号的策划。大致需要确定的信息如表 2-12 所示。

表 2-12

盛派网络微信公众号信息管理表						
名称			类型	□ 服务号	□ 订阅号	□ 测试号
头像			登录账号 (邮箱)			
绑定微信号			其他 管理员			
微信 认证	□ 资料已提交 □ 已付款 □ 修改资料 □ 已认证					
	AppId					
	认证通过时间		下次认证时间			
消息接口 URL						
JSSDK 绑定域名						
安全域名						
OAuth 授权域名						
特殊接口权限	(填写和微信官网限制不同的接口及限制)					
微信 支付	□ 无须申请 □ 资料已提交 □ 已付款 □ 修改资料 □ 已通过					
	申请单号		商户登录账号			
	认证通过时间		下次认证时间			
	是否为服务商		是否为子商户			

续表

微信支付	开发配置	支付授权目录	（最多3个）		
		测试授权目录			
		测试白名单	（最多20个）		
		扫码支付 URL			
		刷卡支付	□ 已获得		
	子账号				
已开通功能插件					
对外第三方平台授权					
模板消息	模板 ID		标题	一级行业	二级行业
菜单设计	名称（结构）	类型	参数	备注	
更新记录	日期	内容		操作人1	操作人2
备用符号	□ √				
说明：所有 secret、token、key 等程序使用的安全信息请勿在本表中填写！					

2.7 统一培训

无论是在开发之前还是项目上线之前，对项目组和运维人员进行培训是非常必要的，培训的内容因项目而异，但总体上都会包含以下几部分内容。

1）操作说明：这个不必多说，所有项目相关人员对于系统功能的了解是必需的；

2）阈值说明：说明系统可以承受的设计界限，包括服务器计算压力、并发处理能力、系统资源、带宽等，以便开发人员进行设计，以及运维人员进行预警；

3）术语培训：内部沟通使用的或业界的专业术语培训，避免沟通过程产生误解；

4）安全培训：对于账号管理规范、安全意识等应是每次培训必须提及的内容，技术防范到位之后，最容易出问题的是人，并且安全责任人必须明确。

习题

2.1 策划一个公众号开发有哪些基本步骤?

2.2 本章案例的设计中,涉及了哪些软件、技术或框架?

第 3 章　开发微信公众号前的准备

本章将介绍作为一名使用公众平台接口的开发者，需要知道的一些基础的知识点和需要掌握的技能，以及必须要做好的准备工作，并在接下来的章节中开始学习开发。本章也涉及一些微信官方的规定或比较隐蔽的注意点。

公众号分为服务号、订阅号、小程序，还有一个差别相对比较大的企业号（目前已经升级到"企业微信"并配备独立 APP）。本书主要针对服务号和小程序进行介绍，而服务号又基本涵盖了小程序的多数规则，因此本章（包括在介绍小程序之前的章节）如无特殊说明，所说的"公众号"都以服务号为例。

由于本章介绍的许多基础知识属于具有共性的软件（网站）开发基础，因此不在这里做太具体的开发技能介绍，只做简单的知识及准备工作梳理，开发者可以根据这些知识展开对应的学习。

3.1　准备工作

在你决定亲手开发微信公众号之前，需要做一些准备工作，为的是在开发、测试、部署、运行的过程可以更加顺利。

3.1.1　基本技能

由于 Senparc.Weixin SDK 是使用 C# 开发的，因此你需要具备开发 C# 的基本功，包括对 C# 基本语言层面的基础知识，以及开发工具的使用能力，例如 Visual Studio。

在开发过程中如果需要使用数据库，还需要具备数据库的基本知识，例如 SQL Server、MySQL 等。

除此以外，由于微信的应用场景和特性，还需要对 B/S（Browser/Server） 模式有所了解，并且具备一定的 HTML 编写能力。

3.1.2 开发环境

本书的介绍以 .NET Framework 4.5 及 Visual Studio 2015 为例。

- .NET Framework 4.5

中文版的 .NET Framework 4.5 下载地址 34#13：

https://www.microsoft.com/zh-cn/download/details.aspx?id=30653

- Visual Studio

Visual Studio 下载地址 34#14：

https://www.visualstudio.com/zh-hans/downloads/

- 数据库

在实际的开发过程中，通常我们都会使用到数据库，和 .NET 配合使用最多的应该是 SQL Server 数据库，中文版 Microsoft® SQL Server® 2008 Express 下载地址 34#15：

https://www.microsoft.com/zh-cn/download/details.aspx?id=1695

- 缓存框架

如果生产环境是分布式的，那么在开发的时候可能就需要对分布式缓存进行调试，目前 Senparc.Weixin SDK 提供了 Memcached 和 Reids 两种分布式缓存的解决方案，也可以扩展其他你所熟悉的缓存软件。相关的管理工具比较多，没有特别的要求，通常也需要一定的学习能力才能很好地驾驭。

在开发方面，微信官方也提供了开发工具（同时适用于微信公众号及小程序），详见本章 3.5 节"使用微信 Web 开发者工具调试微信"。

- 桌面版微信

为了方便进行消息和网页测试，我们建议你安装一个桌面版的微信，打开下方网址后，单击【免费下载】按钮，选择符合系统环境的版本下载安装 34#17：

http://weixin.qq.com/

- 微信 Web 开发工具

微信 Web 开发工具可用于调试、开发微信公众号及小程序，安装方法详见本章 3.5 节"使用微信 Web 开发者工具调试微信"。

- 版本控制工具

为了确保项目更加科学地迭代和测试、协作开发，我们强烈建议使用版本控制工具对代码加以管理，目前比较流行的有 Git 和 SVN。较新版本的 Visual Studio 在安装时也都会提示 Git 的安装，甚至 GitHub 的插件安装（经测试 Visual Studio 2015 及 2017 都有，其他版本未测试）。

Senparc.Weixin SDK 目前托管的 GitHub 默认使用的就是 git，如果你需要对 SDK 的源代码进行修改或提交，就需要使用到 git，GitHub 官方已经提供了一个 Windows 桌面的管理工具，下载地址 34#428：https://desktop.github.com/。

3.1.3 域名

前面的章节已经介绍了服务器、域名等必要的基础设施，这里就不再赘述，需要再次强调一下的是：**域名必须经过 ICP 备案，否则将无法通过 URL 验证**。

另外需要注意的是，如果使用的是虚拟主机或云服务器提供的免费域名（通常为三级甚至四级域名），需要确保一级域名已经进行过 ICP 备案，不是所有的服务商赠送的免费域名都是经过备案的。

注意：正式的生产环境中我们非常不建议使用多级的免费域名，因为一旦某个网站被举报，整个顶级域名下的所有域名都会被牵连。

由于微信公众号的入口不是通过直接网址访问，而是使用二维码、转发等，因此在域名的选择上比 PC 时代会宽松很多，甚至不一定需要多好记。当然需要另外发布 PC 网站的另当别论。

3.1.4 服务器

服务器是生产环境必需的，在开发过程中，我们也需要在服务器上部署代码进行一系列测试（如 OAuth 等），微信公众号对于服务器的类型没有任何的限制，可以是托管的物理主机，也可以是云主机、虚拟主机。

许多开发者在开发阶段会使用"花生壳"来穿透内网，达到临时服务器的目的，如果是常规网页访问这是可以的，但是消息接口在必须对接经过 ICP 备案域名的同时，还要求必须是默认 80 端口，那就不能使用"花生壳"了，由于目前规定的限制，常规的家庭宽带是无法提供 80 端口访问的。除了使用"花生壳"以外，开发者还可以查找"natapp"和"sunny-ngrok"这两款工具。

3.1.5 SSL 证书

在开发的过程中，我们建议使用更加安全的 HTTPS 协议，需要安装 SSL 证书，这方面的知识也需要开发者有所准备，并在申请、配置的过程中保持足够的耐心。尤其在开发小程序的时候，使用 HTTPS 是被强制要求的。

3.2 消息通信

3.2.1 公众平台的消息通信过程

在微信开发的过程中，我们需要面对的主要有两个对象：微信服务器和应用程序服务器（或叫应用服务器、网站服务器）。

当微信用户在微信客户端向你的公众平台发送一条消息时，实际上这条消息首先发送到微信服务器，由微信服务器向网站服务器发起另外一个请求，网站服务器返回这个请求的结果给微信服务器，再由微信服务器发送到微信客户端。

整个消息通信流程如图 3-1 所示 40#351 。

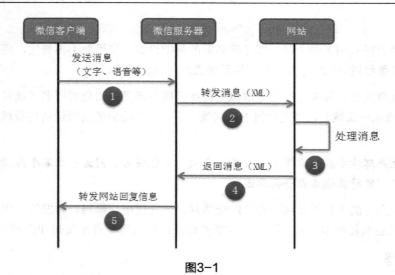

图3-1

上述 5 个步骤中，作为开发者我们的主要精力都集中在步骤 3 上，这个步骤实际上主要有以下 3 项任务。

1) 接收来自 2 的 XML 信息；

2) 服务器内部逻辑执行；

3) 组织并返回用于 4 的 XML 信息。

这个中转请求的过程用户是无法感知的，对于用户而言，他们只能感觉到是在和你的公众号通信。这种模式的好处是可以对消息进行一些过滤并提供更加标准的通信协议，缺点是增加了响应的时间以及中间可能出现故障的节点数量，并且也为我们调试带来了一定的困难，我们将在后面的章节中逐步介绍如何利用 Senparc.Weixin SDK 以及单元测试克服这些困难。

3.2.2 XML 通信格式

用户使用微信客户端发送的不同类型的消息，网站服务器会收到不同格式的数据（文字、语音、图片等），数据格式暂时只有 XML 一种（小程序可支持 JSON）。

作为测试和调试过程中可能需要用到的基础知识，只要熟练掌握最简单的文字类型就可以了，其他的格式都大同小异。且在后面的说明中你会发现， Senparc.Weixin.MP.dll 可以帮助我们完全忽略这些烦琐的格式和定义。

一个简单的文字请求 XML（RequestMessage）内容如下 41#19：

```xml
<xml>
    <ToUserName><![CDATA[gh_a96a4a619366]]></ToUserName>
    <FromUserName><![CDATA[olPjZjsXuQPJoV0HlruZkNzKc91E]]></FromUserName>
    <CreateTime>1357986928</CreateTime>
    <MsgType><![CDATA[text]]></MsgType>
    <Content><![CDATA[TNT2]]></Content>
    <MsgId>5832509444155992350</MsgId>
</xml>
```

对应节点的官方说明如表 3-1 所示。

表 3-1

参数	描述
ToUserName	开发者微信号
FromUserName	发送方账号（一个 OpenId）
CreateTime	消息创建时间（整型）
MsgType	text
Content	文本消息内容
MsgId	消息 id，64 位整型

需要特别说明一下的是 MsgId，这实际上是微信的一个容错机制。当应用服务器不能及时响应微信服务器的请求时，微信服务器会连续发送多条相同 MsgId 的信息到应用服务器，以防止丢包的情况。这时我们需要利用 MsgId 对消息进行去重，否则就会多次执行同一个请求。

去重功能已经集成到 Senparc.Weixin.MP，会自动执行。

一个简单的文字返回 XML（ResponseMessage）内容如下 41#20：

```xml
<xml>
    <ToUserName><![CDATA[olPjZjsXuQPJoV0HlruZkNzKc91E]]></ToUserName>
    <FromUserName><![CDATA[gh_a96a4a619366]]></FromUserName>
    <CreateTime>12345678</CreateTime>
    <MsgType><![CDATA[text]]></MsgType>
    <Content><![CDATA[content]]></Content>
</xml>
```

对应节点的官方说明如表 3-2 所示。

表 3-2

参数	描述
ToUserName	接收方账号（收到的 OpenId）
FromUserName	开发者微信号
CreateTime	消息创建时间
MsgType	text
Content	回复的消息内容，长度不超过 2048 字节

3.2.3 消息通信中需要注意的问题

1）每条 XML 信息都有大小限制，如文本信息，建议 Content 内容不要超过 600 字。

2）图 3-1 中，步骤 2 开始之后，微信服务器有一个等待时间：5 秒，如果在这个时间内没有进行到步骤 4，那么这个请求将会被关闭（包括数据传输的时间）。也就是说如果超过时间，即使网站服务器返回了数据，客户端也无法收到回复。在此过程中，微信服务器可能会发送多条相同 MsgId 的消息到应用服务器。

3）有部分接口即使在应用服务器正常的情况下，微信仍然会发送多条内容，但是具有相同

MsgId 以及 CreateTime 的消息,此时需要注意是否需要去重。已经发现的一些情况我们也会及时更新到 SDK 中。

4)在文本消息中,是允许添加<a>标签来放置连接的,但是有许多朋友测试之后发现 iOS 没问题,Android 上链接无法单击,其实原因是(至少目前为止):Android 的微信客户端对<a>标签格式的判定比较严格,请严格按照这个格式书写:<a href="http://xxxx">内容</a>,href 后不要使用单引号,也不要添加其他属性,上述格式中的<a>标签内没有空格的地方不要添加空格(比如"="和""" 前后)。

5)上面 XML 节点中的 FromUserName 即微信用户的 OpenId,对于同一个公众账号,这个 OpenId 的前 6 位是一致的,并且在整个公众平台的记录中 OpenId 也是唯一的。也就是说同一个用户关注了两个不同的公众账号,他会有两个不同的 OpenId。

6)CreateTime 使用的是 UNIX 时间,因此如果使用 C# 的话,需要做一个转换。

7)尽量保持官方 API 中 XML 节点的顺序,以前微信服务器是使用节点位置的方式读取信息的(node[0]),而非节点名称,现在这个问题似乎有好转,不过还是要小心后续的接口更新是否会出现类似的问题。目前已经发现的另外一个问题是有一些接口中的参数如果值是 null,宁可整个属性都不要提供,否则可能造成请求失败(但又不是所有接口都这样)。Senparc.Weixin SDK 已经对这些已知的官方的 bug 进行了处理,也欢迎各位程序员提交最新的测试结果,让我们可以不断完善这个框架。

8)微信已经加入了一些限制,比如只有在 48 小时内和公众号互动过的客户端才可以收到公众号主动推送的客服消息,因此如果能够让用户主动发起请求,就这么做吧,这是一种最稳定和便捷的交互方式(和客服消息、模板信息相比)。

3.3 访问网页

用户除了通过公众号的消息界面和开发者服务器进行通信,还可以通过网页和服务器交互,微信内置了浏览器,支持 HTML5,并可以通过一系列内置的 JS 接口实现特殊的功能,例如自定义标题和缩略图的消息转发(JS-SDK)、用户身份识别(OAuth 2.0)、微信支付等。

内置浏览器会在用户单击消息界面中的链接(包括图文消息)、朋友圈或微信群的转发消息时被打开,网页的功能通常与被打开的途径无关,例如我们需要在某个网页中识别用户的身份,这个过程是独立在网页内完成的,和用户通过什么方式进入无关。

注意:经过对早期版本微信的测试,通过"摇一摇周边"功能进入的网页,所调用的内置浏览器的性能和一些行为,与通过常规方式进入的浏览器存在一定差异。目前还未得到官方的确认和解释,但需要注意。

3.4 使用测试号进行测试

如果开发阶段还没有准备好域名,或是希望做沙盒测试而不影响生产环境数据,那么可以使用微信提供的测试账号进行测试。

申请测试号的步骤如下。

第一步：打开申请入口 44#21：

http://mp.weixin.qq.com/debug/cgi-bin/sandbox?t=sandbox/login

如图 3-2 所示。

图3-2

第二步：单击绿色【登录】按钮，使用微信扫描出现的二维码，并在微信客户端单击【确认登录】按钮。

第三步：确认登录后，进入到测试号设置页面，进行消息接口、JS-SDK 安全域名及模板消息等设置，如图 3-3 所示。

如果需要添加更多的测试人员，只需要使用测试人员的微信扫描并关注"测试号二维码"即可。

注意：1）每个个人微信账号只能创建一个测试号；每个测试号允许加入 100 个用户；不限制每个个人微信号加入多少个测试号。

2）根据我们长期以来的实践，如果是系统尚未正式发布前的在线测试，我们更建议直接使用正式的微信公众号进行测试，毕竟测试号还是存在一些不确定的（甚至是很诡异）问题的，会给开发过程带来不必要的困扰。而系统一旦开始运行生产环境，我们推荐使用测试号，哪怕有时会有一些坑，此时需要明辨是测试号的问题还是系统本身的问题。

图3-3

3.5 使用微信 Web 开发者工具调试微信

3.5.1 下载和安装

在开发微信公众号应用的过程中,我们经常需要使用开发者工具调试网页,这在手机微信客户端是比较困难的,虽然可以安装调试插件,但多数情况下毕竟是一个下策。

微信为开发者提供了非常好的 PC 端调试工具，兼容普通公众号的调试及小程序的开发与调试。下载地址如下。

Windows 64 位 46#24：

https://servicewechat.com/wxa-dev-logic/download_redirect?type=x64&from=mpwiki

Windows 32 位 46#25：

https://servicewechat.com/wxa-dev-logic/download_redirect?type=ia32&from=mpwiki

Mac 46#26：

https://servicewechat.com/wxa-dev-logic/download_redirect?type=darwin&from=mpwiki

下载完成后直接安装即可。

测试发现针对不同版本的开发，此工具可以同时安装，不影响使用，因此安装的时候建议在文件名后面加一个版本后缀，例如 D:\Program Files (x86)\Tencent\微信 web 开发者工具_0.14。

截至本章编写完结，最新的版本为 0.14.9828。

3.5.2 使用开发者工具

安装完成微信 Web 开发者工具后，打开工具，如图 3-4 所示。

图3-4

使用微信扫描二维码并确认登录，进入调试类型选择界面，在这个界面上可以选择调试本地小程序项目或公众号网页，如图 3-5 所示。

单击【公众号网页开发】按钮即可进入公众号网页开发的调试界面，如图 3-6 所示。

关于本地小程序项目的调试请见第 20 章"微信小程序"的开发介绍。

图3-5

图3-6

微信 Web 开发者工具分为几个重要的部分：地址栏、左侧标签栏、浏览器窗口及右侧的 Chrome DevTools 窗口，尤其使用过 Chrome 进行网页调试的开发者对此一定不会陌生，几乎没有学习成本即可上手。在浏览器窗口的上方，可以选择模拟不同尺寸的手机，以及网络情况。

在地址栏中可以输入任意网址，包括需要微信客户端进行 OAuth 授权的页面。例如输入 URL http://sdk.weixin.senparc.com/TenpayV3/ProductList，并单击任一产品，即可看到和手机端微信一样的授权页面，如图 3-7 所示。

图3-7

单击【确认登录】按钮,即可完成授权,继续调试。

有关 OAuth 的内容详见第 16 章"微信网页授权(OAuth 2.0)"。

如果需要进一步跟踪调试工具的日志,可以在以下目录中找到:

C:\Users\<用户名>\AppData\Local\微信 web 开发者工具\User Data\WeappLog

3.6 单元测试

单元测试在程序开发的过程中几乎是必需的,不论是后端逻辑代码的测试、接口测试或是 UI 测试,我们都建议开发者编写完整的单元测试代码。

本书涉及的单元测试代码都将使用 Visual Studio 的 MSTest 进行测试,包括 Senparc.Weixin SDK 也使用了 MSTest,除此以外也可以使用 NUnit 等其他熟悉的单元测试框架。我们强烈建议开发者至少熟练掌握一个单元测试框架,并在整个微信公众号开发的过程中使用它,条件合适的情况下我们也很提倡 TDD(Test-Driven Development)开发模式。

3.7 在线接口调试工具

除了单元测试以外,有时我们也希望更加直观地观测发送及接收消息的格式,或某些参数的正确性,这时候可以使用微信官方提供的接口调试工具,此工具是在线的,地址为:
http://mp.weixin.qq.com/debug,打开后如图 3-8 所示。

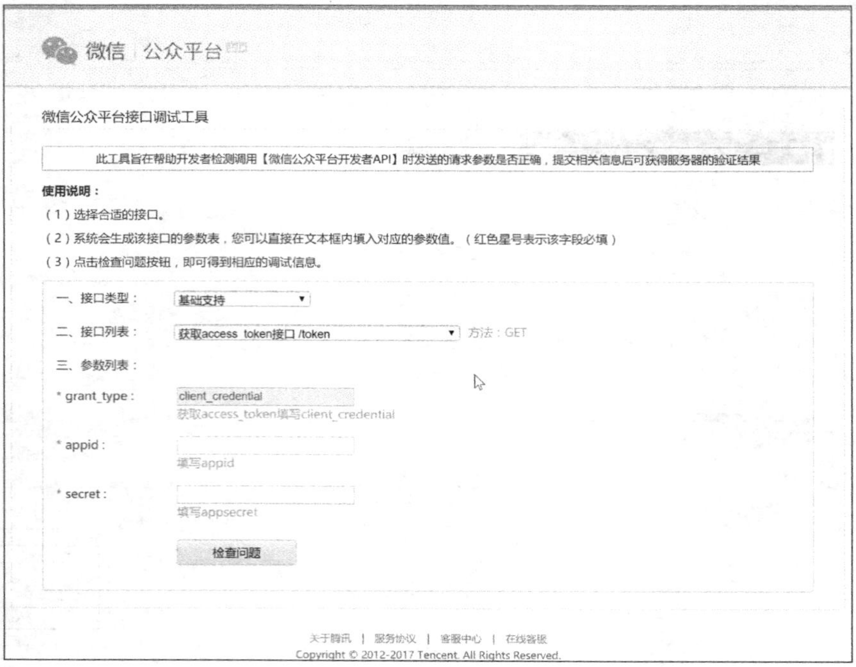

图3-8

在【接口类型】及【接口列表】下拉框中可以选择需要测试的接口,【参数列表】为需要提交的参数。

有关微信接口在 Senparc.Weixin SDK 中的使用详见第 14 章"微信接口"。

3.8 服务号、订阅号和认证账号的功能差别

在决定申请什么类型的账号之前,对于不同类型账号在功能上的差别以及 API 的使用限制进行了解和评估是非常重要的。

3.8.1 服务号

服务号的功能及权限如表 3-3 所示(其中标记为 * 的项目未认证的服务号不支持)。

表 3-3

类目	功能	接口	服务号(认证)	
			每日调用上限/次	是否支持
对话服务	基础支持	获取 access_token	100000	支持
		获取微信服务器 IP 地址		支持
	接收消息	验证消息真实性	无上限	支持
		接收普通消息	无上限	支持
		接收事件推送	无上限	支持
		接收语音识别结果(已开启)	无上限	支持

续表

发送消息	自动回复	无上限	支持
	客服接口	5000000	*支持
	群发接口	上传图文消息素材 100 根据分组进行群发 1000 根据 OpenId 列表群发 1000 删除群发 100 发送预览 100 查看发送状态 10000	*支持
	模板消息（业务通知）	1000000	支持
用户管理	用户分组管理	创建分组 10000 查询所有分组 10000 查询用户所在分组 100000 修改分组名 10000 移动用户分组 1000000	*支持
	设置用户备注名	1000000	*支持
	获取用户基本信息	50000000	*支持
	获取用户列表	1000	*支持
	获取用户地理位置	无上限	*支持
推广支持	生成带参数的二维码	1000000	*支持
	长链接转短链接接口	1000	*支持
界面丰富	自定义菜单	自定义菜单创建 1000 自定义菜单删除 10000 自定义菜单查询 100000	支持
	个性化菜单	增加个性化菜单 5000 删除个性化菜单 5000 测试个性化菜单匹配结果 50000	*支持
素材管理	素材管理接口	新增临时素材 50000 获取临时素材 100000 新增永久图文素材 5000 新增永久其他类型素材 5000 获取永久素材 5000 删除永久素材 5000 修改永久图文素材 5000 获取素材总数 5000 获取素材列表 5000	*支持

续表

功能服务	智能接口	语义理解接口	10000	*支持
	多客服	获取客服聊天记录	50000	*支持
		客服管理	获取客服基本信息 5000000 获取在线客服接待信息 5000000 添加客服账号 5000 删除客服账号 5000 设置客服信息 5000 上传客服头像 5000	*支持
		会话控制	创建会话 20000 关闭会话 20000 获取客户的会话状态 20000 获取客服的会话列表 20000 获取未接入会话列表 20000	*支持
	微信支付	微信支付接口	-	支持
	微信小店	微信小店接口	-	支持必须满足这些条件： 必须是服务号 必须通过微信认证 必须获得微信支付
	微信卡包	微信卡包接口	-	*支持
	设备功能	设备功能接口		支持必须满足这些条件： 必须是服务号 必须通过微信认证
网页服务	网页账号	网页授权获取用户基本信息	无上限	*支持
	基础接口	判断当前客户端版本是否支持指定 JS 接口	无上限	支持
		获取 jsapi_ticket	1000000	支持
	分享接口	获取"分享到朋友圈"按钮单击状态及自定义分享内容接口	无上限	*支持
		获取"分享给朋友"按钮单击状态及自定义分享内容接口	无上限	*支持
		获取"分享到 QQ"按钮单击状态及自定义分享内容接口	无上限	*支持

续表

	获取"分享到腾讯微博"按钮单击状态及自定义分享内容接口	无上限	*支持
图像接口	拍照或从手机相册中选图接口	无上限	支持
	预览图片接口	无上限	支持
	上传图片接口	无上限	支持
	下载图片接口	无上限	支持
音频接口	开始录音接口	无上限	支持
	停止录音接口	无上限	支持
	播放语音接口	无上限	支持
	暂停播放接口	无上限	支持
	停止播放接口	无上限	支持
	上传语音接口	无上限	支持
	下载语音接口	无上限	支持
智能接口	识别音频并返回识别结果接口	无上限	支持
设备信息	获取网络状态接口	无上限	支持
地理位置	使用微信内置地图查看位置接口	无上限	支持
	获取地理位置接口	无上限	支持
界面操作	隐藏右上角菜单接口	无上限	支持
	显示右上角菜单接口	无上限	支持
	关闭当前网页窗口接口	无上限	支持
	批量隐藏功能按钮接口	无上限	支持
	批量显示功能按钮接口	无上限	支持
	隐藏所有非基础按钮接口	无上限	支持
	显示所有功能按钮接口	无上限	支持
微信扫一扫	调起微信扫一扫接口	无上限	支持
微信小店	跳转微信商品页接口	无上限	*支持
微信卡券	调起适用于门店的卡券列表并获取用户选择列表	无上限	*支持
	批量添加卡券接口	无上限	*支持
	查看微信卡包中的卡券	无上限	*支持
微信支付	发起一个微信支付请求	无上限	支持

3.8.2 订阅号

订阅的功能及权限如表3-4所示（其中标记为 * 的项目未认证的订阅号不支持）。

表 3-4

类目	功能	接口	订阅号（认证）	是否支持
			每日调用上限/次	
对话服务	基础支持	获取 access_token	2000	支持
		获取微信服务器 IP 地址		支持
	接收消息	验证消息真实性	无上限	支持
		接收普通消息	无上限	支持
		接收事件推送	无上限	支持
		接收语音识别结果（已开启）	无上限	支持
	发送消息	自动回复	无上限	支持
		客服接口	500000	*支持
		群发接口	上传图文消息素材 100 根据分组进行群发 1000 根据 OpenId 列表群发 1000 删除群发 100 发送预览 100 查看发送状态 10000 【媒体类型】 根据分组进行群发 100 根据 OpenId 列表群发 100 删除群发 10 查看发送状态 1000	*支持
		模板消息（业务通知）		不支持
	用户管理	用户分组管理	创建分组 10000 查询所有分组 10000 查询用户所在分组 100000 修改分组名 10000 移动用户分组 1000000 【媒体类型】 创建分组 1000 查询所有分组 1000 查询用户所在分组 10000 修改分组名 1000 移动用户分组 100000	*支持

续表

		设置用户备注名	10000 【媒体类型】 1000000	*支持
		获取用户基本信息	500000 【媒体类型】 50000000	*支持
		获取用户列表	500	*支持
		获取用户地理位置		不支持
	推广支持	生成带参数的二维码		不支持
		长链接转短链接口		不支持
	界面丰富	自定义菜单	自定义菜单创建 1000 自定义菜单删除 10000 自定义菜单查询 100000	*支持
		个性化菜单	详情	*支持
	素材管理	素材管理接口	上传永久多媒体素材 5000 上传永久图文素材 5000 获取永久图文素材 5000 修改永久图文素材 5000 获取永久素材总数 5000 获取永久素材列表 5000 删除永久素材 5000 上传临时素材 50000 下载临时素材 100000 上传图片获得URL（在群发接口中使用）5000	*支持
功能服务	智能接口	语义理解接口		不支持
	多客服	获取客服聊天记录	5000 【媒体类型】 50000	*支持
		客服管理	获取客服基本信息 5000000 获取在线客服接待信息 5000000 添加客服账号 5000 删除客服账号 5000 设置客服信息 5000 上传客服头像 5000 【媒体类型】 获取客服基本信息 500000 获取在线客服接待信息 500000 添加客服账号 500	*支持

续表

		客服管理	删除客服账号 500 设置客服信息 500 上传客服头像 500	*支持
		会话控制	创建会话 20000 关闭会话 20000 获取客户的会话状态 20000 获取客服的会话列表 20000 获取未接入的会话列表 20000 【媒体类型】 创建会话 2000 关闭会话 2000 获取客户的会话状态 2000 获取客服的会话列表 2000 获取未接入会话列表 2000	*支持
	微信支付	微信支付接口		*支持
	微信小店	微信小店接口		不支持
	微信卡包	微信卡包接口		*支持
	设备功能	设备功能接口		不支持
网页 服务	网页账号	网页授权获取用户基本信息	无上限	*支持
	基础接口	判断当前客户端版本是否支持指定 JS 接口	无上限	支持
		获取 jsapi_ticket	1000000	支持
	分享接口	获取"分享到朋友圈"按钮单击状态及自定义分享内容接口	无上限	*支持
		获取"分享给朋友"按钮单击状态及自定义分享内容接口	无上限	*支持
		获取"分享到 QQ"按钮单击状态及自定义分享内容接口	无上限	*支持
		获取"分享到腾讯微博"按钮单击状态及自定义分享内容接口	无上限	*支持
	图像接口	拍照或从手机相册中选图接口	无上限	支持
		预览图片接口	无上限	支持
		上传图片接口	无上限	支持
		下载图片接口	无上限	支持

续表

音频接口	开始录音接口	无上限	支持
	停止录音接口	无上限	支持
	播放语音接口	无上限	支持
	暂停播放接口	无上限	支持
	停止播放接口	无上限	支持
	上传语音接口	无上限	支持
	下载语音接口	无上限	支持
智能接口	识别音频并返回识别结果接口	无上限	支持
设备信息	获取网络状态接口	无上限	支持
地理位置	使用微信内置地图查看位置接口	无上限	支持
	获取地理位置接口	无上限	支持
界面操作	隐藏右上角菜单接口	无上限	支持
	显示右上角菜单接口	无上限	支持
	关闭当前网页窗口接口	无上限	支持
	批量隐藏功能按钮接口	无上限	支持
	批量显示功能按钮接口	无上限	支持
	隐藏所有非基础按钮接口	无上限	支持
	显示所有功能按钮接口	无上限	支持
微信扫一扫	调起微信扫一扫接口	无上限	支持
微信小店	跳转微信商品页接口		不支持
微信卡券	调起适用于门店的卡券列表并获取用户选择列表	无上限	*支持
	批量添加卡券接口	无上限	*支持
	查看微信卡包中的卡券	无上限	*支持
微信支付	发起一个微信支付请求		不支持

3.9 微信公众号申请

做好一系列的准备之后,我们就可以开始申请微信公众号了,过程如下。

第一步:进入公众平台地址 668#430 :https://mp.weixin.qq.com。

第二步:单击右上角的【立即注册】链接,如图3-9所示。

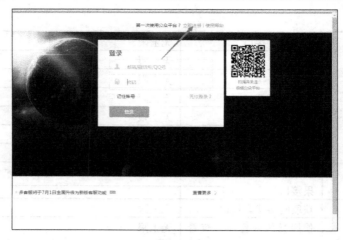

图3-9

第三步:填写"1、基本信息",并单击【注册】按钮,如图3-10所示。

图3-10

第四步:登录注册邮箱进行激活,如图3-11所示。

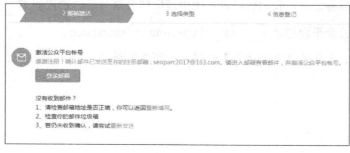

图3-11

在邮箱中打开激活链接，如图 3-12 所示。

图3-12

第五步：选择类型（根据自己的需要选择），在此演示的步骤选择了服务号，如图 3-13 所示。

图3-13

第六步：单击【确定】按钮，如图 3-14 所示。

图3-14

第七步:实名制,登记信息,在此演示单击【企业】按钮,如图 3-15 所示。

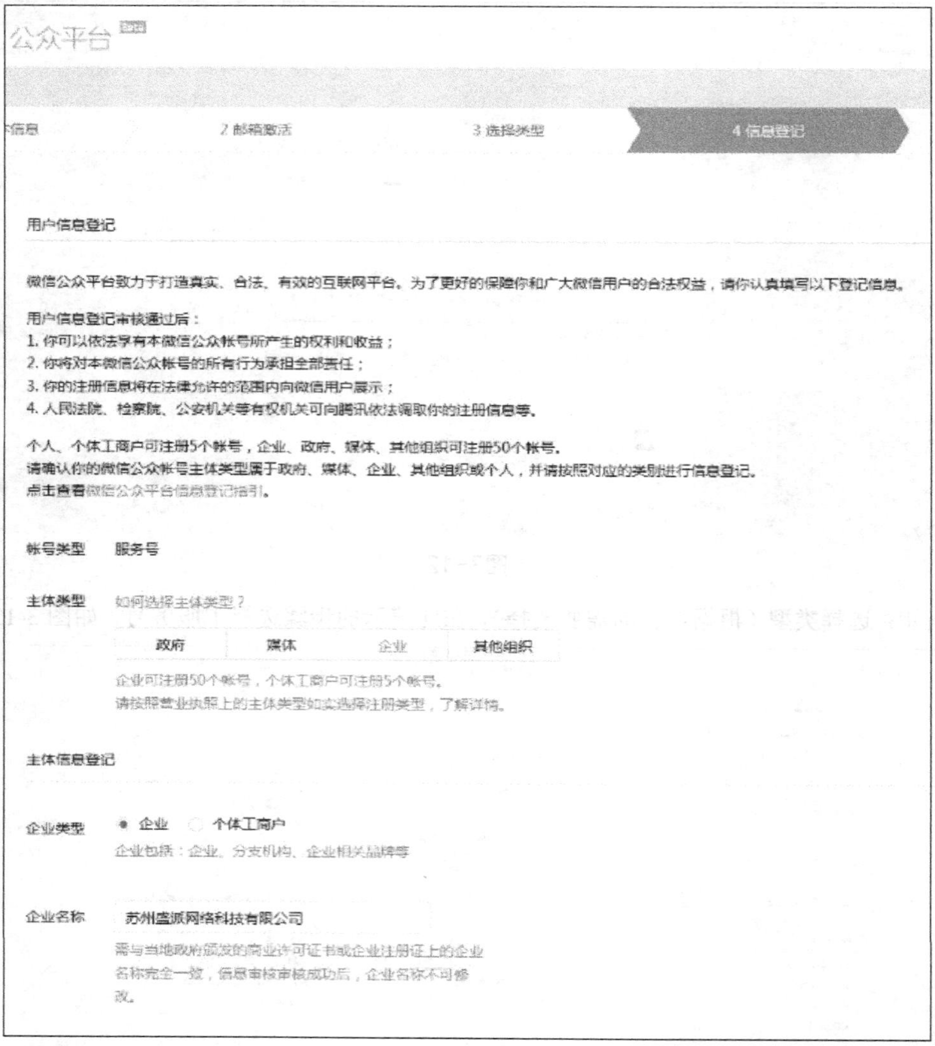

图3-15

第八步:验证方式分为两种,这里先介绍"微信认证",填完信息并单击【继续】按钮,如图 3-16 所示。

第 3 章 开发微信公众号前的准备

图3-16

第九步：单击【完成】按钮，因为我们选择的是微信认证验证，所以如图 3-17 所示；你也可以选择小额验证，只需转账指定金额到腾讯指定银行账户即可。

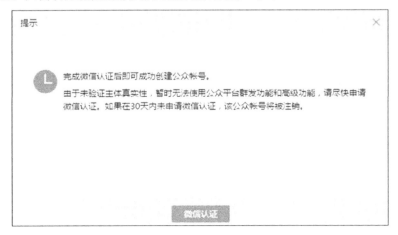

图3-17

第十步：单击【微信认证】按钮，然后单击【开通】按钮。如图 3-18 所示。

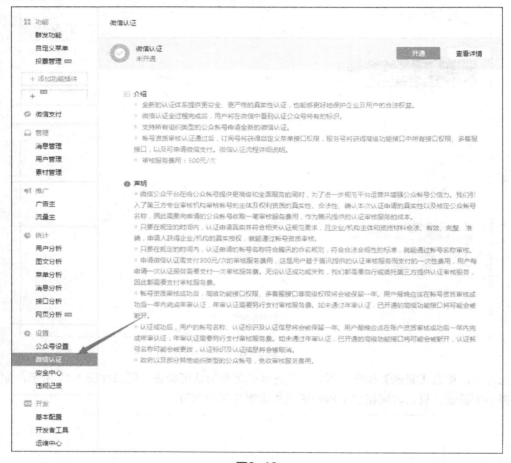

图3-18

第十一步：验证身份，如图 3-19 和图 3-20 所示。

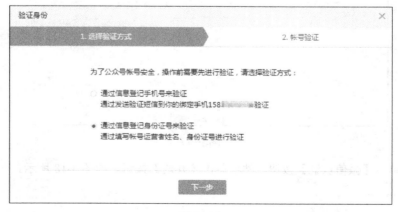

图3-19

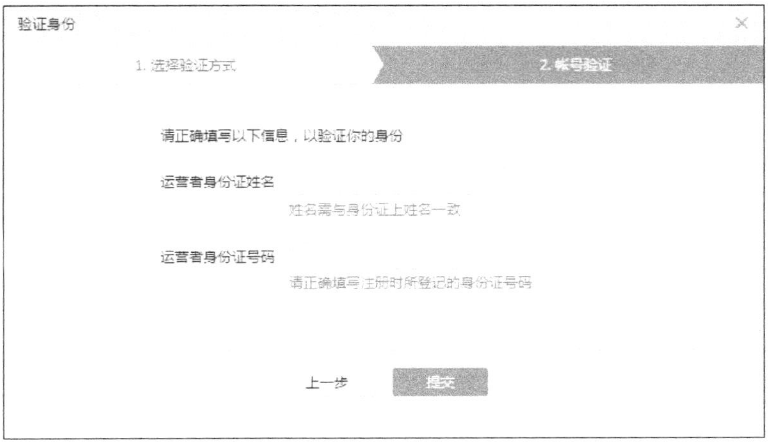

第 3 章 开发微信公众号前的准备

图3-20

第十二步：单击【提交】按钮，进入微信认证中的"1.同意协议"步骤并勾选下面的复选框，如图 3-21 所示。

图3-21

第十三步：单击【下一步】按钮，填写相应的资料，如图 3-22 所示。

图3-22

第十四步：单击【下一步】按钮后，进行名称的确认，如图 3-23 所示。

图3-23

第十五步：单击【下一步】按钮后，进行发票的填写，如图 3-24 所示。

图3-24

第十六步：单击【保存订单并下一步】按钮，最后进行扫码支付，如图 3-25 所示。

图3-25

习题

3.1 公众号的管理后台入口网址是什么？

3.2 通过认证的服务号，和通过认证的订阅号，在 access_token 的获取次数限制上，有什么差别？

3.3 "模板消息的发送没有数量限制"这句话对不对？为什么？

3.4 所有通过认证的服务号，和所有通过认证的订阅号，其接口限制都遵循统一的标准吗？如果不是，请举例说明。

第二部分　Senparc.Weixin SDK 框架介绍

第 4 章　Senparc.Weixin SDK 设计架构
第 5 章　微信公众号开发全过程案例
第 6 章　使用 SDK Demo：Senparc.Weixin.MP.Sample
第 7 章　MessageHandler：简化消息处理流程
第 8 章　缓存策略
第 9 章　并发场景下的分布式锁
第 10 章　Container：数据容器
第 11 章　SenparcMessageQueue：消息队列
第 12 章　接口调用及数据请求
第 13 章　Debug 模式及异常处理

第 4 章　Senparc.Weixin SDK 设计架构

本章将介绍 Senparc.Weixin SDK 项目的总体设计架构,包括开源项目本身及代码的总体架构,重点介绍 Senparc.Weixin（基础库）及 Senparc.Weixin.MP（微信公众账号）的文件位置及命名规则等,关于每个模块的详细架构思想可以在每个相关章节中看到。

4.1　开源项目

所有 Senparc.Weixin SDK 的源代码及 Demo 代码已经在 GitHub 上开源,您可以随时从官方库中同步最新的代码,项目地址为 52#28：

https://github.com/JeffreySu/WeiXinMPSDK

同时为了方便独立地使用和测试,我们将微信小程序和 WebSocket 克隆到独立的库中（在 WeiXinMPSDK 中仍然会集成最新的代码）。地址分别是：

- 微信小程序 52#29：https://github.com/JeffreySu/WxOpen
- Senparc.WebSocket 52#30：https://github.com/JeffreySu/Senparc.WebSocket

4.2　开源协议

整个 Senparc.Weixin SDK（包括 2 个独立库）,都使用 Apache License 开源协议（Version 2.0）,协议详情可以在 https://github.com/JeffreySu/WeiXinMPSDK/blob/master/license.md 文件中看到。

版权信息 53#32：

```
Copyright 2017 Jeffrey Su & Suzhou Senparc Network Technology Co.,Ltd.

Licensed under the Apache License, Version 2.0 (the "License"); you may not use this
file except in compliance with the License. You may obtain a copy of the License at

http://www.apache.org/licenses/LICENSE-2.0

Unless required by applicable law or agreed to in writing, software distributed
under the License is distributed on an "AS IS" BASIS, WITHOUT WARRANTIES OR CONDITIONS
OF ANY KIND, either express or implied. See the License for the specific language
governing permissions and limitations under the License.
```

Apache License 鼓励代码共享并尊重原作者的著作权，同样允许代码修改和再发布（作为开源或商业软件），但你需要遵守以下契约。

1）需要给代码使用者一份 Apache License。

2）如果你修改了代码，需要在被修改的文件中说明。

3）在延伸的代码中（修改和有源代码衍生的代码中）需要有源代码中的协议、商标、专利声明和其他原作者规定需要包含的说明。

4）如果再发布的产品中包含一个 Notice 文件，则在 Notice 文件中需要带有 Apache Licence。你可以在 Notice 中增加自己的许可，但不可以对 Apache Licence 进行更改。

除了上述条件它还有如下这些好处。

1）**永久权利**：一旦被授权，永久拥有。

2）**全球范围的权利**：在一个国家获得授权，适用于所有国家。假如你在美国，许可是在印度授权的，也没有问题。

3）**授权免费**：无版税，前期、后期均无任何费用。

4）**授权无排他性**：任何人都可以获得授权。

5）**授权不可撤销**：一旦获得授权，没有任何人可以撤销。比如，你基于该产品代码开发了衍生产品，你不用担心会在某一天被禁止使用该代码。

Senparc 团队认为，我们有责任和义务维护好 Senparc.Weixin SDK 来之不易的开源氛围和良好的开发者生态圈，这个过程着实需要花费巨大的人力和财力，也需要我们具有对促进中国开源事业发展的决心。如果你也认同我们的价值观以及这个 SDK 的作用，将此正版书推荐给你的同事或朋友，他将对你感激万分，我们也为你的开源价值观点个赞。

得到更多人的认同，并使更多人受益，对 Senparc 团队来说是一件极其快乐的事情。

4.3 微信平台生态与 Senparc.Weixin SDK

目前微信平台生态已经涵盖了微信公众号、企业号（现在已升级到"企业微信"，两者接口有差别)、小程序、开放平台、硬件平台等,Senparc.Weixin SDK 已经支持其中除硬件平台以外的几乎所有模块和功能,硬件平台的消息功能基础模块其实也已经在公众号模块中实现,其独立模块也正在计划上线中。

目前微信平台的生态接口及 Senparc.Weixin SDK 的覆盖范围如图 4-1 所示 54#352。

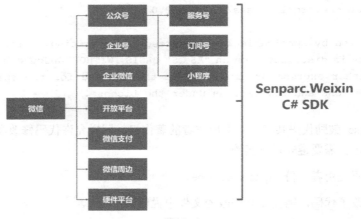

图4-1

各 SDK 中的类库文件(dll)如图 4-2 所示 54#353。

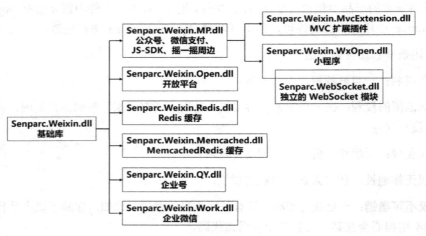

图4-2

其中,Senparc.WebSocket.dll 是完全独立的项目,不依赖于 SDK 生态中的其他模块,只是针对微信小程序(Senparc.Weixin.WxOpen)进行了一些特殊的优化处理,其余的库都继承自基础库 Senparc.Weixin。

Senparc.Weixin.MP 是内容最丰富的一个库,包含了微信公众号所需的所有功能,如微信支付、JS-SDK API 和摇一摇周边等,其中微信支付虽然是一个通用模块,但是为了提高平行关系模块之间的独立性,凡是需要使用微信支付的其他平行模块(如企业号),也都有各自微信支付的实现方法。

MVC 扩展插件和小程序的库都继承自 Senparc.Weixin.MP,小程序的微信支付和 Senparc.Weixin.MP 共享。

4.4 文件目录

如果你希望修改或学习源代码，那么一定要先了解一下项目文件目录。以下将介绍 GitHub 项目（SDK 中的文件的结构和命名都符合严格的规则，除特殊需要外，都可以反映出命名空间或层次关系。https://github.com/JeffreySu/WeiXinMPSDK）中当前的文件结构。

4.4.1 根目录

项目根目录中包含了一些和 git 及 GitHub 有关配置文件、说明文件以及源代码文件夹（src），如表 4-1 所示。

表 4-1

文件名	类型	说明
.github	文件夹	存放 GitHub 的一些配置文件
src	文件夹	**所有源代码都在这个文件夹内**
微信资源	文件夹	发布相关开发资源的入口索引
.gitattributes	文件	git 配置文件
.gitignore	文件	git 配置文件
.travis.yml	文件	https://travis-ci.org 配置文件
license.md	文件	开源协议 Apache License Version 2.0 内容
readme.md	文件	项目说明文件（包含简单的使用说明）

4.4.2 src 目录

各模块的源代码都统一放置在了 src 目录下，src 目录内容见表 4-2。

表 4-2

文件名	类型	说明
Senparc.WebSocket	文件夹	**Senparc.WebSocket 模块**
Senparc.Weixin.Cache	文件夹	**Senparc.Weixin.Cache.Memcached.dll、Senparc.Weixin.Cache.Redis.dll 等分布式缓存扩展方案**
Senparc.Weixin.MP.BuildOutPut	文件夹	DLL 在 Release 编译模式下的输出文件夹
Senparc.Weixin.MP.MvcExtension	文件夹	**Senparc.Weixin.MP.MvcExtension.dll 源码，为 MVC4.0 及以上项目提供的扩展包**
Senparc.Weixin.MP.Sample	文件夹	可以直接发布使用的 Demo（ASP.NET MVC 4.5）
Senparc.Weixin.MP.Sample.WebForms	文件夹	可以直接发布使用的 Demo（ASP.NET WebForms）
Senparc.Weixin.MP	文件夹	**Senparc.Weixin.MP.dll 微信公众账号 SDK 源代码**
Senparc.Weixin.Open	文件夹	Senparc.Weixin.Open.dll 第三方开放平台 SDK 源代码
Senparc.Weixin.QY	文件夹	Senparc.Weixin.QY.dll 微信企业号 SDK 源代码
Senparc.Weixin.Work	文件夹	**Senparc.Weixin.Work.dll 企业微信 SDK 源代码**
Senparc.Weixin.WxOpen	文件夹	**Senparc.Weixin.WxOpen.dll 微信小程序 SDK 源代码**
Senparc.Wiexin	文件夹	所有 Senparc.Weixin.[x].dll 基础类库源代码
.gitignore	文件	git 忽略配置文件
readme.md	文件	说明文件

开发微信公众号及小程序所需的模块（项目）包括：

- **Senparc.Wiexin**
- **Senparc.Weixin.MP**
- **Senparc.Weixin.MP.MvcExtension**
- **Senparc.Weixin.Cache**(主要为 **Redis**)
- **Senparc.Weixin.WxOpen**
- **Senparc.WebSocket**

以及学习过程中需要参考的 Senparc.Weixin.MP.Sample。

以上模块也都会在本书的各相关章节中详细介绍。

4.5 Senparc.Weixin.dll

Senparc.Weixin.dll 是为所有上层的功能库提供服务的,包括微信公众号(Senparc.Weixin.MP、Senparc.Weixin.MP.MvcExtension)、微信企业号(Senparc.Weixin.QY)、企业微信(Senparc.Weixin.work)、微信开放平台(Senparc.Weixin.Open)等,所以 Senparc.Weixin.dll 是一个所有具体功能类库的基础库,其余的库都需要直接或间接依赖 Senparc.Weixin.dll,其中包括了上层功能库需要重复用到的基础功能、扩展功能(包括帮助类)、实体类型、枚举等,以及被抽象出来的接口和抽象类等。

4.5.1 Senparc.Weixin 文件结构

Senparc.Weixin.dll 的源代码中涵盖了如表 4-3 所示的一些主要的文件夹及文件。

表 4-3

文件名	类型	说明
Cache	文件夹	缓存相关
├ CacheStrategy	文件夹	缓存策略相关
├ BaseCacheStrategy.cs	文件	基础缓存策略 BaseCacheStrategy
├ IBaseCacheStrategy.cs	文件	基础缓存策略接口 IBaseCacheStrategy
├ ContainerCacheStrategy	文件夹	容器缓存策略
├ IContainerCacheStrategy.cs	文件	容器缓存策略接口
├ Lock	文件夹	分布式锁
├ BaseCacheLock.cs	文件夹	分布式锁基类
├ ICacheLock.cs	文件	分布式锁接口
├ ObjectCacheStrategy	文件夹	
├ IObjectCacheStrategy.cs	文件	ObjectCacheStrategy 缓存策略接口
├ CacheStrategyFactory.cs	文件	缓存策略工厂
Cache.Local	文件夹	本地缓存的一种实现
├ ContainerCacheStrategy	文件夹	
├LocalContainerCacheStrategy.cs	文件	本地容器缓存策略类
├ Lock	文件夹	
├ LocalCacheLock.cs	文件	本地分布式锁实现
├ ObjectCacheStrategy	文件夹	
├ LocalObjectCacheStrategy.cs	文件	本地 ObjectCacheStrategy 缓存策略实现

续表

文件名	类型	说明
CommonAPIs	文件夹	公共 API
├ CommonJsonSend.cs	文件	公共 JSON 请求方法
Containers	文件夹	容器
├ BaseContainer.cs	文件	基础容器类
├ BaseContainerBag.cs	文件	基础容器中的基础储存对象，即 BaseContainer 容器中的 Value 类型（包括其接口定义）
Context	文件夹	消息上下文
├ MessageContainer.cs	文件	消息容器（列表）
├ MessageContext.cs	文件	单个用户的微信消息上下文类（包括其接口定义）
├ MessageQueue.cs	文件	微信消息队列（针对单个账号的往来消息）
├ WeixinContext.cs	文件	消息上下文（全局）
├ WeixinContextRemovedEventArgs.cs	文件	对话上下文被删除时触发事件的事件数据
Entities	文件夹	实体类定义
├ JsonResult	文件夹	JSON 类型结果
├ IJsonResultCallback.cs	文件	JSON 数据（序列化）回调接口
├ IJsonResult.cs	文件	所有 JSON 格式返回值的 API 返回结果接口（包含 IWxJsonResult 定义）
├ QyJsonResult.cs	文件	企业号 JSON 返回结果
├ WxJsonResult.cs	文件	公众号 JSON 返回结果（用于菜单接口等绝大部分接口）
├ Request	文件夹	消息请求信息实体
├ EncryptPostModel.cs	文件	接收加密信息统一基类（包含其接口定义）
├ RequestMessageBase.cs	文件	接收到请求的消息基类（包含其接口定义）
├ Response	文件夹	消息响应信息实体
├ IResponseMessageNoResponse.cs	文件	IResponseMessageNoResponse 接口
├ ResponseMessageBase.cs	文件	响应回复消息基类（包含其接口定义）
├ SuccessResponseMessageBase.cs	文件	只返回"success"等指定字符串的响应信息基类
├ TemplateMessage	文件夹	模板消息
├ WeixinTemplateBase.cs	文件	模板消息数据基础类（包含其接口定义）
├ BindableBase.cs	文件	BindableBase 用于实现 INotifyPropertyChanged
├ EntityBase.cs	文件	包含一系列定义： ■ IEntityBase（所有微信自定义实体的基础接口） ■ IJsonIgnoreNull（接口：生成 JSON 时忽略 NULL 对象） ■ JsonIgnoreNull（生成 JSON 时忽略 NULL 对象类） ■ IJsonEnumString（接口：类中有枚举在序列化的时候，需要转成字符串）
├ MessageBase.cs	文件	所有 Request 和 Response 消息的基类（包含 IMessageBase 接口定义）
Exceptions	文件夹	异常相关类

续表

文件名	类型	说明
├ ErrorJsonResultException.cs	文件	JSON 返回错误代码异常（比如 access_token 相关操作中使用）
├ MessageHandlerException.csUnknownRequestMsgTypeException.cs	文件	MessageHandler 异常
├ UnknownRequestMsgTypeException	文件夹	未知请求类型异常
├ UnRegisterAppIdException.cs	文件	未注册 AppId 异常
├ WeixinException.cs	文件	微信自定义异常基类
├ WeixinMenuException.cs	文件	菜单异常
Helpers	文件夹	帮助类
├ Containers	文件夹	容器
├ ContainerHelper.cs	文件	容器帮助类
├ Conventers	文件夹	转换
├ ExpandoJsonConverter.cs	文件	Expando 对象转换器
├ WeixinJsonConventer.cs	文件	微信 JSON 转换器器
├ Extensions	文件夹	其他扩展
├ IDictionaryExtensions.cs	文件	IDictionary 扩展方法
├ DateTimeHelper.cs	文件	微信日期处理帮助类
├ EncryptHelper.cs	文件	安全帮助类，提供 SHA-1 算法等
├ FileHelper.cs	文件	文件帮助类
├ SerializerHelper.cs	文件	序列化帮助类
MessageHandlers	文件夹	MessageHandler 相关
├ IMessageHandler.cs	文件	IMessageHandler 接口
├ IMessageHandlerDocument.cs	文件	为 IMessageHandler 单独提供 XDocument 类型的属性接口
├ MessageHandler.cs	文件	微信请求的集中处理方法
MessageQueue	文件夹	消息队列
├ SenparcMessageQueue.cs	文件	消息队列
├ SenparcMessageQueueItem.cs	文件	SenparcMessageQueue 消息队列项
Threads	文件夹	线程相关
├ SenparcMessageQueueThreadUtility.cs	文件	SenparcMessageQueue 线程自动处理
├ ThreadUtility.cs	文件	线程处理类
Trace	文件夹	日志跟踪
├ WeixinTrace.cs	文件	微信日志跟踪类
Utilities	文件夹	工具类
├ BrowserUtility	文件夹	浏览器相关
├ BrowserUtility.cs	文件	浏览器公共类
├ CacheUtility	文件夹	缓存相关
├ CacheUtility.cs	文件	缓存工具类
├ FlushCache.cs	文件	缓存立即生效方法
├ EntityUtility	文件夹	实体相关

续表

文件名	类型	说明
├── EntityUtility.cs	文件	实体工具类
├── HttpUtility	文件夹	HTTP 请求相关
├── Get.cs	文件	GET 请求处理
├── Post.cs	文件	POST 请求处理
├── RequestUtility.cs	文件	HTTP 请求工具类
├── StreamUtility	文件夹	数据流相关
├── StreamUtility.cs	文件	流工具类
├── WeixinUtility	文件夹	微信相关
├── ApiUtility.cs	文件	微信 API 工具类
├── XmlUtility	文件夹	XML 相关
├── XmlUtility.cs	文件	XML 工具类
├── Config.cs	文件	全局设置
├── Enums.cs	文件	大部分枚举都在这里定义

4.5.2 Senparc.Weixin 类库结构

图太美，见 60#744。

4.5.3 使用 Senparc.Weixin 注意点

一些重要的功能本书将在后续的章节中逐一介绍，这里需要特别说明的地方有几点。

1）上述的很多文件夹只是为了方便文件归类和阅读源代码，为了更方便地在编辑器中使用智能提示调用，以及提供更加简洁的命名空间引用，其中一些 .cs 文件的命名空间不一定会写到最低层文件夹，例如。

- **Senparc.Weixin**/Entities/Request/RequestMessageBase.cs

  这个文件的命名空间为：

  Senparc.Weixin.Entities

- **Senparc.Weixin**/Entities/Response/ResponseMessageBase.cs

  这个文件的命名空间也为：

  Senparc.Weixin.Entities

2）我们收到过一些开发者提出的疑问，怀疑有一些地方是过度设计。比如 Senparc.Weixin.Entities.IEntityBase、Senparc.Weixin.Entities.IMessageBase 等接口，并没有在 SDK 中使用到，是不是多余的呢？我们的回答是：非也。一方面为了方便今后 SDK 本身的扩展，另外一方面也为开发者提供了更好的弹性和更强的扩展能力，Senparc.Weixin 基础库尽量对抽象的对象使用接口或创建抽象类，类似的地方还有很多。例如，这些接口有助于开发者比较和识别 SDK 中不同作用的类，当你需要筛选某一类 SDK 中的实体进行操作的时候，这些接口将非常有用，尤其当你需要自己扩展类（class）的时候，这些接口将在工厂模式和泛型接口等场景中发挥更大的作用。

所以，我们可以很负责任地说，每一个接口和类，我们都经过了仔细地推敲。并且在不断的开发实践中，已经从这种具有前瞻性的设计中受益。当然，这其中也可能存在更好的解决方案，尤其在不断的升级过程中可能造成一些不必要的冗余或者不合理的设计，我们也十分欢迎开发者来一起讨论和改进这个 SDK。

3）整个 SDK 升级的历史过程中，已经尽量考虑到向下兼容的问题，但是由于微信（公众号）及其接口做过几次比较大的升级，SDK 也不得不进行了几次比较大的改动。例如有一些开发者使用了比较早的 SDK，那时候因为只有微信公众号，没有企业号和公众平台，所以当时只有 Senparc.Weixin.MP.dll（v9.3 之前），尚未分离 Senparc.Weixin.dll 作为基础库，当老版本升级到最新的版本之后，可能出现一些命名空间以及接口的变化，导致编译无法通过。这种情况下建议下载我们新版的 SDK 的 Demo（Senparc.Weixin.MP.Sample），比较当前的示例进行升级，需要注意的地方主要是：命名空间和带泛型的接口，以及少量的方法名。

4.6 Senparc.Weixin.MP.dll

Senparc.Weixin.MP.dll 是本书的核心内容：微信公众号的类库，大部分微信公众号有关的功能都封装在 Senparc.Weixin.MP 项目中，Senparc.Weixin.MP 依赖 Senparc.Weixin，其文件命名规则、命名空间规则和文件结构也都参考相同的标准建设。

4.6.1 Senparc.Weixin.MP.dll 文件结构

Senparc.Weixin.MP.dll 的源代码中涵盖了如表 4-4 所示的一些主要的文件夹及文件。

表 4-4

文件名	类型	说明
AdvancedAPIs	文件夹	高级接口文件夹
├ Analysis	文件夹	分析数据接口（每个接口的文件结构规范都类似，相似的不再重复列举）
├ AnalysisResultJson	文件夹	返回类型的类文件文件夹
├ [*].cs	文件	不同接口的返回类型，通常以 *Json.cs 结尾
├ AnalysisApi.cs	文件	接口文件，里面包含所有分析数据接口，并包含这些接口的同步和异步方法两个版本
├ AutoReply	文件夹	获取自动回复规则接口（下述文件结构同 Analysis 接口，略）
├ Card	文件夹	卡券接口（下属文件略）
├ Custom	文件夹	客服接口（下属文件略）
├ CustomService	文件夹	多客服接口（下属文件略）
├ GroupMessage	文件夹	高级群发接口（下属文件略）
├ Groups	文件夹	用户组接口（下属文件略）
├ Media	文件夹	素材管理接口（原多媒体文件接口）
├ MerChant	文件夹	微小店接口
├ Express	文件夹	微小店邮费接口（下属文件略）
├ Group	文件夹	微小店分组接口（下属文件略）

续表

文件名	类型	说明
├─ Order	文件夹	微小店订单接口（下属文件略）
├─ Picture	文件夹	微小店图片接口（下属文件略）
├─ Product	文件夹	微小店商品接口（下属文件略）
├─ Shelf	文件夹	微小店货架接口（下属文件略）
├─ Stock	文件夹	微小店库存接口（下属文件略）
├─ OAuth	文件夹	OAuth 2.0 接口（下属文件略）
├─ Poi	文件夹	门店管理接口（下属文件略）
├─ QrCode	文件夹	二维码接口（下属文件略）
├─ Scan	文件夹	微信扫一扫接口（下属文件略）
├─ Semantic	文件夹	语意理解接口（下属文件略）
├─ ShakeAround	文件夹	摇一摇周边接口（下属文件略）
├─ TemplateMessage	文件夹	模板消息接口（下属文件略）
├─ Url	文件夹	长短链接接口（下属文件略）
├─ UserTag	文件夹	用户接口（下属文件略）
├─ UserTagJson	文件夹	用户标签接口（下属文件略）
├─ WiFi	文件夹	微信连 Wi-Fi 接口（下属文件略）
Agents	文件夹	代理请求
├─ MessageAgent.cs	文件	MessageAgent 类文件
CommonAPIs	文件夹	公共接口文件夹
├─ Menu	文件夹	自定义菜单接口文件夹
├─ CommonApi.Menu.Common.cs	文件	菜单接口公共类
├─ CommonApi.Menu.Conditional.cs	文件	个性化菜单接口
├─ CommonApi.Menu.Custom.cs	文件	自定义菜单接口
├─ ApiHandlerWapper.cs	文件	ApiHandlerWapper 类
├─ CommonApi.cs	文件	公共接口类
├─ CommonJsonSend.cs	文件	CommonJsonSend 类（通用 JSON 数据发送）
Containers	文件夹	容器
├─ AccessTokenContainer.cs	文件	AccessToken 容器类
├─ JsApiTicketContainer.cs	文件	JsApiTicket 容器类
├─ OAuthAccessTokenContainer.cs	文件	OAuthAccessToken 容器类
Entities	文件夹	实体
├─ BaiduMap	文件夹	百度地图
├─ BaiduMapMarkers.cs	文件	百度地图标记类
├─ GoogleMap	文件夹	谷歌地图
├─ GoogleMapMarkers.cs	文件	谷歌地图标记类
├─ JsonResult	文件夹	JSON 结果类型
├─ Menu	文件夹	自定义菜单
├─ CreateMenuConditionalResult.cs	文件	CreateMenuConditional 返回的 JSON 结果
├─ GetMenuResult.cs	文件	GetMenu 返回的 JSON 结果
├─ GetMenuResultFull.cs	文件	菜单完整结构类（用于接收）
├─ AccessTokenResult.cs	文件	access_token 请求后的 JSON 返回格式

续表

文件名	类型	说明
├ GetCallBackIpResult.cs	文件	获取微信服务器的 IP 段后的 JSON 返回格式
├ JsApiTicketResult.cs	文件	jsapi_ticket 请求后的 JSON 返回格式
├ WeixinUserInfoResult.cs	文件	用户信息
├ Menu	文件夹	自定义菜单
├ Buttons	文件夹	按钮
├ [*].cs	文件	各种不同类型按钮的定义
├ Conditional	文件夹	个性化菜单
├ ConditionalButtonGroup.cs	文件	个性化菜单按钮集合
├ MenuMatchRule.cs	文件	个性化菜单匹配规则
├ Custom	文件夹	自定义菜单
├ ButtonGroup.cs	文件	整个按钮设置（实现）
├ ButtonGroupBase.cs	文件	整个按钮设置（抽象类）
├ IButtonGroupBase.cs	文件	IButtonGroupBase 接口
├ Request	文件夹	请求消息
├ Event	文件夹	消息事件
├ [*].cs	文件	所有事件类型的请求消息实体类型
├ PostModel.cs	文件	微信公众服务器 POST 过来的加密参数集合（不包括 PostData）
├ RequestMessageBase.cs	文件	接收到请求的消息基类
├ RequestMessage*.cs	文件	所有非事件类型的请求消息实体类型
Response	文件夹	响应消息
├ Article.cs	文件	多图文（News）中的而文章实体类型
├ Image.cs	文件	图片实体类型
├ Music.cs	文件	音乐实体类型
├ ResponseMessageBase.cs	文件	响应回复消息基类
├ ResponseMessage*.cs	文件	所有响应消息实体类型
├ ResponseMessageNoResponse.cs	文件	不提供任何回复信息的响应类型
├ Video.cs	文件	视频实体类型
├ Voice.cs	文件	语音实体类型
├ Extensions.cs	文件	实体扩展类
Helpers	文件夹	帮助类文件夹
├ JSSDK	文件夹	JS-SDK
├ JSSDKHelper.cs	文件	JS-SDK 帮助类
├ JSSDKPackage.cs	文件	为 UI 输出准备的 JSSDK 信息包
├ BaiduMapHelper.cs	文件	百度地图静态图片 API
├ EntityHelper.cs	文件	实体帮助类
├ EventHelper.cs	文件	事件帮助类
├ GoogleMapHelper.cs	文件	谷歌地图帮助类
├ GpsHelper.cs	文件	GPS 帮助类
├ MsgTypeHelper.cs	文件	消息类型帮助类
MessageHandlers	文件夹	MessageHandler 文件夹

续表

文件名	类型	说明
├ IMessageHandler.cs	文件	IMessageHandler 接口
├ MessageHandler.cs	文件	MessageHandler 类（部分类）
├ MessageHandler.Event.cs	文件	MessageHandler 类的事件处理（部分类）
├ MessageHandler.Message.cs	文件	MessageHandler 类的消息处理（部分类）
Tencent	文件夹	腾讯官方提供的加密处理方案
├ Cryptography.cs	文件	Cryptography 类
├ WXBizMsgCrypt.cs	文件	WXBizMsgCrypt 类
TenPayLib	文件夹	旧版本的微信支付（下属文件略）
TenPayLibV3	文件夹	V3.0 微信支付
├ Entities	文件夹	实体类
├ NormalRedPackResult.cs	文件	获取普通现金红包发送接口的结果
├ SearchRedPackResult.cs	文件	获取查询红包接口的结果
├ TenPayV3	文件夹	微信支付接口
├ TenPayV3.cs	文件	微信支付接口
├ TenPayV3[*]RequestData.cs	文件	所有微信支付提交的 XML Data 数据
├ TenPayV3RequestData.cs	文件	微信支付提交的 XML Data 数据的基类
├ TenPayV3Result.cs	文件	微信支付返回结果基类
├ RedPackApi.cs	文件	红包发送和查询接口
├ RequestHandler.cs	文件	签名工具类（微信官方提供，略加修改）
├ ResponseHandler.cs	文件	响应消息处理类（微信官方提供，略加修改）
├ TenPayV3Info.cs	文件	微信支付基础信息储存类
├ TenPayV3InfoCollection.cs	文件	微信支付信息集合，Key 为商户号（MchId）
├ TenPayV3Util.cs	文件	微信支付工具类
CheckSignature.cs	文件	签名验证类
Enums.cs	文件	多数枚举类型都集合在这里
RequestMessageFactory.cs	文件	RequestMessage 消息处理方法工厂类
ResponseMessageFactory.cs	文件	ResponseMessage 消息处理方法工厂类

有关 Senparc.Weixin.MP 中一些重点模块的设计思想、使用方式及微信接口调用的方法，将在随后的章节中逐一介绍。

4.6.2 Senparc.Weixin.MP.dll 类库

图更美，见：63#750。

4.7 Senparc.Weixin.WxOpen.dll

Senparc.Weixin.WxOpen.dll 是微信小程序的开发模块，其设计思路和 Senparc.Weixin.MP 也是一致的，只要熟悉了公众号的开发，小程序的开发也必定得心应手。文件结构及说明如表 4-5 所示。

表 4-5

文件名	类型	说明
AdvancedAPIs	文件夹	高级接口
├ Sns	文件夹	JsCode2Json 等 SNS 接口（下属文件略）
├ Template	文件夹	模板消息（下属文件略）
├ WxApp	文件夹	二维码等其他接口（下属文件略）
Containers	文件夹	容器
├ SessionContainer.cs	文件	Session 容器
Entities	文件夹	实体
├ Request	文件夹	请求消息实体类型
├ Event	文件夹	事件类型请求消息实体类型
├ RequestMessageEvent_UserEnterTempSession.cs	文件	事件之用户进入客服
├ RequestMessageEventBase.cs	文件	事件类型请求消息实体基类
├ PostModel.cs	文件	微信公众服务器 POST 过来的加密参数集合（不包括 PostData）
├ RequestMessageBase.cs	文件	接收到请求的消息基类
├ RequestMessageImage.cs	文件	图片类型请求消息
├ RequestMessageText.cs	文件	文字类型请求消息
├ Response	文件夹	响应消息实体类型
├ ResponseMessageBase.cs	文件	响应回复消息基类
├ SuccessResponseMessage.cs	文件	只返回"success"等指定字符串的响应信息
├ DecodedUserInfo.cs	文件	解码后的用户信息
├ Watermark.cs	文件	数据水印
Exceptions	文件夹	异常
├ WxOpenException.cs	文件	微信小程序异常
Helpers	文件夹	帮助类文件夹
├ EncryptHelper.cs	文件	签名及加密帮助类
├ EntityHelper.cs	文件	实体帮助类
├ MsgTypeHelper.cs	文件	消息类型帮助类
├ SessionHelper.cs	文件	Session 帮助类
MessageHandlers	文件夹	MessageHandler 文件夹
├ IWxOpenMessageHandler.cs	文件	IWxOpenMessageHandler 接口
├ WxOpenMessageHandler.cs	文件	WxOpenMessageHandler 类（部分类）
├ WxOpenMessageHandler.Event.cs	文件	WxOpenMessageHandler 类的事件处理（部分类）
├ WxOpenMessageHandler.Message.cs	文件	WxOpenMessageHandler 类的消息处理（部分类）
Tencent	文件夹	腾讯官方提供的加密处理方案
├ Cryptography.cs	文件	Cryptography 类
├ WXBizMsgCrypt.cs	文件	WXBizMsgCrypt 类
Enums.cs	文件	多数枚举类型都集合在这里

续表

文件名	类型	说明
RequestMessageFactory.cs	文件	RequestMessage 消息处理方法工厂类（暂时不需要提供 处理 ResponseMessage 的工厂类）

类图见：65#751。

4.8 Senparc.Weixin.MP.MvcExtension.dll

Senparc.Weixin.MP.MvcExtension.dll 用于提供基于 ASP.NET MVC 的扩展，提供更加便捷的处理方式，并解决微信的一些 bug，文件结构及说明如表 4-6 所示。

表 4-6

文件名	类型	说明
Filters	文件夹	Attribute 特性等过滤器
├ WeixinInternalRequestAttribute.cs	文件	过滤来自非微信客户端浏览器的请求
├ SenparcOAuthAttribute.cs	文件	自动判断 OAuth 授权状态
Results	文件夹	MVC 的 Action 结果类型
├ FixWeixinBugWeixinResult.cs	文件	修复微信换行 Bug
├ WeixinResult.cs	文件	返回 MessageHandler 结果

类图见：66#752。

注意：给 .NET Core 使用的 MvcExtension 类库名称为 Senparc.Weixin.MP.CoreMvcExtension.dll，功能及对应文件位置完全一致。

4.9 Senparc.Weixin.Cache.Redis.dll

Senparc.Weixi.Cache.XX.dll 都是分布式缓存的实现，Senparc 官方目前提供了 Redis 和 Memcached 两种在 C# 中很常用的缓存。由于 Senparc.Weixin 中已经对缓存模块进行了充分的抽象和解耦，实现了比较好的面向接口开发，因此除了 Senparc 的官方实现以外，开发者也可以实现更多类型的缓存，或使用自己的方式实现缓存读写等功能。通常情况下，我们更推荐使用 Redis。

Senparc.Weixin.Cache.Redis.dll 的文件结构及说明如表 4-7 所示。

表 4-7

文件名	类型	说明
ContainerCacheStrategy	文件夹	容器缓存策略文件夹
├ RedisContainerCacheStrategy.cs	文件	Redis 容器缓存策略文件夹
ObjectCacheStrategy	文件夹	Object 缓存策略文件夹
├ RedisObjectCacheStrategy.cs	文件	RedisObject 缓存策略
StackExchange.Redis	文件夹	StackExchange.Redis 库扩展及实现

文件名	类型	说明
├ RedisManager.cs	文件	RedisManager 类
├ StackExchangeRedisExtensions.cs	文件	针对 StackExchange.Redis 的扩展
RedisCacheLock.cs	文件	Redis 的同步锁实现

类图见：65#753。

4.10 Senparc.Weixin.Cache.Memcached.dll

Senparc.Weixin.Cache.Memcached.dll 是对 Memcached 缓存的实现，结构及原理和 Redis 保持了一致，文件结构及说明如表 4-8 所示。

表 4-8

文件名	类型	说明
ContainerCacheStrategy	文件夹	容器缓存策略文件夹
├ MemcachedContainerStrategy.cs	文件	Memcached 容器缓存策略文件夹
ObjectCacheStrategy	文件夹	Object 缓存策略文件夹
├ MemcachedObjectCacheStrategy.cs	文件	MemcachedObject 缓存策略
MamcachedCacheLock.cs	文件	Mamcached 的同步锁实现

类图见：67#753。

4.11 其他类库

由于本书集中讲解微信公众号，所以有关开放平台（Senparc.Weixin.Open）和微信企业号（Senparc.Weixin.QY）等内容就不在这里具体展开（类图分别见：71#755 和 71#756）。并且由于篇幅的原因我们正在计划将开放平台和企业号的内容单独成册或通过其他方式整理成教程，所有库的设计思想都是类似的，如果等不及新书，可以根据本章内容举一反三。

4.12 单元测试

单元测试的代码不会被编译到 SDK 发布的类库中，但却是确保 SDK 功能稳定的重要一环，开发者在贡献代码的时候我们也建议事先创建对应的单元测试。

有关 SDK 中单元测试的部分用法请见第 6 章 6.15 节 "单元测试"。

4.13 修改源代码和贡献代码

虽然 Senparc.Weixin SDK 已经提供了比较完备的解决方案，有时项目的复杂程度或特殊性会超出 SDK 所提供的能力，此时开发者可以根据自己的需要对源代码进行修改，并集成到自己的项目中。

以下是常规的操作步骤。

4.13.1 注册 GitHub 账号

打开 GitHub 首页 85#431（https://github.com/），如果你已经有 GitHub 账号，可以单击右上角【Sign In】按钮进行登录。如果你还没有 GitHub 账号，则在右边的输入框中输入用户名、Email 及密码，单击【Sign up for GitHub】按钮，如图 4-3 所示。

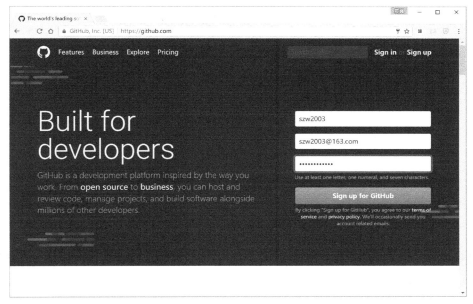

图4-3

成功提交之后，将会进入账号计划页面，如图 4-4 所示。

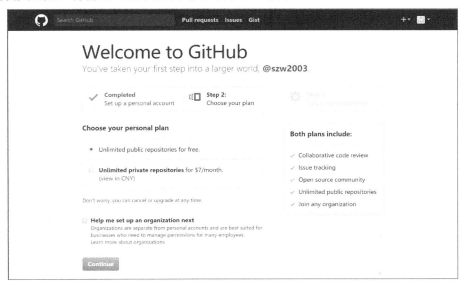

图4-4

单击【Continue】按钮进入下一步，这是一个开发经验的问卷，如图 4-5 所示。

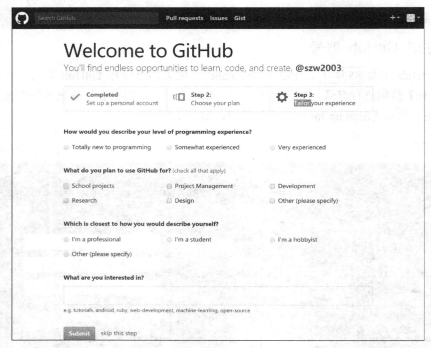

图4-5

根据自己的情况进行选择并单击【Submit】按钮（也可以单击【skip this step】链接跳过问卷）。提交成功之后会进入到 GitHub 的导游页面，如图4-6所示。

图4-6

在填写内容的同时，GitHub 已经将一封确认邮件发送到注册所填写的邮箱中，如图4-7所示。

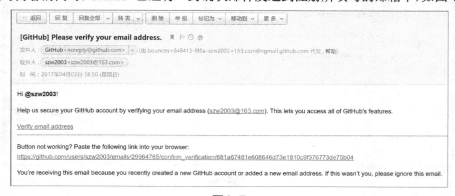

图4-7

单击【Verify email address】链接，进行 Email 地址验证，成功后同样会打开导游页面。

4.13.2　Fork 项目

在进行代码修改之前，需要将 Senparc 官方的代码拉到自己账号的库中，这个过程称之为"Fork"。具体操作如下。

第一步：打开 Senparc.Weixin. SDK 项目 670#432：https://github.com/JeffreySu/WeiXinMPSDK，如图 4-8 所示。

图4-8

第二步：单击右上角的【Fork】按钮，会出现等待页面，如图 4-9 所示。

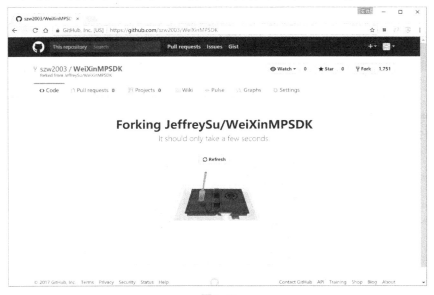

图4-9

完成之后即可在当前账号下拥有一个名称同样为"WeixinMPSDK"的项目,如图 4-10 所示。

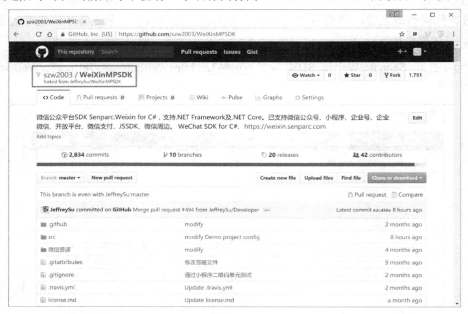

图4-10

4.13.3 修改代码

接下去,需要将代码取回本地,单击图 4-10 中的【Clone or download】按钮,如图 4-11 所示。

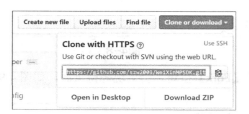

图4-11

复制地址 671#433:https://github.com/szw2003/WeiXinMPSDK.git,在克隆项目的时候需要用到。

打开 Visual Studio,确保已经安装了 Git 插件或 GitHub 插件,打开【团队资源管理器】窗口,如图 4-12 所示。

图4-12

单击【GitHub】标签下的【Clone】按钮，在第一次使用时会提示登录，如图 4-13 所示。

图4-13

输入注册时填写的用户名和密码，单击【Sign in】按钮登录。

登录成功后会显示当前用户下所有库的列表，可以看到之前已经 Fork 过来的 WeixinMPSDK 项目，如图 4-14 所示。

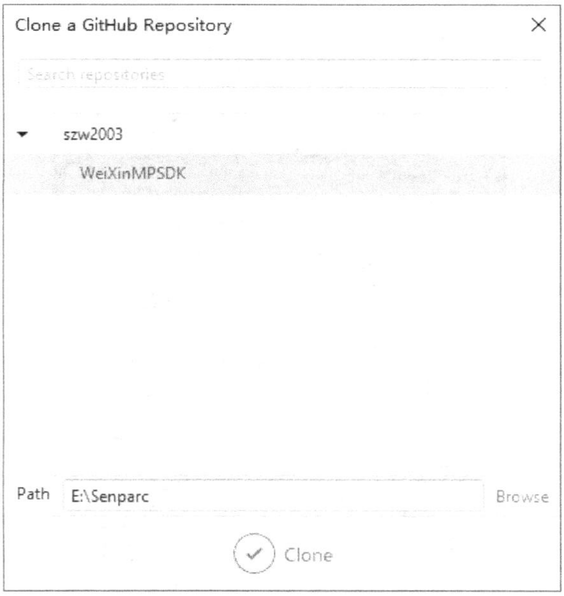

图4-14

选中这个项目，并设置一个工作目录（此目录为存放整个项目目录的上级目录，不是直接存放项目源代码的目录），完成后单击【Clone】按钮。在【团队资源管理器】中可以看到项目克隆回本地的进度，如图 4-15 所示。

图4-15

耐心等待克隆完成之后,即可打开所需修改模块的项目文件或解决方案文件。如果需要查看所有项目,可以直接打开 /src/Senparc.Weixin.MP.Sample/ Senparc.Weixin.MP.Sample.sln 解决方案。

在解决方案中修改对应的代码,然后编译即可生成新的 dll 文件,然后需要将 dll 引用到所需的项目中,取代原先从 nuget 安装 dll 的方案。

4.13.4　提交代码

修改代码之后,我们可以到 Visual Studio 右下角提示有 1 个更改,如图 4-16 所示。

图4-16

单击这个按钮，会进入到【团队资源管理器】的【更改】标签，在其列表中可以看到已经被修改的文件，在文本框中输入提交信息，并单击【全部提交】右侧的下拉菜单，选择【全部提交并同步】按钮，如图 4-17 所示。也可以直接使用【全部提交】之后再进行手动推送和同步，这里不再展开有关 git 的使用方法。

提交成功之后即可看到成功提示，如图 4-18 所示。

图4-17

图4-18

4.13.5　贡献代码

如果你觉得所做的修改是通用的（例如解决了 Bug、更新了接口或者提供了通用的新功能等），那么可以将代码贡献给 Senparc 的主项目，让更多的人分享你的成果，并且成为代码的贡献者。具体操作方法如下。

第一步：修改本地 git 项目的设置（只有这样你才会被 GitHub 识别为贡献者），做法是单击【团队资源管理器】的功能标签下拉菜单（如图 4-19 所示），选择【设置】，如图 4-20 所示。

图4-19

图4-20

在【设置】标签中选择【储存库设置】，随后选中【覆盖全局用户名和电子邮件设置】，并在"用户名"和"电子邮件地址"中输入注册时填写的对应信息（**必须一模一样，否则无法被 GitHub 识别为有效的贡献者**），最后单击【更新】按钮进行保存，如图 4-21 所示。

第二步：在网页上刷新当前用户当前库页面，可以看到之前推送的信息已经被记录，如图 4-22 所示。

图4-21

图4-22

单击【New pull request】按钮,进入创建拉取请求页面(注意这个页面自动跳转到了官方的项目中),如图4-23所示。

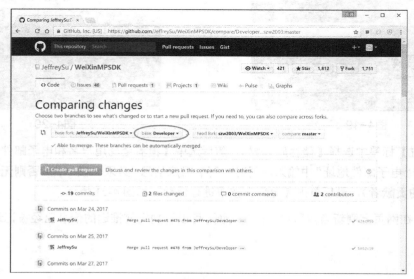

图4-23

在这个页面中可以看到详细的文件变化,以及将要推送到的目标项目(包括分支)及源项目(包括分支),在"JeffreySu/WeixinMPSDK"项目后面的"master"分支建议选择"Developer"分支,以便 Senparc 团队进行进一步的测试整理并最终发布。

设置完成后单击【Create pull request】按钮,系统会提示填写提交的标题和说明,如图 4-24 所示。

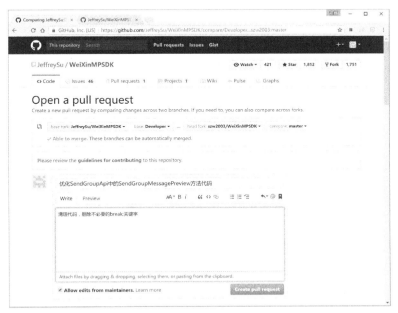

图4-24

输入完成之后单击【Create pull request】按钮,之后,系统就在官方项目的 Pull request 下创建了一条拉取请求,如图 4-25 所示。

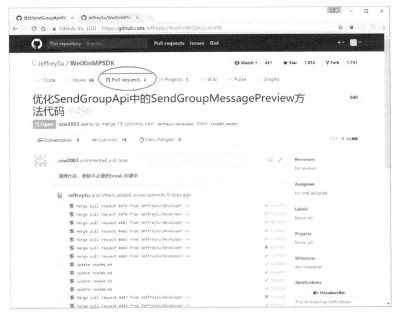

图4-25

如果 Senparc 官方采用这一条推送，则可以在项目历史记录中看到这条记录 673#434（https://github.com/JeffreySu/WeiXinMPSDK/commits/master），如图 4-26 所示。

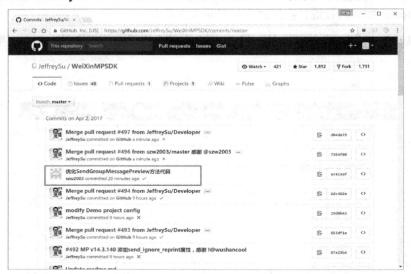

图4-26

并在项目的"贡献者（contributors）"名单中记录用户的名字和贡献记录，如图 4-27 所示。

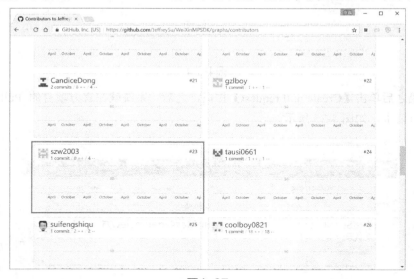

图4-27

我们非常欢迎广大开发者加入到贡献者的行列中来，一起分享自己的成果，助力中国的开源事业！

习题

4.1　Senparc.Weixin SDK 的开源项目地址是什么？

4.2　"Senparc.Weixin SDK 只支持微信公众号的开发"是否正确？

4.3　"只要提交时设置正确的用户名就能成为 GitHub 项目的有效贡献者"正确吗？为什么？

第 5 章 微信公众号开发全过程案例

本章将带领开发者针对第 2 章所策划的案例进行系统开发，重点介绍开发、调试、测试、部署等过程，目的在于让开发者了解项目开发的全流程，并加深对第 3 章所介绍的部分内容的印象，本章不强调学习 Senparc.Weixin SDK 本身的用法，重点介绍微信 Web 应用开发及部署的过程，详细的 SDK 使用方法将在后面的章节中逐一介绍。

本章所介绍的开发流程具有非常典型的代表性，这一套流程可以灵活地运用到多数项目中。由于实际的业务代码每个项目都会有比较大的差别，因此本章内容对于非通用的代码将一笔带过，从而更多聚焦于具有共性的环节，全书只设计了这一个完整真实项目案例，但内容已经足够丰富，开发者可以举一反三。

本章也将引入盛派的另外一个基础框架：SenparcCore（包含一系列类库），提供基础项目框架的支撑。注意：本章所展示的代码重点在于帮助理解设计思想和学习（练习）开发过程，不必把过多注意力放在示例代码跑通上面。

在练习的过程中，开发者也可以选择其他类型的项目，跟着本章介绍的流程进行开发，只有熟练掌握了基本 Web 项目的搭建技巧，才能在之后的微信开发过程中游刃有余。对于没有进行过大型项目开发的开发者，本章具有很重要的意义，如果你已经是一位经验丰富的 Web 开发者，本章可以随手翻翻。

5.1 开发准备

5.1.1 安装开发环境及工具

Senparc.Weixin SDK 可以应用于基于 .NET 4.0 以上的任何项目（类库、命令行或 Web 项目等），从第 3 章我们已经了解到微信的通信模式，所以在这些项目中，我们至少需要一个 Web 项目，可以是 MVC 也可以是 WebForms。

对于需要长期维护，或比较复杂的项目，我更推荐使用 MVC 进行开发。本书也将主要使用 MVC 作为讲解的框架。

由于 SDK 已经进行了很好地封装，对业务逻辑和 Web 入口进行了分离，所以即使使用 WebForms，只需要对页面参数做一些不同的处理，大部分的逻辑操作已经和项目类型无关。

.NET 的开发工具通常是 Visual Studio（VS），本书示例选择的开发工具是 Visual Studio 2015，其他支持 .NET 4.0 以上的 VS 以及 Visual Studio Code 也都可以用于开发。

项目可以部署在 IIS 上，也可以是其他的 Web 宿主服务器。本书及本项目将以 IIS 为例。

数据库使用的是 SQL Server 2008 R2，如果需要进行可视化的操作，需要安装 Microsoft SQL Server Managerment Studio。

对于具有其他需求的项目可以参考第 3 章的内容进行准备。

5.1.2 创建解决方案

打开 Visual Studio，选择菜单【文件】>【新建项目】，在".NET Framework"版本中选择".NET Framework 4.5"（或以上），左侧选择【模板】>【Visual C#】>【Web】，中间区域选择【ASP.NET Web 应用程序】，输入"（项目）名称"为"Senparc.Web"，"解决方案名称"为"SenparcMarketing"，选择项目文件夹位置，并勾选"为解决方案创建目录"，如图 5-1 所示。

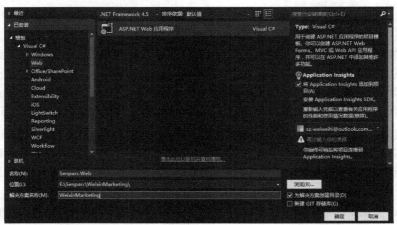

图5-1

单击【确定】按钮，进入到【新建 ASP.NET 项目】窗口，如图 5-2 所示。

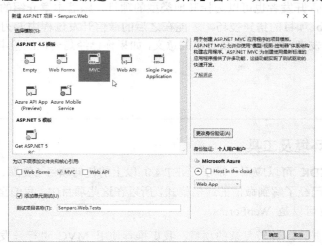

图5-2

选择模板为"MVC",并添加单元测试,名称为"Senparc.Web.Tests",单击【确定】按钮。完成项目创建后如图5-3所示。

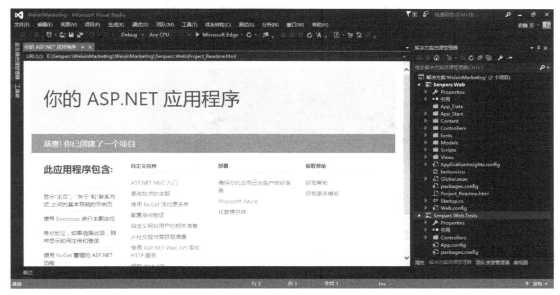

图5-3

可以看到新建的解决方案中包含了 2 个项目,分别是 Senparc.Web 和对应的单元测试项目 Senparc.Web.Tests。

5.1.3 创建项目

接下去,根据第 2 章中的设计,我们还需要建立一系列的项目(以类库为主)。

类库以 Senparc.Core 模块为例,单击菜单【文件】>【添加】>【新建项目】,在【添加新项目】窗口中,左侧选择【Visual C#】,中间区域选择【类库】,"(项目)名称"输入"Senparc.Core",.NET Framework 版本选择 4.5 或以上,如图5-4所示。

图5-4

单击【确定】按钮，完成项目的添加，如图 5-5 所示。

图5-5

为了配合将来 Senparc.Core 项目的单元测试，我们需要给 Senparc.Core 创建一个单元测试项目。单击菜单【文件】>【添加】>【新建项目】，左侧选择【Visual C#】>【测试】，右侧选择【单元测试项目】，"（项目）名称"为"Senparc.Core.Tests"，单击【确定】按钮，完成创建。

在开发的过程中除了普通类库和单元测试，我们还需要用到一个 SQL Server 项目用于同步数据库表结构等信息，单击菜单【文件】>【添加】>【新建项目】，左侧选择【SQL Server】，右侧选中【SQL Server 数据库项目】，"（项目）名称"为"Senparc.Database"，如图 5-6 所示。

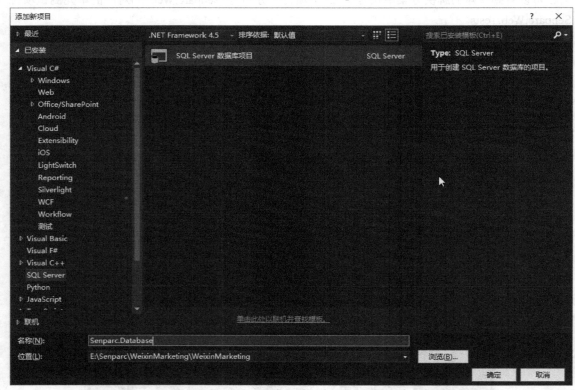

图5-6

单击【确定】按钮完成数据库项目的添加。

注意：目前为止，包括 Visual Studio 2017 在内，只提供了对于 SQL Server 的数据库项目，如果需要使用其他的数据库只能通过其他插件或独立的程序进行管理。

依此类推，完成一系列计划好的项目，如图 5-7 所示。

显然，这样看上去非常混乱，为了提高开发效率，需要进行一次整理。鼠标右键单击顶层的【解决方案】，在右键菜单中选择【添加】>【新建解决方案文件夹】，并输入文件夹名称，然后将项目拖入新建的文件夹，整理之后如图 5-8 所示。

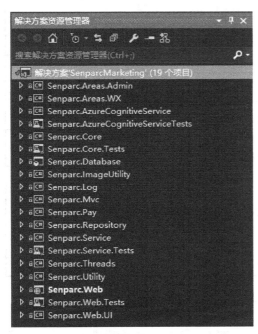

图5-7

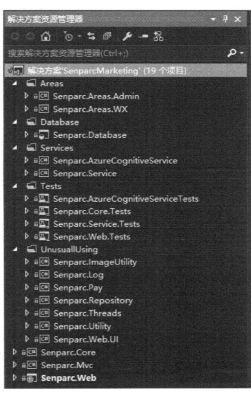

图5-8

不要被这么多的项目吓倒，每一个项目都有其特殊的分工，并且多数项目几乎不需要修改我们提供的基础代码，了解其功能之后很容易熟练掌握。解决方案文件夹及项目的说明如表 5-1 所示。

表5-1

解决方案文件夹及项目名称	类型	说明
Areas	文件夹	存放 ASP.NET MVC 的 Areas 独立项目
├ Senparc.Areas.Admin	项目	管理员后台 Area
├ Senparc.Areas.Wx	项目	手机端 Area
Database	文件夹	存放数据库相关项目
├ Senparc.Database	项目	SQL Server 数据库项目
Services	文件夹	存放 Service 服务项目
├ Senparc.AzureCognitiveService	项目	本项目中需要用到的 Microsoft Azure Cognitive Service（认知服务）API 项目

续表

解决方案文件夹及项目名称	类型	说明
├ Senparc.Service	项目	所有其他的 Service（主要和 Senparc.Repository 对接）
Tests	文件夹	存放所有的测试项目，不仅限于单元测试项目
├ Senparc.AzureCognitiveServiceTests	项目	Senparc.AzureCognitiveService 项目的单元测试项目
├ Senparc.Core.Tests	项目	Senparc.Core 项目的单元测试项目
├ Senparc.Service.Tests	项目	Senparc.Service 项目的单元测试项目
├ Senparc.Web.Tests	项目	Senparc.Web 项目的单元测试项目
UnusuallUsing	文件夹	存放不需要经常更新的项目
├ Senparc.ImageUtility	项目	图形处理
├ Senparc.Log	项目	日志处理
├ Senparc.Pay	项目	支付
├ Senparc.Repository	项目	数据库模型的仓储层，负责面向数据库的操作
├ Senparc.Threads	项目	负责管理需要单独运行的线程
├ Senparc.Utility	项目	提供各类扩展工具
├ Senparc.Web.UI	项目	提供对 UI 的扩展方法
Senparc.Core	项目	系统核心公用模块
Senparc.Mvc	项目	提供可匿名访问的控制器（从原始 ASP.NET MVC 架构中分离出来的 Controller 等），以及所有 Area 等 Controller 需要公用的 Filter、模型验证、Ioc 等模块
Senparc.Web	项目	ASP.NET MVC 的原始网站项目（Controller 已经被分离）

5.1.4 使用 Nuget 安装 Senparc.Weixin SDK

当某个项目需要用到对应的微信模块的时候我们可以使用 Nuget 非常方便地将其引用过来，例如许多项目需要安装 Senparc.Weixin.MP 模块，那么可以按照以下的方式安装。

第一步：单击顶部菜单栏【工具】>【NuGet 包管理器】>【管理解决方案的 NuGet 程序包】，如图 5-9 所示。

打开后在【NuGet – 解决方案】标签下选择【浏览】标签，搜索"Senparc.Weixin.MP"（支持模糊搜索，例如只输入

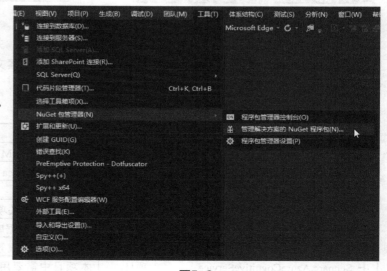

图5-9

Senparc 可以查看所有带有 Senparc 单词的包），如图 5-10 所示。

图5-10

选中【Senparc.Weixin.MP】，并在右侧选中需要安装此程序包的项目，如图 5-11 所示。

图5-11

编辑器会弹出一个更改预览窗口，显示将会给项目安装哪些程序包（包括依赖项）及其版本，如图 5-12 所示。

图5-12

单击【确定】按钮，开始下载程序包并自动安装，在【输出】窗口中可以看到安装进展。安装成功后，可以在【NuGet – 解决方案】右侧看到每个项目所安装的对应版本，如图 5-13 所示。

图5-13

当 Nuget 的包有更新的时候，可以在【NuGet – 解决方案】的【更新】标签下面看到最新的版本及信息，可以可视化地进行更新操作。

5.2 开发

本节将基于先前项目的策划带领开发者完成一个完整的项目开发流程。其中的架构核心，是一套 Senparc 团队经过多年实战总结出来的框架（内部代号为：SenparcCore），因为篇幅原因，经过了精简，但也仍然足以胜任百万级并发的企业级系统。实际项目的开发可以根据项目的实际规模等情况加以调整（例如将某些模块合并到一起）。

5.2.1 准备基础框架

对于一些全局公用的方法提前进行准备可以让开发事半功倍，由于本书重点不是介绍系统架构，因此这部分工作不在这里具体展开，相关的介绍可以查看 SenparcBookHelper 中的相关资源：659#。

5.2.2 创建数据库

打开 Microsoft SQL Server Management Studio 并登录 SQL Server 实例，如图 5-14 所示。

图5-14

在【对象资源管理器】的【数据库】节点上单击鼠标右键，选择【新建数据库】，在【新建数据库】对话框口中输入数据库名称【WeixinMarketing】，如图 5-15 所示。

图5-15

单击【确定】按钮，完成数据库的创建，如图 5-16 所示。

图5-16

现在这是一个空的数据库，我们需要按照第 2 章 2.2 节"数据库设计"中的计划添加一系列的表。

建表的 SQL 语句：656#374。

5.2.3 同步数据库

对于需要团队协作开发的项目，一直使用 SQL 语句来同步更新显然不是最佳的选择，这个时候就需要 Senparc.Database 项目发挥作用了。Senparc.Database 可以将数据库中的表结构（也包括存储过程、视图、权限等其他设置）同步到项目中（或反向同步），其他开发人员同步 Senparc.Database 项目代码之后，即可将数据库的改动同步到本机，或者通过远程 SQL Server 连接更新远程服务器。

在新建的 Senparc.Database 项目名称上单击鼠标右键，选择【导入】>【数据库】，如图 5-17 所示。

图5-17

在出现的【导入数据库】如图 5-18 所示。

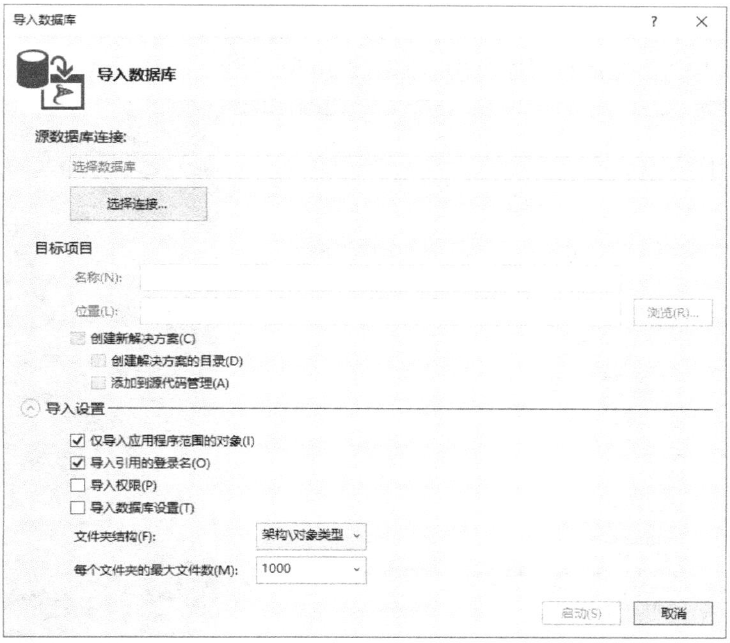

图5-18

单击【选择连接】按钮，弹出【连接】窗口，选择【浏览】标签，输入连接数据库使用的服务器名称、选择身份验证方式（连接本机通常可以使用"Windows 身份验证"），并输入正确的用户名和密码，最后在"数据库名称"中选择已经创建的数据库 WeixinMarketing，如图5-19所示。

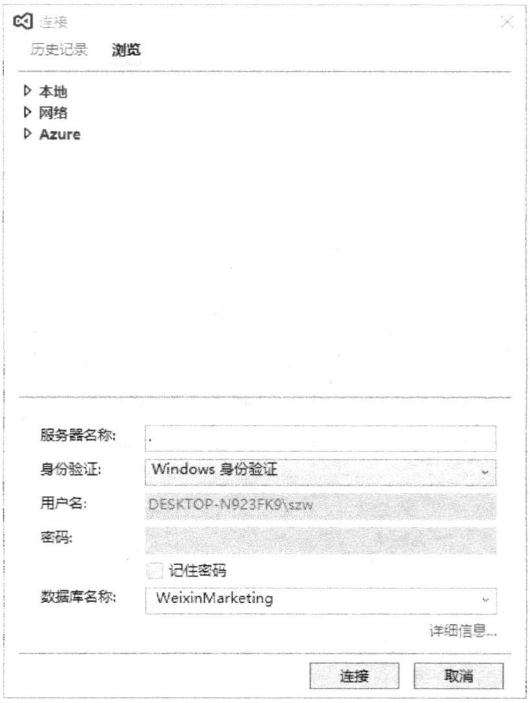

图5-19

设置完成后单击【连接】按钮，完成连接设置并回到【导入数据库】窗口，如果是内部的开发，在【导入设置】下方通常应该取消选中"导入引用的登录名"，也可以根据实际的需要进行设置，单击【启动】按钮，完成数据库对接，如图5-20所示。

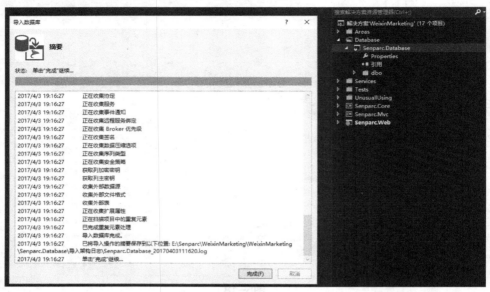

图5-20

可以看到在 Senparc.Database 的目录下已经多了一个 dbo 的文件夹，里面存放着所有我们进行了同步的数据库信息。

如果因为其他的开发者修改了数据库，我们希望将修改同步到 SQL Server 数据库中应该怎么做呢？

在 Senparc.Database 项目名称上单击鼠标右键，选择【架构比较】，在出现的 SqlSchemaCompare1 窗口中，左侧选择当前项目，右侧的"选择目标"中选择或添加一个数据库连接（过程与之前的选择数据库连接一样），单击【比较】按钮，当数据库有差异时，下方窗口会有显示，如图5-21所示。

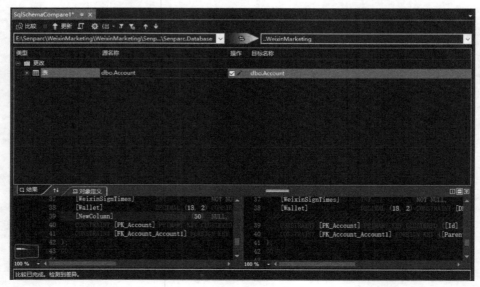

图5-21

单击【更新】按钮即可自动执行更新操作。

如果是先修改了数据库，希望反向同步到项目中，只需要单击中间的 按钮交换左右边的源和目标对象即可。

当数据库连接到生产环境的服务器数据库时，此方法可以直接更新生产环境数据库（注意做好备份工作）。

将 SqlSchemaComapre1 文件保存后，下次打开可以直接使用当前配置进行同步。

5.2.4　建立数据库框架

由于项目的负载和并发要求并不是特别高，为了方便开发和介绍，数据库用微软官方的 EntityFramewok 框架，实际开发过程中也可以使用其他框架或者直接用 ADO.NET 连接数据库。

在 Senparc.Core 项目中新建文件夹名为"Models"，对其单击鼠标右键，选择【新建项】，在【添加新项】窗口中，左侧选择【数据】，右侧选择【ADO.NET 实体数据模型】，"名称"为"Senparc"，如图 5-22 所示。

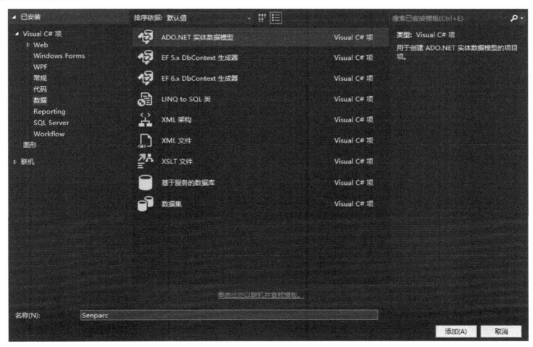

图5-22

单击【添加】按钮，进入到【实体数据模型向导】窗口，选择【来自数据库的 EF 设计器】，如图 5-23 所示。

图5-23

单击【下一步】按钮,单击【新建连接】按钮,如图5-24所示。

图5-24

在【数据源】中选择【Microsoft SQL Server】,单击【继续】按钮。

在弹出的【连接属性】窗口中设置数据库连接信息,如图5-25所示。

图5-25

单击【确定】按钮，返回【实体数据模型向导】，选中"将 App.Config 中的连接设置另存为"，并修改输入框中的名称为"SenparcEntities"，如图5-26所示。

图5-26

单击【下一步】按钮，选择"实体框架 6.x"选项，再单击【下一步】按钮，进入向导的最后一步，选中所有的数据库表，选中"确定所生成对象名称的单复数形式"和"在模型中包括外键列"选项，"模型命名空间"设置为"SenparcModel"，单击【完成】按钮，如果过程中提示"安全警告"，单击【确定】按钮即可，如图 5-27 所示。

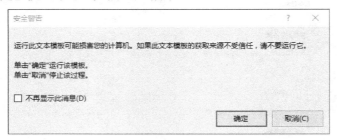

图5-27

创建完成后，可以看到自动完成了数据库映射的 Senparc.edmx 文件，如图 5-28 所示。

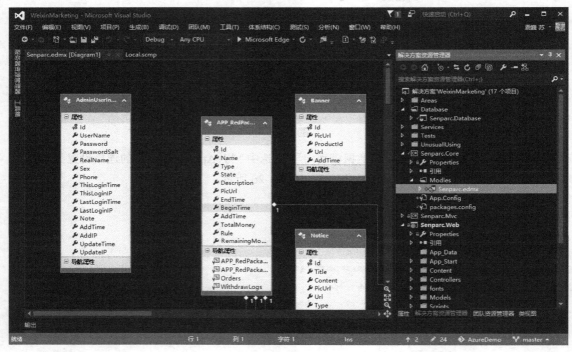

图5-28

为了可以对数据库连接进行更好的控制，继续在 Models 目录下创建名为"SqlFinanceData"的文件夹，下面包含两个文件 657#。

- SqlBaseFinanceData.cs：封装 DbContext 对象并提供连接管理生命周期能力；
- SqlClientFinanceData.cs：封装 SenparcEntities 对象（基于 DbContext）。

5.2.5 开发 Repository 仓储模块

Senparc.Repository 用于存放面向数据库的基础方法（本项目中已经转变为面向 EntityFramework），因此，Senparc.Repository 需要依赖于 Senparc.Core 项目。鼠标右键单击

Senparc.Repository 项目名称,选择【添加】>【引用】,在【引用管理器】窗口中,左侧选择【项目】>【解决方案】,右侧选择需要引用的项目,如图 5-29 所示。

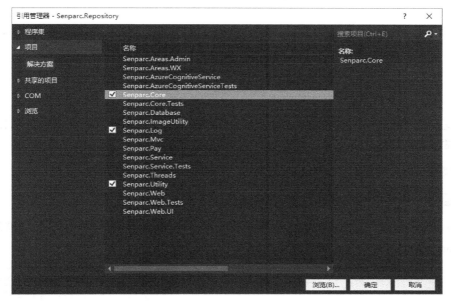

图5-29

单击【确定】按钮完成引用。

注意:根据项目开发的进展,过程中需要不断引用解决方案中的库和来自 Nuget 或 dll 文件的程序包或程序集,下文将不再对引用关系做过多说明,根据需要添加即可。

在 Senparc.Repository 项目下新建一个文件夹,名为"BaseRepository",用于存放公共接口和基类 661#。

- BaseData.cs
- IBaseRepository.cs
- BaseRepository.cs
- BaseClientRepository.cs

ORM(当前项目为 EntityFramework)和数据库表存在一一对应的映射关系,Repository 文件和 ORM 中的对象也基本存在着一一对应的关系,有多少个 ORM 数据库实体模型,我们就需要创建多少个对应的 Repository 仓储对象,以用户信息(Account)为例,AccountRepository.cs 文件内容如下 661#410:

```
using System;
using System.Collections.Generic;
using System.Linq;
using System.Text;
using Senparc.Core.Models;

namespace Senparc.Repository
{
```

```
public interface IAccountRepository : IBaseClientRepository<Account>
{
}

public class AccountRepository : BaseClientRepository<Account>, IAccountRepository
{

}
}
```

由于基础的功能在 BaseClientRepository 中已经提供好了，因此除非有特殊的需求可以进行扩展，通常只需要建这样一个"空"的类。

依此类推，所有模型的 Repository 文件创建完成之后如图 5-30 所示。

5.2.6 缓存

缓存对于提升系统响应时间，提升并发上限具有非常重要的作用，缓存模块集中在 Senparc.Core 项目中的 Cache 文件夹下，如图 5-31 所示。

图5-30　　　　　　　　　　　　　　图5-31

其中 BaseCache 663#386 是整个缓存模块的核心基础，提供了完善的缓存策略以及缓存队列等处理方法，这些文件通常不需要编辑，已经非常稳定地运行于众多的大型系统中。

在 BaseCache 基础上，还需要根据需要创建一系列的具体缓存处理类，这些类大致可以分为两类：

1）和数据库实体有对应关系的缓存（并不一定会完全一样）；

2）具有独立业务功能的其他缓存类。

第一种和数据库实体有关的缓存以用户信息（Account）为例，类命名规则为：Full + [实体名称] + Cache，对应的 Account 实例，缓存类名为 FullAccountCache 663#387，文件名为 FullAccountCache.cs，其中 IFullAccountCache 接口定义如下：

```
public interface IFullAccountCache : IBaseStringDictionaryCache<FullAccount, Account>
{
    /// <summary>
    /// 根据 AccountId 查找
    /// </summary>
    /// <param name="accountId"></param>
    /// <returns></returns>
    FullAccount GetFullAccount(int accountId);

    string GetUserName(int accountId);

    /// <summary>
    /// 根据 OpenId 查找
    /// </summary>
    /// <param name="weixinOpenId"></param>
    /// <returns></returns>
    FullAccount GetObjectByOpenId(string weixinOpenId);
}
```

其中提供了三个方法：

1）根据 Account.Id 查找 FullAccount 信息；

2）根据 Account.Id 查找用户名（用户名在系统中也是唯一的）；

3）根据微信 OpenId 查找 FullAccount 信息。

其中 FullAccount 663#388 的定义位于 Senparc.Core/ExtensionEntity.cs 文件中，继承自 BaseFullEntity<Account>，BaseFullEntity<TEntity> 基类提供了从数据库实体复制信息到子类的能力，因而 FullAccount 可以获取到数据库中 Account 的所有信息，并可以对其进行扩展和类型转换。

第二种具有独立业务功能的缓存类可以使用更加自由的方式实现。

此处的缓存模块和 Senparc.Weixin SDK 的缓存策略类似，都实现了本地缓存和分布式缓存的切换能力，默认系统支持的是本地缓存，如果需要支持 Redis 缓存，只需要做以下两件事。

1）在 Senparc.Web 项目的 Web.config 文件中的 <appSettings> 节点下添加 key 为 "CacheType"的参数，值为"REDIS"（大小写无关），并在"Cache_Redis_Configuration"中设置连接字符串 663#412：

```
<appSettings>
    <add key="CacheType" value="REDIS" />
    <add key="Cache_Redis_Configuration" value="localhost" />
</appSettings>
```

2）在 Senparc.Web 项目的 App_Data 文件夹下创建一个名为"UseRedis.txt"的文件（内容无关）。

当系统启动时，同时满足以上两点，系统会选用 Redis 缓存。

注意：缓存架构的合理性直接决定了整个系统的稳定性和效率，甚至还影响着系统的安全性，因此在使用缓存的时候需要特别注意信息的生命周期管理和访问权限管理。许多系统直接将所有数据库实体中的信息（属性值）暴露给缓存（或 ViewData），这是非常不安全的做法，例如密码等敏感信息不应该存放在权限过于开放的缓存中。

5.2.7 开发业务逻辑

业务逻辑集中在 Senparc.Service 模块中，针对和数据库有关的服务，Service 层中的对象可以使用领域模型（Domain Model）分类，也可以按照开发的需要进行专门地设计，由于当前项目采用 MVC 设计模式，通过长期的实践，我们建议将 Service 优先根据数据库模型（也可以看做是 Repository 的对象）进行分类，然后对不需要依赖数据库的业务单独建立 Service 类。

和 Repository 层一样，Service 也需要建立一系列的基类和辅助类，如图 5-32 所示。

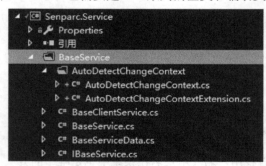

图5-32

经常会看到许多开发者抱怨 EntityFramework 的效率，但其实经过优化之后并且加以合理使用的 EntityFramework 的效率远比多数人想象的要好得多，虽然不能和 Dapper 这样的框架效率比较，但是应付常规的项目已经绰绰有余。其中 Senparc 团队多年实践的一部分精华就在 BaseService 662#383 及 Senparc.Core 的缓存模块中。

创建完 BaseService 之后，需要为每个模型创建独立的 Service 类，以系统信息（SystemConfig）为例，SystemConfigService.cs 文件内容如下 662#413：

```
using System;
using System.Collections.Generic;
```

```csharp
using System.Linq;
using System.Text;
using System.Web;
using Senparc.Core.Cache;
using Senparc.Core.Models;
using Senparc.Repository;
using Senparc.Log;
using StructureMap;

namespace Senparc.Service
{
    public interface ISystemConfigService : IBaseClientService<SystemConfig>
    {
        void RecycleAppPool();
    }

    public class SystemConfigService : BaseClientService<SystemConfig>, ISystemConfigService
    {
        public SystemConfigService(ISystemConfigRepository systemConfigRepo)
            : base(systemConfigRepo)
        {

        }

        public override void SaveObject(SystemConfig obj)
        {
            LogUtility.SystemLogger.InfoFormat("系统信息被编辑");

            base.SaveObject(obj);

            //删除缓存
            var systemConfigCache = StructureMap.ObjectFactory.GetInstance<IFullSystemConfigCache>();
            systemConfigCache.RemoveCache();
        }

        public override void DeleteObject(SystemConfig obj)
        {
            throw new Exception("系统信息不能被删除！");
        }
    }
}
```

常规的增删改查方法已经包含在 BaseService 中，具体模型的服务只需要单独进行扩展即可，对于不需要依赖数据库的服务，则可以不依赖 BaseService，以 OAuthService 为例，OAuthService.cs 文件内容如下 662#414：

```csharp
using System;
using System.Collections.Generic;
using System.Linq;
using System.Text;
using System.Threading.Tasks;
using Senparc.Weixin;
using Senparc.Weixin.MP.AdvancedAPIs.OAuth;
using Senparc.Log;
using Senparc.Weixin.MP.AdvancedAPIs;

namespace Senparc.Service
{
    public interface IOAuthService
    {
        /// <summary>
        /// 公众号OAuth
        /// </summary>
        /// <param name="appId"></param>
        /// <param name="appSecret"></param>
        /// <param name="code"></param>
        /// <returns></returns>
        OAuthUserInfo GetOAuthResult(string appId, string appSecret, string code);
    }

    public class OAuthService : IOAuthService
    {
        public OAuthService()
        {
        }

        public OAuthUserInfo GetOAuthResult(string appId, string appSecret, string code)
        {
            OAuthAccessTokenResult result = null;

            result = OAuthApi.GetAccessToken(appId, appSecret, code);//API

            if (result.errcode != (int)ReturnCode.请求成功)
            {
                throw new Exception(result.errcode + result.errmsg);
            }

            return OAuthApi.GetUserInfo(result.access_token, result.openid);
        }
    }
}
```

Service 除了处理所有数据库表的常规增删改查操作之外，还担负着各种算法和逻辑的处理以及微信 API 的调用。

由于当前项目需要用到微软认知服务，为了进行更加充分地分离，我们将其服务代码单独归入项目 Senparc.AzureCognitiveService 662#384 中，由 Sernparc.Service 引用。

全部创建完成后，整个 Service 文件及结构如图 5-33 所示。

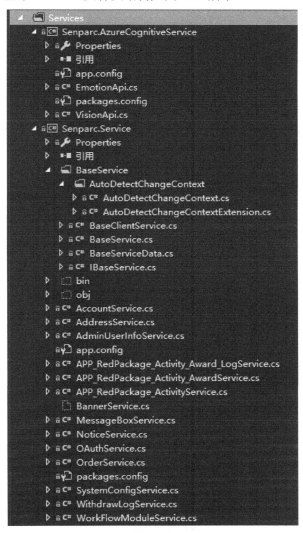

图5-33

5.2.8 Controller 控制器

Controller（控制器）是处理请求的入口以及返回结果的出口，和 Controller 关系最紧密的是 Service 层，在开发的时候，可以先开发 Controller 然后按需创建 Service，也可以先做好规划，先开发 Service，后创建 Controller。

当前系统中的所有 Controller 都需要继承 BaseController，BaseController 继承自 AsyncController，拥有所有 Controller 需要使用到的公共功能：

- 异常处理
- IP 地址获取
- 页面执行时间跟踪
- 当前系统信息(FullSystemConfig)
- 当前登录用户信息(FullAccount)
- 当前登录用户名
- 是否是管理员判断
- OnActionExecuting() 方法重写
- OnResultExecuting() 方法重写
- 处理不存在的请求(404)
- 公共的返回 JSON 信息的方法
- 设置操作状态的方法

BaseController.cs 664#389 位于 Senparc.Mvc 项目的 Controllers 文件夹下。

基于 BaseController,就可以根据需要创建执行具体页面的 Controller 了,以 HomeController.cs 为例,代码如下 664#415:

```
using System.Web.Mvc;
using Senparc.Core.Utility;
using System.Web.Security;

namespace Senparc.Mvc.Controllers
{
    public class HomeController : BaseController
    {
        public HomeController()
        {
        }


        public ActionResult Index()
        {
            return RedirectToAction("Index", "Home", new { area = "WX" });
        }

        public ActionResult Checkcode(CheckCodeKind id)
        {
            return this.CheckCode(id);
        }
```

```csharp
    public ActionResult Logout()
    {
        Session["OpenId"] = null;
        FormsAuthentication.SignOut();
        return RedirectToAction("Index", "Home", new { Area = "WX" });
    }
}
```

由于当前项目不存在匿名访问的页面,用户进入系统之后会自动进行 OAuth 授权,所以手机端的页面都独立封装在了 Senparc.Areas.WX 中,因此首页(Home/Index)的 Action 中直接进行了一次 302 的跳转,指向名为 WX 的 Area 的首页。

Senparc.Areas.WX 包含了除 Web 项目需要部署的文件以外的完整的 MVC 框架,确切来说包含了 Controller、Model 和 Filter 等处理方法,当然其中的很大一部分基类来自于 Senparc.Core 和 Senparc.Mvc,并且需要引用 Senparc.Service。

以 Senparc.Areas.WX 中的 HomeController 为例,2 个 GET 类型的 Action 代码如下 664#416:

```csharp
using System;
using System.Web.Mvc;
using Senparc.Areas.WX.Models.VD;
using Senparc.Core.Config;
using Senparc.Service;
using Senparc.Weixin.MP.Helpers;
using Senparc.Weixin.MP.Containers;

namespace Senparc.Areas.WX.Controllers
{
    public class HomeController : BaseWXController
    {
        private WorkFlowModuleService _workFlowModuleService;
        private APP_RedPackage_ActivityService _appRedPackageActivityService;

        public HomeController(WorkFlowModuleService workFlowModuleService, APP_RedPackage_ActivityService appRedPackageActivityService)
        {
            _workFlowModuleService = workFlowModuleService;
            _appRedPackageActivityService = appRedPackageActivityService;
        }

        public ActionResult Index(int? id)
        {
            if (!id.HasValue)
            {
                return RenderError("活动不存在!");
            }
```

```csharp
            var activity = _appRedPackageActivityService.GetObject(z => z.Id == id);
            if (activity == null)
            {
                return RenderError("活动不存在！");
            }
            if (DateTime.Compare(activity.BeginTime, DateTime.Now) > 0)
            {
                return RenderError("活动还没开始呢 亲！");
            }
            if (DateTime.Compare(activity.EndTime, DateTime.Now) < 0)
            {
                return RenderError("活动已经结束呢 亲！");
            }
            var vd = new Home_IndexVD()
            {
                ActivityId = activity.Id
            };
            return View(vd);
        }

        /// <summary>
        /// JSSDK 参数获取
        /// </summary>
        /// <param name="url"></param>
        /// <returns></returns>
        public ActionResult GetSystemConfig(string url)
        {
            //获取时间戳
            var timestamp = JSSDKHelper.GetTimestamp();
            //获取随机码
            string nonceStr = JSSDKHelper.GetNoncestr();
            string ticket = JsApiTicketContainer.TryGetJsApiTicket(SiteConfig.AppId, SiteConfig.AppSecret);

            //获取签名
            string signature = JSSDKHelper.GetSignature(ticket, nonceStr, timestamp, url);
            return RenderJsonSuccessResult(true, new
            {
                appId = SiteConfig.AppId,
                timestamp,
                nonceStr,
                signature,
            }, true);
        }
    }
}
```

这个 Controller 中有几个必须要了解的内容：

- BaseWXController
- 构造函数中的参数
- Home_IndexVD

1. BaseWXController

BaseWXController 是 BaseController 的子类, 作为整个 Senparc.Areas.WX 下所有 Controller 的基类。

BaseWXController.cs 代码如下 664#417:

```csharp
using System.Web.Mvc;
using Senparc.Areas.WX.Filter;
using Senparc.Core.Cache;
using Senparc.Core.Models;
using Senparc.Mvc.Controllers;
using Senparc.Areas.WX.Models.VD;
using StructureMap;
using Senparc.Core.Config;

namespace Senparc.Areas.WX.Controllers
{
    [WXAuthorize]
    public class BaseWXController : BaseController
    {
        public FullAccount FullAccount { get; set; }

        public BaseWXController()
        {
        }

        protected override void OnActionExecuting(ActionExecutingContext filterContext)
        {
            if (SiteConfig.IsDebug && Session["OpenId"] == null)
            {
                FullAccount = new FullAccount()
                {
                    UserName = "Test",
                    WeixinOpenId = "Test123321",
                    Id = 1
                };
            }
            else
            {
                // Session["OpenId"]//为 null 不会通过 WXAuthorize
                var openId = Session["OpenId"] == null ? null : Session["OpenId"].ToString();

                var fullAccountCache = ObjectFactory.GetInstance<IFullAccountCache>();
                FullAccount = fullAccountCache.GetObjectByOpenId(openId);
```

```
        if (FullAccount == null)
        {
            filterContext.Result = RenderError("用户信息不存在！");
        }
    }

    base.OnActionExecuting(filterContext);
}

protected override void OnResultExecuting(ResultExecutingContext filterContext)
{
    if (filterContext.Controller.ViewData.Model is IBaseWXVD)
    {
        IBaseWXVD vd = filterContext.Controller.ViewData.Model as IBaseWXVD;
        vd.FullAccount = FullAccount;
    }
    base.OnResultExecuting(filterContext);
}

}
}
```

BaseWXController 的基类是 BaseController。

请注意 [WXAuthorize] 这个特性标签，WXAuthorize 类定义位于 Senparc.Areas.WX/Filter/WXAuthorizeAttribute.cs 664#390 文件中，作用是进行用户登录判断，如果用户没有登录，则会进入微信 OAuth 2.0 的授权流程，成功后进行登录，并继续访问网页，完成授权之后的开发就和普通 Web 开发无异了。

2. 构造函数中的参数

构造函数中的参数使用 IoC 依赖注入的方式自动初始化，一般是 Cache 或 Service 相关的类。当前项目的 IoC 框架使用了 StructureMap，这是一个非常优秀的 IoC 框架。

3. Home_IndexVD

Home_IndexVD 是用于传给 View 页面的 Model 对象的实体类，其定义如下 664#418：

```
public class BaseHomeVD : BaseWXVD
{
}

public class Home_IndexVD : BaseHomeVD
{
    public int ActivityId { get; set; }
}
```

VD 是对 ViewData 的简称。Home_IndexVD 的命名规则为：

[Controller 名称] + _ + [Action 名称] + VD

Home_IndexVD 的基类是 BaseHomeVD，BaseHomeVD 是整个 HomeController 中所有 VD 的基类，其他 Controller 依此类推。

BaseHomeVD 的基类是 BaseWXVD，BaseWXVD 是整个 Senparc.Areas.WX 中类似 BaseHomeVD 基类的基类。其他 Area 依此类推。

BaseWXVD 的基类是 BaseVD，BaseVD 定义位于 Senparc.Core/Models/VD/ BaseVD.cs 文件中，是所有 VD 最底层的基类。

这样层层继承的结构看似复杂，其实都为了一件事情：能够让每一级的 BaseController 都能得到对应级别的 VD，并且最终传递给各个可能存在嵌套关系的模板页（Layout）。

5.2.9 Web 项目和 UI

UI 相关的静态文件和视图文件都位于 Senparc.Web 项目中，严格遵循了 ASP.NET MVC 默认的标准。Senparc.Web.UI 项目为 UI 提供了一些扩展支持，例如输出某些特定功能的 HTML。

Senparc.Web 同样担负着部署的任务（全局唯一一个 Web 类型的项目），因此 Senparc.Web 直接或间接地引用着所有生产环境所需的库。

在 Senparc.Web 的 Global.asax.cs 665#391 文件中，定义了全局所需要的一些设置，包括 IoC、日志（log4net）、线程管理以及微信公众号相关的配置代码。

5.3 单元测试

单元测试可以模拟各种数据，在本地测试系统的功能和代码逻辑的正确性，可以为开发者节省大量的时间，同时还可以进行很多无法通过 UI 触发的测试，甚至"人肉"无法进行的并发测试等，单元测试同样是每次修改后部署上线之前需要进行的代码检查步骤之一。

单元测试应当保持尽可能小的"粒度"，一个典型的单元测试代码和结果如图 5-34 所示。

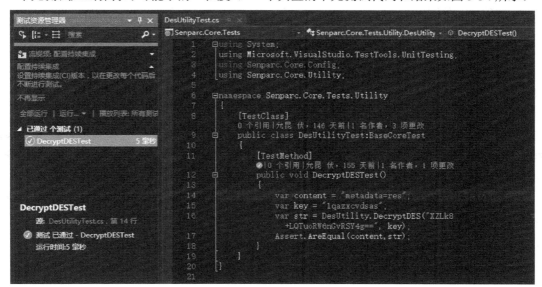

图5-34

5.4 部署

部署项目的方法有许多，常见的方式有：

- FTP
- TFS 等平台的自动生成和部署功能
- Visual Studio 的 Web 项目发布（Publish）功能
- Git、TFS 等平台的 hooks 功能

FTP 比较常见，使用平台自动 hook 的方式在国内开发者中并不普及，Visual Studio 的发布功能中包括了对微软云平台 Azure 的自动发布功能，这是一个比较方便和强大的部署方式。

当前系统的最低部署环境建议为：Windows 2008 R2、SQL Server 2008 R2、.NET Framework 4.5，如果需要使用分布式缓存，可以安装 Redis 的最新版本。

5.5 消息验证和线上测试

部署完成之后，需要在微信公众平台后台进行消息 URL 和 OAuth 等参数设置，然后进行一系列的线上测试，主要包括：

- 常规微信消息的测试
- AccessToken 的有效性
- 缓存有效性
- OAuth 的授权正确性
- 微信支付的正确性
- 其他 UI 的测试
- 性能和压力测试

5.6 在 Microsoft Azure 上运行微信公众号示例

本章所介绍的 SenparcMarketing 系统已经作为 Azure 的微信营销系统案例在 Microsoft Azure 中国区的首页上线（https://www.azure.cn/），如果开发者想要快速体验线上版本，只需要几步即可实现，以下做一个简要介绍。

第一步：打开 Microsoft Azure 中国首页，在首页中间的案例区域中选择【微信营销】标签，切换到"1 元试用：自助微信营销解决方案"内容，单击【了解更多】按钮，如图 5-35 所示。

打开的"1 元试用：自助微信营销解决方案"页面如图 5-36 所示。

第 5 章　微信公众号开发全过程案例　113

图5-35

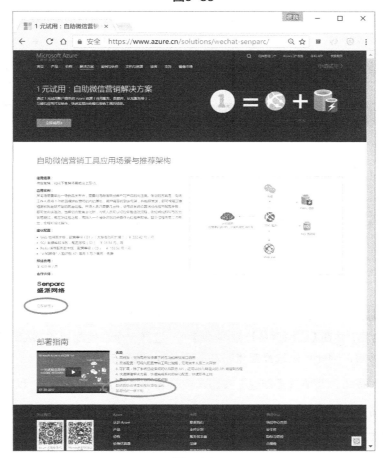

图5-36

单击【立即试用】按钮，按照提示完成注册和付费（这 1 元是交给运营商的），进入后台，如图 5-37 所示。

图5-37

如果进入的是老版的管理后台，只需要单击顶部的【签出新门户】按钮即可，如图 5-38 所示。

图5-38

在后台单击 ![新建] 按钮，选择【Web + 移动】，再选择【Web 应用】，输入完全自定义的应用名称、资源组名称，并在【应用服务计划/位置】下，选择一个合适配置的 Web 应用（由于 1 元试用额度通常足够用，因此可以选择配置略高的服务），如图 5-39 所示。

单击【选择】按钮，并单击【创建】按钮，建议选中"固定到仪表板"，以方便操作。

同理，根据需要在【Databases】下选择【SQL 数据库】以及【Redis 缓存】服务。

再根据需要在【Intelligence + Analytics】下选择【认知服务 APIs】中的"计算机视觉 API"和"情感 API"。

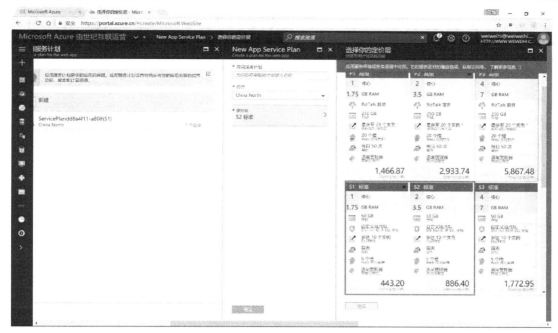

图5-39

然后,进入已经创建好的 Web 应用,在【自定义域】中添加主机名,必须是绑定了微信 OAuth 的合法域名,如图 5-40 所示。

图5-40

如果需要使用 FTP 方式进行发布,可以在【快速入门】中的【重置部署凭据】中设置 FTP 的用户名和密码。如图 5-41 所示。

图5-41

除此以外如果在本地访问远程 SQL 数据库，必须将本地 IP 加入数据库防火墙中。

项目成功部署之后，初次运行需要在地址栏中输入安装地址：

http://[域名]/Install

后台管理登录地址为：http://[域名]/AzureAdmin/Login。

初始化后默认的管理员账号为 TNT2，密码为 123123，请自行修改。

习题

5.1 如何使用 Nuget 工具安装 Senparc.Weixin 程序包？

5.2 Repository 和 Service 层的作用分别是什么？它们有什么联系和区别？你认为在 M-V-C 中它们分别属于哪个模块（或同一模块）？

5.3 对于经典的三层架构（DAL、BLL、UI），其中的 DAL 和 BLL 分别属于 M-V-C 中的哪个模块（或同一模块）？为什么？

5.4 本章开发使用了一套 Senparc 自主研发的框架，内部代号叫什么？

5.5 常见的部署方式有哪些？

第 6 章　使用 SDK Demo：Senparc.Weixin.MP.Sample

之前的章节做了一些摩拳擦掌的准备工作，从本章开始，就完全进入 Senparc.Weixin SDK 的实用介绍！

为了方便开发者了解使用 Senparc.Weixin SDK，并且可以用最短的时间对现有的公众号进行测试，我们开发了 Senparc.Weixin.MP.Sample 项目作为官方 Demo。Senparc.Weixin.MP.Sample 涵盖了大部分微信公众号、小程序、开放平台、企业号等的基础功能演示（测试），开发者只需要下载项目，编译、部署，即可马上体验各种功能。学会通过 Demo 来学习微信公众号开发将让您事半功倍。

Senparc.Weixin.MP.Sample 的线上 Demo 地址为：http://sdk.weixin.senparc.com，线上会持续保持较新源代码的版本（通常为 GitHub 上的 master 分支最新内容），绑定的公众号为"盛派网络小助手"。

本章将详细介绍 Senparc.Weixin.MP.Sample 的文件结构及功能，在开发的过程中如果遇到相关的功能，可以直接使用此项目参考，有人说"了解 Demo 是开始 Senparc.Weixin SDK 开发的第一步"，这一点也不夸张。

由于 Demo 的代码都已经添加了必要的注释，因此本章不再展开具体的代码，而是着重介绍各个模块的功能，阅读本章需要结合源代码进行学习，并结合微信客户端进行测试。

6.1　文件位置及结构

6.1.1　Senparc.Weixin.MP.Sample 解决方案文件夹

Senparc.Weixin.MP.Sample 解决方案文件夹位于 Senparc.Weixin SDK 源代码项目的 \src\

Senparc.Weixin.MP.Sample 文件夹下，如图 6-1 所示。

图6-1

文件及文件夹说明如表 6-1 所示。

表 6-1

文件名	类型	说明
packages	文件夹	nuget 安装包
Senparc.Weixin.MP.Sample	文件夹	**ASP.NET MVC 项目文件夹**
Senparc.Weixin.MP.Sample.CommonService	文件夹	**提供支持的业务逻辑项目文件夹**
Senparc.Weixin.MP.Sample.Tests	文件夹	单元测试项目文件夹
TestResults	文件夹	单元测试结果（执行单元测试后自动生成）
.gitignore	文件	git 忽略配置文件
readme.md	文件	说明文件
Senparc.Weixin.MP.Sample.Libraries.sln	文件	只包含库项目的解决方案（提供给 travis 自动检测使用，开发中不需要用到）
Senparc.Weixin.MP.Sample.sln	文件	**Senparc.Weixin.MP.Sample 解决方案文件**
Senparc.Weixin.MP.Sample.vs2010sp1.sln	文件	提供给 Visual Studio 2010 SP1 使用的解决方案文件

6.1.2 Senparc.Weixin.MP.Sample 解决方案

使用 Visual Studio 打开 Senparc.Weixin.MP.Sample.sln 解决方案文件，可以看到我们已经将项目归纳到三个解决方案文件夹中：Libraries、Samples 和 Tests，如图 6-2 所示。

其中，Libraries 文件夹中的为 Senparc.Weixin SDK 源代码项目，每个项目对应了一个 dll 模块，例如 Senparc.Weixin 项目对应为 Senparc.Weixin.dll，其余的可以举一反三。Libraries 中的项目都有各自独立的解决方案（其文件位置不在 Senparc.Weixin.MP.Sample 文件夹内），加入此解决方案中是为了给 Sample 提供直接依赖支持的引用，方便调试。

Samples 文件夹下的两个项目为本章要重点介绍的 Demo 有关的项目。

Tests 文件夹下包含了不同模块的单元测试项目。有关单元测试的介绍请见本章第 6.15 节"单元测试"。

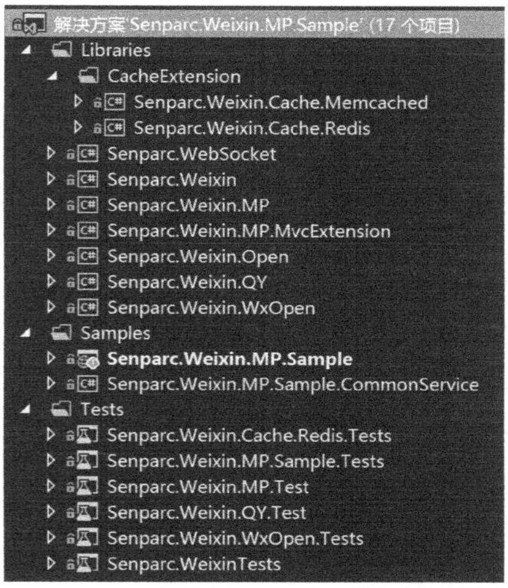

6.1.3 Senparc.Weixin.MP.Sample Web 项目

在 Samples 解决方案文件夹中的 Senparc.Weixin.MP.Sample 项目是 ASP.NET MVC 4 项目（为了兼容 Visual Studio 2010 SP1，所以没有升级到最新的版本，ASP.NET MVC 4 作为 Demo 演示已经足够），项目结构如图 6-3 所示。

图6-2

图6-3

详细的文件说明见表 6-2。

表 6-2

文件名	类型	说明
App_Data	文件夹	数据文件夹（存放日志文档等文件）
App_Start	文件夹	用于系统配置类
Content	文件夹	存放 CSS 等静态文件
Controllers	文件夹	Controller 文件夹
├ Open	文件夹	存放和开放平台（Open）有关的 Controller
├ OpenController.cs	文件	处理 Open 消息请求的 Controller
├ OpenOAuthController.cs	文件	处理 Open 的 OAuth 请求的 Controller
├ QY	文件夹	存放和企业号（QY）有关的 Controller
├ QYController.cs	文件	处理 QY 消息请求的 Controller
├ WxOpen	文件夹	存放和小程序（WxOpen）有关的 Controller
├ WxOpenController.cs	文件	处理 WxOpen 消息请求的 Controller
├ AsyncMethodsController.cs	文件	异步方法测试 Controller
├ BaseController.cs	文件	所有 Controller 的基类
├ CacheController.cs	文件	缓存测试 Controller
├ DocumentController.cs	文件	文档下载 Controller
├ FilterTestController.cs	文件	浏览器过滤测试 Controller
├ HomeController.cs	文件	网站首页 Controller
├ MediaController.cs	文件	媒体下载测试 Controller
├ MenuController.cs	文件	自定义菜单工具 Controller
├ OAuth2Controller.cs	文件	OAuth 2.0 测试 Controller
├ SimulateToolController.cs	文件	消息模拟 Controller
├ TenPayController.cs	文件	微信支付 Controller（旧版）
├ TenPayV3Controller.cs	文件	微信支付 V3 Controller（新版）
├ WeixinAsyncController.cs	文件	异步请求测试 Controller
├ WeixinController.cs	文件	微信消息处理 Controller
├ WeixinController_OldPost.cs	文件	微信消息处理 Controller（旧版）
├ WeixinJSSDKController.cs	文件	JS-SDK Controller
Image	文件夹	图片文件夹
Models	文件夹	数据模型文件夹
Script	文件夹	存放 JS 文件夹
Views	文件夹	视图文件夹
favicon.ico	文件	网站默认图标文件
Global.asax(.cs)	文件	Global.asax 配置文件
packages.config	文件	nuget 程序包配置文件
Web.config	文件	Web.Config 文件

Senparc.Weixin.MP.Sample 项目是 ASP.NET MVC 的 Web 启动项目，包含了部分 Models（部分逻辑分离到了 .CommonService 项目中）以及完整的 Views 和 Controllers。

在实际项目中我们并不建议将 Controllers 和 Models 放在 Web 项目中，而是提倡将其充分分离，作为 Demo，这里将文件都放在同一个项目中是为了方便学习和演示。

6.1.4 Senparc.Weixin.MP.Sample.CommonService 项目

Senparc.Weixin.MP.Sample.CommonService 用于独立存放 Senparc.Weixin.MP.Sample 项目中涉及消息处理（MessageHandler）等逻辑，其文件夹结构如图 6-4 所示。

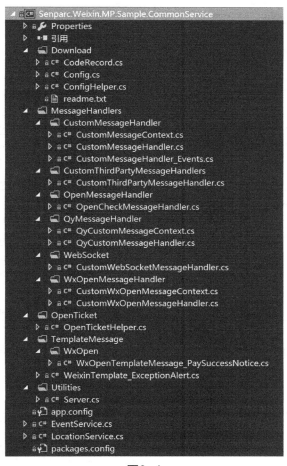

图6-4

详细的文件说明见表 6-3。

表 6-3

文件名	类型	说明
Download	文件夹	帮助文档下载相关类文件夹 （在 Demo 中提供帮助文档下载和微信本身无关）
├ CodeRecord.cs	文件	下载凭证（Code）记录实体类型
├ Config.cs	文件	帮助文档下载配置实体类
├ ConfigHelper.cs	文件	帮助文档配置的帮助类
├ readme.txt	文件	帮助文档相关类的说明文件
MessageHandlers	文件夹	存放所有 MessageHandler 相关类

续表

文件名	类型	说明
├ CustomMessageHandler	文件夹	微信公众号自定义 MessageHandler
├ **CustomMessageContext.cs**	**文件**	**CustomMessageContext 上下文**
├ **CustomMessageHandler.cs**	**文件**	**CustomMessageHandler**
├ **CustomMessageHandler_Events.cs**	**文件**	**CustomMessageHandler 事件部分类**
├ CustomThirdPartyMessageHandlers	文件夹	开放平台 OpenTicket 处理程序
├ CustomThirdPartyMessageHandler.cs	文件	CustomThirdPartyMessageHandler
├ OpenMessageHandler	文件夹	开放平台自定义 MessageHandler
├ OpenCheckMessageHandler.cs	文件	OpenCheckMessageHandler
├ QyMessageHandler	文件夹	微信企业号自定义 MessageHandler
├ QyCustomMessageContext.cs	文件	QyCustomMessageContext 上下文
├ QyCustomMessageHandler.cs	文件	QyCustomMessageHandler
├ WebSocket	文件夹	WebSocket 专用 MessageHandler
├ **CustomWebSocketMessageHandler.cs**	**文件**	**CustomWebSocketMessageHandler**
├ WxOpenMessageHandler	文件夹	微信小程序自定义 MessageHandler
├ CustomWxOpenMessageContext.cs	文件	CustomWxOpenMessageHandler 上下文
├ CustomWxOpenMessageHandler.cs	文件	CustomWxOpenMessageHandler
OpenTicket	文件夹	开放平台 OpenTicket 相关文件
├ OpenTicketHelper.cs	文件	OpenTicket 帮助类
TemplateMessage	文件夹	模板消息相关类
├ WxOpen	文件夹	小程序的模板消息
├ WxOpenTemplateMessage_PaySuccessNotice.cs	文件	"支付成功提示"模板消息
├ **WeixinTemplate_ExceptionAlert.cs**	**文件**	**"异常提示"模板消息(公众号)**
Utilities	文件夹	公共方法文件夹
├ Server.cs	文件	Server、HttpContext 相关方法
app.config	文件	项目配置文件
EventService.cs	**文件**	**消息事件服务类(公众号)**
LocationService.cs	**文件**	**位置事件服务类(公众号)**
packages.config	文件	nuget 配置文件

看上去信息量很大是吗?不用担心,本书介绍的微信公众号相关内容只涉及其中的 8 个文件,已经在表 3 中加粗,开放平台和企业号相关的内容本书不做展开。

6.2 配置项目

完整的 Senparc.Weixin.MP.Sample 项目都可以在 GitHub 同步(或下载)到本地,当我们同步到代码之后,需要对项目进行简单的初始化设置,以确保项目可以顺利测试和部署。

6.2.1 Web.Config 文件

Senparc.Weixin.MP.Sample 项目默认将微信公众号的 AppId 和 AppSecret 存放在 Web.Config 中,根据实际项目的需要,也可以将这些信息存放在数据库中。

第 6 章 使用 SDK Demo：Senparc.Weixin.MP.Sample

在 Visual Studio 中打开 Web.Config 文件，其中 <appSettings>是需要配置的重要节点，初始项目的代码如下所示 95#34：

```xml
<appSettings>
  <add key="webpages:Version" value="2.0.0.0" />
  <add key="webpages:Enabled" value="false" />
  <add key="PreserveLoginUrl" value="true" />
  <add key="ClientValidationEnabled" value="true" />
  <add key="UnobtrusiveJavaScriptEnabled" value="true" />
  <!-- 微信公众号 URL 对接信息 -->
  <add key="WeixinToken" value="第三方 URL 对应的 Token" />
  <add key="WeixinEncodingAESKey" value="第三方 URL 对应的消息加解密密钥" />
  <!-- 高级接口信息 -->
  <add key="WeixinAppId" value="微信 AppId" />
  <add key="WeixinAppSecret" value="微信 AppSecret" />
  <!-- SDK 提供的代理功能设置 -->
  <add key="WeixinAgentUrl" value="外部代理 Url" />
  <add key="WeixinAgentToken" value="外部代理 Token" />
  <add key="WeixinAgentWeiweihiKey" value="外部代理 WeiWeiHiKey" />
  <!-- 微信支付相关参数 -->
  <!-- 微信支付 V2 -->
  <add key="WeixinPay_Tenpay" value="WeixinPay_Tenpay" />
  <add key="WeixinPay_PartnerId" value="WeixinPay_PartnerId" />
  <add key="WeixinPay_Key" value="WeixinPay_Key" />
  <add key="WeixinPay_AppId" value="WeixinPay_AppId" />
  <add key="WeixinPay_AppKey" value="WeixinPay_AppKey" />
  <add key="WeixinPay_TenpayNotify" value="WeixinPay_TenpayNotify" />
  <!-- 微信支付 V3 -->
  <add key="TenPayV3_MchId" value="TenPayV3_MchId" />
  <add key="TenPayV3_Key" value="TenPayV3_Key" />
  <add key="TenPayV3_AppId" value="TenPayV3_AppId" />
  <add key="TenPayV3_AppSecret" value="TenPayV3_AppSecret" />
  <add key="TenPayV3_TenpayNotify" value="TenPayV3_TenpayNotify" />
  <!-- 开放平台 -->
  <add key="Component_Appid" value="Component_Appid" />
  <add key="Component_Secret" value="Component_Secret" />
  <add key="Component_Token" value="Component_Token" />
  <add key="Component_EncodingAESKey" value="Component_EncodingAESKey" />
  <!-- 企业号 -->
  <add key="WeixinCorpId" value="WeixinCorpId" />
  <add key="WeixinCorpSecret" value="WeixinCorpSecret" />

  <!-- 小程序 -->
  <!-- 小程序消息 URL 对接信息 -->
  <add key="WxOpenToken" value="小程序消息 URL 对应的 Token" />
  <add key="WxOpenEncodingAESKey" value="小程序消息 URL 对应的消息加解密密钥" />
  <!-- 小程序秘钥信息 -->
  <add key="WxOpenAppId" value="微信小程序 AppId" />
```

```
            <add key="WxOpenAppSecret" value="微信小程序 AppSecret" />

            <!-- Cache.Redis 连接配置 -->
            <add key="Cache_Redis_Configuration" value="Redis 配置" />
            <!--<add key="Cache_Redis_Configuration" value="localhost:6379"/>-->

        </appSettings>
```

其中重要的参数定义如表 6-4 所示。

表 6-4

分类	参数 Key	说明
微信公众号 URL 对接信息	**WeixinToken**	第三方（应用服务器）URL 对应的 Token
	WeixinEncodingAESKey	第三方（应用服务器）URL 对应的消息加解密密钥
微信公众号高级接口信息	**WeixinAppId**	微信公众号 AppId
	WeixinAppSecret	微信公众号 AppSecret
微信支付 V2	WeixinPay_*	旧版微信支付参数（略）
微信支付 V3	TenPayV3_MchId	商户号（MchId）
	TenPayV3_Key	商户后台设置的 Key
	TenPayV3_AppId	微信支付 AppId
	TenPayV3_AppSecret	微信支付 AppSecret
	TenPayV3_TenpayNotify	微信支付 Notify
开放平台	Component_Appid	开放平台 AppId
	Component_Secret	开放平台 Secret
	Component_Token	开放平台服务器 URL 对应的 Token
	Component_EncodingAESKey	开放平台服务器 URL 对应的消息加解密密钥
微信小程序	**WxOpenToken**	小程序服务器消息 URL 对应的 Token
	WxOpenEncodingAESKey	小程序服务器消息 URL 对应的消息加解密密钥
	WxOpenAppId	微信小程序 AppId
	WxOpenAppSecret	微信小程序 AppSecret
Cache.Redis 连接配置	Cache_Redis_Configuration	Redis 连接字符串配置，在 Demo 项目中，如果不需要使用 Redis，则保留默认的字符串值"Redis 配置"

上述参数根据项目实际需求进行设置，不需要使用到的可以保持原状，或者根据项目的需要进行修改甚至删除。如果需要删除，请确保项目中没有任何对此参数的引用。

与本书所涉及的内容相关的配置已经在表 6-4 中加粗表示。

6.2.2 Global.asax 文件

Global.asax 文件用于配置全局信息，在 Visual Studio 中打开 Global.asax（实际上打开的是 Global.asax.cs）。完整的 Application_Start() 方法配置如下所示 96#35：

```
protected void Application_Start()
{
```

```
        AreaRegistration.RegisterAllAreas();

//微信注册 WebSocket 模块 (按需,必须执行在 RouteConfig.RegisterRoutes()之前)
        RegisterWebSocket();

        WebApiConfig.Register(GlobalConfiguration.Configuration);
        FilterConfig.RegisterGlobalFilters(GlobalFilters.Filters);
        RouteConfig.RegisterRoutes(RouteTable.Routes);
        BundleConfig.RegisterBundles(BundleTable.Bundles);


        /* 微信配置开始
         *
         * 建议按照以下顺序进行注册,尤其须将缓存放在第一位!
         */

        RegisterWeixinCache();              //注册分布式缓存(按需,如果需要,必须放在第一个)
        ConfigWeixinTraceLog();             //配置微信跟踪日志(按需)
        RegisterWeixinThreads();            //激活微信缓存及队列线程(必须)
        RegisterSenparcWeixin();            //注册 Demo 所用微信公众号的账号信息(按需)
        RegisterSenparcQyWeixin();          //注册 Demo 所用微信企业号的账号信息(按需)
        RegisterWeixinPay();                //注册微信支付(按需)
        RegisterWeixinThirdParty();         //注册微信第三方平台(按需)

        /* 微信配置结束 */
    }
```

所有 Register 开头的方法的都是配置微信各个功能的私有方法,几乎不需要修改,和本书内容有关的方法已经加粗表示。

6.2.3 首页

完成了基础的配置之后,编译后的项目就可以直接部署到网站并且对接微信公众号的各项服务,是不是很方便?

当然即使没有进行任何配置,网页也是可以部署和访问的,只是无法和微信对接通信。项目可以使用所有适用于网站部署的方式部署到应用服务器,首页打开如图 6-5 所示。

首页顶部包含了比较常用的测试页面的链接入口,以及各类学习资源、代码资源的入口,以及 Senparc 团队的联系方式和 QQ 群号(目前已经开设了 13 个群,请选择还有空位的群加入)。

再往下,左侧的表格显示了当前 Senparc.Weixin SDK 所包含的各模块的名称及版本,包括目前 nuget 部署的最新版本(实时更新)及当前网站所部署的各个模块的版本,方便开发者比较当前 Demo 的 "新鲜程度",表格的最右是各个模块对不同 .net 版本最新的支持情况。

再往下,是 "盛派网络小助手" 的公众号二维码,也是官方在线 Demo 对接的公众号,开发者可以在 "盛派网络小助手" 上测试官方 Demo 的各项功能,并接收最新的官方通知。

再往下,是针对 Demo 在公众号内的各项基础功能的测试,包括文本测试、位置测试、多媒体测试、微信支付测试等。

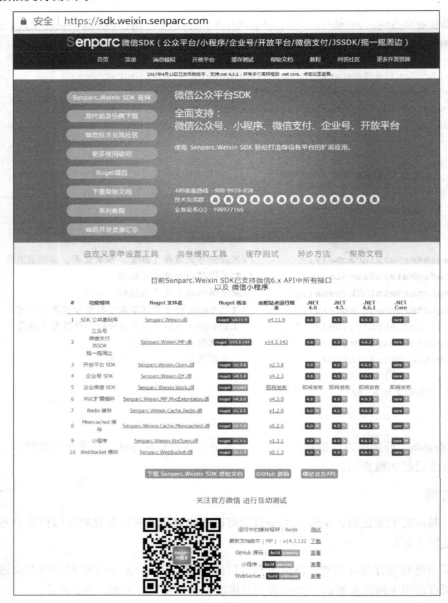

图6-5

再往下,是盛派网络正在运营的基于微信的案例、资金捐助口,以及其他的公告信息。

特别感谢为 Senparc.Weixin 项目组进行资金捐助、代码提交和各类建议与帮助的朋友们!

6.3 微信消息

微信公众号界面上的消息通信可以说是微信开发最"入门"的一个功能,详细的介绍请见第7章"MessageHandler:简化消息处理流程"。

那么，这个功能在 Demo 中应该如何测试呢？

6.3.1 消息处理

首先，按照 MessageHandler 的设计，我们需要创建一个自定义的 MessageHandler 类，用于处理各种类型的消息。

在 Senparc.Weixin.MP.Sample.CommonService 项目的 MessageHandlers/CustomMessageHandler 文件夹下有 3 个文件。

- CustomMessageContext.cs
- CustomMessageHandler.cs
- CustomMessageHandler_Events.cs

文件用途说明请见表 6-3。

CustomMessageContext.cs 一般情况下写法是比较固定的，开发者甚至可以照搬。

CustomMessageHandler.cs 和 CustomMessageHandler_Events.cs 是 CustomMessageHandler 类的两个部分类的文件。其中 CustomMessageHandler.cs 中定义了非事件类型消息的处理，用户通过微信公众号的界面发送文字或其他类型的消息，CustomMessageHandler_Events.cs 中定义了事件类型的消息处理。

下面将逐一介绍各项功能的测试方式及原理。

6.3.1.1 消息上下文

消息上下文用于记录单个用户发送、接收消息的记录。

相关功能详情请见第 7 章 7.6 节 "解决用户上下文（Session）问题"。

CustomerMessageHandler 测试代码位置：OnTextRequest()。

在微信公众号界面，除了输入关键字以外的情况（见接下来几个小节），都会进入到消息上下文的测试中。

下面开始测试。

1) 输入任意文字，如"Senparc"，正确回复如图 6-6 所示。

正确的返回信息会显示刚才发送的文字信息。并且说明上下文的过期时间及上下文的记录条数。

2) 在提示的有效时间内（本次测试参数为 3 分钟）再次输入任意文字，如"SDK"，正确回复如图 6-7 所示。

正确的返回信息会记录上次发送的消息的时间、类型及内容，并显示本次时间。

提示：使用两台手机（两个微信公众号）同时发送不同的消息，将可以看到各自不同的上下文，相互之间不会产生任何干扰。

3) 在提示的有效时间过期后，再次输入任意文字，如"重新输入"，正确回复如图 6-8 所示。

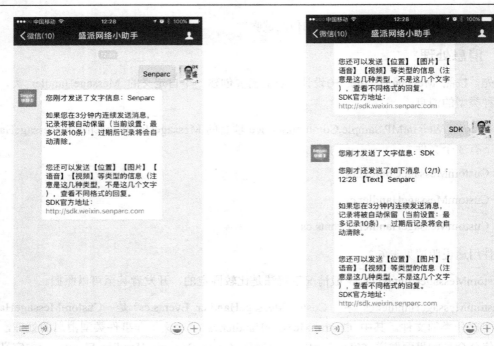

图6-6   图6-7

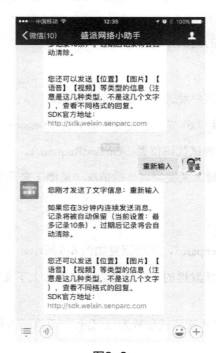

图6-8

此时已经过了 3 分钟的上下文有效时间,"重新输入"这一条消息成为上下文的第一条消息。

6.3.1.2 消息代理

我们有时会碰到这样的情形:微信公众号只允许对接一个 80 端口的 URL,但是实际提供消息服务的服务器可能有多台,甚至无法使用 80 端口。

Senparc.Weixin SDK 中的"消息代理"功能就是为此而生,使用"消息代理"功能,可以将应用服务器接收到的消息以标准的微信消息格式转发到其他的服务器,并获取结果,最终返回到微信服务器。

相关功能详情请见第 7 章 7.10 节"消息代理"。

CustomerMessageHandler 测试代码位置:OnTextRequest()。

开始测试:

发送文字"托管"或"代理",等待结果返回,如图 6-9 所示。

图6-9

成功收到的代理目标服务器的回复之后,测试方法会在文本末尾加上"代理过程总耗时"的记录。

6.3.1.3 异步并发测试

CustomerMessageHandler 测试代码位置:OnTextRequest()。

开始测试:发送文字"AsyncTest",如图 6-10 所示。

图6-10

此方法模拟了一个复杂的微信请求过程（线程休眠 4 秒），是专门提供给单元测试模拟并发场景使用的方法。

6.3.1.4 错误的返回消息格式

CustomerMessageHandler 测试代码位置：OnTextRequest()。

开始测试：发送文字"错误"，如图 6-11 所示。

图6-11

此测试用于查看当返回消息（ResponseMessage）没有按照规定的格式和数据要求返回的情况下，客户端的出错提示。

6.3.1.5 容错

CustomerMessageHandler 测试代码位置：OnTextRequest()。

开始测试：发送文字"容错"，如图 6-12 所示。

图6-12

容错测试的原理是故意将线程休眠 4.5 秒，用于触发微信服务器的消息重发机制，以此来测试去重功能是否正常，结合日志查看，实际收到了多条 Request 消息，但只返回了 1 条 Response 消息时表明去重功能运行正常。如图 6-13 所示，MessageHandler 实际只处理了第一条 Request 消息并只返回了一条 Response 消息，另外一条 Request 消息是腾讯服务器发送过来的内容完全相同的重发消息，MessageHandler 对其进行了过滤。

图6-13

6.3.1.6 获取 OpenId

此方法用于快速获取当前微信用户在微信公众号上的 OpenId，系统同时会通过 OpenId 使用用户信息高级接口获取用户信息。

关于高级接口内容请见第 14 章 "微信接口"。

CustomerMessageHandler 测试代码位置：OnTextRequest()。

开始测试：发送文字 "OpenId"，正确回复如图 6-14 所示

使用快速获取到的 OpenId，开发者可以继续进行一系列的针对个人微信号的接口测试。

6.3.1.7 位置消息

有关地理位置辅助方法的介绍详见第 17 章 17.7 节 "地图及位置"。

CustomerMessageHandler 测试代码位置：OnLocationRequest ()。

开始测试：在微信公众号界面点击 "+" 号，点击【位置】按钮，选择位置并点击【发送】按钮，结果如图 6-15 所示。

图6-14

图6-15

点击不同的图文消息可以看到对应的静态地图图片及官网链接（百度地图无法正常显示是因为百度地图官方 API 升级导致，后期 SDK 的帮助方法会跟进）。

6.3.1.8 链接消息

CustomerMessageHandler 测试代码位置：OnLinkRequest ()。

开始测试：在微信公众号界面点击 "+" 号，点击【收藏】按钮，选择一篇已经收藏的文章（网页），点击【发送】按钮，结果如图 6-16 所示。

MessageHandler 中处理链接消息请求可以读取到文章的标题、说明及 URL。

6.3.1.9 点击事件

以下将介绍 CustomMessageHandler_Events.cs 文件中的消息事件。Senparc.Weixin SDK 支持的事件包括了点击事件、订阅事件（订阅及取消订阅）等所有微信公众号支持的事件，以下将选

择比较有代表性和常用的事件介绍。

先介绍比较常用的点击事件，点击事件通常来自于用户点击的公众号菜单的行为。

CustomerMessageHandler 测试代码位置：OnEvent_ClickRequest()。

开始测试：点击"盛派网络小助手"底部菜单【二级菜单】>【单击测试】，将会收到对应的回复消息，其中【单击测试】按钮已经设置了 EventKey 为"OneClick"，在 OnEvent_ClickRequest() 事件中会针对不同的 EventKey 返回不同类型对应的消息，如图 6-17 所示。

图6-16

图6-17

由于"盛派网络小助手"的底部菜单按钮会随最新的测试 Demo 更新，因此不在书中详细介绍，开发者可以关注此公众号逐一测试。

6.3.1.10 关注事件

本测试可以结合文档下载功能进行，文档下载相关页面文件（提供 Senparc.Weixin SDK 文档下载功能，和微信接口本身无关）。

1）Sample/Controllers/DocumentController.cs。

2）Sample.CommonService/Download/*.cs。

CustomerMessageHandler 测试代码位置：OnEvent_SubscribeRequest()、GetWelcomeInfo()。

下面开始测试。

1）取消关注公众号并重新关注，查看关注成功的信息，如图 6-18 所示。

2）在 PC 端打开网址 109#343：http://sdk.weixin.senparc.com/Document，此页面上的二维码为微信临时二维码（开发者也可以扫描自己公众号生成的二维码），如图 6-19 所示。

图6-18

图6-19

使用微信客户端扫描此二维码,同样会触发"订阅事件",此时事件会判断用户由扫二维码进入,返回消息(如图 6-20 所示),并执行后续任务(PC 端网页开始下载帮助文档,如图 6-21 所示)。

图6-20

图6-21

6.3.1.11 事件成功回调

如模板消息发送成功(OnEvent_TemplateSendJobFinishRequest)、群发消息发送成功(OnEvent_MassSendJobFinishRequest)等事件,不需要做标准格式的回复(用户及微信服务器无法收到或再次做出回应),此时只需要在对应事件中返回 null 或字符串 "success" 即可。

6.3.1.12 其他事件

除了上述提到过的事件，其他事件还包括了：

- 进入事件（OnEvent_ClickRequest）
- 位置事件（OnEvent_LocationRequest）
- 通过二维码扫描关注扫描事件（OnEvent_ScanRequest）
- 打开网页事件（OnEvent_ViewRequest）
- 取消关注事件（OnEvent_UnsubscribeRequest）
- 扫码推送事件（OnEvent_ScancodePushRequest）
- 扫码推送事件且弹出"消息接收中"提示框事件（OnEvent_ScancodeWaitmsgRequest）
- 弹出拍照或者相册发图片事件（OnEvent_PicPhotoOrAlbumRequest）
- 弹出系统拍照发送图片事件（OnEvent_PicSysphotoRequest）
- 弹出微信相册发送图片器事件（OnEvent_PicWeixinRequest）
- 弹出地理位置选择器事件（OnEvent_LocationSelectRequest）

开发者可以根据需要创建不同的模拟环境进行测试。

6.3.1.13 默认消息

默认事件用于处理所有未经处理的事件。

CustomerMessageHandler 测试代码位置：DefaultResponseMessage()。

开始测试：只需要删除某个处理重写方法（如文字消息：OnTextRequest），然后发送对应消息即可进入默认消息的处理过程。

6.3.2 消息模拟及并发消息测试

以上的消息需要开发者在微信客户端上进行手动测试，那么是否可以进行自动地测试并能检查通信过程中的请求和响应信息呢？

为了满足这样的需求，Demo 为开发者准备了模拟消息的测试方法。

测试页面文件：/Controllers/SimulateToolController.cs。

下面开始测试。

1）打开页面 114#36：https://sdk.weixin.senparc.com/SimulateTool，如图 6-22 所示。

2）输入正确的应用程序服务器的消息接口 URL 和 Token，从"类型"中选择需要测试的类型，并输入参数。例如选择"类型"为"事件推送"，并在自动出现的"事件类型"中选择"自定义菜单点击事件"，在 EventKey 中输入"OneClick"，来模拟一次在 6.3.1.9 节"点击事件"中的菜单点击过程。

3）根据测试需要，选择【测试并发性能】，并拖动滚动条，越往右侧并发数越多。

第 6 章　使用 SDK Demo：Senparc.Weixin.MP.Sample　135

图6-22

4）在设置完成后单击【提交】按钮进行测试，在右侧的"发送内容"及"接收内容"中会显示模拟从微信服务器发送过来的 XML 请求信息（RequestDocument）和应用程序服务器返回的 XML 响应信息（ResponseMessage），如图 6-23 所示。

图6-23

6.4　微信菜单

Sample 为微信菜单提供了一套可视化编辑器，开发者可以在网页上所见即所得地设置自定义菜单。

有关自定义菜单和个性化菜单的介绍详见第 14 章 14.3 节"自定义菜单管理"。

测试页面文件：/Controllers/MenuController.cs。

下面开始测试。

1）打开页面 115#37 ：https://sdk.weixin.senparc.com/Menu，如图 6-24。

图6-24

2）由于微信自定义菜单需要使用 AccessToken，为此测试工具提供了两种提供 AccessToken 的方式：

a）通过输入 AppId 和 AppScret 获取新的 AccessToken；

b）直接使用现成的 AccessToken。

选择一种方式并单击【获取 AccessToken】或【直接使用】按钮，进入自定义菜单编辑界面，如图 6-25 所示。

3）单击【获取当前菜单】按钮，即可在下方的可视化编辑器中获取到最新的信息，如图 6-26 所示。

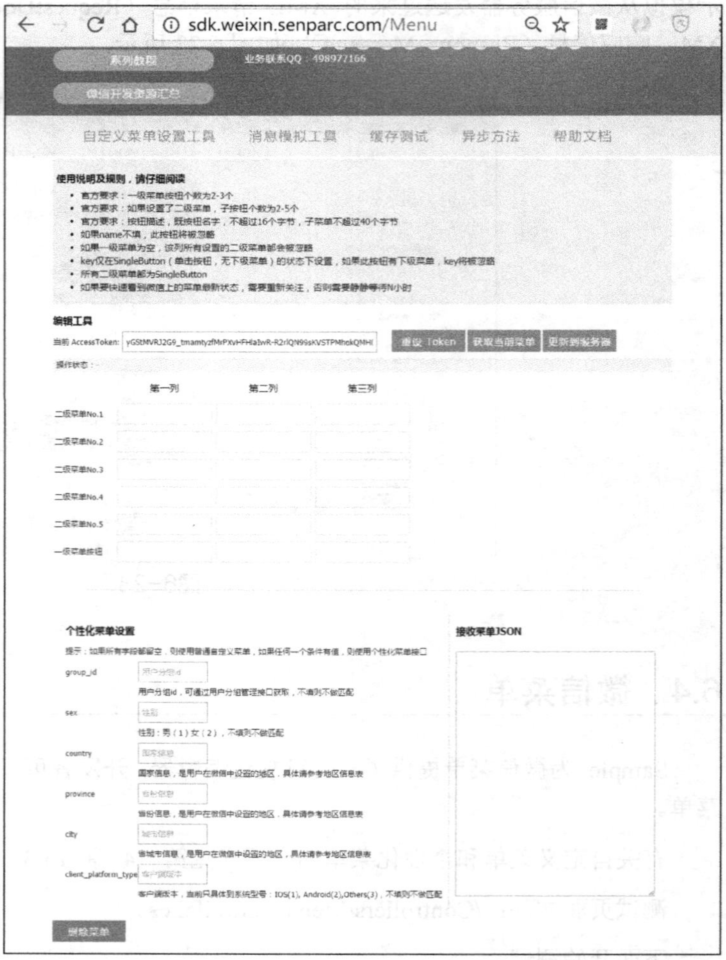

图6-25

图6-26

如果获取成功,在"编辑工具"下方的单元格中,会载入当前的菜单信息,在"接收菜单 JSON"下方的文本框中也会直接输出获取到的 JSON 格式的菜单信息(同时包括普通自定菜单和个性化菜单)。除了使用可视化的编辑器,也可以基于此 JSON 信息直接手动修改,并使用官方的在线测试工具或者运行单元测试来更新菜单。

4)单击不同的菜单,即可在右侧打开菜单参数设置框,例如单击【单击测试】,如图 6-27 所示。

在"Key"中输入 EventKey,或做其他修改,修改完成后单击【更新到服务器】按钮,如果保存成功,即可在"操作状态"中看到提示,如图 6-28 所示。

图6-27

操作状态：菜单更新成功。使用接口：普通自定义菜单接口。

图6-28

5）上述的测试都没有在"个性化菜单设置"中进行修改，这种情况下程序会自动上传普通自定义菜单，而当在"个性化菜单"中进行设置时，程序会使用个性化菜单接口进行上传。例如"盛派网络小助手"公众号的底部菜单【更多】的最下方一个按钮就使用了个性化菜单，根据用户的性别进行区分显示，如图6-29所示。

图6-29

6.5 OAuth

微信使用 OAuth 2.0 对用户身份进行识别，相关功能详情请见第 16 章"微信网页授权（OAuth 2.0）"。

测试页面文件：/Controllers/OAuth2Controller.cs。

下面开始测试。

1）点击"盛派网络小助手"微信公众号菜单【二级菜单】>【OAuth 2.0 授权测试】，将会收到一条多图文消息，如图 6-30 所示。

这条多图文提示包含了两条有效的链接，分别是"不带 returnUrl"和"带 returnUrl"的测试（两者区别请见第 16 章 16.8.3 节"在 Callback（redirectUrl）页面直接输出页面"）。

2）分别点击两条链接测试不同的授权做法。以"不带 returnUrl"为例，点击对应图文消息，进入授权说明页面，如图 6-31 所示。

 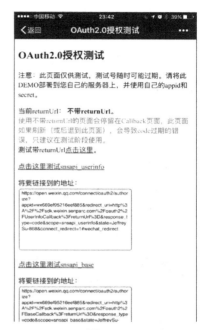

图6-30　　　　　　　　　　　　　　　　　图6-31

3）页面上的信息请仔细阅读，其中针对 snsapi_userinfo 和 snsapi_base 两种方式分别提供了测试入口。点击【点击这里测试 snsapi_userinfo】按钮，完成 OAuth 2.0 授权，之后在回调页面中，调用接口直接获取用户的信息（OAuthApi.GetUserInfo），并最终呈现在页面上，如图 6-32 所示。

图6-32

6.6 JS-SDK

JS-SDK 提供了诸多的微信客户端的接口，只测试 JS-SDK 在客户端的功能可以使用微信官方提供的 Demo，地址为：http://demo.open.weixin.qq.com。

对于后端开发而言，JS-SDK 主要是授权参数的获取（如进行自定义信息的网页转发），以及微信支付（见下一小节）。

有关 JS-SDK API 的介绍详见第 18 章"微信网页开发：JS-SDK"。

测试页面文件：/Controllers/WeixinJSSDKController.cs。

下面开始测试。

1）在微信客户端打开页面 117#38：https://sdk.weixin.senparc.com/WeixinJSSDK。

提示：可以在对话界面中以文字形式发送网址，然后点击消息框中自动识别的连接。

在 Views 目录下的 WeixinJSSDK/Index.cshtml 页面中，已经定义好了"转发给朋友"的 JS-SDK API，如图 6-33 所示。

这是一个不包含图片信息的普通文字网页，如图 6-34 所示。

图6-33

图6-34

此时页面上已经准备好了签名所需的参数，如图 6-35 所示。

图6-35

2）点击右上角 按钮，如图 6-36 所示。点击【发送给朋友】或【分享到朋友圈】按钮。

图6-36

随后出现的弹出框中已经可以看到将要发送的信息及自定义的标题，如图 6-37 所示。如果是转发朋友圈可以直接预览到自定义的图片。

3）点击【发送】按钮，查找发送的对象，打开对话界面，即可看到带有自定义标题、说明和图片的转发网页消息，如图 6-38 所示。

图6-37

图6-38

6.7 微信支付

有关微信支付的详细介绍请见第 19 章"微信支付"。

测试页面文件：/Controllers/WeixinJSSDKController.cs。

下面开始测试。

1）在微信客户端打开页面 118#435 ：http://sdk.weixin.senparc.com/TenpayV3/ProductList（或点击"盛派网络小助手"公众号菜单【二级菜单】>【微信支付】），打开"产品列表"，如图 6-39 所示。

2）选择一个产品点击进入，如图 6-40 所示。

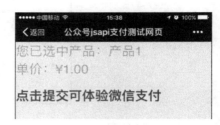

图6-39　　　　　　　　　　　　　　图6-40

3）点击【点击提交即可体验微信支付】按钮，即可开始调用微信支付的接口，进入微信支付流程，如图 6-41 所示。

4）输入正确的支付密码，即可完成支付，如图 6-42 所示。

图6-41　　　　　　　　　　　　　　图6-42

同时可以收到"微信支付"公众号的官方推送消息，如图 6-43 所示。

在成功付款之后，Demo 还会自动提示是否进入退款测试流程，如果点击"确定"，则会调用退款接口进行退款。

有关微信支付 Demo 的详细开发步骤详见第 19 章 19.8 节 "19.8 微信支付 Demo 开发"。

6.8 素材

有关素材管理的方法介绍详见第 14 章 14.5 节 "素材管理"。

素材的测试通常需要进行单元测试，为了更加直观，我们利用消息模式来进行测试，在 CustomerMessageHandler 测试代码位置：OnVideoRequest()。

图6-43

开始测试：在"盛派网络小助手"微信公众号界面点击"+"号，点击【拍摄】按钮，长按圆点按钮，进行录像，完毕后点击【发送】按钮，即可陆续收到 2 条消息，如图 6-44 所示。

公众号回复的第一条文字消息为 MessageHandler 中的 OnVideoRequest() 方法在接收到视频消息请求后的响应消息（ResponseMessage），其中包含了本条视频的 MediaId；第二条图文消息使用了素材下载(保存)、上传及发送视频的客服接口等一系列异步接口，由于整个素材处理时间可能较长，因此使用异步接口可以让响应消息先返回，等素材处理完毕后再将视频推送到客户端。

下载到的视频文件默认为 .mp4 文件，点击图文消息可以全屏观看已经被存为素材的视频。

图6-44

6.9 缓存测试

缓存是微信及多数系统开发过程中非常重要的部分，影响着系统效率和稳定性，有关 Senparc.Weixin SDK 缓存策略的相关功能详情请见第 8 章 "缓存策略"。

测试页面文件：/Controllers/CacheController.cs。

下面开始测试。

1）打开网页 120#344：http://sdk.weixin.senparc.com/Cache/Test，页面打开后会对服务器进行异步的缓存测试请求，此时网页会处于等待状态。缓存队列的测试原理及等待过程如图 6-45 所示。

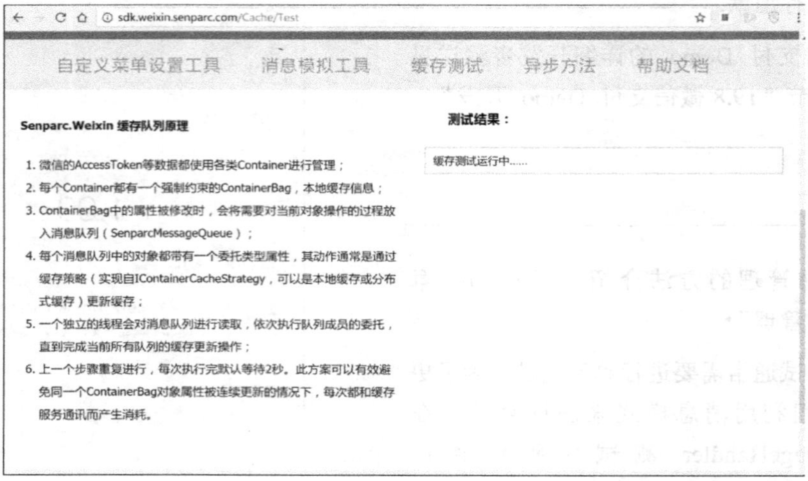

图6-45

2）等待测试完成，即可看到测试结果，如图 6-46 所示。

测试结果：

当前缓存策略：RedisContainerCacheStrategy

====== 开始一轮测试：1 ======

bag.DateTime：16:03:56（Ticks：636251906369233695）
bag.DateTime：16:03:56（Ticks：636251906369276977）
已经加入队列：True
当前消息队列数量（未更新缓存）：1
当前缓存是否存在：True
插入缓存时间：0
操作：等待0秒
当前消息队列数量（未更新缓存）：1
当前缓存是否存在：True
插入缓存时间：0:00:00（Ticks：0）

====== 开始一轮测试：2 ======

bag.DateTime：16:03:58（Ticks：636251906385336241）
bag.DateTime：16:03:58（Ticks：636251906385376679）
已经加入队列：True
当前消息队列数量（未更新缓存）：1
当前缓存是否存在：True
插入缓存时间：0
操作：等待1秒
当前消息队列数量（未更新缓存）：0
当前缓存是否存在：True
插入缓存时间：16:03:58（Ticks：636251906388328778）

====== 开始一轮测试：3 ======

bag.DateTime：16:04:01（Ticks：636251906415581714）
bag.DateTime：16:04:01（Ticks：636251906415980348）
已经加入队列：True
当前消息队列数量（未更新缓存）：1
当前缓存是否存在：True
插入缓存时间：0
操作：等待2秒
当前消息队列数量（未更新缓存）：0
当前缓存是否存在：True
插入缓存时间：16:04:01（Ticks：636251906418636633）

============

测试结果：成功

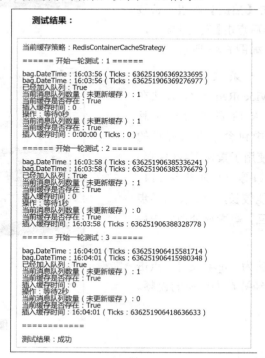

图6-46

其中，“当前缓存策略”默认使用的是系统当前的缓存策略。我们也可以通过以下地址强制测试 Redis 缓存策略的有效性 120#436：http://sdk.weixin.senparc.com/Cache/Redis。

6.10 异步方法

Senparc.Weixin SDK 为各类接口提供了比较完善的异步方法,有关接口的异步方法详见第 14 章 14.17 节"异步方法"。

测试入口页面文件: /Controllers/AsyncMethodsController.cs。

下面开始测试。

1)打开网页 121#39:http://sdk.weixin.senparc.com/AsyncMethods,如图 6-47 所示。

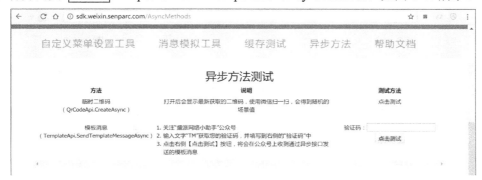

图6-47

异步方法举了 2 个接口的例子,第一个接口为临时二维码接口,第二个接口为模板消息。

2)单击"临时二维码"最右侧的【点击测试】按钮,即可使用"异步 Action"+"异步的临时二维码获取接口"获取二维码,并跳转打开微信官方的二维码页面,如图 6-48 所示。

图6-48

3)使用微信客户端扫描二维码,即可直接进入公众号并获取到场景值(在 CustomMessageHandler 中已经做了对应的处理),如图 6-49 所示。

4)接下来测试模板消息的异步方法,相关功能详情请见第 15 章"模板消息"。

在"盛派网络小助手"公众号中发送文字"TM",会获得一条文字类型的回复,其中包含一个验证码,如图6-50所示。

图6-49

图6-50

5)在图6-47中"模板消息"行最右侧的文本框中输入验证码(本次为e41),并点击下方的【点击测试】按钮,稍等数秒后,即可在公众号中收到一条模板消息,如图6-51所示。

图6-51

在异常处理过程中,也可以使用这种方式来提示指定的管理员系统所发生的情况。

6.11 微信内置浏览器过滤

使用微信浏览器约束功能,可以让程序自动判断当前页面是否在微信浏览器内。

相关功能详情请见第17章17.5.1节"判断当前网页是否在浏览器内"。

CustomerMessageHandler 测试代码位置:OnTextRequest()。

测试页面文件:/Controllers/FilterTestController.cs。

下面开始测试。

1)发送文字"约束",正确回复如图6-52所示。

2）点击链接 http://sdk.weixin.senparc.com/FilterTest/ 在微信内置浏览器打开测试页面，如图 6-53 所示。

图6-52

图6-53

看到"访问正常"表明正在浏览器内。

对应方法：FilterTestController.Index()。

3）返回微信公众号界面，点击链接 http://sdk.weixin.senparc.com/FilterTest/Redirect 在微信内打开，如图 6-54 所示。

按照提示，点击右上角的 按钮，在弹出的菜单中点击【在浏览器中打开】，即可看到在微信外部浏览器中打开所显示的错误信息，如图 6-55 所示。

图6-54

图6-55

6.12 微信小程序

微信小程序的 Demo 也集成到了 Sample 项目中，其中涵盖了小程序需要用到的所有后端方法：客服消息、模板消息、二维码、WebSocket 和 Session 管理，除此以外的微信支付过程是通用的。

开发及测试过程详见第 20 章"微信小程序"。

6.12.1 消息处理

微信小程序的消息处理使用和普通微信公众号类似的架构 WxOpenMessageHandler 完成，自定义的 CustomWxOpenMessageHandler 类文件 CustomWxOpenMessageHandler.cs 位于 CommonService 项目的 /MessageHandlers/WxOpenMessageHandler/ 目录下。

负责接收处理消息请求的 WxOpenController.cs 文件位于 Sample 项目的 /Controllers/WxOpen 目录下。

有关消息处理的介绍详见第 20 章 20.4.2 节 "对接 MessageHandler"。

6.12.2 模板消息

模板消息的测试 Action 在 WxOpenController 下的 TemplateTest(string sessionId, string formId) 方法中，成功接收到的模板消息如图 6-56 所示。

有关小程序模板消息的介绍详见第 20 章 20.5 节 "使用模板消息"。

6.12.3 WebSocket

WebSocket 需要使用到 WebSocketMessageHandler，自定义类文件 CustomWebSocketMessageHandler.cs 位于 CommonService 项目的 /MessageHandlers/WebSocket/ 目录下。

成功连接 WebSocket 后效果如图 6-57 所示。

图6-56

图6-57

以上案例及 WebSocket 相关功能介绍请见第 20 章 20.8 节 "实现 WebSocket 通信"。

6.13 其他

Sample 除了提供本书介绍的公众号、小程序相关的示例以外，也同时提供了开放平台、企业号等其他平台的示例，这里做一个简单的索引。

6.13.1 开放平台

开放平台的 Controller 位于 Sample 项目的 /Controllers/Open/ 目录下，如图 6-58 所示。

配套的 MessageHandler 位于 CommonService 项目中的 /MessageHandlers/CustomThirdParty-

MessageHandlers/ 目录下，如图 6-59 所示。

图 6-58

图 6-59

6.13.2 企业号

企业号的 Controller 位于 Sample 项目的 /Controllers/QY/ 目录下（企业微信的对应目录为 /Controllers/Work/）。

配套的 MessageHandler 位于 CommonService 项目中的 /MessageHandlers/QyMessageHandler/ 目录下（企业微信的对应目录为 /MessageHandlers/WorkMessageHandler/）。

6.13.3 文档下载

Senparc 团队已经为全系列的 SDK 库制作了程序集说明文档，有以下三种方式可以查看到文档。

1）下载 .chm 格式的帮助文档 [130#40]：http://sdk.weixin.senparc.com/Document，如图 6-60 所示。

图6-60

使用微信客户端扫描页面上最新的二维码，即可自动下载所选中版本的帮助文件。

.chm 帮助文件的下载模块也开源到了 Sample 项目中，感兴趣的开发者可以查看位于 Sample 项目中的 /Controllers/DocumentController.cs 文件。

2）在线查阅 130#41 ：http://doc.weixin.senparc.com/，如图 6-61 所示。

图6-61

3）下载在线文档源文件，并自行部署 130#42 ：https://github.com/JeffreySu/WeixinResource/wiki/c-sharp-web-documents。

6.14 WebForms 项目

虽然更推荐开发者使用 ASP.NET MVC，但因为各种原因还是有许多的项目需要使用到 WebForms，为此我们也为 WebForms 提供了一个简单的示例项目，解决方案目录位于完整开源项目源代码的 /src/Senparc.Weixin.MP.Sample.WebForms/ 目录下，其中 Senparc.Weixin.MP.Sample.CommonService 项目引用的是同一处，唯一不同的是 WebSite 项目。WebForms 项目比较精简地展示了 MessageHandler 等模块的处理方法（基本上都是基于 ASP.NET MVC 和 WebForms 的差别做了示例，其他的接口调用方式和设计思路是一致的），关于更多的高级接口、微信支付等，开发者还需要参考 Senparc.Weixin.MP.Sample 中的代码。

6.15 单元测试

6.15.1 单元测试项目

由于微信通信方式的特性，我们经常需要部署到服务器之后才能在微信客户端测试功能，这样不仅降低了开发效率，还可能造成各种版本冲突，因此单元测试几乎是微信开发中不可缺少的一个环节，或者说一项基本技能。

Senparc.Weixin SDK 为每个模块创建了必要的单元测试方法，总共超过 450 个，几乎覆盖了所有重要方法及大部分具有代表性的接口。

打开 Senparc.Weixin.MP.Sample 解决方案即可看到名为 Tests 的解决方案文件夹，其中包含了各个模块必要的单元测试代码，如图 6-62 所示。

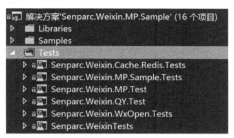

图6-62

每个单元测试文件的位置基本和命名空间一致，或和实际项目中的文件位置一致，此外由于某些接口或抽象类需要具体的类实现，也会放到子类的命名空间下统一测试，如图 6-63 所示。

源代码项目

单元测试

图6-63

6.15.2 单元测试方法

SDK 使用的是微软自家的 MSTest，单元测试常规的知识不在此处展开，特别需要介绍一下的是针对公众号高级接口的测试。

所有高级接口单元测试类的基类为 CommonApiTest，文件位置： Senparc.Weixin.MP.Test 项目 /CommonAPIs/CommonApiTest.cs 675#477。

CommonApiTest 中除了包含通用接口的测试内容外，AppId、Secret 及其他一些配置参数也在这个基类中进行配置，代码如下 675#484：

```
protected dynamic AppConfig
{
    get
    {
        if (_appConfig == null)
        {
```

```csharp
                if (File.Exists("../../Config/test.config"))
                {
                    var doc = XDocument.Load("../../Config/test.config");
                    _appConfig = new
                    {
                        AppId = doc.Root.Element("AppId").Value,
                        Secret = doc.Root.Element("Secret").Value,
                        MchId = doc.Root.Element("MchId").Value,
                        TenPayKey = doc.Root.Element("TenPayKey").Value,
                        TenPayCertPath = doc.Root.Element("TenPayCertPath").Value,

                        //WxOpenAppId= doc.Root.Element("WxOpenAppId").Value,
                        //WxOpenSecret = doc.Root.Element("WxOpenSecret").Value
                    };
                }
                else
                {
                    _appConfig = new
                    {
                        AppId = "YourAppId", //换成你的信息
                        Secret = "YourSecret",//换成你的信息
                        MchId = "YourMchId",//换成你的信息
                        TenPayKey = "YourTenPayKey",//换成你的信息
                        TenPayCertPath = "YourTenPayCertPath",//换成你的信息
                        //WxOpenAppId="YourWxOpenAppId",//换成你的小程序 AppId
                        //WxOpenSecret= "YourWxOpenSecret",//换成你的小程序 Secret
                    };
                }
            }
            return _appConfig;
        }
    }
```

设置参数的方法有以下两种。

1) 使用 XML 文件进行配置，文件约定放于 Senparc.Weixin.MP.Test 项目的 Config 文件夹下（此文件夹已被 git 忽略，因此不会在源代码项目中获取到），这么做是为了可以只在本地保存敏感信息。完整的 XML 配置文件内容如下 675#485：

```xml
<Config>
    <AppId>YourAppId</AppId>
    <Secret>YourSecret</Secret>
    <MchId>YourMchId</MchId>
    <TenPayKey>YourTenPayKey</TenPayKey>
    <TenPayCertPath>YourTenPayCertPath</TenPayCertPath>
    <!-- 小程序 -->
    <WxOpenAppId>YourOpenAppId</WxOpenAppId>
    <WxOpenSecret>YourWxOpenSecret</WxOpenSecret>
```

```
</Config>
```

2）直接在文件中进行配置，建议只在个人项目测试中使用，不建议在共享项目或团队项目中使用此方法，会带来安全隐患。

设置完毕之后，即可直接调用 AppConfig 中的参数，以创建用户组接口为例 675#486：

```
//已经通过测试
[TestClass]
public class GroupTest : CommonApiTest
{
    [TestMethod]
    public void CreateTest()
    {
        var result = GroupsApi.Create(base._appId, "测试组");
        Assert.IsNotNull(result);
        Assert.IsTrue(result.group.id >= 100);
    }
}
```

6.16 配置服务器和参数

Senparc.Weixin.MP.Sample 解决方案编译之后可以直接部署到已经配置好环境的服务器。以下部署以 .NET 4.5、Windows Server 2012 R2 为例。

6.16.1 配置 IIS

第一步：打开"服务器管理器"，如图 6-64 所示。

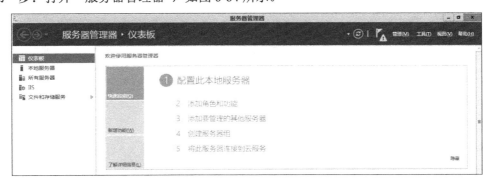

图6-64

第二步：单击【添加角色和功能】，在弹出的对话框中一路单击【下一步】（或根据需要选择服务器等），到达"服务器角色"标签页，如图 6-65 所示。

选中"Web 服务器(IIS)"节点下需要使用到的功能，特别需要关注的是"应用程序开发"子节点。完成设置后单击"下一步"按钮。

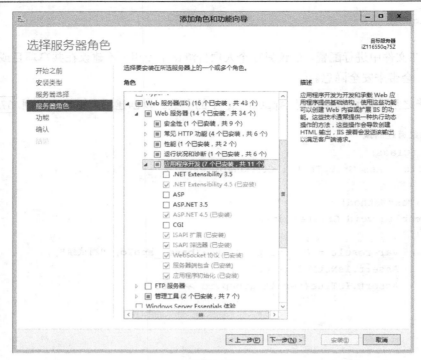

图6-65

6.16.2 安装 .NET Framework 4.5

到达"功能"标签页，如图6-66所示。

图6-66

第三步：选中 .NET Framework 4.5 选项，并一路下一步直到完成，如果系统提示重启则进行重启。

支持 .NET Framework 4.5 的系统如下：

- Windows Vista SP2（x86 和 x64）
- Windows 7 SP1（x86 和 x64）
- Windows Server 2008 R2 SP1 (x64)
- Windows Server 2008 SP2（x86 和 x64）
- 及上述的更新版本系统，如 Windows 8、Windows 10、Windows Server 2012 等

6.16.3 设置 IIS 站点

打开已经安装好的 IIS，如图 6-67 所示。

图6-67

单击右侧"操作"区域中的【添加网站…】按钮，弹出"添加网站"对话框，如图 6-68 所示。

图6-68

分别设置"网站名称""物理路径""类型（协议）""IP 地址""端口"和"主机名（域名）"之后，单击【确定】按钮，完成 IIS 中网站的设置。如果域名的解析已经完成，就可以在上传网站文件之后在外部访问到网站内容了。

6.16.4 解析域名

将相关的域名解析到此服务器的 IP，即可开始使用域名访问网站。每个域名服务商的设置界面各不相同，请按照各平台的提示操作。

提示：有些服务商会设立域名白名单，需要将域名加入到白名单中。

6.16.5 检查 Web.config 文件

Sample 项目将 AppId、Secret 等信息存放在 Web.config 文件中，因此在部署之前，需要根据现有的资源设置 Web.config 文件下的 <appSettings> 节点相关内容。当然，也可以先部署，然后在服务器上进行修改。

6.17 部署

服务器做好准备之后即可进行部署。部署的方式很多，比如 FTP、Visual Studio 的发布功能、版本管理工具（通常需要配置 hook），或其他文件上传方式。

对于 Sample 解决方案而言，需要部署的 Web 项目为 Senparc.Weixin.MP.Sample 项目，对应源代码项目中的目录为：\src\Senparc.Weixin.MP.Sample\Senparc.Weixin.MP.Sample\，有部分文件是无须上传的，参考图 6-69 中已被选中的项目。

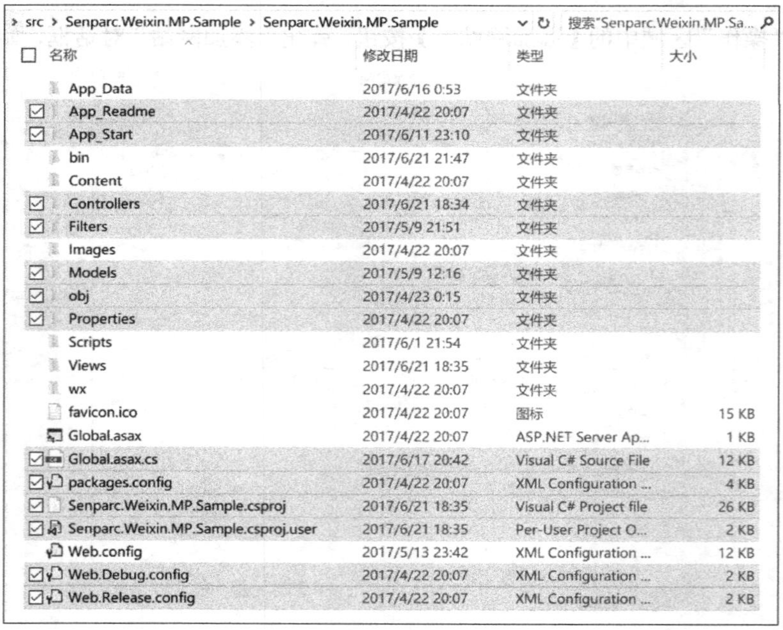

图6-69

完成部署之后即可在外部浏览器访问网站，并使用本章介绍的所有测试功能。

习题

6.1　SDK Demo 的项目名称叫什么？

6.2　说说单元测试的重要性？

6.3　Senparc.Weixin SDK 的线上 Demo 地址是什么？

6.4　Senparc.Weixin SDK 的线上 Demo 使用的公众号名字叫什么？

第 7 章　MessageHandler：
简化消息处理流程

MessageHandler 是一个微信消息的处理模块，也是整个微信开发过程中不可缺少的一部分。在 MessageHandler 中，开发者可以非常轻松地处理所有类型的微信消息。

本章将介绍 MessageHandler 的原理以及使用方法，包括支撑 MessageHandler 运行所必需的实体类型、工厂方法等相关知识的介绍。

7.1　设计思想

在第 3 章 3.1 节中，我们已经了解微信消息的基本通信原理，因此我们可以非常方便地构造出一个简单的消息处理功能，例如 141#487：

```
StreamReader str = new StreamReader(Request.InputStream, System.Text.Encoding.UTF8);
XmlDocument xml = new XmlDocument();
xml.Load(str);
var wx = new WeixinRequest();
wx.ToUserName = xml.SelectSingleNode("xml").SelectSingleNode("ToUserName").InnerText;
wx.FromUserName = xml.SelectSingleNode("xml").SelectSingleNode("FromUserName").InnerText;
wx.MsgType = xml.SelectSingleNode("xml").SelectSingleNode("MsgType").InnerText;
if (wx.MsgType.Trim() == "event")
{
    wx.EventName = xml.SelectSingleNode("xml").SelectSingleNode("Event").InnerText;
    //  WriteLog(wx.EventName);
```

```
    if (wx.EventName.ToUpper() == "LOCATION")
    {
        wx.Latitude = xml.SelectSingleNode("xml").SelectSingleNode("Latitude").InnerText;
        wx.Longitude = xml.SelectSingleNode("xml").SelectSingleNode("Longitude").InnerText;
        wx.Precision = xml.SelectSingleNode("xml").SelectSingleNode("Precision").InnerText;
    }
    else
    {
        wx.EventKey = xml.SelectSingleNode("xml").SelectSingleNode("EventKey").InnerText;
    }
}
else if (wx.MsgType.Trim() == "text")
{
   wx.Content= xml.SelectSingleNode("xml").SelectSingleNode("Content").InnerText;
} else if (...)
{
   //...
}
```

这个方法也是目前很多其他框架甚至微信官方的 Demo 使用的，但是这种方法我可以用"不美好"来形容。

不美——首先使用字符串拼接的方式非常丑陋，其次哪怕使用 XmlDocument 或 XDocument 等面向对象的方式去处理，面对几十种不同的微信消息类型以及一一对应的不同的格式，代码将变得非常冗长而且难以维护。这样的代码你的老板或客户会喜欢吗？

不好——这样的写法坏处太多：

- 可移植性差
- 并没有做到很好地分离（无论是和整个应用程序还是不同请求类型之间）
- 如果要做单元测试就必须整体代码一起上
- 基本上不具备可扩展性
- 容错能力很差，即使做到了，代码已经无法直视
- 正常人用多了会心情不好

那么，"美好"的消息处理方式应该是怎么样的呢？

下面就将 Senparc.Weixin.MP.MessageHandler 介绍给你。

首先，美好的 MessageHandler 必须具有对消息类型的自动识别和分类能力。

第二，美好的 MessageHandler 必须能够同时、自动处理"明文""兼容模式""加密模式"三种（所有）消息加密类型，并且让开发者忘掉加密这回事情的存在。

第三，美好的 MessageHandler 必须能够提供很好的消息容器以及储存容器，来解决消息去重、

Session 等一系列的问题。

第四,美好的 MessageHandler 必须能够兼容 MVC 和 WebFroms 不同的请求处理方式。

第五,美好的 MessageHandler 必须能够提供统一逻辑处理的接口,方便在特定的环节对消息进行统一处理。

第六,美好的 MessageHandler 必须具备优秀的可测试性和扩展能力。

第七,美好的 MessageHandler 必须能做到很好的逻辑分离。

第八,美好的 MessageHandler 必须让你用起来心情好。

第九,美好的 MessageHandler 不能保证你能在 10 分钟内,完成一个满足以上八条的简单微信应用从开发到上线、发布的全过程。但是我们做到了。

7.2 消息类型

7.2.1 概述

微信的互动消息包含**请求消息**和**响应消息**两类:

- **请求消息**:由微信服务器发送到应用服务器的消息(通常由用户微信操作触发或用户主动发送)。
- **响应消息**:应用服务器收到请求消息之后,返回给微信服务器的消息。响应消息可以被转发到用户微信,也可以采用"沉默"的方式不给予响应(后面章节会有说明)。

所有的消息类型如图 7-1 所示 143#354 (至本书出版,消息类型又丰富了许多)。

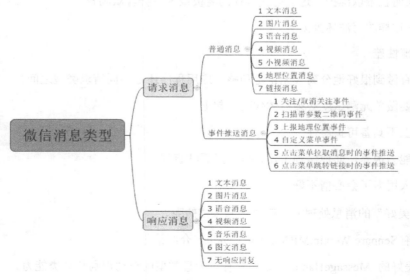

图7-1

无论是请求消息还是响应消息,各自还包括不同的消息类型,其中每一种消息类型,又都有不同的参数和对应的格式要求。

对应每一种消息具体的参数和 XML 格式可以参考微信官方 Wiki，这里不再赘述。本书将重点针对面向对象的类展开介绍，使用 Senparc.Weixin SDK 的开发者基本上可以忘掉微信的 XML 格式和要求，只需要了解如何面向对象地处理消息。当然，对于 XML 的了解将帮助你更加从容地处理一些问题，例如测试和调试过程都可能需要用到 XML。

7.2.2 命名规则

为了可以使用 C# 面向对象地处理问题，同时也更加规范地进行编程，我们决定在一些地方改变微信原有的命名规则（全部使用小写，用下划线_分隔不同单词），而使用 C# 推荐的命名方式（Pascal 大小写命名法）来作为类名或属性名称。如微信文档中的属性或名称可能为 access_token，在 Senparc.Weixin 中将被命名为 AccessToken。当阅读微信官方的文档时理解这样的变化举一反三即可。

当然，这种改变是灵活的，有一些地方我们仍然需要保持参数名称的"原貌"来确保 JSON 和 XML 自动转换的准确性和稳定性。

这样的改变不仅出现在消息类型中，对本书后面会介绍的 API 和其他功能同样适用。

7.2.3 全局消息基类

在所有这些消息类型中，都具有一些相同的属性，因此在 MessageHandler 体系中，我们为所有的消息创建了一个基类 **MessageBase** 145#43：

```
/// <summary>
/// 所有 Request 和 Response 消息的基类
/// </summary>
public abstract class MessageBase : IMessageBase
{
    public string ToUserName { get; set; }
    public string FromUserName { get; set; }
    public DateTime CreateTime { get; set; }
}
```

MessageBase 将作为所有消息的基类，无论是请求消息还是响应消息，也无论是微信公众号还是企业号或开放平台等，**MessageBase** 对微信消息进行了非常高度的抽象和概括。

下面我们将分别介绍的请求消息和响应消息都是以 **MessageBase** 作为基类的。

7.2.4 请求消息

请求消息又分为两种类型：**普通消息**和**事件推送消息**。无论是哪一种消息，它们都具有相同的基础参数，如表 7-1 所示。

表 7-1

参数	描述
ToUserName	开发者公众号的微信号
FromUserName	发送方账号（一个 OpenId）
CreateTime	消息创建时间（整型）

参数	描述
MsgType	消息类型,如果是事件推送消息,所有的都为 Event
MsgId	消息编号,大部分请求消息都有。用于识别收到的多条消息是否为同一条,便于去重

为此,在 MessageBase 的基础上,我们为所有的请求消息设置了一个基类 **RequestMessageBase** 146#44:

```
/// <summary>
/// 接收到请求的消息
/// </summary>
public abstract class RequestMessageBase : MessageBase, IRequestMessageBase
{
    public RequestMessageBase()
    {

    }
    public long MsgId { get; set; }
}
```

请注意 **RequestMessageBase** 是一个抽象类,因此不可以被直接实例化。事实上,这个类也不应该被实例化,因为我们没有办法通过实例化这个类达到操作一个具体的请求类型消息的目的,我们仍然需要创建基于 **RequestMessageBase** 的对应每一个消息类型的实体来对其进行操作(作为全局考虑,不光微信公众号的请求消息需要用到 **RequestMessageBase**,企业号、开放平台等其他模块也需要用到)。

以上的基类都定义在 Senparc.Weixin.dll 中,**普通消息**的定义在 Senparc.Weixin.MP.dll 中,直接使用 **RequestMessageBase** 作为基类,对应关系如表 7-2 所示。

表 7-2

消息类型	类名
文本消息	RequestMessageText
图片消息	RequestMessageImage
语音消息	RequestMessageVoice
视频消息	RequestMessageVideo
小视频消息	RequestMessageShortVideo
地理位置消息	RequestMessageLocation
链接消息	RequestMessageLink

事件推送消息比普通消息多了 Event 这个属性,因此我们为所有的**事件推送消息**定义了一个统一的基类 **RequestMessageEventBase** 146#45:

```
public class RequestMessageEventBase : RequestMessageBase, IRequestMessageEventBase
{
    public override RequestMsgType MsgType
```

```
    {
        get { return RequestMsgType.Event; }
    }

    /// <summary>
    /// 事件类型
    /// </summary>
    public virtual Event Event
    {
        get { return Event.ENTER; }
    }
}
```

可以看到 **RequestMessageEventBase** 比 **RequestMessageBase** 多了一个 Event 属性，并且对 MsgType 属性进行了强制的规定，默认情况下所有继承 **RequestMessageEventBase** 的类型都将返回 **RequestMsgType.Event**，这样 MessageHandler 将可以对事件推送消息消息类型进行特殊的处理。

由于**事件推送消息**类型比较多，我们将其分为 3 大类：

- 常规事件（公众号基础功能返回事件）
- 菜单事件（各种类型的公众号菜单返回事件）
- 应用事件（应用模块返回事件，例如卡券、多客服等）

对应如表 7-3 所示。

表 7-3

事件推送消息类型	具体消息类型	类名
常规事件	关注事件	RequestMessageEvent_Subscribe
	取消关注事件	RequestMessageEvent_Unsubscribe
	进入会话	RequestMessageEvent_Enter
	二维码扫描（关注微信）	RequestMessageEvent_Scan
	获取用户地理位置	RequestMessageEvent_Location
菜单事件	菜单点击	RequestMessageEvent_Click
	URL 跳转	RequestMessageEvent_View
	扫码推事件	RequestMessageEvent_Scancode_Push
	扫码推事件且弹出"消息接收中"提示框	RequestMessageEvent_Scancode_Waitmsg
	弹出系统拍照发图	RequestMessageEvent_Pic_Sysphoto
	弹出拍照或者相册发图	RequestMessageEvent_Pic_Photo_Or_Album
	弹出微信相册发图器	RequestMessageEvent_Location_Select
应用事件	群发结果	RequestMessageEvent_MassSendJobFinish
	模板信息 （关联第 15 章 15.4.7 节"事件推送"）	RequestMessageEvent_TemplateSendJobFinish
	卡券通过审核	RequestMessageEvent_Card_Pass_Check

续表

事件推送消息类型	具体消息类型	类名
	卡券未通过审核	RequestMessageEvent_Card_Not_Pass_Check
	领取卡券	RequestMessageEvent_User_Get_Card
	删除卡券	RequestMessageEvent_User_Del_Card
	多客服接入会话	RequestMessageEvent_Kf_Create_Session
	多客服关闭会话	RequestMessageEvent_Kf_Close_Session
	多客服转接会话	RequestMessageEvent_Kf_Switch_Session
	门店审核结果事件推送	RequestMessageEvent_Poi_Check_Notify
	Wi-Fi 连网成功事件	RequestMessageEvent_WifiConnected
	卡券核销	RequestMessageEvent_User_Consume_Card
	从卡券进入公众号会话	RequestMessageEvent_User_Enter_Session_From_Card
	进入会员卡	RequestMessageEvent_User_View_Card
	微小店订单付款通知	RequestMessageEvent_Merchant_Order
	接收会员信息事件通知	RequestMessageEvent_Submit_Membercard_User_Info
	摇一摇事件通知	RequestMessageEvent_ShakearoundUserShake

以上的类型中，都具有从 **RequestMessageEventBase** 继承而来的 **Event** 属性，有部分类型都具有 **EventKey** 属性，说明如表 7-4 所示。

表 7-4

参数	描述
Event	具体的事件类型，作用和 MsgType 类似，是为了区分**事件推送消息**的下属类型
EventKey	有些事件需要传入定义参数，用以区分同一个事件类型下不同的触发场景，或只是为了带入一个参数进行下一步的操作（如菜单点击、关注事件等）

并不是所有的事件都具有 EventKey，因此我们提供了 **IRequestMessageEventKey** 接口，所有实现此接口的消息类型必须提供 EventKey，例如订阅事件 146#46：

```
/// <summary>
/// 事件之订阅
/// </summary>
public class RequestMessageEvent_Subscribe : RequestMessageEventBase,
IRequestMessageEventBase, IRequestMessageEventKey
{
    /// <summary>
    /// 事件类型
    /// </summary>
    public override Event Event
    {
        get { return Event.subscribe; }
    }

    /// <summary>
    /// 事件 KEY 值，qrscene_为前缀，后面为二维码的参数值（如果不是扫描场景二维码，此参数为空）
```

```
        /// </summary>
        public string EventKey { get; set; }
        /// <summary>
        /// 二维码的ticket，可用来换取二维码图片（如果不是扫描场景二维码，此参数为空）
        /// </summary>
        public string Ticket { get; set; }
    }
```

有些事件则不需要 EventKey，如取消订阅事件 146#347：

```
    /// <summary>
    /// 事件之取消订阅
    /// </summary>
    public class RequestMessageEvent_Unsubscribe : RequestMessageEventBase,
IRequestMessageEventBase
    {
        /// <summary>
        /// 事件类型
        /// </summary>
        public override Event Event
        {
            get { return Event.unsubscribe; }
        }
    }
```

注意：实现 EventKey 参数类型都是字符串，但是在不同的事件中会具有不同的含义，有些官方已经规定了参数格式（如：扫描带参数二维码事件，都是以 qrscene_ 为前缀），而有些可以自己定义（如：菜单点击事件），在开发的过程中需要注意。

注意：事件推送消息的触发大部分是通过用户的某个微信界面的操作触发的（如：菜单点击、发送语音等），也有通过其他操作触发的（如：微小店订单付款通知、多客服转接会话等），因此在"人肉测试"的时候要格外注意结合参考微信官方的文档，了解其触发流程，避免误认为程序问题而没有触发事件的错误判断。

7.2.5 响应消息

响应消息和请求消息的设计原理类似，所有响应消息的类型都继承自 ResponseMessageBase，ResponseMessageBase 同样继承自 MessageBase。Senparc.Weixin.dll 下的 ResponseMessageBase（Weixin.Entities.ResponseMessageBase）代码如下 147#47：

```
    /// <summary>
    /// 响应回复消息
    /// </summary>
    public abstract class ResponseMessageBase : MessageBase, IResponseMessageBase
    {
    }
```

以上 Weixin.Entities.ResponseMessageBase 适用于包含微信公众号、企业号、开发平台等在内的多个平台，作为响应消息的基类。

为了增强 MessageHandler 的便捷性，Senparc.Weixin.MP.dll 提供了专门用于微信公众号的 ResponseMessageBase（Senparc.Weixin.MP.Entities.ResponseMessageBase，继承自 Senparc.Weixin.Entities.ResponseMessageBase），代码如下 147#48：

```
/// <summary>
/// 微信公众号响应回复消息基类
/// </summary>
public class ResponseMessageBase : Weixin.Entities.ResponseMessageBase, IResponseMessageBase
{
    public virtual ResponseMsgType MsgType
    {
        get { return ResponseMsgType.Text; }
    }


    /// <summary>
    /// 获取响应类型实例，并初始化
    /// </summary>
    /// <param name="requestMessage">请求</param>
    /// <param name="msgType">响应类型</param>
    /// <returns></returns>
    [Obsolete("建议使用 CreateFromRequestMessage<T>(IRequestMessageBase requestMessage)取代此方法")]
    private static ResponseMessageBase CreateFromRequestMessage(IRequestMessageBase requestMessage, ResponseMsgType msgType)
    {
        //略，见 147#48
    }


    /// <summary>
    /// 获取响应类型实例，并初始化
    /// </summary>
    /// <typeparam name="T">需要返回的类型</typeparam>
    /// <param name="requestMessage">请求数据</param>
    /// <returns></returns>
    public static T CreateFromRequestMessage<T>(IRequestMessageBase requestMessage) where T : ResponseMessageBase
    {
        //略，见 147#48
    }


    /// <summary>
    /// 从返回结果 XML 转换成 IResponseMessageBase 实体类
    /// </summary>
    /// <param name="xml">返回给服务器的 Response Xml</param>
```

```
/// <returns></returns>
public static IResponseMessageBase CreateFromResponseXml(string xml)
{
    //略,见 147#48
}
}
```

其中 CreateFromRequestMessage<T>() 方法和 CreateFromResponseXml() 方法将在本书后续的内容中多次用到,且非常重要,这里先不展开。

通过上述的两个 ResponseMessageBase,我们可以发现,和 RequestMessageBase 不同的是,ResponseMessageBase 没有提供 MsgId,这就意味着:应用程序服务器回复微信服务器的消息,必须一次成功,微信没有提供和请求消息一样的容错机制(数秒内收不到响应则连续发送几条带有 MsgId 的消息到应用服务器,确保消息可以到达)。也就是说,如果这条响应消息因为各种原因没有发送成功(网络问题或格式错误),客户端将收不到正确的消息回复,通常还会显示一条"该公众号暂时无法提供服务,请稍后再试(Official account services unavailable. Try again later)"的错误信息,如图 7-2 所示。

图7-2

此错误可以在"盛派网络小助手"发送文字"错误"进行测试。

注意:对于多条带有相同 MsgId 的请求消息进行多次回复,客户端也只能收到微信服务器最后一次重发所对应的这条响应消息。

例如由于应用程序服务器没有及时响应,微信服务器连续发送了 3 条 MsgId 都为 6224799151644543291 的消息到应用程序服务器,这三次请求分别为 A、B、C,应用程序服务器由于没有对消息去重,分别响应了 A1、B1、C1,此时,客户端只会收到一条 C1 的回复。此错误可以在"盛派网络小助手"发送文字"容错"进行测试。

响应消息的类型比请求消息要少许多，如表 7-5 所示。

表 7-5

消息类型	类名	复杂类型	备注
无响应回复	只需返回 null		MessageHandler 将自动处理
文本消息	ResponseMessageText		
图片消息	ResponseMessageImage	Image	
语音消息	ResponseMessageVoice	Voice	
视频消息	ResponseMessageVideo	Video	
音乐消息	ResponseMessageMusic	Music	
图文消息	ResponseMessageNews	Article	
回复多客服消息	ResponseMessageTransfer_Customer_Service		MessageHandler 中返回此类型则开始进入客服状态

上述响应类型中，有部分包含复杂的属性，我们将其独立创建类，分别有：Image、Voice、Video、Music、Article 这些类型。

以比较常用的图文消息为例，ResponseMessageNews 定义如下 147#49：

```
/// <summary>
/// 图文消息
/// </summary>
public class ResponseMessageNews : ResponseMessageBase, IResponseMessageBase
{
    new public virtual ResponseMsgType MsgType
    {
        get { return ResponseMsgType.News; }
    }

    public int ArticleCount
    {
        get
        {
            return Articles == null ? 0 : Articles.Count;
        }
        set
        {
            //这里开放 set 只为了逆向从 Response 的 XML 转成实体的操作一致性，没有实际意义。
        }
    }

    /// <summary>
    /// 文章列表，微信客户端只能输出前 10 条（可能未来数字会有变化，出于视觉效果考虑，建议控制在 8 条以内）
    /// </summary>
    public List<Article> Articles { get; set; }

    public ResponseMessageNews()
```

```
    {
        Articles = new List<Article>();
    }
}
```

由于工厂模式自动初始化的需要，必须提供一个不带参数的构造函数，因此 Articles 参数无法通过构造函数设置，必须分成两步 147#50：

```
var reponseMessage = CreateResponseMessage<ResponseMessageNews>();
reponseMessage.Articles.Add(new Article()
{
    Title = "你点击了子菜单图文按钮",
    Description = "你点击了子菜单图文按钮，这是一条图文信息。",
    PicUrl = "http://weixin.senparc.com/Images/qrcode.jpg",
    Url = "http://weixin.senparc.com"
});
```

当 Articles 列表中只有 1 个 Article 对象的时候，显示为单图文，如图 7-3 所示。当 Article 大于 1 个时，显示为多图文，如图 7-4 所示。Articles 中最多允许有 10 个 Article 对象，即 10 条图文信息。

图7-3

图7-4

7.3　原始消息处理方法

了解 MessageHandler 这种"美好"的设计之前，我们有必要看一下最原始的消息处理方法。

一方面这种方法可以更加直观地让我们看清和理解消息处理的过程，另外一方面这也是检验 MessageHandler 结果是否正确的测试依据之一，以及 MessageHandler 诞生并持续优化的根基。

通过第 4 章我们已经了解微信通信的基本原理，本章也介绍了部分微信消息的类型，下面我们就以微信服务器发送一条文本消息，应用程序服务器响应一条单图文信息为例，看一下原始的消息处理方法是怎么样的，以 MVC 为例，代码见：148#51（代码在 Sample 项目 /WeixinController_OldPost.cs 中）。

上述代码即使用在生产环境中，也是可以运行的，这里比较"直白"地表达出来只是为了可以更加清楚地看到一整条消息处理流程的原貌。

并且这其中还没有展示许多实际开发过程中需要处理的额外过程，总之两个字可以形容这种方式：丑陋。

7.4 使用 MessageHandler

如果一直使用原始的方法处理消息，系统的健壮性、可维护性、可测试性、伸缩性以及开发效率各个环节都会受到很大的影响，这里面又会白白浪费多少人的青春和热血。

下面来看一下 MessageHandler 是如何让你爱上微信开发的。

在上述例子中，你只需要做三步：

- 第一步：通过 Nuget 安装 Senparc.Weixin.MP。
- 第二步：创建你自己的 MessageHandler（大部分代码只需要复制）。
- 第三步：写 3 行关键代码（同样只需要复制）。

下面我们来跟随这三步，略为详细地展开一下 MessageHandler 最基础的一些用法，随后我们将学习 MessageHandler 的内部实现。

7.4.1 第一步：通过 Nuget 安装 Senparc.Weixin.MP

此步骤请参考第 5 章 5.1.4 节"使用 Nuget 安装 Senparc.Weixin SDK"。

如果你希望自己修代码，这一步可以忽略 Nuget，将源代码项目直接引入自己的解决方案中即可。

7.4.2 第二步：创建你自己的 MessageHandler

创建新文件 CustomMessageHandler.cs。CustomMessageHandler.cs 需要继承 Senparc.Weixin.MP.MessageHandlers<TC> 这个抽象类，并实现部分方法。最初步的 CustomMessageHandler.cs 代码可以如下 151#52。

```
using System;
using System.Collections.Generic;
using System.IO;
using System.Linq;
using System.Web;
```

```
using Senparc.Weixin.Context;
using Senparc.Weixin.MP.Entities;
using Senparc.Weixin.MP.MessageHandlers;

namespace Senparc.Weixin.MP.Sample.Weixin
{
    public class CustomMessageHandler : MessageHandler<CustomMessageContext>
    {
        public CustomMessageHandler(Stream inputStream, PostModel postModel)
            : base(inputStream, postModel)
        {

        }

        public override IResponseMessageBase DefaultResponseMessage(IRequestMessageBase requestMessage)
        {
            var responseMessage = base.CreateResponseMessage<ResponseMessageText>();
            //ResponseMessageText 也可以是 News 等其他类型
            responseMessage.Content = "这条消息来自 DefaultResponseMessage。";
            return responseMessage;
        }
    }
}
```

我们可以看到必须要重写实现的抽象方法名为 DefaultResponseMessage(),这一条信息用于返回一条默认(替补)消息,假如对应类型(如语音)的微信消息没有被代码处理,那么默认会返回这里的结果。

在 DefaultResponseMessage() 方法中,有这样一句 151#407:

```
var responseMessage = base.CreateResponseMessage<ResponseMessageText>();
//ResponseMessageText 也可以是 News 等其他类型
```

这里的 CreateResponseMessage<T> 方法即创建一个返回对象,T 可以为以下类型的任意一个,分别对应了不同的返回类型,具体类型及说明请参考表 7-5。

关于上述所有类型参数的设置方法,可以看 Senparc.Weixin SDK 的官方 Demo,这里不再重复。

那么类似 7.3 节中我们假设的流程,如何处理微信服务器发过来的文字信息呢?

很简单——在 CustomMessageHandler 里面重写一个 OnTextRequest 方法即可 151#53:

```
public override IResponseMessageBase OnTextRequest(RequestMessageText requestMessage)
{
    if (requestMessage.Content == "你好")
    {
        var responseMessage = base.CreateResponseMessage<ResponseMessageNews>();
```

```csharp
            var title = "Title";
            var description = "Description";
            var picUrl = "PicUrl";
            var url = "Url";
            responseMessage.Articles.Add(new Article()
            {
                Title = title,
                Description = description,
                PicUrl = picUrl,
                Url = url
            });
            return responseMessage;
        }
        else if (requestMessage.Content == "Senparc")
        {
            //相似处理逻辑
        }
        else
        {
            //...
        }
    }
```

这个方法中可以自由发挥,比如读取数据库、判断关键字,甚至返回不同的 **ResponseMessageXX** 类型(只要最终的类型都是在 **IResponseMessageBase** 接口下的即可)。

与 OnTextRequest 对应,如果我们要处理语音、地理位置、菜单等类型的消息,只需要重写对应的方法,可以重写的方法如下:

- 接收消息方法 `151#54`

```csharp
#region 接收消息方法

/// <summary>
/// 默认返回消息(当任何 OnXX 消息没有被重写,都将自动返回此默认消息)
/// </summary>
public abstract IResponseMessageBase DefaultResponseMessage(IRequestMessageBase requestMessage);

/// <summary>
/// 预处理文字或事件类型请求。
/// 这个请求是一个比较特殊的请求,通常用于统一处理来自文字或菜单按钮的同一个执行逻辑,
/// 会在执行 OnTextRequest 或 OnEventRequest 之前触发,具有以下一些特征:
/// 1、如果返回 null,则继续执行 OnTextRequest 或 OnEventRequest
/// 2、如果返回不为 null,则终止执行 OnTextRequest 或 OnEventRequest,返回最终 ResponseMessage
/// 3、如果是事件,则会将 RequestMessageEvent 自动转为 RequestMessageText 类型,其中 RequestMessageText.Content 就是 RequestMessageEvent.EventKey
/// </summary>
```

第 7 章 MessageHandler：简化消息处理流程

```csharp
        public virtual IResponseMessageBase OnTextOrEventRequest(RequestMessageText 
requestMessage){...}

        /// <summary>
        /// 文字类型请求
        /// </summary>
        public virtual IResponseMessageBase OnTextRequest(RequestMessageText 
requestMessage) {...}

        /// <summary>
        /// 位置类型请求
        /// </summary>
        public virtual IResponseMessageBase OnLocationRequest(RequestMessageLocation 
requestMessage) {...}

        /// <summary>
        /// 图片类型请求
        /// </summary>
        public virtual IResponseMessageBase OnImageRequest(RequestMessageImage 
requestMessage) {...}

        /// <summary>
        /// 语音类型请求
        /// </summary>
        public virtual IResponseMessageBase OnVoiceRequest(RequestMessageVoice 
requestMessage) {...}

        /// <summary>
        /// 视频类型请求
        /// </summary>
        public virtual IResponseMessageBase OnVideoRequest(RequestMessageVideo 
requestMessage) {...}

        /// <summary>
        /// 链接消息类型请求
        /// </summary>
        public virtual IResponseMessageBase OnLinkRequest(RequestMessageLink 
requestMessage) {...}

        /// <summary>
        /// 小视频类型请求
        /// </summary>
        public virtual IResponseMessageBase OnShortVideoRequest(RequestMessageShortVideo 
requestMessage) {...}

        #endregion
```

- **接收事件方法** 151#408

```csharp
        #region Event 下属分类，接收事件方法
```

```csharp
/// <summary>
/// Event 事件类型请求之 ENTER
/// </summary>
public virtual IResponseMessageBase OnEvent_EnterRequest(RequestMessageEvent_
Enter requestMessage){...}

/// <summary>
/// Event 事件类型请求之 LOCATION
/// </summary>
public virtual IResponseMessageBase OnEvent_LocationRequest(RequestMessageEvent_
Location requestMessage) {...}

//依此类推还有:
// Event 事件类型请求之 subscribe: OnEvent_SubscribeRequest()
// Event 事件类型请求之 unsubscribe: OnEvent_UnsubscribeRequest()
// Event 事件类型请求之 CLICK: OnEvent_ClickRequest()
// Event 事件类型请求之 scan: OnEvent_ScanRequest()
// 事件之 URL 跳转视图 (View): OnEvent_ViewRequest()
// 事件推送群发结果: OnEvent_MassSendJobFinishRequest()
// 发送模板消息返回结果: OnEvent_TemplateSendJobFinishRequest()
// 弹出拍照或者相册发图: OnEvent_PicPhotoOrAlbumRequest()
// 扫码推事件: OnEvent_ScancodePushRequest()
// 扫码推事件且弹出"消息接收中"提示框: OnEvent_ScancodeWaitmsgRequest()
// 弹出地理位置选择器: OnEvent_LocationSelectRequest()
// 弹出微信相册发图器: OnEvent_PicWeixinRequest()
// 弹出系统拍照发图: OnEvent_PicSysphotoRequest()
// 卡券通过审核: OnEvent_Card_Pass_CheckRequest()
// 卡券未通过审核: OnEvent_Card_Not_Pass_CheckRequest()
// 领取卡券: OnEvent_User_Get_CardRequest()
// 删除卡券: OnEvent_User_Del_CardRequest()
// 多客服接入会话: OnEvent_Kf_Create_SessionRequest()
// 多客服关闭会话: OnEvent_Kf_Close_SessionRequest()
// 多客服转接会话: OnEvent_Kf_Switch_SessionRequest()
// Event 事件类型请求之审核结果事件推送: OnEvent_Poi_Check_NotifyRequest()
// Event 事件类型请求之 Wi-Fi 连网成功: OnEvent_WifiConnected()
// Event 事件类型请求之卡券核销: OnEvent_User_Consume_Card()
// Event 事件类型请求之从卡券进入公众号会话: OnEvent_User_Enter_Session_From_Card()
// Event 事件类型请求之进入会员卡: OnEvent_User_View_Card()
// Event 事件类型请求之微小店订单付款通知: OnEvent_Merchant_Order()
// Event 事件类型请求之接收会员信息事件通知: OnEvent_Submit_Membercard_User_Info()
// Event 事件类型请求之摇一摇事件通知: OnEvent_ShakearoundUserShake()

#endregion
```

其中 OnEvent_XX 对应的都是 Event 请求的子类型。

7.4.3 第三步：写 3 行关键代码

在已经创建好的 WeixinController.cs 中，加入如下代码 152#56：

```
[HttpPost]
[ActionName("Index")]
public ActionResult Post(PostModel postModel)
{
    if (!CheckSignature.Check(postModel.Signature, postModel.Timestamp, postModel.Nonce, Token))
    {
        return Content("参数错误！");
    }

    postModel.Token = Token;
    postModel.EncodingAESKey = EncodingAESKey;//根据自己后台的设置保持一致
    postModel.AppId = AppId;//根据自己后台的设置保持一致

    var messageHandler = new CustomMessageHandler(Request.InputStream, postModel);
//接收消息（第一步）

    messageHandler.Execute();//执行微信处理过程（第二步）

    return new FixWeixinBugWeixinResult(messageHandler);//返回（第三步）
}
```

如果你不需要进行保存消息日志等操作，这一步也几乎可以通过复制完成，不需要修改任何东西。当然即使需要保存日志，我们的 Demo 中也已经有相关案例可以直接使用。

上述代码中的 FixWeixinBugWeixinResult 用于提供给 MVC 一个处理一些微信官方疏忽的问题或者由于跨平台导致的字符识别问题的修正方法，使所有手机平台都可以得到一致、稳定的结果。这个方法需要使用到 Senparc.Weixin.MP.MvcExtension.dll，这在第 6 章中已有介绍。

至此我们已经使用 MassageHandler 处理所有微信用户发送过来的请求。

下面再介绍一些 MassageHandler 的"秘密武器"。

7.5 OnExecuting() 和 OnExecuted()

我们可能经常会碰到这样的应用场景：在 MessageHandler.Execute() 执行之前或之后，有一个逻辑需要执行，这个逻辑甚至会决定是否继续执行 Execute() 或者对返回值进行进一步地操作。OnExecuting() 和 OnExecuted() 方法就是为此而生。

我们可以直接重写这两个方法。其中 OnExecuting 会在所有消息处理方法（如 OnTextRequest，OnVoiceRequest 等）执行之前执行，这个过程中，可以把 CancelExecute 设为 true，来中断后面所有方法的执行（包括 OnExecuted），例如 153#57：

```
public override void OnExecuting()
{
    if (RequestMessage.FromUserName == "olPjZjsXuQPJoV0HlruZkNzKc91E")
    {
        CancelExcute = true; //终止此用户的对话

        //如果没有下面的代码,用户不会收到任何回复,因为此时 ResponseMessage 为 null

        //添加一条固定回复
        var responseMessage = CreateResponseMessage<ResponseMessageText>();
        responseMessage.Content = "Hey! 你已经被拉黑啦! ";

        ResponseMessage = responseMessage;//设置返回对象
    }
}
```

如果 OnExecuting 中没有中断,当例如 OnTextRequest 方法执行完毕之后(或执行了默认方法 DefaultResponseMessage() 之后),OnExecuted() 方法将会触发,我们也可以对应地重写。

要注意的是:在 OnExecuted() 方法内,ResponseMessage 已经被赋返回值,例如 7.4.2 例子中返回的 responseMessage,最终会赋值给 ResponseMessage 属性。

7.6 解决用户上下文(Session)问题

从前面的章节中我们已经了解了微信公众平台消息传递的方式,这种方式有一个先天的缺陷:不同用户的请求都来自同一台微信服务器(实际上应该是集群,这里可以看成是一台),这使得常规的 Session 无法使用(始终面对同一个请求对象,况且还有微信服务器 Cookie 是否能保存的问题)。

而在实际微信开发的过程中,我们又总是遇到类似这样的情景:开发者需要用户在微信公众号界面输入一个关键词或者点击一个菜单按钮,开始一个信息录入或自动对话的过程,在此后的数次对话的过程中,开发者服务器可以明确知道每一次用户发送消息时所处的步骤或状态,直到这个录入或对话过程结束。

例如,我们需要使用微信公众号的回复功能做一个问卷,当用户点击【填写问卷】菜单按钮之后,微信公众号开始发出第一个问题,用户回复之后,微信公众号根据用户的回答有选择性地输出第二个问题,直到所有问题回答完毕。

使用微信默认的机制显然满足不了这样的要求,这就需要我们自己建立一套独立的对话上下文请求机制。

Senparc.Weixin SDK 已经对上下文功能进行了比较充分的解耦,使之成为一个独立的模块,可以进行自由的重写和扩展。下面将详细介绍 MessageContext 和与之配套的其他类的设计思路和用法。

所有上下文的基础文件都存放在 Senparc.Weixin 模块的 /Context 目录下,命名空间都为

Senparc.Weixin.Context。

7.6.1 消息容器：MessageContainer

消息容器（MessageContainer）用于储存特定用户的特定往来类型的消息列表（Request 或 Response，单选），继承自 List<T>，MessageContaine.cs 代码如下 690#759：

```csharp
using System.Collections.Generic;

namespace Senparc.Weixin.Context
{
    /// <summary>
    /// 消息容器（列表）
    /// </summary>
    /// <typeparam name="T"></typeparam>
    public class MessageContainer<T> : List<T>
    {
        /// <summary>
        /// 最大记录条数（保留尾部），如果小于等于 0 则不限制
        /// </summary>
        public int MaxRecordCount { get; set; }

        public MessageContainer()
        {
        }

        public MessageContainer(int maxRecordCount)
        {
            MaxRecordCount = maxRecordCount;
        }

        new public void Add(T item)
        {
            base.Add(item);
            RemoveExpressItems();
        }

        private void RemoveExpressItems()
        {
            if (MaxRecordCount > 0 && base.Count > MaxRecordCount)
            {
                base.RemoveRange(0, base.Count - MaxRecordCount);
            }
        }

        new public void AddRange(IEnumerable<T> collection)
        {
            base.AddRange(collection);
            RemoveExpressItems();
```

```csharp
    }

    new public void Insert(int index, T item)
    {
        base.Insert(index, item);
        RemoveExpressItems();
    }

    new public void InsertRange(int index, IEnumerable<T> collection)
    {
        base.InsertRange(index, collection);
        RemoveExpressItems();
    }
}
```

MessageContainer 带有一个泛型 T，T 用于指定存储数据的具体类型（RequestMessage 或 ResponseMessage），为了提高可扩展性，没有对 T 的类型进行约束。

属性 MaxRecordCount 用于指定每个列表的最大长度，当列表长度超过最大长度的时候，将依照"先进先出"的原则删除最旧的信息，这部分工作在 RemoveExpressItems() 方法内完成。

MessageContainer 对 List<T> 类中的 Add()、AddRange()、Insert()、InsertRange() 等方法进行了重写，每一个操作都会执行 RemoveExpressItems()，以确保列表长度在任何时候都能得到控制。

7.6.2 消息队列：MessageQueue

消息队列 MessageQueue 用于存放所有微信账号（OpenId）的来往消息，MessageQueue.cs 代码如下 691#761 ：

```csharp
using System.Collections.Generic;
using Senparc.Weixin.Entities;

namespace Senparc.Weixin.Context
{
    /// <summary>
    /// 微信消息队列（所有微信账号的往来消息）
    /// </summary>
    /// <typeparam name="TM">IMessageContext<TRequest, TResponse></typeparam>
    /// <typeparam name="TRequest">IRequestMessageBase</typeparam>
    /// <typeparam name="TResponse">IResponseMessageBase</typeparam>
    public class MessageQueue<TM,TRequest, TResponse> : List<TM>
        where TM : class, IMessageContext<TRequest, TResponse>, new()
        where TRequest : IRequestMessageBase
        where TResponse : IResponseMessageBase
    {
```

        }
    }

MessageQueue 继承自 List<TM>，泛型 TM 被约束为 IMessageContext<TRequest, TResponse>。（见下文 7.6.3 节），TRequest 和 TResponse 分别被约束为 IRequestMessageBase 和 IResponseMessageBase 类型。

7.6.3 单用户上下文：MessageContext

单个用户的上下文需要专门的容器来承载，取名 MessageContext，MessageContext 用于保存单个用户的上下文信息，被储存在 WeixinContext（见下文 7.6.4 节）的 MessageCollection 及 MessageQueue 对象中。

首先，介绍 IMessageContext 接口，定义如下 692#762:

```
/// <summary>
/// 微信消息上下文（单个用户）接口
/// </summary>
/// <typeparam name="TRequest">请求消息类型</typeparam>
/// <typeparam name="TResponse">响应消息类型</typeparam>
public interface IMessageContext<TRequest, TResponse>
    where TRequest : IRequestMessageBase
    where TResponse : IResponseMessageBase
{
    /// <summary>
    /// 用户名（OpenID）
    /// </summary>
    string UserName { get; set; }
    /// <summary>
    /// 最后一次活动时间（用户主动发送 Resquest 请求的时间）
    /// </summary>
    DateTime LastActiveTime { get; set; }
    /// <summary>
    /// 接收消息记录
    /// </summary>
    MessageContainer<TRequest> RequestMessages { get; set; }
    /// <summary>
    /// 响应消息记录
    /// </summary>
    MessageContainer<TResponse> ResponseMessages { get; set; }
    /// <summary>
    /// 最大储存容量（分别针对 RequestMessages 和 ResponseMessages）
    /// </summary>
    int MaxRecordCount { get; set; }
    /// <summary>
    /// 临时储存数据，如用户状态等，出于保持.net 3.5版本，这里暂不使用 dynamic
    /// </summary>
    object StorageData { get; set; }
```

```csharp
/// <summary>
/// 用于覆盖WeixinContext所设置的默认过期时间
/// </summary>
Double? ExpireMinutes { get; set; }

/// <summary>
/// AppStore状态，系统属性，请勿操作
/// </summary>
AppStoreState AppStoreState { get; set; }

event EventHandler<WeixinContextRemovedEventArgs<TRequest, TResponse>> MessageContextRemoved;

void OnRemoved();
}
```

IMessageContext 的方法或属性见表 7-6。

表 7-6

方法或属性名称	返回类型	参数及说明
UserName	string	全局唯一的用户名（OpenId）
LastActiveTime	DateTime	最后一次活动时间（用户主动发送 Resquest 请求的时间）
RequestMessages	MessageContainer<TRequest>	接收消息记录
ResponseMessages	MessageContainer<TResponse>	响应消息记录
MaxRecordCount	int	最大储存容量（分别针对 RequestMessages 和 ResponseMessages）
StorageData	object	临时储存数据，如用户状态等，相当于 Session
ExpireMinutes	double?	用于覆盖 WeixinContext 所设置的默认过期时间
MessageContextRemoved	EventHandler<WeixinContextRemovedEventArgs<TRequest, TResponse>>	MessageContext 被移除后触发的事件
OnRemoved()	void	当有消息被删除时触发

需要特别说明一下的是 StorageData。这是一个用于储存任何和用户上下文有关数据的容器，WeixinContext 和 IMessageContext 没有对它进行任何引用，完全由开发者决定里面的内容（比如用户执行到哪一步、或某个比较重要的位置信息等），类似于 Session 的作用。

在 CustomMessageHandler 的代码中可以看到，在 CustomMessageHandler 的基类设置的时候，使用了一个叫 CustomMessageContext 的泛型（CustomMessageHandler<**CustomMessageContext**>），这个 CustomMessageContext 继承自 MessageContext。

MessageContext 是 Senparc.Weixin SDK 提供的一个默认的消息上下文处理类，实现了 IMessageContext 接口。

MessageContext 类的定义如下 692#763：

```csharp
/// <summary>
/// 微信消息上下文（单个用户）
/// </summary>
public class MessageContext<TRequest,TResponse>: IMessageContext<TRequest, TResponse>
    where TRequest : IRequestMessageBase
    where TResponse : IResponseMessageBase
{
    private int _maxRecordCount;

    public string UserName { get; set; }
    public DateTime LastActiveTime { get; set; }
    public MessageContainer<TRequest> RequestMessages { get; set; }
    public MessageContainer<TResponse> ResponseMessages { get; set; }
    public int MaxRecordCount
    {
        get
        {
            return _maxRecordCount;
        }
        set
        {
            RequestMessages.MaxRecordCount = value;
            ResponseMessages.MaxRecordCount = value;

            _maxRecordCount = value;
        }
    }
    public object StorageData { get; set; }

    public Double? ExpireMinutes { get; set; }

    /// <summary>
    /// AppStore 状态，系统属性，请勿操作
    /// </summary>
    public AppStoreState AppStoreState { get; set; }

    /// <summary>
    /// 当 MessageContext 被删除时触发的事件
    /// </summary>
    public virtual event EventHandler<WeixinContextRemovedEventArgs<TRequest, TResponse>> MessageContextRemoved = null;

    /// <summary>
    /// 执行上下文被移除的事件
    /// 注意：此事件不是实时触发的，而是等过期后在任意一个人发过来的下一条消息执行之前触发
    /// </summary>
```

```csharp
        /// <param name="e"></param>
        private void OnMessageContextRemoved(WeixinContextRemovedEventArgs<TRequest, TResponse> e)
        {
            EventHandler<WeixinContextRemovedEventArgs<TRequest, TResponse>> temp = MessageContextRemoved;

            if (temp != null)
            {
                temp(this, e);
            }
        }

        /// <summary>
        ///
        /// </summary>
        /// <param name="maxRecordCount">maxRecordCount 如果小于等于0,则不限制</param>
        public MessageContext(/*MessageContainer<IRequestMessageBase> requestMessageContainer,
            MessageContainer<IResponseMessageBase> responseMessageContainer*/)
        {
            /*
             * 注意:即使使用其他类实现IMessageContext,
             * 也务必在这里进行下面的初始化,尤其是设置当前时间,
             * 这个时间关系到及时从缓存中移除过期的消息,节约内存使用
             */

            RequestMessages = new MessageContainer<TRequest>(MaxRecordCount);
            ResponseMessages = new MessageContainer<TResponse>(MaxRecordCount);
            LastActiveTime = DateTime.Now;
        }

        /// <summary>
        /// 在此上下文被清除的时候触发
        /// </summary>
        public virtual void OnRemoved()
        {
            var onRemovedArg = new WeixinContextRemovedEventArgs<TRequest, TResponse>(this);
            OnMessageContextRemoved(onRemovedArg);
        }
    }
```

注意:这个默认的 MessageContext 类已经能够处理最基础的情况,如果你的应用不是很复杂,那么直接用这个类就行了。如果项目比较复杂,你也可以根据自己的需要创建一个自己的类(自己实现 IMessageContext 接口),或继承这个类之后,再扩展更多的属性(例如工作流和分布式缓存等)。

例如，可以这样扩展一个 CustomMessageContext 类 692#764：

```
public class CustomMessageContext : MessageContext<IRequestMessageBase,
IResponseMessageBase>
{
    public CustomMessageContext()
    {
        base.MessageContextRemoved += CustomMessageContext_MessageContextRemoved;
    }

    /// <summary>
    /// 当上下文过期，被移除时触发的时间
    /// </summary>
    /// <param name="sender"></param>
    /// <param name="e"></param>
    void CustomMessageContext_MessageContextRemoved(object sender, Senparc.Weixin.Context.WeixinContextRemovedEventArgs<IRequestMessageBase,IResponseMessageBase> e)
    {
        /* 注意，这个事件不是实时触发的（当然你也可以专门写一个线程监控）
         * 为了提高效率，根据 WeixinContext 中的算法，这里的过期消息会在过期后下一条请求执行之前被清除
         */

        var messageContext = e.MessageContext as CustomMessageContext;
        if (messageContext == null)
        {
            return;//如果是正常的调用，messageContext 不会为 null
        }

        //TODO:这里根据需要执行消息过期时候的逻辑，下面的代码仅供参考

        //Log.InfoFormat("{0}的消息上下文已过期",e.OpenId);
        //api.SendMessage(e.OpenId, "由于长时间未搭理客服，您的客服状态已退出！");
    }
}
```

7.6.4 全局上下文：WeixinContext

全局上下文 WeixinContext 是所有单个用户上下文（MessageContext）实体的容器。WeixinContext 本身不是静态类，这意味着你可以在同一个应用中创建多个上下文实体。

同时，有一个静态的 WeixinContext 实例被放入 MessageHandler<TM>中，因此，所有项目中由 MessageHandler<TM> 派生的子类中的 WeixinContext 是唯一的、全局的（注：TM 为实现 IMessageContext 的类，包括 SDK 中已经提供的 MessageContext）。

因此，我们在任何一个实现了 MessageHandler<TM> 的实例中（比如叫 MyMessageHandler），都可以访问到一个类型和名称都叫 WeixinContext 的对象。

WeixinContext 用于保存所用户的上下文（MessageContext），并且提供了一系列的方法，代码较长，请见：693#759。

WeixinContext 类的方法和属性介绍见表 7-7。

表 7-7

方法或属性名称	返回类型	参数及说明
MessageCollection	Dictionary<string, TM>	所有 MessageContext 集合，不要直接操作此对象
MessageQueue	MessageQueue<TM, TRequest, TResponse>	MessageContext 队列（LastActiveTime 升序排列），不要直接操作此对象
ExpireMinutes	Double	每一个 MessageContext 过期时间（分钟）
MaxRecordCount	int	最大储存上下文数量（分别针对请求和响应信息）
Restore()	void	重置所有上下文参数，所有记录将被清空
GetMessageContext (string userName)	TM	获取 MessageContext，如果不存在，返回 null，这个方法更重要的意义在于操作 TM 队列，及时移除过期信息，并将最新活动的对象移到尾部 userName：用户名（OpenId）
GetMessageContext (string userName, bool createIfNotExists)	TM	同上，重写方法 userName：用户名（OpenId） createIfNotExists：为 true 时，如果用户不存在，则创建一个实例，并返回这个最新的实例；为 false 时，如用户不存在，则返回 null
GetMessageContext (TRequest requestMessage)	TM	同上，重写方法 获取 MessageContext，如果不存在，使用 requestMessage 信息初始化一个，并返回原始实例 requestMessage：请求消息
GetMessageContext (TResponse responseMessage)	TM	同上，重写方法 获取 MessageContext，如果不存在，使用 responseMessage 信息初始化一个，并返回原始实例 responseMessage：响应消息
InsertMessage (TRequest requestMessage)	void	记录请求信息 requestMessage：请求消息
InsertMessage (TResponse responseMessage)	void	记录响应信息 responseMessage：响应消息
GetLastRequestMessage (string userName)	TRequest	获取最新一条请求数据，如果不存在，则返回 null userName：用户名（OpenId）
GetLastResponseMessage (string userName)	TResponse	获取最新一条响应数据，如果不存在，则返回 null userName：用户名（OpenId）

WeixinContext 中有两个用于储存用户上下文的对象：MessageCollection 及 MessageQueue。

这两个对象中的元素集合是重合的，但是 MessageQueue 对元素进行了排序，以便及时处理掉顶部过期的上下文。

ExpireMinutes 用于定义上下文时间有效期，默认为 90 分钟。可以在程序的任何地方设置这个参数，且立即生效。

注意： MessageQueue 中删除过期数据的逻辑以极高的效率运作，常规开发时无需考虑 CPU 占用及对象冲突的问题（如额外校验时间是否超时）。

7.6.5 上下文移除事件：WeixinContextRemovedEventArgs

上下文移除事件 WeixinContextRemovedEventArgs 会在上下文消息被移除的时候触发，开发者可以在其中定义某些行为，如消息提醒、日志记录等。

7.7 消息去重

消息去重在微信开发过程中非常重要，第 4 章已经介绍了微信消息的容错机制，依靠 MsgId 来让应用程序服务器识别多次发送过来的同一条信息。如果确实因为应用程序服务器的错误，使消息没有成功返回（例如返回了一个 500 错误），那么只要正确处理接下来收到的消息就没有问题，但是如果是因为网络延时，应用程序服务器在正常情况下会对每一条消息都进行处理。

在只返回静态消息的情况下，这么做还不至于产生太严重的后果，甚至在有些极端情况下我们确实宁可牺牲这部分效率，确保消息成功发送。但如果是涉及数据库读写（尤其是写），甚至是订单等资金有关操作的时候，这种做法就显得非常危险了，哪怕做足了各种判断，也难免会增加系统的复杂性和测试、维护难度。

因此，消息去重在 MessageHandler 里面是一个非常重要的"标配"。

消息去重已经在 Senparc.Weixin.MP.MessageHandlers.MessageHandler.cs 的 OnExecuting() 方法中实现，默认为开启状态，如果在某些特殊需求下需要关闭，可以将 OmitRepeatedMessage 参数设置为 false。

由于去重方法是在 OnExecuting() 方法中优先执行，因此 OmitRepeatedMessage 的设置必须早于 OnExecuting()，可以在 MessageHandler 的构造函数中，也可以在 MessageHandler 实例化之后进行设置，例如 155#58：

```
var messageHandler = new CustomMessageHandler(Request.InputStream, postModel);//
接收消息（第一步）
messageHandler.OmitRepeatedMessage = false;
```

除了直接设置 OmitRepeatedMessage，有时候我们也需要在 MessageHandler 外部或内部（执行 OnExecuting()之前）对去重的条件进行动态的判断。为此 MessageHandler 提供了 OmitRepeatedMessageFunc 委托方法，例如我们可以在 MessageHandler 构造函数中这样设置这个委托的逻辑 155#59：

```
public CustomMessageHandler(Stream inputStream, PostModel postModel, int maxRecordCount = 0)
    : base(inputStream, postModel, maxRecordCount)
{
    //在指定条件下，不使用消息去重
    base.OmitRepeatedMessageFunc = requestMessage =>
    {
        var textRequestMessage = requestMessage as RequestMessageText;
        if (textRequestMessage != null && textRequestMessage.Content == "容错")
        {
            return false;
        }
```

```
            return true;
        };
}
```

按照上述代码,当消息类型为文字,且内容为"容错"的时候,MessageHandler 不会执行去重操作,系统将对微信服务器发送过来的每一条消息进行回复,哪怕 MsgId 重复。

消息去重的逻辑过程如图 7-5 所示 155#479 。

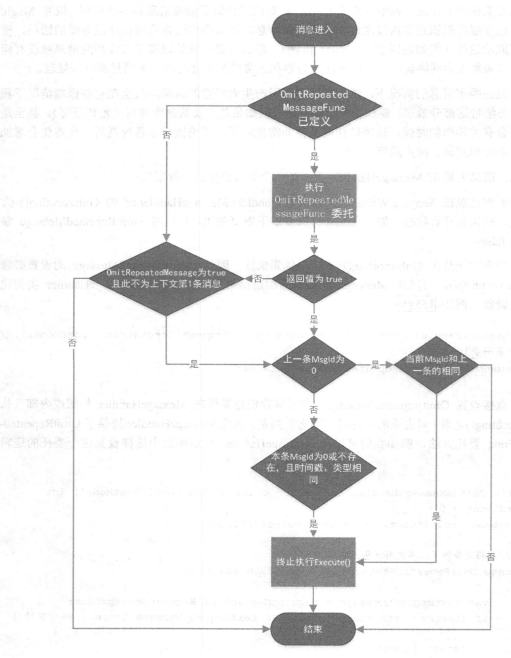

图7-5

7.8 消息加密

出于消息安全考虑,微信提供了消息加密的方法,并且推荐使用。

微信公众号的后台会要求开发者填写 EncodingAESKey,或自动生成,如图 7-6 所示。

图7-6

官方提出了关于 EncodingAESKey 和消息加密的一些注意点 156#480,为了减轻开发者的负担,MessageHandler 已经对消息加密实现全自动,开发者在开发的过程中无须关心任何有关消息加密和解密的问题。

自动加密和解密的流程如图 7-7 所示 156#355。

从图 7-7 中我们可以看到,消息的加密和解密过程分别在 MessageHandler 的开头和结尾处自动判断,无论消息是否加密,开发者都只需要关注已经被解密或未被加密的**业务逻辑**过程,这部分包括系统的逻辑(包括计算、数据库操作等),以及正常返回相应信息。在返回正常响应信息之后,MessageHandler 会自动根据请求信息是否是加密信息,选择是否对相应信息进行加密之后返回给微信服务器。

解密的过程发生在 MessageHandler 的构造函数中,因此只要 MessageHandler 已经实例化,所得到的 RequestMessage 即是解密后的明文消息。

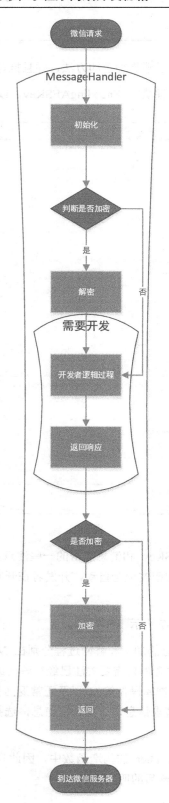

图7-7　MessageHandler 自动加密和解密的流程

和解密过程只发生一次不同,返回值加密的过程发生在 MessageHandler 的 FinalResponseDocument 属性内 156#60:

```
public override XDocument FinalResponseDocument
{
    get
    {
        if (ResponseDocument == null)
        {
            return null;
        }

        if (!UsingEcryptMessage)
        {
            return ResponseDocument;
        }

        var timeStamp = DateTime.Now.Ticks.ToString();
        var nonce = DateTime.Now.Ticks.ToString();

        WXBizMsgCrypt msgCrype = new WXBizMsgCrypt(_postModel.Token,
_postModel.EncodingAESKey, _postModel.AppId);
        string finalResponseXml = null;
        msgCrype.EncryptMsg(ResponseDocument.ToString().Replace("\r\n",
"\n")/* 替换\r\n是为了处理iphone设备上换行bug */, timeStamp, nonce, ref finalResponseXml);
//TODO:这里官方的方法已经把 EncryptResponseMessage 对应的 XML 输出出来了

        return XDocument.Parse(finalResponseXml);
    }
}
```

因此,每次请求 FinalResponseDocument 时,MessageHandler 都会重新根据当前最新的 ResponseDocument(ResponseMessage)进行加密,这么做是为了支持在第一次 FinalResponseDocument 被获取之后,ResponseMessage 又在外部被修改的情况。

提示:响应消息的加密状态必须要和请求信息的加密状态保持一致,由于 MessageHandler 已经自动完成了加密、解密的相关操作,开发者可以忽略"加密"的设置状态,只需面向明文状态进行开发即可。

7.9 消息格式转换

消息格式的转换在整个微信消息的处理过程中非常重要,包括从 XML 格式转成实体(通常发生在转换请求消息的时候),以及实体转成 XML(通常发生在转换响应消息的时候,注意这里说的是通常),SDK 提供了更多更灵活的方法。

本小节讲的"实体"指实现了 IRequestMessageBase 的请求消息实体或实现了 IReponseMessageBase 的响应消息实体。

除此以外还有 JSON 格式转实体的情况，通常发生在 API 通信过程中，这部分内容已经在第 6 章的 Helper 相关内容中介绍过，这里主要介绍和消息密切相关的 XML 和请求消息实体间的相互转换。

7.9.1 XML 转实体

XML 转**请求消息**实体的方法在 Senparc.Weixin.MP. RequestMessageFactory.cs 代码中：158#61。

RequestMessageFactory 提供了 3 个方法，如表 7-8 所示。

表 7-8

方法	说明
GetRequestEntity (XDocument, PostModel)	获取 XDocument 转换后的 IRequestMessageBase 实例； 如果 MsgType 不存在，抛出 UnknownRequestMsgTypeException 异常，此方法是工厂类的新方法，包括了对所有请求消息的判断，如果有新的消息类型，就在 Switch 中添加对应的 Case； 其中,我们将事件推送消息整体看作和普通消息并列的一种消息可能性进行处理，所有事件推送消息的子类型再被统一放入到 Event 下的 Switch 中进行再一次的处理
GetRequestEntity (string)	获取 XML 转换后的 IRequestMessageBase 实例， 最终会调用 GetRequestEntity() 方法
GetRequestEntity (Stream)	获取内容为 XML 的 Stream 转换后的 IRequestMessageBase 实例， 最终会调用 GetRequestEntity() 方法

RequestMessageFactory.GetRequestEntity() 方法会在 MessageHandler 的 Init() 方法中第一次被执行，紧随消息解密过程之后。得到的实体会被赋值给 RequestMessage 属性 158#438：

```
RequestMessage = RequestMessageFactory.GetRequestEntity(decryptDoc);
```

因此，在 MessageHandler 实例化之后，即可通过 RequestMessage 获取到请求消息的所有明文信息。

XML 转**响应消息**实体的方法在 Senparc.Weixin.MP. ResponseMessageFactory.cs 代码中，原理和 RequestMessageFactory 中的方法类似，这里不再赘述。XML 转**响应消息**实体的功能作为一种辅助的扩展，没有在 MessageHandler 中直接使用到。

7.9.2 实体转 XML

实体转 XML 的方法在 Senparc.Weixin.MP.Helpers. EntityHelper.cs 中的 ConvertEntityToXml() 方法：159#62。

此方法对普通类型以及复杂类型的属性都做了处理，如果需要处理响应消息中的各种特殊情况，可以修改此方法。

和 RequestMessageFactory 一样，Senparc.Weixin.MP.ResponseMessageFactory.cs 也提供了一

种快速的方法，此方法就调用了 ConvertEntityToXml() 方法 159#409：

```
/// <summary>
/// 将 ResponseMessage 实体转为 XML
/// </summary>
/// <param name="entity">ResponseMessage 实体</param>
/// <returns></returns>
public static XDocument ConvertEntityToXml(ResponseMessageBase entity)
{
    return EntityHelper.ConvertEntityToXml(entity);
}
```

创建此方法主要是为了给开发者提供一贯性的开发体验（对应 RequestMessageFactory），MessageHandler 中目前为止都是直接引用 EntityHelper.ConvertEntityToXml() 方法。

7.10 消息代理

有时我们会碰到这样的情形：公众号只允许设置一个消息接口（不考虑开放平台的情况），而提供消息服务的服务器不止一台，甚至都不在一个域名下，或是必须配有 80 以外的端口才能访问。此时比较好的处理方式是由统一 URL 接口对消息进行转发，由其他的应用服务器处理完成之后再将结果返回给微信服务器。

为此，Senparc.Weixin SDK 配合 MessageHandler 提供了一套代理请求的机制，其类定义位于 Senparc.Weixin.MP 项目的 Agents/MessageAgent.cs 下，使用方法如下 160#63：

```
var responseXml = MessageAgent.RequestXml(this, agentUrl, agentToken,
RequestDocument.ToString());
```

其中 agentUrl 和 agentToken 为代理目标服务器的 URL 和 Token，URL 允许带有接口。RequestDocument 对象即 MessageHandler 中的对象。

使用代理消息也有一些必须要注意的地方，例如：使用代理必然导致网络访问节点增加，会加重响应延时，因此建议做好至少 2-3 秒延迟时间的准备，如果增加 2-3 秒后远远超过 5 秒的微信服务器等待时间，需要慎重使用，否则可能导致用户无法收到消息。

7.11 了解 MessageHandler 设计原理

以上介绍了 MessageHandler 的一些使用方法和部分原理，本小节将剖析整个 MessageHandler 的代码设计。

在微信公众号中使用 MessageHandler 时，会直接使用到 Senparc.Weixin.MP.dll 中的 Senparc.Weixin.MP.MessageHandlers.MessageHandler，此 MessageHandler 继承自 Senparc.Weixin.dll 的 Senparc.Weixin.MessageHandler.MessageHandler 基类（此基类同时提供给开放平台及企业号等其他模块）。

首先我们先来了解一下最底层 Senparc.Weixin.MessageHandler.MessageHandler 的设计，然后学习 Senparc.Weixin.MP 中 MessageHandler 的具体实现。

7.11.1 Senparc.Weixin.MessageHandlers.MessageHandler 结构

本小节代码如果没有特殊说明，则都在 **Senparc.Weixin** 命名空间下。

Senparc.Weixin.dll 中，与 MessageHandler 直接有关的文件有三个，如图 7-8 所示。

图7-8　Senparc.Weixin.MessageHandlers文件结构

Senparc.Weixin.MessageHandlers.MessageHandler 的类图如图 7-9 所示 162#757。

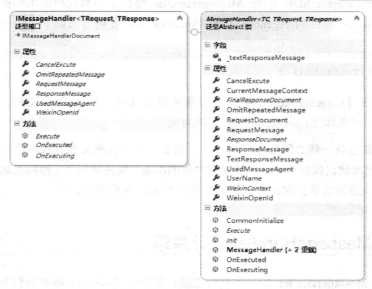

图7-9　Senparc.Weixin.MessageHandlers.MessageHandler类图

IMessageHandler.cs 文件代码定义如下 162#64：

```
using Senparc.Weixin.Entities;

namespace Senparc.Weixin.MessageHandlers
```

```csharp
{
    public interface IMessageHandler<TRequest, TResponse> : IMessageHandlerDocument
        where TRequest : IRequestMessageBase
        where TResponse : IResponseMessageBase
    {
        /// <summary>
        /// 发送者用户名（OpenId）
        /// </summary>
        string WeixinOpenId { get; }

        /// <summary>
        /// 取消执行Execute()方法。一般在OnExecuting()中用于临时阻止执行Execute()。
        /// 默认为False。
        /// 如果在执行OnExecuting()执行前设为True,则所有OnExecuting()、Execute()、
        /// OnExecuted()代码都不会被执行。
        /// 如果在执行OnExecuting()执行过程中设为True,则后续Execute()及OnExecuted()
        /// 代码不会被执行。
        /// 建议在设为True的时候,给ResponseMessage赋值,以返回友好信息。
        /// </summary>
        bool CancelExcute { get; set; }

        /// <summary>
        /// 请求实体
        /// </summary>
        TRequest RequestMessage { get; set; }
        /// <summary>
        /// 响应实体
        /// 只有当执行Execute()方法后才可能有值
        /// </summary>
        TResponse ResponseMessage { get; set; }

        /// <summary>
        /// 是否使用了MessageAgent代理
        /// </summary>
        bool UsedMessageAgent { get; set; }

        /// <summary>
        /// 忽略重复发送的同一条消息（通常因为微信服务器没有收到及时的响应）
        /// </summary>
        bool OmitRepeatedMessage { get; set; }

        /// <summary>
        /// 执行微信请求前触发
        /// </summary>
        void OnExecuting();

        /// <summary>
        /// 执行微信请求
```

```
        /// </summary>
        void Execute();

        /// <summary>
        /// 执行微信请求后触发
        /// </summary>
        void OnExecuted();
    }
}
```

IMessageHandler 中定义了 MessageHandler 的主干属性及功能,所有具体模块中的 MessageHandler 都会使用到这些基础属性和功能。

IMessageHandler 中定义了两个泛型:TRequest 和 TResponse,分别约束了 IRequestMessageBase 和 IResponseMessageBase 接口类型,以强制约定请求消息和响应消息接口。

为了将微信消息部分属性再次抽象,以便在某些更加抽象的情况下将最底层 XML 格式的内容提供给其他模块使用(例如 Senparc.Weixin.MP.MvcExtension 中的消息处理,只需要面向几个和 XML 格式消息有关的属性),IMessageHandler 将一部分属性独立重构到 IMessageHandlerDocument 接口,并继承自 IMessageHandlerDocument。

使用 IMessageHandlerDocument 接口,我们可以得到更"纯"的微信请求及响应消息。IMessageHandlerDocument.cs 代码如下 162#65:

```
using System.Xml.Linq;

namespace Senparc.Weixin.MessageHandlers
{
    /// <summary>
    /// 为 IMessageHandler 单独提供 XDocument 类型的属性接口(主要是 ResponseDocument)。
    /// 分离这个接口的目的是为了在 MvcExtension 中对 IMessageHandler 解耦,使用
    /// IMessageHandlerDocument 接口直接操作 XML。
    /// </summary>
    public interface IMessageHandlerDocument
    {
        /// <summary>
        /// 在构造函数中转换得到原始 XML 数据
        /// </summary>
        XDocument RequestDocument { get; set; }

        /// <summary>
        /// 根据 ResponseMessageBase 获得转换后的 ResponseDocument
        /// 注意:这里每次请求都会根据当前的 ResponseMessageBase 生成一次,如需重用此数据,
        /// 建议使用缓存或局部变量
        /// </summary>
        XDocument ResponseDocument { get; }

        /// <summary>
```

第 7 章 MessageHandler：简化消息处理流程

```
        /// 最后返回的 ResponseDocument。
        ///  如果是 Senparc.Weixin.MP 引用，并且未设置加密，则应当和 ResponseDocument 一致；
除此以外（Senparc.Weixin.QY 或已加密），则应当在 ResponseDocument 基础上进行加密
        /// </summary>
        XDocument FinalResponseDocument { get; }

        /// <summary>
        /// 文字返回信息。当 TextResponseMessage 不为 null 时，才获取 ResponseDocument
        /// </summary>
        string TextResponseMessage { get; set; }
    }
}
```

其中需要特别注意的是 ResponseDocument 和 FinalResponseDocument 虽然都是响应消息，但是在其实现的要求上也有一些区别，它们的比较如表 7-9 所示。

表 7-9

比较内容	ResponseDocument	FinalResponseDocument
加密状态	用于操作的明文对象	如果请求消息未加密，则应当和 ResponseDocument 一致；如果请求消息是加密的，则应当在 ResponseDocument 基础上进行加密
获取过程	每次 get 请求都会根据当前的 ResponseMessageBase 生成一次	
类型	都是 XDocument 类型	

MessageHandler 是对 IMessageHandler 接口的实现，并添加了一些属性，代码：162#66。

MessageHandler 中有几个抽象属性及方法，如表 7-10 所示。

表 7-10

类型	名称	操作
WeixinContext<TC, TRequest, TResponse>	WeixinContext	get
XDocument	ResponseDocument	get
XDocument	FinalResponseDocument	get
XDocument	Init(XDocument requestDocument, object postData)	方法
void	Execute();	方法

关于 MessageHandler 一些需要注意的地方及特征如下。

1）Senparc.Weixin.MessageHandlers.MessageHandler 为抽象类，必须在具体模块中进一步实现；

2）其中 Init(XDocument requestDocument, object postData) 会在 MessageHandler 被构造的时候执行，用于对各个模块的具有不同特征的消息进行预处理。例如微信公众号的请求消息具有明文、兼容和加密三种类型，自动判断消息状态并在需要的时候解密这部分工作，届时就会在 Init() 方法中进行；而微信企业号的消息都是加密的，没有明文和加密之分，因此企业号的 Init() 方法就会对消息直接解密。

除此以外，Init() 还担负着初始化上下文和生成 RequestMessage 属性的责任。这样当 MessageHandler 实例化之后，我们就立即可以使用 RequestMessage 进行面向对象的操作了。

3）在 IMessageHandler<TRequest, TResponse> 接口的基础上，增加了 TC 泛型，约束为 IMessageContext<TRequest, TResponse>，为"上下文"功能提供支持（相关内容见第 8 章）。

7.11.2　Senparc.Weixin.MP.MessageHandlers.MessageHandler 结构

本小节代码如果没有特殊说明，则都在 Senparc.Weixin.MP 命名空间下。

Senparc.Weixin.MessageHandlers.MessageHandler 实现了接口 Senparc.Weixin.MessageHandlers.IMessageHandler，它们都分别继承自上面 Senparc.Weixin 下的基类或接口。

为了方便编辑和扩展，我们将 MessageHandler 定义为部分类（Partial Class），其中 MessageHandler.cs 存放全局的代码，将有关普通消息和事件消息的代码分到两个不同的部分类中：MessageHandler.Message.cs 和 MessageHandler.Event.cs，文件结构如图 7-10 所示。

图7-10　Senparc.Weixin.MP.MessageHandlers 文件结构

MessageHandler 的完整类图如图 7-11 所示 167#758。

IMessageHandler 继承自 Senparc.Weixin 对应的 IMessageHandler，并且覆盖了两个属性：RequestMessage（继承自 Senparc.Weixin.MP.Entities.IRequestMessageBase）和 ResponseMessage（继承自 Senparc.Weixin.MP.Entities.IResponseMessageBase）。

RequestMessage 和 ResponseMessage 用于存放明确的"微信公众号"的请求消息和响应消息，而不是 Senparc.Weixin 中更加抽象的"微信消息"。

第 7 章 MessageHandler：简化消息处理流程

图7-11　Senparc.Weixin.MP.MessageHandlers.MessageHandler类图

IMessageHandler.cs 代码如下 167#67：

```
using Senparc.Weixin.MessageHandlers;
using Senparc.Weixin.MP.Entities;

namespace Senparc.Weixin.MP.MessageHandlers
{
    public interface IMessageHandler : IMessageHandler<IRequestMessageBase,
IResponseMessageBase>
    {
        new IRequestMessageBase RequestMessage { get; set; }
        new IResponseMessageBase ResponseMessage { get; set; }
    }
}
```

MessageHandler.cs 及相关文件代码比较多，就不一一列举，简单介绍几个 MessageHandler.cs 中比较重要的方法及用法，包括：

- 抽象类及虚方法
- 构造函数
- OnExecuting() 方法
- Execute() 方法
- DefaultResponseMessage() 方法

7.11.3 抽象类及虚方法

MessageHandler 是一个抽象类，开发者必须基于 MessageHandler 在实际项目中创建一个自定义的消息处理类（如 CustomMessageHandler），这么做是因为有一些方法必须让用户定义，例如稍后提到的 DefaultResponseMessage() 方法。

MessageHandler 对开发者来说最基本的意义就是可以对不同类型的消息进行方便地处理，这个功能通过重写 OnXX() 方法就可以实现（XX 对应不同的消息类型，如 Text、Location 等，我们也称之为"消息处理事件"），所有的 OnXX() 方法都是虚方法（或抽象方法），都可以（或必须）被重写，如果开发者不重写某一个方法，则这个类型的消息将默认执行 DefaultResponseMessage() 方法。

除了消息处理事件，其他多数方法也都提供了虚方法标签，以便开发者进行自由的扩展。

7.11.4 构造函数

代码如下 169#68：

```
public MessageHandler(Stream inputStream, PostModel postModel = null, int maxRecordCount = 0, DeveloperInfo developerInfo = null)
    : base(inputStream, maxRecordCount, postModel)
{
    //…
}
```

其中的 Stream 为微信 XML 请求的数据流，可以为任意派生自 Stream 的 MemoryStream、BufferedStream 或 FileStream 等，在常规的 Web 请求操作中（例如 HttpContextBase 环境下）可以为 Request.InputStream，例如 169#481：

```
var messageHandler = new CustomMessageHandler(Request.InputStream, postModel, maxRecordCount);
```

在单元测试过程中建议使用 MemoryStream 或者 FileStream 取代 Request.InputStream 进行测试（当然也可以对 Request.InputStream 进行 Mock）。如果不希望使用 Stream，也可以选择使用另外一个构造函数的重写方法，使用 XDocument 类型直接传入 XML 169#69：

```
public MessageHandler(XDocument requestDocument, PostModel postModel = null, int maxRecordCount = 0, DeveloperInfo developerInfo = null)
    : base(requestDocument, maxRecordCount, postModel)
{
    //…
}
```

这些构造函数中都有一个共同类型的参数：PostModel postModel。PostModel 是对于微信请求消息的封装，PostModel.cs 文件代码如下 169#70：

```
namespace Senparc.Weixin.MP.Entities.Request
{
```

```csharp
/// <summary>
/// 微信公众服务器 Post 过来的加密参数集合（不包括 PostData）
/// </summary>
public class PostModel : EncryptPostModel
{
    //以下信息不会出现在微信发过来的信息中，都是微信后台需要设置（获取的）的信息，用于扩展传参使用
    public string AppId { get; set; }

    /// <summary>
    /// 设置服务器内部保密信息
    /// </summary>
    /// <param name="token"></param>
    /// <param name="encodingAESKey"></param>
    /// <param name="appId"></param>
    public void SetSecretInfo(string token, string encodingAESKey, string appId)
    {
        Token = token;
        EncodingAESKey = encodingAESKey;
        AppId = appId;
    }
}
```

PostModel 派生自 Senparc.Weixin.EncryptPostModel，EncryptPostModel 集合了几乎所有包含加密消息请求在内的必需的微信请求消息参数。接口代码 169#71：

```csharp
namespace Senparc.Weixin
{
    /// <summary>
    /// 接收解密信息统一接口
    /// </summary>
    public interface IEncryptPostModel
    {
        string Signature { get; set; }
        string Msg_Signature { get; set; }
        string Timestamp { get; set; }
        string Nonce { get; set; }

        //以下信息不会出现在微信发过来的信息中，都是企业号后台需要设置（获取的）的信息，用于扩展传参使用
        string Token { get; set; }
        string EncodingAESKey { get; set; }
    }
}
```

其中的 Signature、Msg_Signature、Timestamp 和 Nonce 为微信服务器发送请求消息时，会

放在 URL 中的验证签名及参数。Token 和 EncodingAESKey 是开发者在微信后台需要设置的对接参数，这两个参数需要严格保密，因此是在程序中设置的，不是从外部接收的。在 ASP.NET MVC 的 Action 中，打包和使用 PostModel 的过程可以如下 169#490 ：

```
[HttpPost]
[ActionName("Index")]
public ActionResult Post(PostModel postModel)
{
    if (!CheckSignature.Check(postModel.Signature, postModel.Timestamp, postModel.Nonce, Token))
    {
        return Content("参数错误！");
    }

    postModel.Token = Token;//根据自己后台的设置保持一致
    postModel.EncodingAESKey = EncodingAESKey;//根据自己后台的设置保持一致
    postModel.AppId = AppId;//根据自己后台的设置保持一致
    //更多日志记录等代码...

    var messageHandler = new CustomMessageHandler(Request.InputStream, postModel, maxRecordCount);
    //更多日志记录、消息后续处理等代码...
}
```

其中 maxRecordCount 参数可以设置每个上下文消息储存的最大数量，防止内存占用过多，如果该参数小于等于 0，则不限制。

7.11.5 Execute() 方法

Execute() 是处理消息的场所，必须执行 MessageHandler.Execute() 方法，微信消息才会被进行处理并返回响应消息。Execute() 的职能主要有以下三个。

1）请求消息分拣；

2）请求消息处理；

3）上下文消息处理。

Execute() 的方法代码见 170#72 。

相关的逻辑如下。

第一步，消息被执行了 ConvertToRequestMessageText() 扩展方法，尝试将事件消息转为文字类型消息（事件消息中的 EventKey 对应到文字类型消息中的 Content），这么做是因为在实际的开发过程中，我们经常会碰到这样的场景：用户在公众账号界面发送文字"签到"或者点击菜单中的【我要签到】按钮，进行完全相同的签到操作，从消息处理到返回消息都是一致的。这样的转换可以让开发者只需要写一个面向文字类型消息（RequestMessageText）的逻辑，针对 **RequestMessage.Content=="签到"** 的情况进行统一的处理，菜单【我要签到】按钮的 EventKey 也设置为字符串"签到"即可。如果当前事件消息不具备 EventKey 属性（即没有

IRequestMessageEventKey 接口），则 RequestMessageText.Content 为空字符串。

第二步，执行 OnTextOrEventRequest(requestMessageText) 方法，此方法的重写方法里面，应当包含对上述举例的逻辑。如果此方法返回 null，则执行第三步，否则消息将直接返回。

第三步，当 OnTextOrEventRequest(requestMessageText) 方法返回 null 时，执行 OnEventRequest(RequestMessage as IRequestMessageEventBase)。OnEventRequest() 是针对事件类型消息进行进一步分拣处理的方法，代码在 MessageHandler.Event.cs 中 170#73：

```
public virtual IResponseMessageBase OnEventRequest(IRequestMessageEventBase requestMessage)
{
    var strongRequestMessage = RequestMessage as IRequestMessageEventBase;
    IResponseMessageBase responseMessage = null;
    switch (strongRequestMessage.Event)
    {
        case Event.subscribe://订阅
            responseMessage = OnEvent_SubscribeRequest(RequestMessage as RequestMessageEvent_Subscribe);
            break;
        case Event.unsubscribe://退订
            responseMessage = OnEvent_UnsubscribeRequest(RequestMessage as RequestMessageEvent_Unsubscribe);
            break;
            //其余所有Event类型方法的处理
        default:
            throw new UnknownRequestMsgTypeException("未知的Event下属请求信息", null);
    }
    return responseMessage;
}
```

无论是普通类型消息，还是事件类型消息，默认的代码都是一样的，比如对于关注事件 170#74：

```
/// <summary>
/// Event事件类型请求之subscribe
/// </summary>
public virtual IResponseMessageBase OnEvent_SubscribeRequest(RequestMessageEvent_Subscribe requestMessage)
{
    return DefaultResponseMessage(requestMessage);
}
```

7.11.6 CancelExcute 属性

CancelExcute 属性用于终止消息处理流程继续执行，当判断节点发现 CancelExcute 值为 true 时，无论当前的状态如何，后面的流程将不被执行。从 Execute() 的代码中，可以看到 CancelExcute 被判断的节点有这么几个：

- OnExecuting() 执行之前

- OnExecuting() 执行之后，消息分拣、处理消息事件执行之前

注意：OnExecuted() 方法执行之前不会再次对 CancelExcute 进行判断。因为此时消息处理事件已经被执行，SDK 认为这种情况下，OnExecuted() 通常需要配套执行。也就是说，如果在消息处理事件（OnXX() 方法）中，设置了 CancelExcute 为 true，那么 MessageHandler 不会自动终止 OnExecuted() 方法的执行，如果开发者必须要这么做，可以重写 OnExecuted() 方法，并在方法开始的时候追加一条判断。

7.11.7　OnExecuting()方法

从上述 Execute() 方法的代码中可以看到，在消息进入到消息处理事件之前，会执行 OnExecuting() 方法，此方法也可以被重写，默认代码如下 172#75：

```
public virtual void OnExecuting()
{
    #region 消息去重
    //...
    #endregion

    base.OnExecuting();
}
```

消息去重就是在这里进行的，当发现收到重复 MsgId 消息的时候，设置 CancelExcute = true 以防止业务逻辑继续向下执行。

在这里我们也可以更加清楚地看到在以下几种情况下，消息去重的行为不会发生：

- OmitRepeatedMessageFunc 委托结果为 false，要求忽略消息重复的问题
- OmitRepeatedMessage 属性为 false
- 这是此用户上下文中收到的第一条消息

7.11.8　DefaultResponseMessage() 方法

从上代码和说明我们已经知道，当开发者没有对某一种类型进行特殊处理的时候，消息处理事件将默认执行 DefaultResponseMessage() 方法。DefaultResponseMessage() 是一个抽象方法，在用户自定义类中必须被重写。例如 173#76：

```
public override IResponseMessageBase DefaultResponseMessage(IRequestMessageBase requestMessage)
{
    /* 所有没有被处理的消息会默认返回这里的结果，
    * 因此，如果想把整个微信请求委托出去（例如需要使用分布式或从其他服务器获取请求），
    * 只需要在这里统一发出委托请求，如：
    * var responseMessage = MessageAgent.RequestResponseMessage(agentUrl, agentToken, RequestDocument.ToString());
    * return responseMessage;
    */
```

```
        var responseMessage = this.CreateResponseMessage<ResponseMessageText>();
        responseMessage.Content = "这条消息来自DefaultResponseMessage。";
        return responseMessage;
    }
```

习题

7.1 在 Controller 中使用 MessageHandler 的 3 个关键步骤（3 行代码）是什么？

7.2 如何设置 MessageHandler 打开或关闭消息去重功能？

7.3 MessageHandler 处理加密消息时需要额外编写代码吗？如果有，需要怎么做？

7.4 如何生成一个"图片"响应类型的对象？

7.5 如何在 MessageHandler 中获取 OpenId？你能列举多少种方式？

7.6 如何在收到用户发来的微信消息时不返回任何信息，也不让微信客户端提示"该公众号暂时无法提供服务，请稍后再试"？

7.7 请列举"消息代理"功能的至少 1 个应用场景。

第 8 章 缓存策略

缓存是几乎所有大中型系统的核心组成部分之一。Senparc.Weixin SDK 中的许多信息同样需要缓存的支持，例如凭证信息、开发者账号信息等。尤其在分布式系统中，分布式缓存的作用就更加明显，它还起到了在多台服务器之间同步和交换数据的功能。

本章将深入介绍 Senparc.Weixin SDK 中的分布式缓存策略框架，可同时支持对本地缓存和分布式缓存的扩展，力求在尽量轻便、支持本地缓存的同时，可以为大多数常用的分布式缓存提供良好的对接能力。

8.1 设计原理

Senparc.Weixin SDK 的缓存策略主要目的是提供给数据容器（Container）使用（注意：这里所说的容器专指 SDK 的输入容器，非 Docker 之类的"容器"技术），同时也确保可以充分解耦以及对其他用途的弹性，因此我们不直接为 Container 建立缓存策略，而是先创建一个基础的缓存策略接口（IBaseCacheStrategy），以及一个派生自 IBaseCacheStrategy 的容器缓存策略接口（IContainerCacheStragegy），并为 IContainerCacheStragegy 提供足够灵活的接口，支持本地及多种分布式缓存扩展。基于 IContainerCacheStragegy，再派生各种类型的缓存（如：本地缓存、各种分布式缓存等）。总体设计思路如图 8-1 所示 175#356 。

本章将就基础缓存策略接口、容器缓存策略接口、本地数据容器缓存策略实现、分布式容器缓存策略实现及缓存策略工厂这 5 个部分展开对缓存模块的介绍。

缓存相关的文件结构如图 8-2 所示。

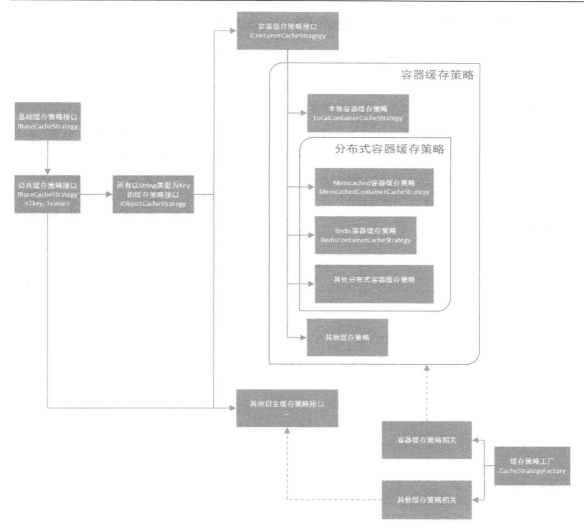

图8-1

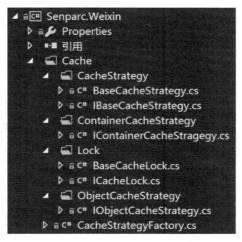

图8-2

8.2 基础缓存策略接口：IBaseCacheStrategy

基础缓存策略接口（IBaseCacheStrategy）是所有缓存策略最基础的接口。

缓存通常遵循"键/值"配对的格式，因此在最初设计 IBaseCacheStrategy 的时候，我们赋予了 IBaseCacheStrategy 两个泛型，形成这样的定义：IBaseCacheStrategy<TKey, TValue>。

在实际的开发过程中，有些情况下只需要知道这个实例是一个"基础缓存策略"对象，对其进行简单的操作，而许多情况下如果将实例对象强类型转化为 IBaseCacheStrategy<TKey, TValue> 可能有困难（例如通过工厂之后，我们并不确定 TKey 和 TValue 的类型），因此，我们对 IBaseCacheStrategy<TKey, TValue> 进行了重构，从中抽象出一个简单的接口，名字就叫 IBaseCacheStrategy，作为 IBaseCacheStrategy<TKey, TValue> 的基类。最终的结构如图 8-3 所示 176#439。

图8-3

基础缓存策略用于提供最基础的缓存操作定义，如表 8-1 所示。

表 8-1

类型	定义	说明
泛型	TKey	缓存键的类型，任意类型
泛型	TValue	缓存值的类型，约束为 Class
属性	string CacheSetKey { get; set; }	整个 Cache 集合的 Key
方法	void InsertToCache(TKey key, TValue value);	添加指定 ID 的对象 Key：缓存键 Value：缓存值
方法	void RemoveFromCache(TKey key);	移除指定缓存键的对象 Key：缓存键

类型	定义	说明
方法	TValue Get(TKey key);	返回指定缓存键的对象 Key：缓存键
方法	IDictionary<TKey, TValue> GetAll();	获取所有缓存信息集合
方法	bool CheckExisted(TKey key);	检查是否存在 Key 及对象 Key：缓存键
方法	long GetCount();	获取缓存集合总数（注意：每个缓存框架的计数对象不一定一致！）
方法	void Update(TKey key, TValue value);	更新缓存 Key：缓存键 Value：缓存值

以上 IBaseCacheStrategy 相关接口定义比较简单，代码不再赘述（文件名：IBaseCacheStrategy.cs）。整个缓存相关的接口和类，都定义在命名空间 Senparc.Weixin.Cache 下。

8.3 数据容器缓存策略接口：IContainerCacheStragegy

数据容器缓存策略是为数据容器（见第 10 章）而专门设计的缓存策略，用于提供可靠、可扩展的容器缓存管理功能，不但能支持本地缓存，也能够支持各类分布式缓存。本章稍后的小节中将会分别介绍一个本地缓存及一个分布式缓存的实现，这里先讲基础策略的实现过程和思路。

8.3.1 原始 IContainerCacheStragegy 设计思路

首先我们来定义 IContainerCacheStragegy 178#77：

```
namespace Senparc.Weixin.Cache
{
    /// <summary>
    /// 容器缓存策略接口
    /// </summary>
    public interface IContainerCacheStragegy
        : IBaseCacheStrategy<string, IDictionary<string, IBaseContainerBag>>
    {
        /// <summary>
        /// 更新 ContainerBag
        /// </summary>
        /// <param name="key"></param>
        /// <param name="containerBag"></param>
        void UpdateContainerBag(string key, IBaseContainerBag containerBag);
    }
}
```

通过上面的代码我们可以看到，IContainerCacheStragegy 继承了 IBaseCacheStrategy<TKey, TValue> 接口，其中 TKey 为 String 类型，TValue 为 IDictionary<string, IBaseContainerBag> 类型。

8.3.2 优化 IContainerCacheStragegy 设计思路

对于 TValue，IDictionary<string, IBaseContainerBag> 这样的定义显然不够友好，也无法得到扩展，于是我们将其封装一下，创建名为 IContainerItemCollection 的接口及 ContainerItemCollection 类，继承自 IDictionary<string, IBaseContainerBag>，代码如下所示 179#78：

```
namespace Senparc.Weixin.Cache
{
    /// <summary>
    /// IContainerItemCollection，对某个 Container 下的缓存值 ContainerBag 进行封装
    /// </summary>
    public interface IContainerItemCollection : IDictionary<string, IBaseContainerBag>
    {
        /// <summary>
        /// 创建时间
        /// </summary>
        DateTime CreateTime { get; set; }
    }

    /// <summary>
    /// 储存某个 Container 下所有 ContainerBag 的字典集合
    /// </summary>
    public class ContainerItemCollection : Dictionary<string, IBaseContainerBag>, IContainerItemCollection
    {
        /// <summary>
        /// 创建时间
        /// </summary>
        public DateTime CreateTime { get; set; }

        public ContainerItemCollection()
        {
            CreateTime = DateTime.Now;
        }
    }
}
```

于是，IContainerCacheStragegy 的定义可以简化为 179#405：

```
public interface IContainerCacheStragegy
    : IBaseCacheStrategy<string, IContainerItemCollection>
{
    //其他代码
}
```

8.3.3 优化 IContainerItemCollection 和 ContainerItemCollection

如果对系统架构的要求不高，这样或许已经可以了，上面的代码也已经足够简单，而且可以很好地运行。但是我们纵观整个缓存策略的设计，IContainerItemCollection 目前只是对

Dictionary<string, IBaseContainerBag> 进行了一次简单的继承和扩展,其储存机制仍然是使用本地内存中的一个字典作为缓存数据的容器。这种设计在此处有以下一些弊端。

1)在同一个缓存系统内部,需要维护两套底层的缓存策略(IBaseCacheStrategy<TKey, TValue> 和 Dictioncay<TKey,TValue>),这会增加额外的维护成本,可能会导致整个系统的协调性和稳定性受到破坏;

2)如果 IContainerItemCollection 将来需要使用分布式缓存,将更加困难和混乱。

因此,我们让 IContainerItemCollection 继承 IBaseCacheStrategy<TKey, TValue>,并实现其中统一的基础缓存策略接口中的方法,由于 Container 已经增加了对凭证过期的判断,Senparc.Weixin SDK 中也提供了其他措施,这个缓存集合的数据源我们仍然使用一个类型为 Dictionary<string, IBaseContainerBag> 的私有变量来担当。

修改之后的 IContainerItemCollection 和 ContainerItemCollection 代码见 180#79 。

上述修改的代码中,#endregion 块内的代码为基础缓存策略接口 IBaseCacheStrategy<string, IBaseContainerBag> 的实现代码,除此以外我们还增加了一个私有变量作为缓存的数据源 180#340:

```
private Dictionary<string, IBaseContainerBag> _cache;
```

以及一个索引器,以增强对 _cache 的访问能力 180#341:

```
public IBaseContainerBag this[string key]
{
    get { return this.Get(key); }
    set { this.Update(key, value); }
}
```

这样我们可以直接通过索引来访问或设置缓存中的数据,例如可以这样访问(get):

```
var bag = containerItemCollection[key];
```

或这样设置(set):

```
containerItemCollection[key] = new AccessTokenBag();
```

目前为止,整个缓存策略的储存结构如图 8-4 所示 180#357 。

结合接口定义及图 8-4,我们可以看到:IContainerCacheStragegy 继承自 IBaseCacheStrategy <TKey, TValue>,Key 为 String 类型,储存用于区分不同 Container 的唯一标识(例如 AccessTokenContainer、JsTicketContainer 等);Value 为 IContainerItemCollection 类型(继承自 IDictionary<string, IBaseContainerBag>),用于储存这个 Container 内所有不同 AppId 的 ContainerBag 的缓存,所以整个 IContainerCacheStragegy 中的每一项 Value,我们又可以看做是一个独立的缓存系统,不同的是它只储存和 Container 有关的数据。

全局缓存策略（IBaseCacheStrategy<TKey, TValue>）

缓存键	缓存键类型	缓存值	缓存值类型
Key1	任意类型	Value1	Class
Key2	任意类型	Value2	Class
Key3	任意类型	Value3	Class
Key4	任意类型	Value4	Class
...	任意类型	...	Class

数据容器缓存（IContainerCacheStragegy）

缓存键	缓存键类型	缓存值	缓存值类型
ContainerKey1	String	ContainerValue1	IContainerItemCollection
ContainerKey2	String	ContainerValue2	IContainerItemCollection
ContainerKey3	String	ContainerValue3	IContainerItemCollection
ContainerKey4	String	ContainerValue4	IContainerItemCollection
...	String	...	IContainerItemCollection

Container缓存（ContainerItemCollection:Dictionary<string, IBaseContainerBag>）

缓存键	缓存键类型	缓存值	缓存值类型
ContainerItemCollectionKey1	String	ContainerItemCollectionValue1	IBaseContainerBag
ContainerItemCollectionKey2	String	ContainerItemCollectionValue2	IBaseContainerBag
ContainerItemCollectionKey3	String	ContainerItemCollectionValue3	IBaseContainerBag
ContainerItemCollectionKey4	String	ContainerItemCollectionValue4	IBaseContainerBag
...	String	...	IBaseContainerBag

图8-4

IContainerItemCollection 的 Key 为 String 类型，用于储存每一个 ContainerBag 的唯一标识，通常为 AppId；Value 为 IBaseContainerBag 类型，用于储存这个 AppId 所对应的凭证等信息，例如在 AccessTokenContainer 中，IBaseContainerBag 就为 AccessTokenBag，其中储存了 AppId、AppSecret、AccessTokenExpireTime、AccessTokenResult 等属性。

图 8-5 展示了设计到目前为止，在实际运行的过程中，填充缓存数据之后的缓存结构和状态 180#358。

在当前的二级缓存策略的基础上，我们可以开始扩展出适合各种配置场景的缓存策略及其实现。

下面的小节我们将根据本地缓存（单机环境）和分布式缓存（负载均衡环境）两种不同的架构场景，探讨对应缓存策略的实现。

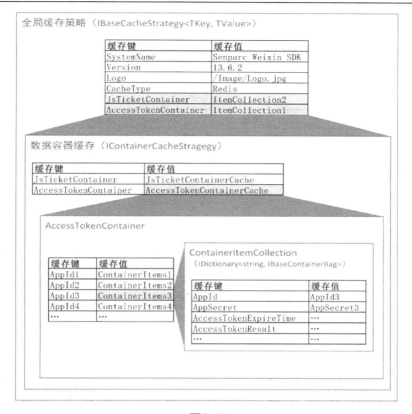

图8-5

8.4 本地数据容器缓存策略：LocalContainerCacheStrategy

本节重点介绍本地缓存（单机环境）的缓存策略实现，包括缓存策略的实现思路和实现代码两方面的全过程，开发者们可以举一反三，将其运用到更多的场景，包括分布式缓存。

注意：这里说的"单机"是指微信应用只部署在一台服务器上。

8.4.1 创建 LocalContainerCacheStrategy 类

第一步我们需要新建 LocalContainerCacheStrategy.cs 文件，并创建 LocalContainerCacheStrategy 类 186#80 ：

```
/// <summary>
/// 本地容器缓存策略
/// </summary>
public class LocalContainerCacheStrategy : IContainerCacheStragegy
{
}
```

LocalContainerCacheStrategy 继承自容器缓存策略接口 IContainerCacheStragegy，在实现 IContainerCacheStragegy 接口中的属性和方法之前，我们先来确定本地缓存的数据源。

8.4.2 定义数据源

由于是本地缓存，数据源的选择就可以有很多，几乎本机上所有可以被调用的储存介质都可以成为一个备选方案，常见的方案及优缺点如表 8-2 所示。

表 8-2

介质	方案类型	优点	缺点
硬盘	**数据库** 如： SQL Server MySQL SQLite Hadoop Mongodb	1. 可持久化储存 2. 扩展方便 3. 支持多维查询 4. 支持切片查询	1. 读写速度慢 2. 可能造成数据冗余
	文本 如： TXT XML CSV	1. 可持久化储存 2. 支持查询 3. 存储、备份方便	1. 读写速度慢 2. 不易处理过多数据 3. 不易处理太复杂的查询条件 4. 属性一旦确定，不太容易扩展
	其他文件 如： 序列化后的数据文件	1. 可持久化储存实体数据 2. 比文本储存略安全	1. 读写速度慢 2. 反序列化效率较低 3. 不太容易实现高效的查询
内存	**系统缓存** 如： System.Web.Caching.Cache	1. 读写速度快 2. .NET 框架集成，比较完善 3. 性能比较优秀 4. 不支持泛型 5. 容易扩展	1. 通常不依赖持久化储存方案，数据容易丢失 2. 遍历效率略低 3. 可控性略低 4. 和系统其他缓存公用
	静态变量 如： IDictionary<TKey,TValue>	1. 读写速度快 2. 轻巧 3. 可控性高 4. 支持泛型 5. 容易扩展 6. 独立于系统缓存	1. 无法使用持久化方案，数据容易丢失 2. 构造简单，默认状态下没有针对非常庞大缓存的处理方案 3. 遍历效率略低

对于常规的单机环境，假设我们对容器缓存追求的指标依次为：

1）安全性；

2）读写效率；

3）运行稳定性、抗干扰性；

4）可控性；

5）持久化（可选）。

结合上述的假设，我们可以认为 IDictionary 可能是最好的选择。

下面根据 IDictionary 的方案我们来创建一个内存中的静态变量，作为数据源

```
public class LocalContainerCacheStrategy : IContainerCacheStragegy
{
    #region 数据源
    private IDictionary<string, IContainerItemCollection> _cache =
LocalCacheHelper.LocalCache;
    #endregion
}
```

这里的 _cache 即为数据源，为了保持其安全性，设为 Private 变量，只提供给 LocalContainerCacheStrategy 类进行内部访问。

_cache 的类型为 IDictionary<string, IContainerItemCollection>，但注意：这里的 _cache 并不是静态变量，也就是说它只能在当前 LocalContainerCacheStrategy 实例中被使用。

为什么这么设计呢？一方面，是出于安全的考虑，数据源不直接暴露给 LocalContainerCacheStrategy（至少提供了这样一种可能），另外一方面，也便于全局静态数据源的功能扩展。因此，我们并不直接使用 new Dictionary<string, IContainerItemCollection>() 方法将 _cache 初始化，而是创建了一个类：LocalCacheHelper 187#82：

```
/// <summary>
/// 全局静态数据源帮助类
/// </summary>
public static class LocalCacheHelper
{
    /// <summary>
    /// 所有数据集合的列表
    /// </summary>
    internal static IDictionary<string, IContainerItemCollection> LocalCache { get; set; }

    static LocalCacheHelper()
    {
        LocalCache = new Dictionary<string, IContainerItemCollection>
(StringComparer.OrdinalIgnoreCase);
    }
}
```

在 LocalCacheHelper 中可以看到，真正全局的静态数据源是 LocalCache，访问级别为 Internal，有时出于调试和测试源代码的目的，我们可临时将其设为 Public，生产环境部署的版本仍然强烈建议使用 Internal。并且这里也不建议在除了数据监控以外的任何地方对 LocalCache 进行直接操作（即使数据监控也有其他办法，这里不再展开）。

全局数据源的初始化过程在 LocalCacheHelper 的静态构造函数内完成，这里直接使用了 new Dictionary<string, IContainerItemCollection>(StringComparer.OrdinalIgnoreCase) 的方式，将数据源定义为 Dictionary<Tkey, TValue> 类型。

如果需要的话，在 LocalCacheHelper 中可以加入对 LocalCache 的各种控制，例如访问统计、状态监控、访问加锁（当然这一步要慎重，以免影响可能发生的异步操作）等。

如果再开一下脑洞，有了 LocalCacheHelper，我们甚至还可以给输出到每个 LocalContainerCacheStrategy 提供一个深度复制的数据源对象（只在一些极端情况下会用到，并且需要进行更多的数据同步操作，这里不再展开）。

有了数据源之后，我们开始实现 IContainerCacheStragegy 接口下的一系列属性和方法。

8.4.3 实现容器缓存策略

接下来我们着手实现所有 IContainerCacheStragegy 接口中的方法，以下提供的代码只是一种实现方式 188#83，并已经集成到 Senparc.Weixin SDK 中作为默认的容器缓存实现方式。我们认为这个默认的实现已经可以帮助大部分"单机"部署的微信服务处理好相关事务，如果出现无法满足实际项目需求的情况，开发者们也可以按照各自的习惯和实际需要来实现自己的方法，不同缓存的切换和设置方式将在本章 8.7 缓存策略工厂中详细介绍。

```csharp
/// <summary>
/// 本地容器缓存策略
/// </summary>
public class LocalContainerCacheStrategy : IContainerCacheStragegy
{
    #region 数据源

    private IDictionary<string, IContainerItemCollection> _cache = LocalCacheHelper.LocalCache;

    #endregion

    #region ILocalCacheStrategy 成员

    public string CacheSetKey { get; set; }


    public void InsertToCache(string key, IContainerItemCollection value)
    {
        if (key == null || value == null)
        {
            return;
        }

        _cache[key] = value;
    }

    public void RemoveFromCache(string key)
    {
        _cache.Remove(key);
    }
```

```csharp
public IContainerItemCollection Get(string key)
{
    if (!_cache.ContainsKey(key))
    {
        _cache[key] = new ContainerItemCollection();
    }

    return _cache[key];
}

public IDictionary<string, IContainerItemCollection> GetAll()
{
    return _cache;
}

public bool CheckExisted(string key)
{
    return _cache.ContainsKey(key);
}

public long GetCount()
{
    return _cache.Count;
}

public void Update(string key, IContainerItemCollection value)
{
    _cache[key] = value;
}

public void UpdateContainerBag(string key, IBaseContainerBag bag)
{
    if (_cache.ContainsKey(key))
    {
        var containerItemCollection = _cache[key];
        containerItemCollection[bag.Key] = bag;
    }
}

#endregion
}
```

上述新增的代码大多是针对 IDictionary<TKey, TValue> 的操作，这里不再赘述。

需要特别说明一下的是 IDictionary<string, IContainerItemCollection> GetAll() 这个方法，此方法要求以 IDictionary<string, IContainerItemCollection> 格式返回整个 Container 数据源，以提供给下游使用，因为我们设计的数据源正好是 IDictionary<string, IContainerItemCollection> 类型的，此处代码直接使用了 return _cache 这样的方式，如果使用的是其他类型的数据源，这里可能会需

要出现一个使用其他方式查询和整理数据的过程,甚至也可能使用到其他的解决方案(有些情况下会非常复杂),比如在某些分布式缓存框架中,能否获取到完整的数据源取决于框架的接口,如果接口没有提供,我们只能另想办法。

除了 GetAll() 方法以外,Count() 方法也有类似的情况需要注意,但相对来说 Count 被支持得更普遍一些。

8.4.4 运用单例模式

对于缓存策略的访问,最简单的方法是在每次需要访问缓存的时候,实例化一个缓存策略对象,然后通过这个示例对象去进行相应的查询或更新等操作。如果有必要,可以在访问结束之后进行一次资源回收。

这么做听上去还不错,例如 190#84:

```
LocalContainerCacheStrategy cache = new LocalContainerCacheStrategy();
var collection = cache.Get("AccessTokenContainer");
var data = collection.Get("AppId") as AccessTokenBag;
data.Token = "ABC";
collection.Update("AppId",data);
cache.Close();//必要的时候可以释放资源
```

的确,粗略地看上去这么做也没有什么问题。但作为一个可能嵌入到任何系统中的中间件,我们需要考虑到在多数动态系统中,缓存的访问是一个极其高频的环节,除了每一次请求的过程中可能在短时间内多次访问缓存,随着并发数量的升高,我们通常面临着如下两个重要的考验。

1)每一个实例的初始化都需要消耗 CPU 及内存资源,在增加系统响应时间的同时,越来越高的内存占用也会影响到系统的稳定性及效率。

2)如果同一时间,只有一个进程访问,那么没有资源抢夺和数据同步及隐藏的线程安全的问题,但是通常没有这么"舒服"的情况,可能同一时间内,系统中会存在多个缓存策略的实例,那么如何处理上述的矛盾呢?

对应这样的情况,正是"单例模式(Singleton Pattern)"出手的时机了。

简单地说,单例模式就是确保一个类在全局中有且只有一个实例,并且有一个全局访问点。

这样我们就可以大大降低类的实例化次数(事实上每个应用生命周期中只有 1 次),并且多个访问线程都访问同一个实例。

为了达到同样的单例的目的,其实可以有很多的做法,这里按照逐步改进的顺序,简单介绍几个常用的方法,并初步分析其利弊,这些解决方案多来自前辈们实践的经验。如果你已经对"单例模式"非常了解,也建议你温故一下相关的内容,其中的很多思想贯穿了 Senparc.Weixin SDK 中众多模块的设计思想,本书也会以实践为背景,加入更多的分析。

5 种不同的"单例模式"实现方法见 190#85 - 190#89。

其中,方法五代码如下 190#89:

```
public sealed class LocalContainerCacheStrategy : IContainerCacheStragey
```

```csharp
{
    #region 数据源
    //数据源代码
    #endregion

    #region 单例

    /// <summary>
    /// LocalCacheStrategy 的构造函数
    /// </summary>
    LocalContainerCacheStrategy()
    {
    }

    //静态 LocalCacheStrategy
    public static IContainerCacheStragegy Instance
    {
        get
        {
            return Nested.instance;//返回 Nested 类中的静态成员 instance
        }
    }

    class Nested
    {
        static Nested()
        {
        }
        //将 instance 设为一个初始化的 LocalCacheStrategy 新实例
        internal static readonly LocalContainerCacheStrategy instance = new LocalContainerCacheStrategy();
    }

    #endregion

    #region ILocalCacheStrategy 成员
    // ILocalCacheStrategy 成员代码
    #endregion
}
```

相关的代码看上去比之前的 4 种方法要复杂不少，还用到了类名为 Nested 的嵌套类（Nested Class）。

嵌套类的目的是为 Instance 的初始化提供一个"屏障"，只有当程序根据逻辑需要，访问到 LocalContainerCacheStrategy.Instance 的时候，才会进一步访问到 Nested，此时 Nested 中的 Instance 会被自动赋值一个新的 LocalContainerCacheStrategy 实例，从而达到延迟实例化的作用。有关静态变量 Instance 初始化的执行的过程在"方法四"中已经介绍过，全局只会执行一次，因此整个系统的生命周期中也只会初始化一个 LocalContainerCacheStrategy 实例对象。

这种做法没有用到线程锁，巧妙地利用了静态变量初始化的过程，保障了 Instance 在初始化时候的线程安全以及提供了延迟实例化的功能。

综合以上的一些分析和判断，LocalContainerCacheStrategy 选择了"方法五"来创建单例。

当需要使用到 LocalContainerCacheStrategy 的时候，我们只需要进行这样的调用即可 190#440：

```
var cache = LocalContainerCacheStrategy.Instance;
```

8.4.5 测试

为了验证整套缓存机制（重点是缓存队列工作）的可靠性，我们在 Senparc.Weixin.MP.Sample 项目中创建了一个测试的方法，其原理和测试思路如下。

1）微信的 AccessToken 等数据都使用各类 Container 进行管理；

2）每个 Container 都有一个强制约束的 ContainerBag，本地缓存信息；

3）ContainerBag 中的属性被修改时，会将需要对当前对象操作的过程放入消息队列（SenparcMessageQueue）；

4）每个消息队列中的对象都带有一个委托类型属性，其动作通常是通过缓存策略（实现自 IContainerCacheStrategy，可以是本地缓存或分布式缓存）更新缓存；

5）一个独立的线程会对消息队列进行读取，依次执行队列成员的委托，直到完成当前所有队列的缓存更新操作；

6）上一个步骤重复进行，每次执行完默认等待 2 秒。此方案可以有效避免同一个 ContainerBag 对象属性被连续更新的情况下，每次都和缓存服务通信而产生消耗。

此方法可以写成单元测试，但为了可以更加直观、方便地显示结果，我们在 Senparc.Weixin.MP.Sample/Controllers/CacheController.cs 下，根据上述思路创建了一个名为 RunTest 的 Action，代码见 191#90。

其中涉及的两个自定义的 Container 相关类（TestContainerBag1、TestContainer1）定义如下 191#406：

```
[Serializable]
internal class TestContainerBag1 : BaseContainerBag
{
    private DateTime _dateTime;

    public DateTime DateTime
    {
        get { return _dateTime; }
        set { this.SetContainerProperty(ref _dateTime, value); }
    }
}
```

```
internal class TestContainer1 : BaseContainer<TestContainerBag1>
{
}
```

此测试也可以直接通过浏览器访问在线 Demo：

http://sdk.weixin.senparc.com/Cache/Test

运行结果如图 8-6 所示。

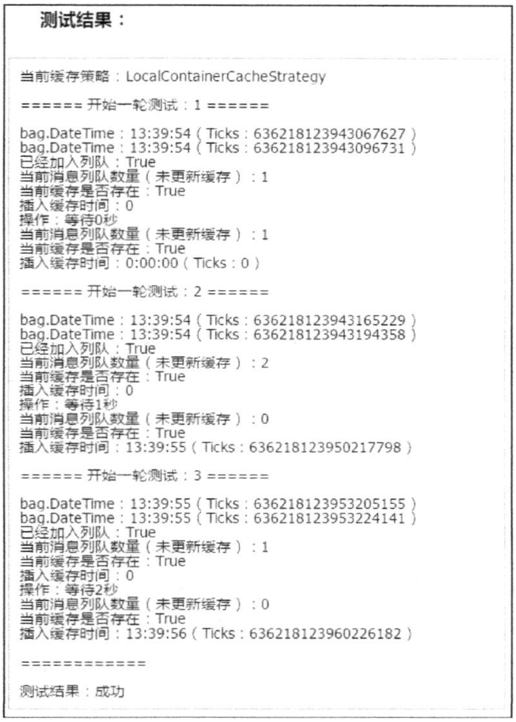

图8-6

提示：此方法同样可以用于下面将要介绍的分布式缓存测试。

8.5　分布式缓存

8.5.1　起因

建立整个缓存策略最重要的目的是为了支持多样性的系统架构及缓存框架，其中非常重要的一个扩展能力就是提供对分布式缓存的支持。

随着网站（或系统）访问量的增加，越来越多的并发操作会让独立的服务器不堪重荷，CPU、内存、磁盘、网络等各方面都有可能率先成为瓶颈，影响整个系统的效率和稳定性。

以目前常规的服务器配置，一台独立的服务器通常每秒可以承受几万到几十万的请求（与具体的应用和执行时间有关），并且整个过程伴随着效率的递减和稳定性的下降，尤其重要的是，在达到极值的情况下，一个小高峰都可能成为压垮服务器的最后一根稻草。如果你使用的是云主机，承受能力通常还需要打一个很大的折扣。

按照本人以往实践的经验，通常在服务器负荷均值超过 60%，连续一段时间高峰超过 75%~85% 的时候，就要开始考虑升级硬件或者转型使用负载均衡技术了。没有等到更高的负载是因为这样可以提供一个适度的弹性（冗余），比较好地应对突如其来的更大的访问高峰。因为你永远无法知道市场策划部门一个奇葩的点子，会不会造成一次区域性的朋友圈刷屏（如果打算全国刷屏的就提前多准备一点吧，别观测了）。 预算允许的情况下，在升级单台服务器硬件和使用负载均衡之间，通常我会优先选择后者，这是一步到位的做法，一旦升级完成，可以非常方便地随时扩充服务器资源。

8.5.2 负载均衡

分布式缓存很多时候都存在于使用负载均衡技术的系统中，负载均衡的做法有很多，也存在 DNS、路由、服务器等着不同层次和环节的负载均衡，是企业级应用中应对高并发情况的"入门级"做法，需要使用到分布式缓存的开发者对负载均衡的知识应当有所了解。

8.5.3 分布式缓存

举一个例子：这个负载均衡集群有 S1~S10 共 10 台服务器，用户 A 第一次访问了 S1 服务器，需要搜索一条数据，但是没有命中缓存，于是从数据库读取成功，并存入 S1 服务器的内存中，下一次用户 B 访问了 S2 服务器，需要搜索同一条数据，同样没有命中缓存，这时需要再次重复用户 A 的步骤。这个过程我们会发现，在分布式（负载均衡）系统中，如果仍然用单机来做缓存，实际上数据库的压力并没有减少，很多情况下反而会成倍增加（上面的例子如果全局只有 S1 一台服务器，则这两次访问只需要查询一次数据库，而现在是 N 次）。

因此，在分布式系统中（包括负载均衡在内），最简单的做法就是额外提供一台服务器（实际情况也可能是多台，因为还可能涉及主从设备，这里不展开），所有的服务器都从这台缓存服务器获取数据，当缓存没有命中的时候，再由这台缓存服务器统一访问数据库，查询数据并记录到内存中。而提供给这台缓存服务器使用的缓存解决方案（框架），就是我们这里说的分布式缓存。缓存服务器通常需要拥有比较大的内存，对 CPU、硬盘和带宽等资源的依赖相对应用服务器来说要低得多。

分布式缓存的好处还不止于此，这里只是做了一个常规应用的分析，有时候即使是单机，也可以使用分布式缓存，以达到应用服务器重启后，缓存不会被清空的目的。

当然，即使分布式缓存被广泛运用在分布式系统中，但单机缓存的做法并不是一无是处，很多情况下我们仍然会使用到单机缓存来配合分布式缓存，例如成为访问速度更快的"缓存的缓存"。

在选择使用分布式缓存之前，我们也必须对其优缺点进行充分地认识，大致总结一下如表 8-3 所示。

表 8-3

优点	缺点
1、 高性能、高效率	1、 通常需要额外配置
2、 高可用性，相当于持久化储存	2、 依赖局域网通信质量
3、 可扩展性	3、 可控性取决于接口而不再是 .NET 框架本身
4、 易于统一维护	4、 维护成本高
5、 看上去很牛的样子	

8.5.4 分布式使用的注意点

由于我们已经设计了统一的缓存策略接口，因此本地缓存和分布式缓存在使用的过程上没有什么不同。

在实际项目的使用过程中，有时一个系统会同时使用多个缓存策略（我们有时会碰到同时使用 Reids、Memcached、本地缓存三种策略的情况），这使开发者在开发的时候无法清楚地知道什么时候某个参数到底是用什么缓存策略。因此，我们必须考虑到各种可能发生的情况。

1）内存位置不同

在使用单机缓存的时候（例如 HttpRuntime.Cache），如果缓存对象是一个引用类型，当我们取出来后，通常对其进行的修改会直接影响到缓存记录的值，也就是说当我们修改了某个已经被存入到缓存中的引用类型对象的时候，我们不需要再次将其更新到缓存中，从内存的角度来说，缓存中的对象和你正在操作的对象实际上处于同一个内存堆上。

而在使用分布式缓存的时候，数据通常都不在本机上，因此每次获取的参数对程序来说都需要新建一个实例对象去储存，因此当我们修改了这个对象之后，还需要将其再次保存到缓存中。

严谨地说，数据确实可能存在于本机上，分布式缓存节点和 Web 服务器共享同一台也是在小型系统中经常能碰到的情况（虽然并不推荐这么做），但是 .NET 和缓存框架的通信通常都是通过具有独立进程的服务和接口进行，或者是直接通过非托管资源的方式去访问某些缓存模块（这种情况现在已经比较少见，多数常用的分布式缓存框架都有了 .NET 的库），所以对于 .NET 程序来说，相当于存在另外一台服务器上，我们仍然需要考虑对象的内存位置的问题。

对于是否是同一个对象的问题，我们可以很方便地使用 Object.GetHashCode() 方法来验证，这里不再展开。

在一些特殊情况下，我们可以把一个任务对象（如一个运行中的线程）放到本地缓存中，让它继续执行，并随时访问，但是切记在分布式缓存中不可以这么做，如果你的系统以后可能考虑升级到分布式缓存，那么从一开始就抛弃这样的做法。

2）响应速度不同

这里先不考虑数据库、文件等其他媒介的缓存，都以内存缓存来说，对于储存在本机上的缓存而言，响应的速度可以忽略不计。

而对于分布式缓存来说，需要存在一个联机通信的问题，并且连接通道的可用性、当前状态等都具有一定的不可控性，因此在使用的时候，需要进行更多容错的考虑。

虽然实际使用下来，Redis、Memcached 等常用的"大框架"的稳定性已经得到了很好的验证（或者说优化），但是对于一系列的不确定性，我们仍然需要有容错的准备，类似的例子还有联机的数据库连接，也需要做好这方面的考虑。

应对的方案有很多，例如自动重连、使用冗余的备用服务、多个缓存方案热切换、使用镜像等。

除了网络连接及服务本身性能的问题以外，例如 Redis 中的数据都是以字节数组的方式来储存的，这就意味着 Redis 实际上无法直接储存一个对象实例，我们需要将复杂对象序列化后进行储存,并在取出来之后反序列化才能操作。

当并发访问量很大的时候,序列化和反序列化的过程是一个值得高度关注的性能开销。

NoSQL通常使用JSON的格式储存对象。相比储存(序列化后的)复杂的对象实体,这是一个更好的选择。因此如果有条件,可以在确保效率的前提下,把简单对象先转成JSON,然后进行储存。当然也有例外,因为JSON毕竟是key-value的格式,如果对象中涉及委托等复杂情况的时候,JSON就无能为力了。

3)连接方式不同

ASP.NET系统的缓存由于已经集成到系统,因此不需要进行任何的准备工作即可使用,并且其生命周期和稳定性是伴随应用程序池的状态而变化的(严谨地说:默认情况下是这样)。

而分布式缓存通常都需要进行连接操作(可以想象我们在外部的服务器上部署了数据库,在数据库连接字符串中需要明确对方的地址、账号及密码等信息),分布式缓存的生命周期通常是伴随缓存宿主服务器上的缓存服务的状态而变化,其稳定性除了受到宿主服务器的影响外,也受应用程序服务器本身稳定性的影响。

因此,这两种缓存的稳定性上有比较大的不同,在一些访问量非常大的情况下,对于分布式缓存我们需要额外注意其连接状态(包括效率),甚至需要专门制作管理连接的模块。

我们已经准备在下一个版本的Senparc.Weixin.Cache.Redis.dll中对策略进行一次全面的优化升级。

接下去两节我们分别介绍两个比较流行的分布式缓存框架:Redis和Memcached,并对两个框架本身做简要地介绍,以方便开发者选择和使用。

8.6 Redis分布式缓存策略:RedisContainerCacheStrategy

8.6.1 Redis简介

Redis是一个高性能的key-value储存系统,它提供了Java、C/C++、C#、PHP、JavaScript、Perl、Object-C、Python、Ruby、Erlang等不同平台的客户端,是目前广泛使用的分布式缓存(数据库)框架之一。Redis官方网站为 200#92 :http://redis.io/。从官网可以下载到最新版本的安装程序和文档等资源。

8.6.2 安装Redis

安装步骤见: 201#93 。

安装过程十分简单,完成之后就可以开始Redis之旅啦!

8.6.3 StackExchange.Redis缓存扩展

由于Redis只是分布式缓存中的一个可选的解决方案,并且需要使用到第三方库,因此我们没有在Senparc.Weixin项目中直接创建针对Redis的策略,而是单独创建了一个扩展库,名为Senparc.Weixin.Cache.Redis,如图8-7所示。

图8-7

Redis（容器）缓存策略的文件名遵照本地（容器）缓存策略的命名规则，类名为 RedisContainerCacheStrategy.cs，命名空间为 Senparc.Weixin.Cache.Redis。文件代码如下 202#94：

```
using System;
using System.Collections.Generic;
using System.Linq;
using System.Text;
using System.Threading.Tasks;
using Senparc.Weixin.Containers;

namespace Senparc.Weixin.Cache.Redis
{
    /// <summary>
    /// Redis容器缓存策略
    /// </summary>
    public sealed class RedisContainerCacheStrategy : IContainerCacheStragegy
    {
        #region 实现 IContainerCacheStragegy 接口
        // TODO:实现接口代码
        #endregion
    }
}
```

在实现 IContainerCacheStragegy 接口之前，我们需要使用一个第三方库来操作 Redis 相关的接口，这里我们选用一个较为流行的框架：StackExchange.Redis。可以通过 Nuget 非常方便地安装（https://www.nuget.org/packages/StackExchange.Redis/）。

由于开发者在通过 Nuget 安装 Senparc.Weixin.Cache.Redis 的时候，会自动安装此程序包，不需要直接安装，这里略过 StackExchange.Redis 的安装步骤。

安装之后，项目会自动依赖 StackExchange.Redis.dll，如图 8-8 所示。

至此，我们已经可以开始使用 Redis 进行开发了。不过考虑到重用和配置的需要，我们先学习两个类：RedisManager 和 StackExchangeRedisExtensions。

RedisManager 用于提供 Redis 连接、数据库等配置信息相关的实体类型及静态方法，代码见 202#95。

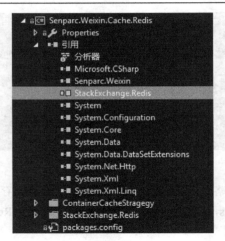

图8-8

有了 RedisManager 我们可以很方便地通过 StackExchange.Redis 从配置文件中获取 Redis 的配置信息和数据库接口,并面向对象进行操作了。

除了 RedisManager 以外,StackExchange.Redis 在使用的过程中,还有一些常用的方法,我们将其单独封装在 StackExchangeRedisExtensions 内,例如缓存对象的序列化和反序列化方法,代码见 202#96。

上述代码是一种二进制的序列化方式。

Redis 连接的配置工作可以在网站项目 Web.config 内或应用程序项目的 App.config 文件中进行,如图 8-9 所示。

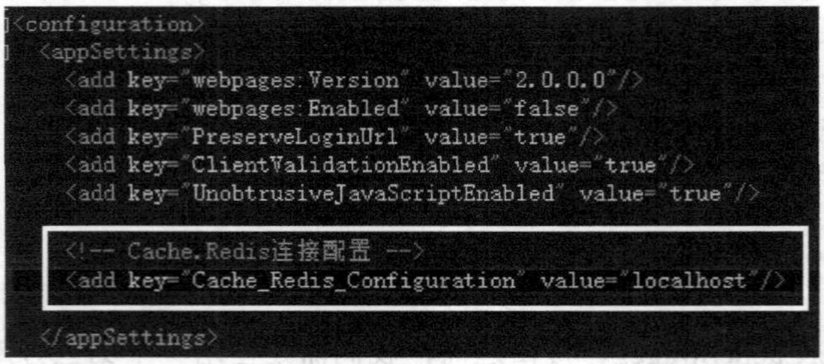

图8-9

Key 为固定的字符串"Cache_Redis_Configuration",Value 为 Redis 的连接字符串,例如输入 localhost 是使用本地的 Redis 服务,并使用默认端口(6379)。

8.6.4 实现 Redis 缓存策略

准备工作完毕,现在我们来实现属于 Redis 框架的缓存策略。

先看 RedisContainerCacheStrategy.cs 代码:203#97。

首先,RedisContainerCacheStrategy 和本地容器缓存策略 LocationContainerCacheStrategy 一样,使用了相同的"单例模式"做法,这部分内容不再赘述。

在设计的过程中,为了确保 Redis 服务器的可用性,我们在静态构造函数内对缓存进行了一次简单的读写测试 203#98：

```
var manager = RedisManager.Manager;
var cache = manager.GetDatabase();

var testKey = Guid.NewGuid().ToString();
var testValue = Guid.NewGuid().ToString();
cache.StringSet(testKey, testValue);
var storeValue = cache.StringGet(testKey);
if (storeValue != testValue)
{
    throw new Exception("RedisStrategy 失效，没有计入缓存！");
}
```

为了提供更好的容错能力，这里我们建议保留抛出异常的代码，并且在第一次（事实上也只有一次）初始化的时候使用 try / catch 对其进行捕获，然后自动切换到其他备用的缓存方案上，并向后台告警。

GetFinalKey(String Key) 方法用于组装特定的缓存键格式，例如此处的缓存可能会服务于多个领域，不同的领域中可能存在相同的 Key，这时候如果要在各个领域中对 Key 进行统一的前期处理，将是一件工作量非常大的事情，同时也不便于维护。所以这里提供了统一的封装方法，确保各个领域中的 Key 可用。由于当前的分布式缓存主要提供给消息容器（Container）使用，因此这里暂时对 Key 保留了原貌，此处的接口将为以后的扩展带来便利。

其他的方法大多是对 IContainerCacheStragegy 接口的实现，其思路和本地容器缓存策略（LocalContainerCacheStragegy）类似，不同的是操作对象换成了 RedisExchange 的接口，这里不再展开详述。

8.6.5 单元测试

本书之前已经针对不同场景介绍过多次有关单元测试的内容，这里仍然需要强调一下对于缓存的单元测试，可见单元测试的重要性。

数据类型的缓存，我们依靠"人肉"很难全面判断其稳定性、正确性、延时效率等问题，因此单元测试在缓存的开发、运维过程中是一个非常重要的角色，它可以取代大部分的人工测试，使用各种边际值对缓存进行全面的测试。

这里不深究单元测试的原理和实施方法，下面只用简短的篇幅给出几个重要的测试方法（单例、插入、删除），希望开发者可以体会其中测试的要点，举一反三，灵活应用，代码见 204#99。

8.7 Memcached 分布式缓存策略：MemcachedContainerCacheStrategy

MemcachedContainerCacheStrategy 的设计思路和 RedisContainerCacheStrategy 是一致的。

8.7.1 Memcached 简介

Memcached 是一套免费、开源的高性能的分布式缓存系统，以 BSD license 授权协议发布。

在分布式缓存的功能、特性支持的客户端语言以及和本地缓存的差别上，和之前介绍的 Redis 相似。和 Redis 相同或相似的部分这里不再重复介绍。

Memcached 的官方网站是 206#482：http://memcached.org/，Github 上的开源地址为 206#483：https://github.com/memcached/memcached。

8.7.2 安装 Memcached

安装步骤见：208#488-208#489。

8.7.3 EnyimMemcached 缓存扩展

和 Redis 类似，Memcached 也是其中一个可选的解决方案，为此我们需要为 Memcached 创建一个独立的类库，名为 Senparc.Weixin.Cache.Memcached，如图 8-10 所示。

图8-10

Memcached（容器）缓存策略的文件名遵照本地（容器）缓存策略的命名规则，类名为 MemcachedContainerStrategy.cs，命名空间为 Senparc.Weixin.Cache.Redis。文件代码如下 209#100：

```
using System;
using System.Collections.Generic;
using System.Linq;
using System.Net;
using System.Text;
using System.Threading.Tasks;
using Enyim.Caching;
using Enyim.Caching.Configuration;
using Enyim.Caching.Memcached;
using Senparc.Weixin.Containers;

namespace Senparc.Weixin.Cache.Memcached
{
    public class MemcachedContainerStrategy : IContainerCacheStragegy
    {
        #region IContainerCacheStragegy 成员
        // TODO:实现接口代码
```

```
            #endregion

    }
}
```

在图 8-10 中，可以看到 Senparc.Weixin.Cache.Memcached 项目引用了一个第三方类库：Enyim.Caching。

和 Redis 一样，这里我们需要借助一个免费的第三方类库来对 Memcached 进行扩展，使用 .NET 来和 Memcached 服务通信。

我们最终选择了 EnyimMemcached，Nuget 项目地址：https://www.nuget.org/packages/EnyimMemcached/。

由于其安装和整合过程与 Redis 相似，包括单例的实现过程、单元测试等也是使用相同的思路，因此这里不再重复介绍其细节。相关的示例可以看开源项目中的源码及对应 Sample。

8.7.4 实现 Memcached 缓存策略

MemcachedContainerStrategy.cs 代码见 209#101。

8.8 缓存策略工厂：CacheStrategyFactory

8.8.1 创建 CacheStrategyFactory

扩展完了分布式缓存的模块之后，进入到最后使用的层面，这也是在实际开发的过程中，开发者们最关注的一个环节。

对于实现同一个接口，具有相同行为约束的类，我们首先考虑的就是使用"工厂模式"。

这里我们已经具备了使用"工厂模式"的几个最基础的条件。

1）本地缓存、Redis、Memcached 的缓存策略都具有相同的接口：IContainerCacheStragegy；

2）三个缓存策略 LocalContainerCacheStrategy、RedisContainerCacheStrategy 和 MemcachedContainerStrategy 都具备相同的职能；

3）三个缓存策略具备明确的使用条件。

这个工厂我们将其命名为 CacheStrategyFactory，我们还需要确定实施的细节，在整个 CacheStrategyFactory 升级的过程中，我们尝试了多种方法，包括简单工厂以及使用文件配置方式初始化等方式，目前最新的版本我们使用了注册配置的方式来完成对工厂的设置，所以严格地讲，这里的"工厂"已经不是纯粹的"工厂设计模式"。先看代码 211#102：

```
using System;
using System.Collections.Generic;
using System.Linq;
using System.Text;
using System.Threading.Tasks;
using Senparc.Weixin.Containers;
```

```csharp
namespace Senparc.Weixin.Cache
{
    public class CacheStrategyFactory
    {
        internal static Func<IContainerCacheStragegy> ContainerCacheStrageFunc;

        public static void RegisterContainerCacheStrategy(Func<IContainerCacheStragegy> func)
        {
            ContainerCacheStrageFunc = func;
        }

        public static IContainerCacheStragegy GetContainerCacheStragegyInstance()
        {
            if (ContainerCacheStrageFunc == null)
            {
                //默认状态
                return LocalContainerCacheStrategy.Instance;
            }
            else
            {
                //自定义类型
                var instance = ContainerCacheStrageFunc();
                return instance;
            }
        }
    }
}
```

CacheStrategyFactory 的代码非常简单，包含三个部分。

1）静态委托变量 ContainerCacheStrageFunc，用于提供首选使用的缓存策略获取方法；

2）RegisterContainerCacheStrategy() 方法提供注册（设置） ContainerCacheStrageFunc 的通道；

3）GetContainerCacheStragegyInstance() 方法用于获取当前的缓存策略。

之所以做这么简化的设计，也是基于几个比较确定的假设。

1）同一个系统不会频繁切换不同的缓存策略，一般开发阶段就能明确。

2）缓存策略除了 SDK 提供的 3 个，开发者也可以扩展自己的缓存策略，并且这种配置不会是一个高频的操作，没有必要使用反射等手段使过程复杂化。并且使用委托来定义缓存的获取方式也提供了更高的灵活性。

3）目前已有的 3 个缓存策略已经提供了方便的示例获取方式并且运用了"单例模式"，在线程安全和便捷性上已经达到了很好的表现，可以放心开放给开发者直接调用。

8.8.2 配置和使用 CacheStrategyFactory

CacheStrategyFactory 默认使用的是本地缓存，因此如果应用服务器使用的是本地缓存，则不需要进行任何的配置，所有数据容器 Container 都将使用本地缓存储存和处理数据。

如果系统采用了分布式缓存，配置 CacheStrategyFactory 的方法非常简单，只需要在 Global.asax.cs 中进行一次全局的注册，例如针对 Redis 缓存可以这么做 212#103：

```
public class WebApiApplication : System.Web.HttpApplication
{
    protected void Application_Start()
    {
        //其他代码

        RegisterWeixinCache();//注册分布式缓存
    }

    /// <summary>
    /// 自定义缓存策略
    /// </summary>
    private void RegisterWeixinCache()
    {
        //如果留空，默认为localhost（默认端口）

        var redisConfiguration = System.Configuration.ConfigurationManager.
AppSettings["Cache_Redis_Configuration"];
        RedisManager.ConfigurationOption = redisConfiguration;

        //如果不执行下面的注册过程，则默认使用本地缓存
        if (redisConfiguration != "Redis 配置")
        {
            CacheStrategyFactory.RegisterContainerCacheStrategy(() =>
RedisContainerCacheStrategy.Instance);//Redis
        }
    }
}
```

关键的代码就这一句 212#441：

CacheStrategyFactory.RegisterContainerCacheStrategy(() =>
RedisContainerCacheStrategy.Instance);//Redis

如果是 Memcached，只需要换成 212#442：

CacheStrategyFactory.RegisterContainerCacheStrategy(() =>
MemcachedContainerStrategy.Instance);//Redis

如果开发者扩展了自己的缓存策略，也只需要按照这个方式进行设置。

除了在全局进行注册，这个方法也可以被用在程序中的任何一个地方，随时进行切换（当然这种情况并不多见，并且需要考虑缓存同步问题及初始化的开销问题）。

习题

8.1 Senparc.Weixin SDK 中提供了哪三种 Senparc 官方的缓存实现方式（或框架）？

8.2 如何注册 Redis 缓存策略？

8.3 ObjectCacheStragegy 和 ContainerCacheStragegy 是什么关系？定义上有什么区别？

8.4 说说负载均衡的应用场景？

第 9 章　并发场景下的分布式锁

9.1　概述

在应用服务器是单机的情况下，我们通常会使用关键字 lock 对同一个静态变量加锁，达到对某些资源或过程互斥访问的目的，确保在同一个时间内只有一个线程或过程访问特定的资源，这种情况在并发场景下必须考虑的。那么在分布式环境下同样的做法是否还有效呢？本章将介绍在分布式环境下，分布式锁的设计、实现过程和使用。

本章的内容会涉及缓存知识和 Senparc.Weixin 的缓存策略架构，相关内容请见第 8 章"缓存策略"。

9.2　为什么需要分布式锁

在分布式系统中，常常需要协调他们的动作。如果不同的系统或是同一个系统的不同主机之间共享了一个或一组资源，那么访问这些资源的时候，往往需要互斥来防止彼此干扰进而保证一致性，这个时候，便需要使用到分布式锁。

为了更加形象地描述分布式锁的应用场景，我们先来举个例子。

微信公众号的 AccessToken 具有唯一性，每次被重新获取之后，之前的 AccessToken 就会失效。由于是分布式场景，因此缓存使用了分布式缓存（见第 8 章 8.5 节"分布式缓存"），AccessToken 的有效期只有 20 分钟，在过期之后，AccessTokenContainer（见第 10 章 10.4 节"AccessTokenContainer"）会自动重新获取新的 AccessToken，判断 AccessToken 过期的行为是由每一次请求触发的，那么就有这样一种可能（或者说在高并发下面是必然会发生的事情）：当 AccessToken 过期之后，3 台不同的服务器分别同时到达了多条请求（假设 0.1 秒内），把时间轴放大看，这多条"同时"到达的请求，也会有一个先后顺序。好在 3 台服务器都使用了本机 lock，确保当前服务器在同一时间只能有 1 个请求操作 AccessToken。于是第一台服务器的请求（R1）到达，发现 AccessToken，立即开始请求微信服务器，获取新的 AccessToken，用时 0.2 秒，取回的新 AccessToken 我们称之为 a1，就在这 0.2 秒的过程中，第二台服务器请求（R2）也发现了同样的问题，开始请求新的 a2，用时也是 0.2 秒，第三台服务器请求（R3）也是如此，得到了 a3。在 R1 得到 a1 后，它继续处理自己的逻辑，整个逻辑执行的过程需要 0.5 秒，期间会随时使用 a1 和微信交互，而就在 R2 得到 a2 之后，a1 失效了，a1 的下一次使用就会遭到拒绝，当 a3 生成新的 AccessToken 后，R2 的 a2 也会失效，这就造成了不可预知的错误。更糟糕的是，如果 R1 发现 a1 又失效，继续刷新到 a4，R2 刷新到 a5，此时 R3 也不甘示弱刷新到 a6……这将会变成一场灾难！这里还只是假设已经用了单机的 lock 锁，如果连单机的同步锁都不用，每台服务器的 N 个请求同时出现争夺刷新 AccessToken 的情况，很快系统就会因为刷新次数达到微信规定的上限而无法继续服务。

要解决这样的问题，显然我们 lock 的对象不能是单台服务器上的一个资源，而必须是共有的资源，所有服务器一起来抢夺这个唯一资源，谁抢到，就只允许谁访问，其他线程服务器只能在一旁等待。

这就是分布锁基本设计思路。

9.3 分布式锁的设计

分布式锁有很多种具体的设计方式，从"锁"的介质上区分，比较常见的方式有以下两种。

1）使用一台公共服务器，开启一个服务，每台服务器不断访问服务获得锁；

2）利用分布式缓存（如 Redis、Memcached 等）储存锁的信息，每台服务器争夺访问锁的信息，如果锁存在，则必须等待，锁不存在则写入一个新锁，并获得锁（缓存内部会有线程安全的写入和检查机制，避免 9.2 节中情况的发生）。需要说明的是，然分布式缓存的背后通常也会建立在"服务"的基础上，并且不同的分布式缓存在具体实现上也会有不同的方案和"坑"。

因为目前 Senparc.Weixin 已经使用到了分布式缓存，我们就依靠分布式缓存来做"锁"的介质，这样一举两得，开发者也不需要为此建立专门的服务，并且我们希望这样的"锁"可以兼容所有从 Senparc.Weixin 扩展的缓存策略，无论是本地缓存、Redis 还是 Memcached，这样无论生产环境切换到什么缓存策略，都能确保"锁"的高度可用性，而不会出现需要部署另外一套缓存策略来支持分布式锁的（例如当前缓存策略是 Memcached，却还要安装一套 Redis 来支持分布式锁）。

9.3.1 IBaseCacheStrategy 接口设计

为了达到上述的目的，我们将分布式锁的接口放到了最底层的 IBaseCacheStrategy 接口中，这样可以从最底层约束所有扩展的缓存策略，强制实现各自的分布式锁。代码如下 217#104 ：

```
/// <summary>
/// 最底层的缓存策略接口
/// </summary>
public interface IBaseCacheStrategy
```

```
{
    /// <summary>
    /// 创建一个（分布）锁
    /// </summary>
    /// <param name="resourceName">资源名称</param>
    /// <param name="key">Key 标识</param>
    /// <param name="retryCount">重试次数</param>
    /// <param name="retryDelay">重试延时</param>
    ICacheLock BeginCacheLock(string resourceName, string key, int retryCount = 0,
TimeSpan retryDelay = new TimeSpan());
}
```

BeginCacheLock 方法约定了如下 4 个参数。

1）resourceName：资源名称。用于定义当前服务的对象，类似于命名空间（namespace）的概念，值如 "MP.AccessTokenContainer"。

2）key：Key 标识。加锁资源的下一级精确锁定的范围，resourceName 和 Key 会合并成 [resourceName.key] 格式的 Key 作为缓存的 Key，这样设计的好处是：我们可以为每一个场景（或者分组）设定不同的锁。例如，一个系统为多个微信公众号服务（wx01、wx02…），如果这时候锁的 Key 统一为 "MP.AccessTokenContainer"，那么当操作 wx01 的时候，wx 02 也需要等待，而事实上这两个公众号之间的 AccessToken 并没有任何联系，这时候如果 Key 为 "MP.AccessTokenContainer.wx01" "MP.AccessTokenContainer.wx02"，则不会出现这样的问题，相互之间不会造成阻塞。除此以外，resouceName 和 Key 的配合也可以避免同一个 wx01 在不同模块下不同资源之间的无效阻塞，例如 AccessToken 和 JsApiTicket 之间。

3）retryDelay：重试延时。由于是远程单向的访问分布式数据库，所以为了争夺锁，需要不停地访问数据库，那么到底间隔多久，就需要有一个明确的定义，这时候就需要设置 retryDelay，retryDelay 是一个 TimeSpan 类型，具体的取值取决于服务器的压力，可以动态设置，也可以作为一个常量设置，理论上在不产生太多额外压力的情况下，这个间隔越小越好（推荐 10 毫秒以内），否则可能会影响整体的响应速度。你甚至可以使用 new TimeSpan() 来设置 retryDelay，这样就类似达到 while(true) 的效果，只要服务器扛得住。

4）retryCount：重试次数。先不讨论死锁的问题，我们在单机使用 lock 锁的时候，只要不是逻辑的问题，锁都可以被正常释放，所以只要等，一定能拿到锁，哪怕等到服务重启，锁也会自动取消（因为生命周期和程序是一致的），不会影响重启之后再进来的请求。但如果是分布式锁，问题就会复杂一些，由于分布式缓存的生命周期和程序不一致，难免出现"掉队"的不同步的情况，例如某个服务器拿到了锁，但是突然重启了，这时候锁还在分布式缓存内被持有，但是具有释放这个锁权限的"主人"事实上已经不存在了，这时候这个锁将被永久锁定。这样导致的结果就是所有后来的请求只能一直等，等到缓存过期甚至天荒地老。为了避免这种情况，我们需要给所有的请求设定一个"耐心值"，超过了这个值，我们就认为可能有不太正常的情况发生了，通知所有正在等待的请求。

"耐心值"必须要能够量化才能反映到计算中，而不能是"我等""我忍""我忍无可忍""我还是再忍忍"这样模糊的定义。那么等待时间显然是一个简单有效的量化指标（除此以外还可以加上重要级别、计算负荷等其他权重，这里不考虑这么复杂的情况），上面我们已经定义了 retryDelay，表明了重试的时间间隔，只要再加上一个重试的次数即可大致计算出等待的总时间（注意：每次访问也会产生极小的开销）。

在 BaseCacheStrategy 类中，我们也么没有具体实现 BeginCacheLock 的逻辑，而是将其交给具体的策略来实现 217#105：

```
/// <summary>
/// 泛型缓存策略基类
/// </summary>
public abstract class BaseCacheStrategy : IBaseCacheStrategy
{
    /// <summary>
    /// 获取拼装后的FinalKey
    /// </summary>
    /// <param name="key">键</param>
    /// <param name="isFullKey">是否已经是经过拼接的FullKey</param>
    /// <returns></returns>
    public string GetFinalKey(string key, bool isFullKey = false)
    {
        return isFullKey ? key : String.Format("SenparcWeixin:{0}:{1}",
Config.DefaultCacheNamespace, key);
    }

    /// <summary>
    /// 获取一个同步锁
    /// </summary>
    /// <returns></returns>
    public abstract ICacheLock BeginCacheLock(string resourceName, string key,
int retryCount = 0, TimeSpan retryDelay = new TimeSpan());
}
```

我们在 IBaseCacheStrategy 中增加的接口方法名为 BeginCacheLock，为什么不需要 EndCacheLock 方法？请看下文分解。

9.3.2 ICacheLock 接口设计

BeginCacheLock，返回的类型为 ICacheLock，其定义如下 218#106：

```
/// <summary>
/// 缓存锁接口
/// </summary>
public interface ICacheLock : IDisposable
{
    /// <summary>
    /// 是否成功获得锁
    /// </summary>
    bool LockSuccessful { get; set; }
```

```csharp
    /// <summary>
    /// 开始锁
    /// </summary>
    /// <param name="resourceName"></param>
    bool Lock(string resourceName);

    /// <summary>
    /// 开始锁,并设置重试条件
    /// </summary>
    /// <param name="resourceName"></param>
    /// <param name="retryCount"></param>
    /// <param name="retryDelay"></param>
    /// <returns></returns>
    bool Lock(string resourceName, int retryCount, TimeSpan retryDelay);

    //释放锁
    void UnLock(string resourceName);
}
```

各个属性及方法的说明见表9-1。

表 9-1

方法名称	参数	说明
LockSuccessful 返回值:bool	属性,无	是否成功获得锁
Lock (string resourceName, int retryCount, TimeSpan retryDelay) 返回值:bool	resourceName: 资源名称,即锁的标识,实际值为 IBaseCacheStrategy 接口中的 BeginCacheLock() 方法中的 [resourceName.key] retryCount:重试次数 retryDelay:每次重试延时	开始锁定的具体操作
Lock (string resourceName) 返回值:bool	resourceName:同上	此方法是上一个方法的重写,使用默认的 retryCount 和 retryDelay 参数
UnLock (string resourceName) 返回值:无	resourceName: 需要释放锁的 Key,和 Lock() 方法中的 resourceName 对应	释放锁

此外,ICacheLock 继承了 IDisposable 接口,这就让 ICacheLock 拥有了自动释放的能力,

因此 IBaseCacheStrategy 中不需要 EndCacheLock 的方法，我们将开始和释放的过程全部集成到 ICacheLock 内部，更有助于状态的管理，也可以有效避免因为开发者疏忽而忘记释放带来的后果。当然这样就要求在使用 ICacheLock 的时候必须使用 using 进行处理，如不然，就必须手动调用 UnLock() 方法。

9.3.3 分布式锁基类：BaseCacheLock

Senparc.Weixin 为 ICacheLock 做了一个默认的实现，名为 BaseCacheLock，命名空间为 Senparc.Weixin.Cache。

BaseCacheLock.cs 代码：219#107。

注意：这是一个抽象类，因为每一种缓存框架对于锁的方案都会有所不同，只需要分别实现，其中 Lock() 和 UnLock() 方法要求子类必须分别实现各自的过程。

构造函数中要求提供当前的缓存策略对象（Strategy），以便子类在实现抽象方法的时候使用。

Dispose() 方法用于在 using 结束时即可以释放锁的时候进行释放锁的操作。

LockNow() 方法已经有了固定的实现，使用统一的逻辑调用 Lock() 方法，并赋值 LockSuccessful。

9.4 本地锁

9.4.1 LocalCacheLock

本地缓存的锁通常我们可以通过 lock 关键字方法来实现，但是一方面 SDK 内部的实现需要应对所有的情况，包括本地缓存和分布式缓存在内，另外一方面我们也建议开发者在系统设计的一开始就充分评估到分布式系统使用的可能性，为此我们在本地缓存策略中同样实现了"分布式锁"的逻辑。此外，从总体架构的和理性上考虑，我们也已经使用 IBaseCacheStrategy 强制规定了相关的实现。

由于 Senparc.Weixin 默认使用的是本地缓存，也已经在 Senparc.Weixin.dll 提供了一套实现方法，因此本地锁也使用通用的方式在 Senparc.Weixin.dll 中提供，重新调整文件夹结构后的所有本地缓存相关文件如图 9-1 所示。

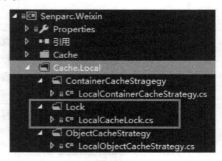

图9-1

LocalCacheLock.cs 即本地锁 LocalCacheLock 的代码文件，LocalCacheLock 位于 Senparc.Weixin.Cache 命名空间下，继承自 BaseCacheLock 类，代码：221#108。

使用方法如下 221#109：

```
//实际上 stragety 在 LocalCacheLock 内部暂时没有用到，
//这里给一个实例是因为还有一个基类，需要微信程序提供良好的弹性
var stragety = CacheStrategyFactory.GetObjectCacheStrategyInstance();

using (new LocalCacheLock(stragety, "Test", "LocalCacheLock"))
{
    //操作公共资源
}
```

由于本地锁的特征，我们并没有将 BaseCacheLock 设计的能力充分使用出来，反而是进行了一些简化和限制。

1）没有使用 Strategy 将锁的信息存放在缓存中，而是单独创建了一个静态、私有的 Dictionary<string, object> 类型的变量 LockPool，目的是尽可能让锁的模块化程度更高，便于测试和控制，更多环节和模块意味着更多故障的可能，以及更高的维护成本；

2）在 lock(string resourceName) 方法中，重试的次数（retryCount）默认给了 99999，重试间隔（retryDelay）为 10 毫秒，所以最长的等待时间达到了 16 分钟以上，已经可以认为没有限制，相当于使用关键字 lock；

3）在 using 的方法体内，没有进行是否成功获得锁的判断，因为我们假设和 lock 相等的情况，因而也没有创建多余的变量来赋值实例。

特别要说明一下的是这里的构造函数中的代码，这是整个锁工作原理的"核心"的开始，BaseCacheLock 的设计思想中，很重要的一环就体现在这里。

1）在构造函数中执行了 BaseCacheLock 基类的 LockNow() 方法，从而执行了 Lock() 方法；

2）Lock() 方法内有一个不断循环的 while 方法，用于阻止程序在获得锁或者"失去耐心"之前继续执行，这样可以有效确保程序在没有获得锁之前不会继续向下执行，乖乖处于等待的状态，在等待时，构造函数会被阻塞，不会退出，因而程序不会向下执行；

3）当请求得到锁之后， while 终止，构造函数执行完毕，LocalCacheLock 对象实例化过程真正完成，程序进入到 using 的方法体内继续执行逻辑，操作需要加锁的公共资源，此时其他的请求都会在构造函数的 while 中等待，不会继续执行；

4）当方法执行完，跳出 using 方法体之后，自动执行 Dispose() 方法释放锁。下一个优先抢到锁的请求开始一个新的周期。

此步骤反映到具体代码中如图 9-2 所示。

```
using (new LocalCacheLock(stragety, "S", "K"))    //1、等待并抢得锁
{                                                  //2、已获得锁，开始享受独占
    //操作公共资源                                  //3、开始干活
}                                                  //4、打完收工，释放锁，下一个
```

图9-2

除了 LocalCacheLock 以外，其他所有的锁也都要按照这个思想来实现。

9.4.2 实现 BeginCacheLock

本地缓存策略 LocalObjectCacheStrategy 中实现了 BeginCacheLock，代码如下 222#110：

```
public override ICacheLock BeginCacheLock(string resourceName, string key, int retryCount = 0, TimeSpan retryDelay = new TimeSpan())
{
    return new LocalCacheLock(this, resourceName, key, retryCount, retryDelay);
}
```

因此，在实际的使用过程中，我们 using 中可以不必初始化 LocalCacheLock 对象，这样做的另外一个原因是我们无法确定未来生产环境会使用什么缓存策略，封装到 LocalObjectCacheStrategy 之后（从整个缓存策略设计来说，已经和具体的缓存策略无关了），调用就变成了统一的代码 222#111：

```
var strategy = CacheStrategyFactory.GetObjectCacheStrategyInstance();
using (strategy.BeginCacheLock(resourceName, key))
{
    //操作公共资源
}
```

上面的代码中没有出现任何和 Local 有关的类，确保了缓存策略的"工厂模式"的有效性。

9.5 Redis 锁

9.5.1 RedisCacheLock

Redis 锁的实现基于 Senparc.Weixin.Cache.Redis 的缓存策略实现（详见第 8 章 8.6 节"Redis 分布式缓存策略：RedisontainerCacheStrategy"），基本的"套路"和 LocalCacheLock 相似，但这是真正的"分布锁"，并且会释放 BaseCacheLock 所有的设计潜能，Redis 锁位于 Senparc.Weixin.Cache.Redis 命名空间下，同样继承自 BaseCacheLock，RedisCacheLock.cs 代码如下 224#112：

```
using System;
using Redlock.CSharp;

namespace Senparc.Weixin.Cache.Redis
{
    public class RedisCacheLock : BaseCacheLock
    {
        private Redlock.CSharp.Redlock _dlm;
        private Lock _lockObject;

        private RedisObjectCacheStrategy _redisStrategy;

        public RedisCacheLock(RedisObjectCacheStrategy strategy, string resourceName,
```

```csharp
    string key, int retryCount, TimeSpan retryDelay)
            : base(strategy, resourceName, key, retryCount, retryDelay)
        {
            _redisStrategy = strategy;
            LockNow();//立即等待并抢夺锁
        }

        public override bool Lock(string resourceName)
        {
            return Lock(resourceName, 0, new TimeSpan());
        }

        public override bool Lock(string resourceName, int retryCount, TimeSpan retryDelay)
        {
            if (retryCount != 0)
            {
                _dlm = new Redlock.CSharp.Redlock(retryCount, retryDelay, _redisStrategy._client);
            }
            else if (_dlm == null)
            {
                _dlm = new Redlock.CSharp.(_redisStrategy._client);
            }

            var ttl = (retryDelay.TotalMilliseconds > 0 ? retryDelay.TotalMilliseconds : 10)
                        *
                      (retryCount > 0 ? retryCount : 10);


            var successfull = _dlm.Lock(resourceName, TimeSpan.FromMilliseconds(ttl), out _lockObject);
            return successfull;
        }

        public override void UnLock(string resourceName)
        {
            if (_lockObject != null)
            {
                _dlm.Unlock(_lockObject);
            }
        }
    }
}
```

RedisCacheLock 的存储机制依赖了 RedisObjectCacheStrategy，并且采用了有限的等待时间限制。

RedisCacheLock 使用的方法和 LocalCacheLock 一致。

表面看上去 RedisCacheLock 的代码比 LocalCacheLock 要简单许多，并且 Lock() 方法中没有出现 while 的等待过程，其实不然，请注意这一行代码 224#113：

```
using Redlock.CSharp
```

9.5.2 Redlock.CSharp

友情提示：历史课开始了。

此处使用的 Redlock.CSharp 来自于 JeffreySu 的另外一个开源项目 225#491：

https://github.com/JeffreySu/redlock-cs，

Nuget 地址 225#115：

https://www.nuget.org/packages/Senparc.Weixin.Cache.Redis.RedLock/

DLL 文件名：Senparc.Weixin.Cache.Redis.RedLock.dll，使用 Nuget 安装 Senparc.Weixin.Cache.Redis 时会自动依赖此项目。

此项目并非原创，Fork 自 KidFashion 的 redlock-cs 开源项目 225#114：

https://github.com/KidFashion/redlock-cs，而后进行了一些改写（除了功能上的改进，还提供了对 .net 4.6.1 及 .net core 的支持）。

关于 redlock-cs，又是基于 Antirez 的 redlock-rb 项目 225#443（https://github.com/antirez/redlock-rb）实现的 C# 版本。

关于 redlock-rb，这是按照 Redis 官方提供的分布式锁的建议规范而实现的一套 Ruby 语言的实现。Redis 官方文档 225#117：https://redis.io/topics/distlock。

除了 redlock-cs，我们也正在关注支持异步方法的 RedLock.net 库 225#118：

https://github.com/samcook/RedLock.net

历史课结束，回到 redlock-cs，具体的源代码及原理这里不在解释（根源都在 Redis 官方的文档里），其提供的加锁方法是 Redlock.Lock()，此方法本身是会阻塞的，就像我们在 9.4.1 节中讲到的那样，如果一个请求没有得到锁，它会一直等待，直到拿到锁或者放弃。因此，在 RedisCacheLock.Lock() 方法中，我们虽然没有看到 while 方法，但是一旦请求了 Redlock.Lock() 方法，已经达到了同样的目的。

9.5.3 实现 BeginCacheLock

Redis 缓存策略 RedisObjectCacheStrategy 实现 BeginCacheLock 的代码如下 226#119：

```
public override ICacheLock BeginCacheLock(string resourceName, string key, int retryCount = 0, TimeSpan retryDelay = new TimeSpan())
{
    return new RedisCacheLock(this, resourceName, key, retryCount, retryDelay);
}
```

使用方法如下 226#444：

```
using (var cacheLock = Cache.BeginCacheLock(LockResourceName, appId))
{
    if (cacheLock.LockSuccessful)
    {
        //操作公共资源
    }
    else
    {
        //超时，没有拿到锁
    }
}
```

这是完整的使用分布式锁的代码，9.4.2 中在本地锁环境下使用的例子是为了方便大家理解在本机缓存中实际有效的代码（可以不用考虑是否超时的问题）。

这里采用了比较完整的 using 的写法，将 BeginCacheLock 的实例复制给 cacheLock 变量，并在代码块中判断是否成功得到锁。因为进入代码块有两种可能："获得锁""超时不再等待"，所以在进入到 using 方法内务必要进行一次判断，如果是超时，需要采取额外的措施，或是终止操作。

此时的过程如图 9-3 所示。

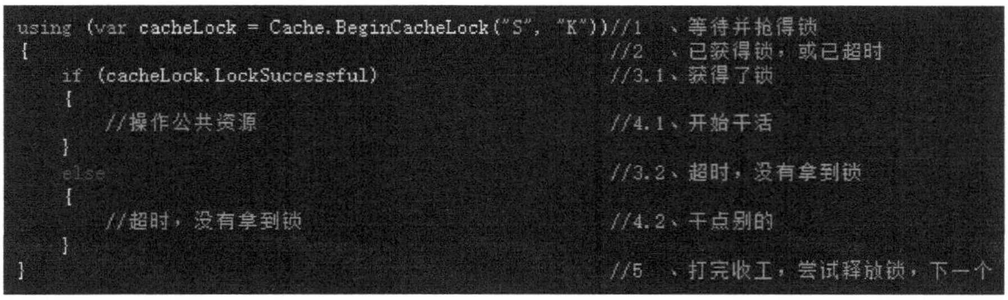

```
using (var cacheLock = Cache.BeginCacheLock("S", "K"))//1、等待并抢得锁
{                                                     //2、已获得锁，或已超时
    if (cacheLock.LockSuccessful)                     //3.1、获得了锁
    {
        //操作公共资源                                //4.1、开始干活
    }
    else                                              //3.2、超时，没有拿到锁
    {
        //超时，没有拿到锁                            //4.2、干点别的
    }
}                                                     //5、打完收工，尝试释放锁，下一个
```

图9-3

9.6 Memcached 锁

9.6.1 MamcachedCacheLock

Memcached 锁的实现基于 Senparc.Weixin.Cache.Redis 的缓存策略实现（详见第 8 章 8.7 节"Memcached 分布式缓存策略：MemcachedContainerCacheStrategy"），MemcachedCacheLock 位于 Senparc.Weixin.Cache.Memcached 命名空间下，MamcachedCacheLock.cs 源文件位于项目根目录下。

由于 Senparc.Weixin.Cache.Memcached 目前版本为 v0.2.0，还未发布 1.0 正式版，近期升级改动可能比较大，所以代码不在这里给出及分析，实现的过程及思路和其他锁是基本一致的，使用的方法也是一样。

9.6.2 实现 BeginCacheLock

Memcached 缓存策略 MemcachedObjectCacheStrategy 实现 BeginCacheLock 的代码如下 229#120：

```
public override ICacheLock BeginCacheLock(string resourceName, string key, int retryCount = 0, TimeSpan retryDelay = new TimeSpan())
{
    return new MemcachedCacheLock(this, resourceName, key, retryCount, retryDelay);
}
```

使用方法和其他缓存策略没有区别。

习题

9.1 为什么要用分布式锁？

9.2 Senparc.Weixin SDK 为哪些缓存方式（或框架）提供了分布式锁的实现？

9.3 Redis 分布式锁内部使用的缓存策略是什么？

第 10 章 Container：数据容器

要玩转微信公众号，通常我们需要使用到通用接口、高级接口、JSSDK、微信支付等不同的功能模块。在使用这些模块的过程中，需要用到不同的凭证，这些凭证通常都有以下几个共同的特征。

1）需要使用微信公众号的不同信息进行获取，如 AppId、AppSecret 以及各类 Key 等；

2）具有明确的过期时间；

3）多数可以强制刷新；

4）过期时服务器不会主动提示，必须进行自我管理；

5）会被频繁用于接口通信（几乎每次都需要）；

6）每天允许从服务器获取凭证的次数通常都有限制。

了解这些共性特征，我们就可以来设计一组基础容器来管理各类凭证，来提升系统开发的便捷性以及运行的稳定性。

10.1 设计思路及原理

根据凭证的特征，我们所设计的容器也需要满足以下几个特征。

1）具备自动处理过期凭证的功能（自动重新获取新凭证）；

2）支持多个微信公众号同时管理的功能；

3）提供持久化保存凭证的能力或接口（或分布式缓存），减少因为系统频繁重启而导致的调用次数消耗；

4）支持缓存（包括分布式缓存）；

5）能够根据凭证属性的变动自动更新缓存；

6）使用必须够简单。

按照以上提出的 6 个目标,我们对凭证容器(Container)的总体设计如图10-1所示 231#359 。

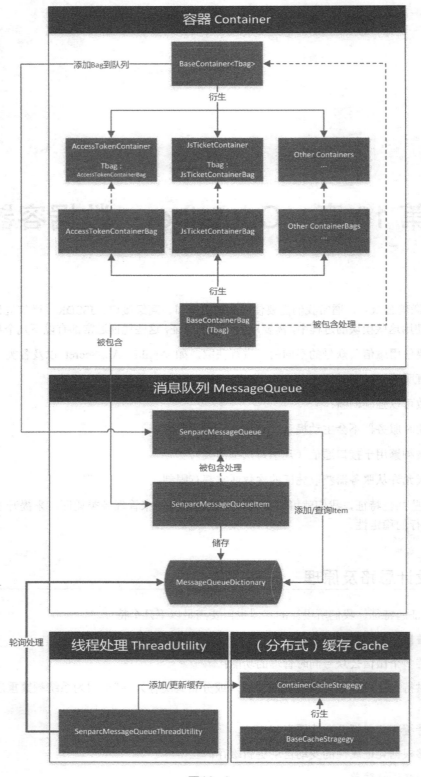

图10-1

10.2 BaseContainerBag

BaseContainerBag 是存储凭证对象的基础信息对象，位于 Senparc.Weixin.dll 下的 Senparc.Weixin.Containers 命名空间下，IBaseContainerBag 接口定义如下 232#121：

```
/// <summary>
/// IBaseContainerBag
/// </summary>
public interface IBaseContainerBag
{
    /// <summary>
    /// 缓存键
    /// </summary>
    string Key { get; set; }
    /// <summary>
    /// 当前对象被缓存的时间
    /// </summary>
    DateTime CacheTime { get; set; }
}
```

其中 Key 用于储存 ContainerBag 对象的键，在同一个 Container 中具有唯一性。CacheTime 为当前 ContainerBag 对象被插入（或最后一次更新）到缓存的时间（注意：并非 ContainerBag 对象创建的时间）。

BaseContainerBag 类定义：232#122 。

为不同的凭证我们需要创建不同的 Container，也需要不同的 ContainerBag。这些 ContainerBag 都会继承 BaseContainerBag，并扩展各自特殊的属性和方法。

属性变更通知类：BindableBase

在整个 Senparc.Weixin 系统中，BaseContainerBag 是一个非常特殊的类：这是目前为止唯一一个使用了 INotifyPropertyChanged 接口的类，用于实现属性变更时的自定义事件。

我们创建了一个叫 BindableBase 的类统一实现 INotifyPropertyChanged 接口，以方便今后可能的重用，同时也让 ContainerBag 的代码更加简洁。有关 BindableBase 类的介绍请看本章 10.6 节。

消息队列：SenparcMessageQueue

BaseContainerBag 通过继承 BindableBase 类，进而实现了 INotifyPropertyChanged 接口，或者说具备了 INotifyPropertyChanged 的能力，这种能力在带来便利的同时，有时也会带来一些麻烦：例如 ContainerBag 中有三个属性：A、B、C 需要被依次连续更新值，通常我们只需要在三个属性都被更新完成之后，进行一次缓存的更新（尤其是分布式缓存，频繁更新的代价会比较大），而当我们正在使用 INotifyPropertyChanged 来自动更新缓存的时候，这种通知会被连续触发多次，也就是缓存会被连续更新 3 次，并且前两次被更新到缓存中的对象际上是"半成品"：A 已经是新值，而 B 和 C 还没有被更新。

为了解决这个问题，我们为 Senparc.Weixin 加入了一个简易的消息队列。最佳的、最省事的方案是使用 MSMQ（Microsoft Message Queue）服务，但是这样的话需要对服务器安装组件并进行配置。一方面增加了系统部署的难度和复杂度，以及维护成本，另外一方面大部分使用虚拟主机的应用可能无法开启此服务。

这显然不符合 Senparc.Weixin SDK "方便开发者"的设计原则，反而会给部分项目带来额外的负担。为了使这个消息队列可以在最"简陋"的环境下都能够运行，我们动手写了一个 SenparcMessageQueue 消息队列（请看本章 10.7 节），通过打一个"时间差"，使系统在响应属性变化且不增加额外代码的同时，还能将缓存更新次数降到最低。

Container 缓存策略

目前我们已经为 Senparc.Weixin 创建了一个支持分布式缓存的缓存策略，以及对应的工厂方法。请看第 8 章。

目前这个全局的缓存策略在 Senparc.Weixin SDK 中主要服务于 Container 相关的数据，你也可以使用它进行其他业务数据的缓存操作。

有关 Container 的缓存策略的详细内容请看第 8 章 8.4 节。

在 SenparcMessageQueue 中，我们使用到了全局的缓存策略工厂，以及 Container 缓存策略，代码如下 232#123 ：

```
//加入消息队列，每过一段时间进行自动更新，防止属性连续被编辑，短时间内反复更新缓存。
SenparcMessageQueue mq = new SenparcMessageQueue();
mq.Add(key, () =>
{
    var containerCacheStragegy = CacheStrategyFactory.GetContainerCache-StragegyInstance();
    containerCacheStragegy.UpdateContainerBag(key, containerBag);
    containerBag.CacheTime = DateTime.Now;//记录缓存时间
});
}
```

其中 mq.Add() 方法下的委托，会在每次属性变更时被触发，将最新的 ContainerBag 实体更新到缓存，BaseContainerBag.CacheTime 就是在这个过程中被更新，这个属性有助于我们在一些情况下对 ContainerBag 的生命周期进行管理。

10.3 BaseContainer

和 BaseContainerBag 类似，BaseContainer 是所有 Senparc.Weixin SDK 模块中 Container 的基类，用于提供基础的 Container 方法。

BaseContainer 类同样位于 Senparc.Weixin.Containers 命名空间下。BaseContainer 具有两个接口，分别是 IBaseContainer 和 IBaseContainer<TBag>，两个接口中暂时没有定义任何属性和方法，为以后扩展预留，以及方便开发者识别扩展之后的 Container。IBaseContainer 和

IBaseContainer<TBag> 定义如下 233#124：

```
/// <summary>
/// IBaseContainer
/// </summary>
public interface IBaseContainer
{
}

/// <summary>
/// 带 IBaseContainerBag 泛型的 IBaseContainer
/// </summary>
/// <typeparam name="TBag"></typeparam>
public interface IBaseContainer<TBag> : IBaseContainer where TBag : IBaseContainerBag, new()
{
    //其他代码
}
```

在 IBaseContainer<TBag> 中，Tag 类型被约束为 IBaseContainerBag，并且必须具有不带参数的构造函数，以便在接下来的 BaseContainer 实现中对此泛型对象进行实例化（部分代码注释中我们将继承自 BaseContainerBag 的对象简称为 Bag）。

BaseContainer 继承了 IBaseContainer<TBag>，定义为抽象类 233#125：

```
/// <summary>
/// 微信容器接口（如 Ticket、AccessToken）
/// </summary>
/// <typeparam name="TBag"></typeparam>
public abstract class BaseContainer<TBag> : IBaseContainer<TBag> where TBag : class, IBaseContainerBag, new()
{
    //静态属性及方法
    //...
}
```

BaseContainer 类中包含了 3 个 private 或 protect 类型的静态属性，如表 10-1 所示。

表 10-1

属性名称	类型	支持访问器	说明
Cache	IContainerCacheStragegy	get	获取符合当前缓存策略配置的缓存的操作对象实例，使用工厂模式或者配置进行动态加载
RegisterFunc	Func<TBag>	get/set	进行注册过程的委托

表 10-1 中的 2 个静态属性代码如下 233#126：

```
/// <summary>
/// 获取符合当前缓存策略配置的缓存的操作对象实例
/// </summary>
private static IContainerCacheStragegy Cache
{
    get
    {
        //使用工厂模式或者配置进行动态加载
        return CacheStrategyFactory.GetObjectCacheStrategyInstance()
.ContainerCacheStrategy();
    }
}

/// <summary>
/// 进行注册过程的委托
/// </summary>
protected static Func<TBag> RegisterFunc { get; set; }
```

这 2 个只读的私有属性，都是和缓存有关的操作，涉及的具体方法见第 8 章 "缓存策略" 的 "数据容器缓存策略" 相关内容。

BaseContainer 中的 Cache 属性是根据全局缓存策略的配置自动从缓存策略工厂（CacheStrategyFactory）获取的（严格地说是通过 ObjectCacheStrategy 获取的），Cache 为整个 Container 提供了底层缓存的访问通道。通过配置，我们可以将 ContainerBag 通过 Cache 对象储存在任何一个符合缓存策略规范的缓存内，目前比较常见的方式有：

- 本地缓存（运行时内存缓存）
- 分布式缓存（如 Memcached、Redis 等）
- 本地或异地数据库（SQL Server、MongoDB，甚至 XML 或文件）
- 其他临时或持久化的缓存方式

RegisterFunc 是一个被标记为 protected 的 Func<TBag> 类型的委托，RegisterFunc 会在 BaseContainer 的子类中的 Register() 方法中被定义，这样就可以在各种 Container 被注册时，执行 ContainerBag 的初始化逻辑，并在必要时再次执行。

除此以外，BaseContainer 还有一系列的公共静态方法，如表 10-2 所示。

表 10-2

方法	返回类型	说明
CheckRegistered(string shortKey)	bool	检查 Key 是否已经注册
GetAllItems()	List<TBag>	获取所有容器内已经注册的项目（此方法将会遍历 Dictionary，当数据项很多的时候效率会明显降低）

方法	返回类型	说明
TryGetItem(string key)	TBag	尝试获取某一项 Bag
TryGetItem<TK>(string key, Func<TBag, TK> property)	TK	尝试获取某一项 Bag 中的具体某个属性
Update(string key, TBag value)	void	更新数据项
Update(string key, Action<TBag> partialUpdate)	void	更新数据项
RemoveFromCache(string shortKey)	void	从缓存中删除指定项

表 10-2 中的方法为所有继承了 BaseContainer 的容器提供了基础和通用的方法。下面对每个方法分别进行逐一的介绍。

CheckRegistered(string key) 233#135：

```
/// <summary>
/// 检查 Key 是否已经注册
/// </summary>
/// <param name="key"></param>
/// <returns></returns>
public static bool CheckRegistered(string key)
{
    var cacheKey = GetBagCacheKey(shortKey);
    var registered = Cache.CheckExisted(cacheKey);
    if (!registered && RegisterFunc != null)
    {
        //如果注册不成功，测尝试重新注册（前提是已经进行过注册），这种情况适用于分布式缓存被清空（重启）的情况。
        TryReRegister();
    }

    return Cache.CheckExisted(cacheKey);
}

private static TBag TryReRegister()
{
    return RegisterFunc();
    //TODO:如果需要校验 ContainerBag 的正确性，可以从返回值进行判断
}
```

CheckRegistered(string key) 方法很好理解，用于检查 Key 是否已经在当前 Container 缓存内注册。注意，这里的 Key 是 ContainerBag 的 Key。

CheckRegistered() 方法调用了一个名为 TryReRegister() 的私有方法，此方法中执行了 RegisterFunc 委托。

GetAllItems() 233#130：

```
/// <summary>
/// 获取所有容器内已经注册的项目
/// （此方法将会遍历 Dictionary，当数据项很多的时候效率会明显降低）
/// </summary>
/// <returns></returns>
public static List<TBag> GetAllItems()
{
    return Cache.GetAll<TBag>().Values
        //如果需要做进一步的筛选，则使用 Select 或 Where，但需要注意效率问题
        //.Select(z => z)
        .ToList();
}
```

GetAllItems() 方法用户返回当前 Container 内已经注册的所有 ContainerBag 数据。

这里的数据是从 Cache.GetAll<TBag>() 获取所有 TBag 类型的对象之后（Dictionary 类型），获取了 Values，相比较 List<T> 类型的遍历，效率会有所降低（尤其当项目数量很多的时候，这种效率差别会被进一步放大），因此不建议频繁调用。

TryGetItem(string shortKey) 233#131：

```
/// <summary>
/// 尝试获取某一项 Bag
/// </summary>
/// <param name="shortKey"></param>
/// <returns></returns>
public static TBag TryGetItem(string shortKey)
{
    var cacheKey = GetBagCacheKey(shortKey);
    if (Cache.CheckExisted(cacheKey))
    {
        return (TBag)Cache.Get(cacheKey);
    }

    return default(TBag);
}
```

TryGetItem(string shortKey) 方法用于尝试从缓存中获取 ContainerBag，当对应键不存在时，返回 ContainerBag 的默认值。又由于 TBag 泛型被约束为类，因此这里默认值一般为 null，所以可以通过返回值是否为 null 来判断获取 ContainerBag 是否成功。

shortKey 参数的命名是相对于"完整键"而言的，由于"完整键"可以通过 SDK 内部方法自动生成（见本章 10.7 节），此处只需要提供 ContainerBag 的 Key 即可。BaseContainer 类下其他方法中的 shortKey 也都与此方法中的相同。

TryGetItem\<TK\>(string shortKey, Func\<TBag, TK\> property) 233#132：
```
/// <summary>
/// 尝试获取某一项 Bag 中的具体某个属性
/// </summary>
/// <param name="shortKey"></param>
/// <param name="property">具体某个属性</param>
/// <returns></returns>
public static TK TryGetItem<TK>(string shortKey, Func<TBag, TK> property)
{
    var cacheKey = GetBagCacheKey(shortKey);
    if (Cache.CheckExisted(cacheKey))
    {
        var item = Cache.Get(cacheKey) as TBag;
        return property(item);
    }
    return default(TK);
}
```

TryGetItem\<TK\>(string shortKey, Func\<TBag, TK\> property) 方法可以尝试直接获取 ContainerBag 中的某个指定属性值。因为更多时候我们希望直接得到 ContainerBag 中的值（比如凭证字符串），而不是先获取整个 ContainerBag 对象，判断是否存在之后，再访问其属性。此方法就提供了这样的便利，使开发者可以通过一行代码，直接"穿透"两层缓存及类，直接访问到需要的属性值。

当对应缓存键不存在的时候，此方法返回指定属性的默认值。

Update(string shortKey, TBag bag) 233#133：
```
/// <summary>
/// 更新数据项
/// </summary>
/// <param name="shortKey"></param>
/// <param name="bag">为 null 时删除该项</param>
public static void Update(string shortKey, TBag bag)
{
    var cacheKey = GetBagCacheKey(shortKey);
    if (bag == null)
    {
        Cache.RemoveFromCache(cacheKey);
    }
    else
    {
        if (string.IsNullOrEmpty(bag.Key))
        {
            bag.Key = shortKey;//确保 Key 有值，形如：wx669ef95216eef885，最底层的 Key
        }
    }
```

```
            Cache.Update(cacheKey, bag);//更新到缓存, TODO: 有的缓存框架可一直更新 Hash 中的某个
键值对
        }
```

Update(string shortKey, TBag bag) 方法用于更新数据项（ContainerBag）。

此方法执行过程中确保了 ContainerBag.Key 和缓存键的一致性。

当传入的 value 参数（ContainerBag）为 null 时，对应 shortKey 的缓存会被删除。

注意：此方法传入的为整个 ContainerBag 对象，新的对象会替代原有缓存，因此即使你是使用本地运行时缓存，缓存中的值也会被更新（也就是说 HashCode 会被改变），在开发的时候需要注意。对于分布式缓存，由于通常使用了序列化和反序列化，每次获取到的对象都具有不同的 HashCode（即使没有发生数据值的更新）。

那么在使用本地运行时缓存的情况下，如何保持对象实例的指针不被改变呢（即 HashCode 不会发生改变）？这里我们提供了一个 Update 方法的重写：Update(string shortKey, Action<TBag> partialUpdate)。

Update(string shortKey, Action<TBag> partialUpdate) 233#134：

```
/// <summary>
/// 更新数据项（本地缓存不会改变原有值的 HashCode）
/// </summary>
/// <param name="shortKey"></param>
/// <param name="partialUpdate">为 null 时删除该项</param>
public static void Update(string shortKey, Action<TBag> partialUpdate)
{
    var cacheKey = GetBagCacheKey(shortKey);
    if (partialUpdate == null)
    {
        Cache.RemoveFromCache(cacheKey);//移除对象
    }
    else
    {
        if (!Cache.CheckExisted(cacheKey))
        {
            var newBag = new TBag()
            {
                Key = cacheKey//确保这一项 Key 已经被记录
            };

            Cache.InsertToCache(cacheKey, newBag);
        }
        partialUpdate(TryGetItem(shortKey));//更新对象
    }
}
```

Update(string shortKey, Action<TBag> partialUpdate) 是对 Update(string shortKey, TBag bag)

方法的一个补充，可以解决上文说到的（在使用本地运行时缓存的情况下）保持当前缓存对象不变，只更新某些属性的问题。

我们可以将更新属性的代码写入 partialUpdate 委托，从而面向缓存对象直接进行属性修改，而不是将整个缓存对象覆盖掉。

当 partialUpdate 参数为 null 时，同样对应 key 的缓存会被删除。

RemoveFromCache(string shortKey) 233#792：

```
/// <summary>
/// 从缓存中删除指定项
/// </summary>
/// <param name="shortKey"></param>
public static void RemoveFromCache(string shortKey)
{
    var cacheKey = GetBagCacheKey(shortKey);
    Cache.RemoveFromCache(cacheKey);
}
```

RemoveFromCache(string shortKey) 方法用于从缓存中移除对应 Key 的 ContainerBag。

在 Senparc.Weixin SDK 中，目前 BaseContainer 的衍生类如表 10-3 所示。

表 10-3

模块	命名空间	衍生 Container 名称
微信公众号 Senparc.Weixin.MP	Senparc.Weixin.MP. Containers	AccessTokenContainer
		JsApiTicketContainer
微信企业号 Senparc.Weixin.QY	Senparc.Weixin.QY. Containers	AccessTokenContainer
		JsApiTicketContainer
		ProviderTokenContainer
微信开放平台 Senparc.Weixin.Open	Senparc.Weixin.Open. Containers	AuthorizerContainer
		ComponentContainer
		OAuthContainer

10.4　AccessTokenContainer

了解 BaseContainerBag 以及 BaseContainer 之后，再来看 Senparc.Weixin.MP 中使用率最高的一个凭证容器：AccessTokenContainer。

从命名可以看出，这个容器主要用于管理 AccessToken，由于微信公众号中 AccessToken 同时支持通用接口（CommonAPI）和高级接口（AdvancedAPI），因此 AccessTokenContainer 也同时支持这两个类别的接口。

有关 AccessToken 的相关知识和用法，将在第 14 章中详细介绍。这里只需要知道 AccessToken 是在开发者调用微信接口时，用于确认当前请求合法性及识别公众号的凭证。

AccessTokenBag

和所有的容器一样，AccessTokenContainer 也需要一个 ContainerBag：AccessTokenBag，位于命名空间 Senparc.Weixin.MP.Containers 下。AccessTokenBag 定义如下 234#136：

```
/// <summary>
/// AccessToken 包
/// </summary>
public class AccessTokenBag : BaseContainerBag
{
    public string AppId
    {
        get { return _appId; }
        set { base.SetContainerProperty(ref _appId, value); }
    }

    public string AppSecret
    {
        get { return _appSecret; }
        set { base.SetContainerProperty(ref _appSecret, value); }
    }

    public DateTime AccessTokenExpireTime
    {
        get { return _accessTokenExpireTime; }
        set { base.SetContainerProperty(ref _accessTokenExpireTime, value); }
    }

    public AccessTokenResult AccessTokenResult
    {
        get { return _accessTokenResult; }
        set { base.SetContainerProperty(ref _accessTokenResult, value); }
    }

    /// <summary>
    /// 只针对这个 AppId 的锁
    /// </summary>
    Internal object Lock = new object();

    private AccessTokenResult _accessTokenResult;
    private DateTime _accessTokenExpireTime;
    private string _appSecret;
    private string _appId;
}
```

AccessTokenBag 定义了一系列基础的属性，对所有的 ContainerBag 都有参考价值，这些属性的说明如表 10-4 所示。

表 10-4

方法	返回类型	说明
AppId	string	微信公众号后台的【开发】>【基本配置】中的"AppID（应用 ID）"
AppSecret	string	微信公众号后台的【开发】>【基本配置】中的"AppSecret（应用密钥）"
AccessTokenExpireTime	DateTime	当前储存的 AccessToken 的过期时间
AccessTokenResult	AccessTokenResult	access_token 请求后的 JSON 返回格式所对应的实体类型包含 access_token 和 expires_in 属性
Lock	object	操作此 ContainerBag 实例对象是用的锁

这里为了保留原始的 AccessToken 信息，保存了整个 AccessTokenResult 对象。

AccessTokenResult 是通过 AccessToken 接口从微信服务器上获取凭证（令牌）的原始信息，其定义如下 234#137：

```
namespace Senparc.Weixin.MP.Entities
{
    /// <summary>
    /// access_token 请求后的 JSON 返回格式
    /// </summary>
    public class AccessTokenResult
    {
        /// <summary>
        /// 获取到的凭证
        /// </summary>
        public string access_token { get; set; }
        /// <summary>
        /// 凭证有效时间，单位：秒
        /// </summary>
        public int expires_in { get; set; }
    }
}
```

其中最核心的信息就保存在 access_token 参数内。这里保留 expires_in 只是为了方便"溯源"，SDK 在实际执行过程中，会根据 expires_in 自动计算过期时间，保存在 AccessTokenExpireTime 参数内。

其中的 lock 变量用于执行锁定操作，确保多个线程同时操作 AccessTokenBag 情况下的数据完整性和安全性。

注意：尽管 lock 已经标记为 Internal 类型，防止了程序集外被调用，但由于 Senparc.Weixin SDK 是一个开源项目，也有很多开发者直接将项目源代码附加到解决方案中，直接修改源代码（而不是扩展）以达到更加深度整合项目的目的，在这种情况下如果需要对相关代码进行编辑，需要注意 lock 的使用，防止死锁或其他不可预知的错误发生。

也曾有开发者提出过担心：这里的 lock 虽然防止了多线程对资源访问的抢占，但是单线程的等待是否会影响整个 ContainerBag 及 Container 数据读取的效率？这种担心不是没有道理，我们将在下面 AccessTokenContainer 的介绍中给出答案。

AccessTokenContainer

AccessTokenContainer 是 AccessToken 处理的容器，继承自 BaseContainer<TBag>，并使用 AccessTokenBag 作为 ContainerBag。

AccessTokenContainer 也位于命名空间 Senparc.Weixin.MP.Containers 下，其类定义如下 234#138：

```
/// <summary>
/// 通用接口AccessToken容器，用于自动管理AccessToken,如果过期会重新获取
/// </summary>
public class AccessTokenContainer : BaseContainer<AccessTokenBag>
{
    //静态属性及方法
    //...
}
```

AccessTokenContainer 类中的方法都为静态方法，如表 10-5 所示。

表 10-5

方法	返回类型	说明
Register(string appId, string appSecret)	void	注册应用凭证信息，此操作只是注册，不会马上获取 Token，并将清空之前的 Token
GetFirstOrDefaultAppId()	string	返回已经注册的第一个 AppId
TryGetAccessToken(string appId, string appSecret, bool getNewToken = false)	string	使用完整的应用凭证获取 Token，如果不存在将自动注册
GetAccessToken(string appId, bool getNewToken = false)	string	获取可用 Token
GetAccessTokenResult(string appId, bool getNewToken = false)	AccessTokenResult	获取可用 AccessTokenResult 对象

AccessTokenContainer 的方法对其他的 Container 也具有参考作用，基本设计思路都是一致的。因此这里详细介绍一下 AccessTokenContainer 的方法，其他容器的对应方法可以举一反三，届时不再赘述。

Register(string appId, string appSecret)

创建 Container 的目的之一就是为了方便开发、最大限度减少代码，所以"注册"是不可缺少的一步，完成了注册之后，自动重新获取 AccessToken 的过程中所需要的 AppId 及 AppSecret 参数会由 SDK 缓存自动提供，不需要开发者手动提供。如果不进行这样的注册，开发者每次调用接口都需要做一系列的判断，或者每次都需要提供这两个参数以应对随时 AccessToken 过期的情况。

Register(string appId, string appSecret) 方法的代码如下 234#139：

```
/// <summary>
/// 注册应用凭证信息，此操作只是注册，不会马上获取 Token，并将清空之前的 Token
/// </summary>
///<param name="appId">微信公众号后台的【开发】>【基本配置】中的"AppID(应用ID)"</param>
///<param name="appSecret">微信公众号后台的【开发】>【基本配置】中的"AppSecret(应用密钥)"</param>
public static void Register(string appId, string appSecret)
{
    Update(appId, new AccessTokenBag()
    {
        AppId = appId,
        AppSecret = appSecret,
        AccessTokenExpireTime = DateTime.MinValue,
        AccessTokenResult = new AccessTokenResult()
    });

    //为 JsApiTicketContainer 进行自动注册
    JsApiTicketContainer.Register(appId, appSecret);
}
```

注册过程的逻辑很简单，调用 BaseContainer<TBag> 基类中的 Update(string key, TBag value) 方法，将一个新的 AccessTokenBag 对象插入到缓存中，缓存键为 AppId。

由于微信公众号的 JsApiTicket 和 AccessToken 共用一套 AppId 和 AppSecret，所以 Register() 方法中对 JsApiTicketContainer 也一起进行了注册。

注意：不是所有的微信模块（如 Senparc.Weixin.Open 对应的微信开放平台）的 JsApiTicket 和 AccessToken 都共用同一套 AppId 和 AppSecret，这样"同步注册"的做法只有在确定的情况下才可以使用，对于其他的 Container 不具有参考意义。

Register() 方法在全局只需要执行一次即可，通常有以下几种情况。

1）当前系统管理的微信公众号的数量和 AppId 确定时，可以选择放在 Global.asax.cs 文件中的 Application_Start() 方法内，在系统启动的时候进行注册；

2）当同一个系统管理的微信公众号是不确定的，并且也没有使用开放平台，而是直接使用 AppId 和 Secret 操作的时候，建议在两个地方进行注册：

  a）Global.asax.cs 文件中的 Application_Start() 方法内一次性对所有的账号进行注册；

  b）微信公众号账号信息创建的同时进行创建。

这种两种情况可以基本确保在整个系统的生命周期内，所有的账号信息都是处于注册状态的；

3）如果需要使用"延迟注册"（即在调用 AccessTokenContainer 内的获取 AccessToken 方法时行判断，如果发现没有注册，则自动注册），可以参考下文的 **TryGetAccessToken(string appId, string appSecret, bool getNewToken = false)** 方法。使用此方法，可以省略在 Global.asax.cs 等处的手动注册过程，但是需要在开发过程中多传入一个 AppSecret 参数，以在需要注册的时候可以储存 AppSecret 参数。

如果是纯粹的托管平台,建议使用 Senparc.Weixin.Open,用第三方开放平台进行管理,本书主要讲微信公众号,就不再展开。

以下是 Global.asax.cs 中的一种注册方法 234#140:

```
namespace Senparc.Web
{
    public class MvcApplication : System.Web.HttpApplication
    {
        protected void Application_Start()
        {
            var appId = "你的AppId";
            var appSecret = "你的AppSecret";
            //注册微信
            Containers.AccessTokenContainer.Register(appId, appSecret);
        }
    }
}
```

GetFirstOrDefaultAppId()

GetFirstOrDefaultAppId() 代码如下 234#404:

```
/// <summary>
/// 返回已经注册的第一个AppId
/// </summary>
/// <returns></returns>
public static string GetFirstOrDefaultAppId()
{
    return ItemCollection.GetAll().Keys.FirstOrDefault();
}
```

GetFirstOrDefaultAppId() 方法的原理是获取 ItemCollection(IContainerItemCollection 类型)中的第一个 Key 值。此方法主要是提供给 ApiHandlerWapper 调用的(详细介绍请看第 10 章 10.5 节)。

由于微信的大部分接口都要求提供 AccessToken 参数,因此,按照常规的思路,我们每次在调用接口之前,需要先从 AccessTokenContainer 获取到当前 AppId 对应的 AccessToken,然后将 AccessToken 传入到接口调用方法,获取到结果,这样的话至少需要两行代码才可以完成一个接口调用,例如 234#141:

```
//获取AccessToken
var accessToken = Containers.AccessTokenContainer.GetAccessToken("你的AppId");
//使用AccessToken请求接口
var apiResult = CommonAPIs.CommonApi.GetMenu(accessToken);
```

哪怕我们通过 AccessTokenContainer，简化了 AccessToken 的获取，只传入 AppId，那么我们最多简化到一行代码 234#142：

```
var apiResult = CommonAPIs.CommonApi.GetMenu("你的 AppId");
```

在上面的一行代码中，我们显然不太可能每处都直接使用字符串传入 AppId，通常我们会将其重构到一个静态方法或者属性内，比如这样 234#143：

```
var apiResult = CommonAPIs.CommonApi.GetMenu(SiteConfig.AppId);
```

这样只需要一行代码，已经最简单了吗？

不！Senparc 一直致力于创造更偷懒的写法。

假设我们整个系统只需要针对一个微信公众号进行操作（这个公众号可以是在开发时确定的，也可以是不确定的），我们是不是可以这么写 234#144：

```
var apiResult = CommonAPIs.CommonApi.GetMenu(null);
```

这就需要 GetFirstOrDefaultAppId() 方法来提供一个已经注册好的默认的 AppId。

TryGetAccessToken(string appId, string appSecret, bool getNewToken = false)

代码如下 234#145：

```
/// <summary>
/// 使用完整的应用凭证获取 Token，如果不存在将自动注册
/// </summary>
/// <param name="appId"></param>
/// <param name="appSecret"></param>
/// <param name="getNewToken"></param>
/// <returns></returns>
public static string TryGetAccessToken(string appId, string appSecret, bool getNewToken = false)
{
    if (!CheckRegistered(appId) || getNewToken)
    {
        Register(appId, appSecret);
    }
    return GetAccessToken(appId);
}
```

我们在 Container 中约定了一种方法命名规范如下。

1）凡是 TryGet 开头的方法名称（如 TryGetAccessToken），需要同时提供 AppId 及 AppSecret，以便方法自动判断该 AppId 及 AppSecret 是否已经注册，如果没有的话，方法会使用所提供的 AppId 及 AppSecret 自动完成注册过程。

2）所有的 getNewToken 参数都是用于提供一个选项：是否从服务器强制刷新凭证（或令牌）。

getNewToken 的默认值都是 false。

在判断和处理完注册相关逻辑之后，TryGetAccessToken() 方法调用了不需要提供 AppSecret 的 GetAccessToken(string appId, bool getNewToken = false) 方法。

GetAccessToken(string appId, bool getNewToken = false)

代码如下 234#146 ：

```csharp
/// <summary>
/// 获取可用 Token
/// </summary>
/// <param name="appId"></param>
/// <param name="getNewToken">是否强制重新获取新的 Token</param>
/// <returns></returns>
public static string GetAccessToken(string appId, bool getNewToken = false)
{
    return GetAccessTokenResult(appId, getNewToken).access_token;
}
```

此方法实际上是调用了 GetAccessTokenResult(string appId, bool getNewToken = false) 方法，获取到 AccessTokenResult 对象之后，再返回 AccessTokenResult.access_token。因此，直接调用此方法的前提是确保 AppId 已经注册。

GetAccessTokenResult(string appId, bool getNewToken = false)

这个方法是 TryGetAccessToken(string appId, string appSecret, bool getNewToken = false) 和 GetAccessToken(string appId, bool getNewToken = false) 两个方法最终调用的方法。

代码如下 234#147 ：

```csharp
/// <summary>
/// 获取可用 AccessTokenResult 对象
/// </summary>
/// <param name="appId"></param>
/// <param name="getNewToken">是否强制重新获取新的 Token</param>
/// <returns></returns>
public static AccessTokenResult GetAccessTokenResult(string appId, bool getNewToken = false)
{
    if (!CheckRegistered(appId))
    {
        throw new UnRegisterAppIdException(appId, string.Format("此 appId（{0}）尚未注册，请先使用 AccessTokenContainer.Register 完成注册（全局执行一次即可）! ", appId));
    }

    var accessTokenBag = (AccessTokenBag)ItemCollection[appId];
    lock (accessTokenBag.Lock)
    {
        if (getNewToken || accessTokenBag.AccessTokenExpireTime <= DateTime.Now)
```

```
            {
                //已过期，重新获取
                accessTokenBag.AccessTokenResult = CommonApi.GetToken(accessTokenBag.AppId,
accessTokenBag.AppSecret);
                accessTokenBag.AccessTokenExpireTime = DateTime.Now.AddSeconds
(accessTokenBag.AccessTokenResult.expires_in);
            }
        }
        return accessTokenBag.AccessTokenResult;
    }
```

直接调用此方法之前，也需要确保 AppId 已经进行过注册，否则会抛出 UnRegisterAppIdException 类型的异常。

这里就涉及前文说的使用 AccessTokenBag.Lock 涉及的性能问题。这里我们做一个简单的分析和说明如下。

1）首先，所有 lock 操作，在采用单线程处理事务的时候，相对多线程同时处理，肯定效率会有所下降；

2）其次，这种下降的程度不是固定的，而是取决于两个因素：lock 内部逻辑执行的时间，以及 Lock 过程被访问的频次。如果 lock 内部逻辑执行时间越长，且多线程访问频次越高，这种性能的下降就会越厉害；

3）最后，我们看一下这里的 lock 的场景，有以下两种情况。

  a）已经注册，且不需要强制刷新，则 lock 内部不需要执行任何逻辑，只有一个 If 判断，CPU 时间可以忽略；

  b）没有注册，或者强制刷新，则需要调用获取（或更新）AccessToken 的接口（CommonApi.GetToken() 方法），其中需要一个和微信服务器通信过程，以及将结果存入缓存的过程，从时间上来看，主要瓶颈是和微信服务器通信的通信时间，其他环节的性能消耗相比之下可以忽略。

综上所述，这里决定 lock 性能瓶颈的有两点：

1）执行获取新 AccessToken 的 API 的过程中，和微信服务器通信的时间，表 10-6 是我们对移动光纤、电信光纤、BGP 机房分别进行 10 次随机访问 https://api.weixin.qq.com/cgi-bin/token API 得到的响应时间，单位为：毫秒。

表 10-6

测试序号	移动光纤	电信光纤	BGP 机房	综合
1	63	52	89	
2	90	100	141	
3	40	52	89	
4	59	61	69	
5	61	44	69	
6	58	43	70	
7	40	62	75	

续表

测试序号	移动光纤	电信光纤	BGP 机房	综合
8	55	52	71	
9	58	50	70	
10	57	64	66	
平均值（毫秒）	58.1	58.0	80.9	65.7

可以看到，三种线路平均响应时间都在 81 毫秒以内，平均约 66 毫秒。

2）API 调用的频次。

从开发经验上来看，以上两点瓶颈都不是太大的问题，首先这个 API 不会频繁调用（平均一天超过 50 次已经很多了），其次在很少的调用次数过程中，响应时间是非常快的（66 毫秒可能比有一些数据库操作消耗时间还要少），所以总体来看，**使用 AccessTokenBag.Lock 在效率上是可靠、可行的**。

10.5　JsApiTicketContainer

JsApiTicketContainer 和 AccessTokenContainer 的设计思路相似，也是包含了 JsApiTicketBag 以及 JsApiTicketContainer（继承自 BaseContainer<JsApiTicketBag>）两个类，这里对于相同的思路方法不再赘述。

针对 JsApiTicketContainer 和 AccessTokenContainer 中重复的方法，我们正在考虑在合适的时候进行一次重构，再创建一个基类供两者使用。目前为了适当降低代码复杂度，两个类仍然是独立的状态。

有关 JsApiTicketContainer 中关键方法的使用请见第 18 章"微信网页开发：JS-SDK"。

10.6　BindableBase

为了方便今后可能的重用，我们将 INotifyPropertyChanged 接口实现封装到了 BindableBase 类中，位于 Senparc.Weixin.Entities 命名空间下 236#148：

```
/// <summary>
/// 用于实现 INotifyPropertyChanged
/// </summary>
public abstract class BindableBase: INotifyPropertyChanged
{
    public event PropertyChangedEventHandler PropertyChanged;

    [NotifyPropertyChangedInvocator]
    protected virtual void OnPropertyChanged([CallerMemberName] string propertyName = null)
    {
        var eventHandler = this.PropertyChanged;
```

```csharp
            if (eventHandler != null)
            {
                eventHandler(this, new PropertyChangedEventArgs(propertyName));
            }

            //PropertyChanged?.Invoke(this, new PropertyChangedEventArgs(propertyName));
//需要VS2015+或新编译器支持
        }

        /// <summary>
        /// 设置属性
        /// </summary>
        /// <typeparam name="T"></typeparam>
        /// <param name="storage"></param>
        /// <param name="value"></param>
        /// <param name="propertyName"></param>
        /// <returns></returns>
        protected bool SetProperty<T>(ref T storage, T value, [CallerMemberName] String propertyName = null)
        {
            if (object.Equals(storage, value)) return false;

            storage = value;
            this.OnPropertyChanged(propertyName);
            return true;
        }
    }
```

注意：以上 **[CallerMemberName]** 特性是 **.NET Framework 4.5** 以上版本开始支持的，通过这个特性，可以自动获取到调用此方法的对象名称（可以是属性名称或类名），例如在 **BaseContainerBag** 类中的代码：

```csharp
 public string Name
 {
    get { return _name; }
    set { this.SetContainerProperty(ref _name, value); }
 }
```

在 set 中调用的 protected bool SetProperty<T>(ref T storage, T value, [CallerMemberName] String propertyName = null) 方法中，propertyName 由于使用了 [CallerMemberName] 特性，此参数如果没有被强制指定，默认会传入字符串"Name"。

如果您使用的是 .NET 4.0，此特性是不被支持的，实现的代码请参考 .NET 4.0 对应分支的方法（源代码地址：https://github.com/JeffreySu/WeiXinMPSDK/tree/NET4.0）。两组代码最终实现的效果是一致的，区别是 .NET 4.0 需要"手动"设置属性的名称。

10.7 ContainerHelper

ContainerHelper 类位于 Senparc.Weixin.Helpers 命名空间下,专为 Container 提供需要重用的静态方法。ContainerHelper 下的方法如表 10-7 所示。

表 10-7

方法	返回值	说明
GetCacheKeyNamespace(Type bagType)	string	获取缓存 Key,包括命名空间。如: Container:Senparc.Weixin.MP.Containers. AccessTokenBag)
GetItemCacheKey(Type bagType, string shortKey)	string	获取 ContainerBag 缓存 Key,包含命名空间。如: Container:Senparc.Weixin.MP.Containers. AccessTokenBag:wx669ef95216eef885
GetItemCacheKey(IBaseContainerBag bag)	string	获取 ContainerBag 缓存 Key,包含命名空间。如: Container:Senparc.Weixin.MP.Containers. AccessTokenBag:wx669ef95216eef885
GetItemCacheKey(IBaseContainerBag bag, string shortKey)	string	获取 ContainerBag 缓存 Key,包含命名空间。如: Container:Senparc.Weixin.MP.Containers. AccessTokenBag:wx669ef95216eef885

GetCacheKeyNamespace() 方法用于提供统一的缓存键格式前缀,方便进行统一的键值管理,并且避免重复。

"Container:[ContainerBag 具体类型的名称]",如:

`Container:Senparc.Weixin.MP.Containers.AccessTokenBag`

缓存键的完整格式(我们内部也称其为"完整键")为:

"Container:[ContainerBag 具体类型的名称]:[ContainnerBag 的 Key]",如:

`Container:Senparc.Weixin.MP.Containers.AccessTokenBag:wx669ef95216eef885`

这样确保了同一个类型的 ContainerBag 即使在储存时分布在多个地方管理,都拥有相同的缓存键前缀,但是对于不同的数据项又都能有各自唯一的键(Key)。

这么设计的原因有如下 3 个。

1)在同一个 Container 类中,凡是需要使用缓存键的地方,都通过调用此方法获取 Key,防止手动输入产生错误;

2)有些情况下,同一个 ContainerBag 类型(TBag),可能会作为泛型使用在多个自定义的 Container<TBag> 中,以在多个地方进行扩展,这样做可以使所有这些衍生 Container 中的 ContainerBag(s) 都具有相同的缓存键,从而确保相同的 ContainerBag 在全局缓存中具有相同的索引位置,在 ContainerBag 中的属性被更新的时候,也可以确保全局唯一的缓存被更新到。

3)Redis 等缓存有一些约定俗成的缓存格式,这里使用"Container:"有利于在第三方缓存框架中进行索引和查询,同时也方便我们自己对缓存数据进行分类和查看。

再运用到整体的缓存策略中，还会再自动加上默认前缀，如：

SenparcWeixin:DefaultCache:Container:Senparc.Weixin.MP.Containers.AccessTokenBag:wx669ef95216eef885

习题

10.1　Container 中用于储存数据的实体的基类叫什么？

10.2　如何注册 AccessTokenContainer？

10.3　Container 支持多微信公众号同时管理吗？

10.4　消息队列（SenparcMessageQueue）在 Container 中的作用是什么？

第 11 章　SenparcMessageQueue：消息队列

第 10 章 10.2 节中已经提到创建消息队列的用意，初衷是为了解决数据容器（Container）缓存对象在短时间内多次无意义（甚至有害）更新的问题，SenparcMessageQueue 的主要任务是帮助缓存系统在最终执行数据更新之前，忽略（或整合）针对同一个对象的更新操作，将本次操作结果一次性提交到缓存系统，是一个"缓冲池"。

除了这些要求以外，从本质上来说，SenparcMessageQueue 仍然是一个很轻、很"精华"的消息队列，目前主要用于负责处理凭证的更新，当然你也可以将它用于其他类似的场景。

11.1　设计原理

作为一个轻型的队列，SenparcMessageQueue 和其他队列的基础设计原理相似，如图 11-1 所示 239#478 。

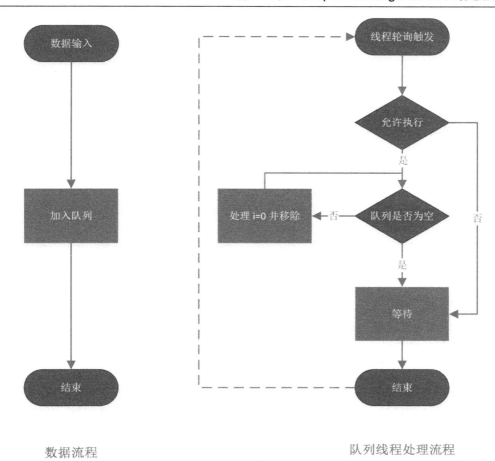

数据流程   队列线程处理流程

图11-1

11.2 队列项：SenparcMessageQueueItem

先来看一下 SenparcMessageQueueItem 类，这是负责储存消息队列成员（也称其为：Item、项目、项）的类。

SenparcMessageQueueItem 类和 SenparcMessageQueue 类都位于 Senparc.Weixin.MessageQueue 命名空间下，看到这个命名空间和类名，你可能会有所感觉：我们今后还可能创建更多类型的消息队列。

SenparcMessageQueueItem 的设计比较好理解，的代码如下 240#402：

```
namespace Senparc.Weixin.MessageQueue
{
    /// <summary>
    /// SenparcMessageQueue 消息队列项
    /// </summary>
    public class SenparcMessageQueueItem
    {
```

```csharp
/// <summary>
/// 队列项唯一标识
/// </summary>
public string Key { get; set; }
/// <summary>
/// 队列项目命中触发时执行的委托
/// </summary>
public Action Action { get; set; }
/// <summary>
/// 此实例对象的创建时间
/// </summary>
public DateTime AddTime { get; set; }
/// <summary>
/// 项目说明（主要用于调试）
/// </summary>
public string Description { get; set; }

/// <summary>
/// 初始化 SenparcMessageQueue 消息队列项
/// </summary>
/// <param name="key"></param>
/// <param name="action"></param>
/// <param name="description"></param>
public SenparcMessageQueueItem(string key, Action action, string description = null)
{
    Key = key;
    Action = action;
    Description = description;
    AddTime = DateTime.Now;
}
}
```

其中的 Action 传入的是队列项目被轮询时的委托操作，在 SenparcMessageQueueThreadUtility 中被执行。

11.3 消息队列：SenparcMessageQueue

基于 SenparcMessageQueueItem 已经创建完成，再看一下 SenparcMessageQueue 的定义。

第一版 SenparcMessageQueue 类代码见：241#150，根据分析的结果，后续还会介绍改善的思路和具体做法。

对应的方法说明如表 11-1 所示。

表 11-1

方法	返回类型	说明
GenerateKey(string name, Type senderType, string identityKey, string actionName)	string	生成 Key
GetCurrentKey()	string	获取当前等待执行的 Key
GetItem(string key)	SenparcMessageQueueItem	获取 SenparcMessageQueueItem
Add(string key, Action action)	SenparcMessageQueueItem	添加队列成员
Remove(string key)	void	移除队列成员
GetCount()	int	获得当前队列数量

11.3.1 GenerateKey() 方法

为了增加这个队列的可扩展性和兼容性，GenerateKey() 方法提供了比较多的参数，key 的格式为"Name@{0}||Type@{1}||Key@{2}||ActionName@{3}"。

MessageQueueDictionary 使用 Dictionary 类型，使用 string 类型的 key 进行索引。

此处也曾有开发者提出疑问：这里 key 值的长度对于索引的性能会不会有影响？

我们的回答是：不会。为了证明这一点，我们将在本节下面的内容介绍过程中进行测试。

11.3.2 MessageQueueDictionary

消息队列的储存容器是 MessageQueueDictionary，定义为 Private 的 Dictionary<string, SenparcMessageQueueItem> 类型。

由于通常情况下，这个队列的执行速度非常快（请参考本章 11.4 节的自动线程处理 SenparcMessageQueueThreadUtility），所以我们出于性能优化和降低程序复杂度的考虑，不使用持久化或分布式缓存方案，而是将队列暂存在本地内存中。如果程序突然终止，队列中的项目就会消失，不会再执行。当然，这个概率是非常低的，根据我们的经验，在默认轮询间隔的设置下（2秒），同时管理 2000 个平均日 PV 量在 10 万左右的公众号，使用 Redis 或 Memcached 分布式缓存时，队列的平均处理时间就在 2 秒内。如果是使用本地运行时缓存的情况下，处理时间几乎可以忽略。

同时，由于队列项目的执行时间很快，整个队列的长度通常也不会太长，并且在深度开发的情况下，开发者可能还需要针对一些情况对某个固定 Key 的对象进行优先处理，所以这里使用 Dictionary<string, SenparcMessageQueueItem> 类型，而不是 List< SenparcMessageQueueItem >。

11.3.3 MessageQueueList

在轮询队列项时，我们需要遍历当前的存入队列项，由于遍历 Dictionary 的代价比较大，所以这里我们选择单独建立一个有顺序的列表 MessageQueueList 来同步储存一份队列标识（Key）的副本，通过遍历 MessageQueueList 得到 Key，再去索引 MessageQueueDictionary 中的队列项，这样的效率是非常高的。

MessageQueueList 是 private 的 List<string> 类型，通过同步执行锁 MessageQueueSyncLock，确保其数据和 MessageQueueDictionary 中项目标识的同步。

11.3.4 有关 Dictionary 和 List 的效率测试

有关 Dictionary 和 List 遍历的种种效率问题，我们接下来会设计一组测试。

测试的目的除了优化程序本身，也包含了对一些编程、语言问题的分析和思考，以及具有广泛价值的测试思想。希望开发者可以举一反三仔细体会这个测试的过程。

测试的方法如下。

1）分别定义 2 个项目数量为 1 000 000（一百万）的 Dictionary<string,int> 及 List<string> 类型的变量；

2）分别对三个指标进行运行时间记录：

　　a）遍历 Dictionary.Keys

　　b）遍历 List

　　c）遍历 Dictionary

3）再次针对 2）中的 a）和 b）进行 100 次遍历（总共扩展到遍历 1 亿次）；

4）对上面三步重复运行 10 轮（也就是 3）中的计数总和将达到 10 亿次）；

5）对上面的 10 轮测试再独立执行 3 次。

记录参数如下。

1）10 轮运行完毕后，统计如下指标：

　　a）遍历 Dictionary.Keys

　　b）遍历 List

　　c）遍历 Dictionary

　　d）扩展遍历 Dictionary.Keys

　　e）扩展遍历 List

　　f）扩展遍历 Dictionary.Keys 和扩展遍历 List 耗时差值

同时为了解答一些开发者对于 Key 长度和遍历效率的疑问，我们会将上面所有的测试过程，在仅改变 Key 的长度（短 Key 为 1~7 位，长 Key 为 74~80 位）的情况下，运行两遍。

测试代码：245#151。

运行测试的软件环境为 Windows 10 + Visual Studio 2015，硬件环境为 CPU：i7-3520M（2.90 GHz），内存：16GB。

使用短 Key 测试结果如表 11-2 所示。

表 11-2

遍历一百万项测试，十轮总和	第 1 次测试	第 2 次测试	第 3 次测试
a) dic.Keys 用时	105.0051ms	86.016ms	110.9939ms
b) list 总用时	112.996ms	100.6504ms	88.9945ms
c) dic 总用时	238.9959ms	209.9966ms	223.5055ms

续表

遍历一百万项测试，十轮总和	第 1 次测试	第 2 次测试	第 3 次测试
d) 扩展测试 dic.Keys 总用时	12136.8847ms	10395.9505ms	10209.0555ms
e) 扩展测试 list 总用时	11245.8491ms	9491.6651ms	9635.1515ms
f) 扩展测试差值	891.04ms	904.29ms	573.9ms

从上表的数据和结果中我们可以得出以下结论：

1）遍历整个 Dic 对象的耗时大致是遍历 dic.Keys 的 2~3 倍；

2）a）和 b）的几次数量相对较少的对比中（一千万次），dic.Keys 和 List 的遍历耗时总和几乎一致，在放大测试次数之后（十亿次），差别开始显现出来：dic.Keys 的用时略大于 List，差距大约在 5%~8%。

再使用长 Key 测试结果如表 11-3 所示。

表 11-3

遍历一百万项测试，十轮总和	第 1 次测试	第 2 次测试	第 3 次测试
a) dic.Keys 用时	116.0031ms	96.0022ms	101.9999ms
b) list 总用时	115.9968ms	94.9856ms	84.9943ms
c) dic 总用时	215.9959ms	204.0018ms	205.9977ms
d) 扩展测试 dic.Keys 总用时	10090.8813ms	9799.7654ms	8742.3006ms
e) 扩展测试 list 总用时	9369.7145ms	9539.3178ms	8414.938ms
f) 扩展测试差值	721.17ms	260.45ms	327.36ms

对比长 Key 和短 Key 的结果，我们可以进一步得出结论：

1）长 Key 和短 Key 对效率几乎没有影响；

2）这一轮测试 dic.Keys "完败" List，扩展测试差距大约在 2%~7%。

结合当前应用场景，我们做出了下面这些分析和决定。

1）本次测试的迭代次数已经非常庞大，在实际使用过程中，哪怕 10% 的偏差也可以小到忽略不计。

2）即使 dic.Keys 被证明确实在效率上略逊于 List 对象，但是考虑到新建一个 List 对象专门储存 Key，也需要附上额外的 CPU 时间（创建、销毁对象都会有消耗），以及占用内存的代价，因此综合考虑，在处理队列的时候，使用对 dic.Keys（即 MessageQueueDictionary）进行遍历，删除 List（MessageQueueList）对象。

3）如果单纯使用 dic.Keys，一个最大的问题是排序问题，因为 Dictionary<TKey, TValue> 中元素的对象是无序的，Dictionary<TKey, TValue>.KeyCollection 也是无序的，尤其在对象经过了多次删改之后。基于当前队列项目的算法（见 Add(string key, Action action) 方法的说明），顺序在这里并不重要（并不强制要求先进先出，尤其在分布式缓存的环境下，实际缓存读写的顺序还涉及多台服务器之间通信的问题），即使是随机执行当前队列中的项目，仍然可以确保队列最终正常执行。**如果业务逻辑对处理队列的顺序有要求，则仍然必须使用 MessageQueueList 的方法对 Key 进行排序**。

4）为了保障消息队列的扩展性，我们决定对 SenparcMessageQueue 的储存和处理顺序相关的代码做一次升级，同时支持有序和无序两种模式，默认为无序模式。

注意：这里说的"无序"也只是在一次轮询过程中的无序（默认轮询时间间隔为 2 秒）。在宏观上，整个缓存更新的过程还是有序的。

通过上面的分析，我们做出了最后优化的决定：MessageQueueDictionary.Keys 属性取代 MessageQueueList 方法，彻底删除 MessageQueueList。

代码的变化上面，只需要删除 SenparcMessageQueue 类中 MessageQueueList 的定义以及 MessageQueueList.Add() 和 Remove() 的方法。对于之前 MessageQueueList 的其他操作，只需要将其替换成 MessageQueueDictionary.Keys 即可。由于 MessageQueueList 本身是 private 变量，因此这些操作都在 SenparcMessageQueue 类内部完成，不会干涉到其他文件代码的修改。

更新后的最新代码见 241#476。

11.4 自动线程处理：SenparcMessageQueueThreadUtility

SenparcMessageQueue 消息队列负责的是处理队列的基本数据管理，对于队列的执行，需要依赖一个外部实时运行的线程或服务，考虑到兼容性和独立性，我们选择使用程序内部线程。

11.4.1 SenparcMessageQueueThreadUtility

在创建"专用线程"之前，我们先要创建提供给线程运行的类，以及相关方法。这个类我们取名为 **SenparcMessageQueueThreadUtility**，位于命名空间 Senparc.Weixin.Threads 下，代码如下 247#152：

```
namespace Senparc.Weixin.Threads
{
    /// <summary>
    /// SenparcMessageQueue 线程自动处理
    /// </summary>
    public class SenparcMessageQueueThreadUtility
    {
        private readonly int _sleepMilliSeconds;

        public SenparcMessageQueueThreadUtility(int sleepMilliSeconds = 2000)
        {
            _sleepMilliSeconds = sleepMilliSeconds;
        }

        /// <summary>
        /// 启动线程轮询
        /// </summary>
        public void Run()
        {
            do
```

```
            {
                var mq = new SenparcMessageQueue();
                var key = mq.GetCurrentKey();//获取最新的 Key
                while (!string.IsNullOrEmpty(key))
                {
                    var mqItem = mq.GetItem(key);//获取任务项
                    mqItem.Action();//执行
                    mq.Remove(key);//清除
                    key = mq.GetCurrentKey();//获取最新的 Key
                }
                Thread.Sleep(_sleepMilliSeconds);
            } while (true);
        }
    }
}
```

_sleepMilliSeconds 参数用于控制每次轮询的休息时间间隔，默认为 2000 毫秒（2 秒），开发过程中可以根据需要修改这个参数。

包括其他类似的线程处理类，通常影响这个参数设置的因素有这么几方面（都是针对访问高峰）。

1）首先，在系统负载允许的情况下，尽量减小这个数字，对于大部分企业级以下系统来说，1-3 秒是比较合适的，企业级的系统可以设置为 0.5 秒，有的情况下甚至会达到或接近 0 秒（注意，是"企业级系统"不是"企业用系统"）。

2）其次，如果缓存数据更新的频率非常高（比如平均每秒钟都会有多次缓存更新发生），则适当降低这个数字。

3）如果因此对服务器造成很高的压力（包括使用分布式缓存的情况下，每次更新的代价很大的情况下），则适当加大这个数字。这么做的前提是仍旧能确保更新频率不会对系统产生更大的负面影响（例如在逻辑服务器集群数量比较大的情况下，缓存延迟更新时间太长，反而会导致更多服务器同时发出更新缓存的请求，从而进一步增加服务器压力，因为获取更新数据的操作还是需要逻辑服务器来承担）。如果找不到一个很好的平衡点，那说明系统整体架构设计或者硬件方面需要进行升级了。

轮询间隔起效的代码为 247#403：

```
Thread.Sleep(_sleepMilliSeconds);
```

轮询间隔通常采用以下三种方式。

A. 固定时间内触发一次操作，即使有未完成的操作，也不会影响下一次触发。举例：以分钟或秒记的定时提醒功能。

B. 本轮操作完成后，休眠一段时间，再进入下一轮。举例：系统自动更新检测。

C. 综合 A 和 B 的算法，优先以固定时间触发一次操作，如果操作未完成，则进行延迟，如果操作在固定时间内提前结束，则休眠一个可变的时间（也可以是如果已发生延时，则不休眠），直到到达下一次固定操作时间节点。举例：每个整点的数据统计及发布。

图 11-2 展示了这三种模式处理过程的对比 247#360 。

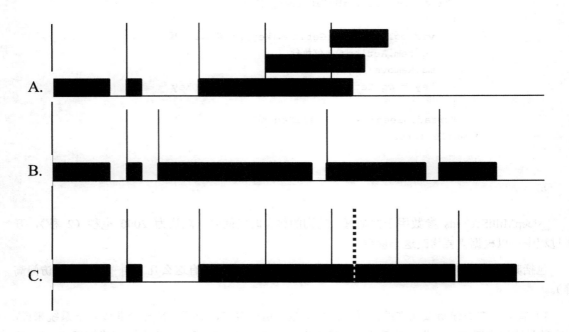

图11-2

首要考虑 Container 消息队列的需求、复杂度，并考虑多数情况下的扩展能力，我们最终选择 B 方案作为队列处理的模式，在对当前所累积的队列项目都处理完之后，将线程休眠一个固定的时间（默认为 2 秒），然后再启动下一次轮询，流程图即本章图 11-1 中的"队列线程处理流程"。

这么选择的原因有如下几个。

1）A.的算法需要在这个线程内再开子线程（或其他异步执行手段），以达到支持同时运行多个方法的目的。对于当前 SDK 来说，一方面会增加复杂度、降低稳定性，另外一方面，也会带来额外的性能开销，根据应用的场景，暂时否定掉此方法。

2）按照当前 while 代码段中的算法，在每次轮询执行的时候，将当前队列的项目全部处理完，哪怕在执行的过程中有新的队列项目加入，也会在本次轮询执行。因此使用 B. 方法可以确保每次收集队列项目的时间比较平均（这里不考虑用户访问量波动的问题，如果存储的是具有明确有效期的凭证，用户访问量对此处更新频率的影响并不大）。如果采用 C. 的方法，可能导致收集队列时间过长或者过短（甚至没有收集时间），尤其是收集时间太短，会使这个消息队列失去意义：我们创造这个消息队列就是为了适当加长缓存更新的周期，以防止同一个快速执行的代码片段中的修改被多次更新到缓存。

11.4.2 线程工具类：ThreadUtility

具备了线程处理程序能力之后，我们可以创建一个线程来运行这个处理程序。

创建线程的代码很简单 248#153 ：

```csharp
    SenparcMessageQueueThreadUtility senparcMessageQueue = new 
SenparcMessageQueueThreadUtility();
    Thread senparcMessageQueueThread = new Thread(senparcMessageQueue.Run) { Name = 
"SenparcMessageQueue" };
    senparcMessageQueueThread.Start();
```

这段代码可以放置在 Global.asax.cs 的 Application_Start() 方法中，或者其他任何先于 Container 被使用到的地方，进行初始化和开始运行。

考虑到今后可能还会有更多的线程，以及对代码更好地封装，我们创建一个线程工具类：ThreadUtility，同样位于 Senparc.Weixin.Threads 命名空间下 248#154：

```csharp
namespace Senparc.Weixin.Threads
{
    /// <summary>
    /// 线程处理类
    /// </summary>
    public static class ThreadUtility
    {
        /// <summary>
        /// 异步线程容器
        /// </summary>
        public static Dictionary<string, Thread> AsynThreadCollection = new 
Dictionary<string, Thread>();//后台运行线程


        /// <summary>
        /// 注册线程
        /// </summary>
        public static void Register()
        {
            if (AsynThreadCollection.Count==0)
            {
                {
                    SenparcMessageQueueThreadUtility senparcMessageQueue = new 
SenparcMessageQueueThreadUtility();
                    Thread senparcMessageQueueThread = new Thread
(senparcMessageQueue.Run) { Name = "SenparcMessageQueue" };
                    AsynThreadCollection.Add(senparcMessageQueueThread.Name, 
senparcMessageQueueThread);
                }

                AsynThreadCollection.Values.ToList().ForEach(z =>
                {
                    z.IsBackground = true;
                    z.Start();
                });//全部运行

            }
        }
```

```
        }
    }
}
```

ThreadUtility 类定义了一个 public 的静态变量 AsynThreadCollection，类型为 Dictionary<string, Thread>，用于储存所有的专属线程，这么做的好处是我们可以对这些线程进行集中的管理和查询，包括在管理员后台随时查看线程的状态、终止或打开某个线程。

Register() 是一个标记为 public 的静态方法，当前内部只注册了一个用于执行 SenparcMessageQueueThreadUtility 类中 Run() 方法的线程，如果今后有更多的线程处理类，只需要在下面追加即可。

if(AsynThreadCollection.Count==0) 的判断是为了确保整个注册过程在全局只进行一次。

注册方法我们可以放在 Global.asax.cs 的 Application_Start() 方法中执行，例如 248#155：

```
protected void Application_Start()
{
    RegisterWeixinThreads();//激活微信缓存（必须）
}

/// <summary>
/// 激活微信缓存
/// </summary>
private void RegisterWeixinThreads()
{
    ThreadUtility.Register();
}
```

注意：这一步注册是必需的，如果不注册，则各种分布式缓存下的凭证的缓存更新都可能不生效。如果使用的是本地的运行时内存缓存，通常仍然会有效，因为这时候使用的是内存中的引用对象（查询出来的缓存数据和实际缓存储存的 HashCode 是一致的），因此通常不涉及更新通知的问题。

11.4.3 优化扩展

在 SenparcMessageQueueThread 设计中，缓存的数据都是储存在内存中，是一种非持久化的储存方式。随着服务器突然断电、重启，或者只是 IIS 应用程序池重启等情况，在缓存队列中的信息都会永久消失，下次启动的时候都不会再继续执行。

即使之前我们也已经说过，相对于比较高的缓存更新频率，以及相对较低的凭证更新频率，这种信息丢失的概率是非常低的，还有没有什么办法可以进一步确保信息尽可能少地丢失，或者在意外状况下能够及时处理掉队列中的信息呢？我们来尝试一下。

应对突发的系统关闭，最优先考虑的是使用析构函数，为 SenparcMessageQueueThread 对象在关闭的时候提供一个额外的处理过程，将队列中的项目消化掉。

因为此处的 SenparcMessageQueueThread 类在全局中实际只有一个实例，所以使用析构函数是合适的，如果全局中有多处实例，此处就要根据具体情况处理了。

将 SenparcMessageQueueThreadUtility 类做如下修改 249#156：

```
namespace Senparc.Weixin.Threads
{
    /// <summary>
    /// SenparcMessageQueue 线程自动处理
    /// </summary>
    public class SenparcMessageQueueThreadUtility
    {
        private readonly int _sleepMilliSeconds;

        public SenparcMessageQueueThreadUtility(int sleepMilliSeconds = 2000)
        {
            _sleepMilliSeconds = sleepMilliSeconds;
        }

        /// <summary>
        /// 析构函数，将未处理的队列处理掉
        /// </summary>
        ~SenparcMessageQueueThreadUtility()
        {
            try
            {
                var mq = new SenparcMessageQueue();
                System.Diagnostics.Trace.WriteLine(string.Format
("SenparcMessageQueueThreadUtility执行析构函数"));
                System.Diagnostics.Trace.WriteLine(string.Format("当前队列数量：{0}",
mq.GetCount()));

                OperateQueue();//处理队列
            }
            catch (Exception ex)
            {
                //此处可以添加日志
                System.Diagnostics.Trace.WriteLine(string.Format
("SenparcMessageQueueThreadUtility执行析构函数错误：{0}", ex.Message));
            }
        }

        /// <summary>
        /// 操作队列
        /// </summary>
        private void OperateQueue()
        {
            var mq = new SenparcMessageQueue();
            var key = mq.GetCurrentKey(); //获取最新的Key
            while (!string.IsNullOrEmpty(key))
```

```csharp
            {
                var mqItem = mq.GetItem(key); //获取任务项
                mqItem.Action(); //执行
                mq.Remove(key); //清除
                key = mq.GetCurrentKey(); //获取最新的Key
            }
        }

        /// <summary>
        /// 启动线程轮询
        /// </summary>
        public void Run()
        {
            do
            {
                OperateQueue();
                Thread.Sleep(_sleepMilliSeconds);
            } while (true);
        }
    }
}
```

本次更新过程中,我们为了队列处理逻辑可以重用,将其逻辑重构到 OperateQueue() 方法中,在需要的地方调用。

~SenparcMessageQueueThreadUtility() 是析构函数,会在当前实例被回收的时候执行。所以这里必须要明白一点:在一些情况下(比如突然断电),会导致析构函数无法执行,也可能导致仍然有队列项目没有被处理。

对于需要扩展 SDK 的场景,SenparcMessageQueueThreadUtility 的派生类中也可以选择设置析构函数,假设派生类名为 SMQTU2,则析构函数为 ~SMQTU2(),执行的顺序为:

- 先执行 ~SMQTU2()
- 后执行 ~SenparcMessageQueueThreadUtility()

如果有更多层次的派生类,依此类推。

当然,即使不设置 ~SMQTU2(),~SenparcMessageQueueThreadUtility() **仍然会被执行**。

习题

11.1 如何让系统激活 SenparcMessageQueue 处理线程?

11.2 SenparcMessageQueue 的信息储存在哪里(本地服务器或分布式缓存)?为什么这么设计?

第 12 章 接口调用及数据请求

日常的开发过程中，和微信的沟通方式除了被动响应消息之外，就是使用微信的接口主动进行通信。例如，当我们需要获取某个关注者的详细信息、通过服务器群发一条消息，或者设置自定义菜单的时候，都需要通过访问微信接口来实现。

本章将介绍 Senparc.Weixin SDK 调用微信接口的基本原理、架构及异常处理方面的知识。

有关具体接口使用的内容请看本书"第三部分：接口介绍"的有关内容，本章不介绍具体的某个接口的内容。

12.1 设计规则

微信官方接口的通信方式有 GET 和 POST 两种。前者主要用于从微信服务器拉取信息，例如用户的信息、菜单状态等；后者更多用于文件的上传及支付等对安全性要求更高的接口。

我们统计了这两种方式的请求在微信公众号接口中的占比，大概为 **3:2** 的比例。

请求的协议多数是 HTTPS（也是官方推荐的），最初有部分上传、下载的接口使用的是 HTTP 协议，目前微信官方已经提供了全覆盖的 HTTPS 协议接口。

注意：虽然目前的大部分接口使用 HTTP 也可以调用，但是经过我们的大量测试，HTTP 和 HTTPS 处理的通道似乎完全不一样，甚至返回的结果也存在差异，所以更加推荐统一使用 HTTPS 协议进行访问。

在 Senparc.Weixin SDK 中，我们将 HTTP(S) 有关的 GET、POST 及配套的编码、代理设置等方法统一放在 Senparc.Weixin.dll 模块下的 Utilities/HttpUtility/ 下，对于 GET 和 POST 方法分别提供了同步和异步两套完整的方法。其总体的结构如图 12-1 所示 252#361 。

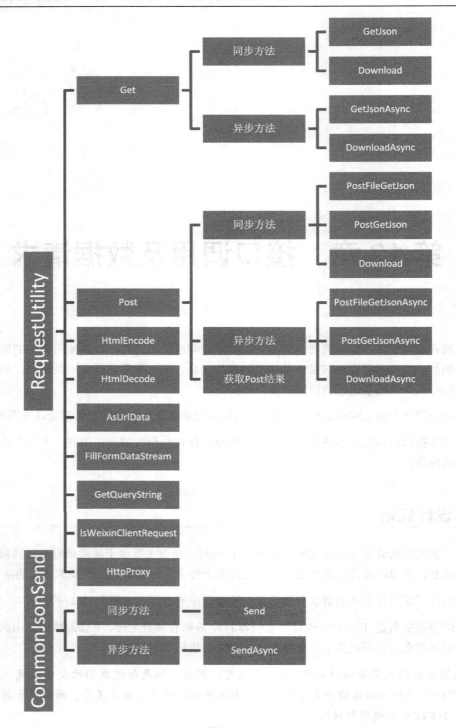

图12-1

在充分考虑对微信接口优化的基础上,以上这些方法都已被标记为 public static,除了 SDK 内部会使用到这些方法,开发者也可以在外部进行调用,这些方法都已经考虑到了足够的通用性,即使是常规的 HTTP 请求,也可以直接使用其中的方法。

12.2 响应类型

本节介绍微信的接口的响应类型。

12.2.1 基类:WxJsonResult

微信接口的响应数据通常为 JSON 格式,并且几乎每条消息都具有两个相同的键:errmsg 和 errcode,例如以下信息代表请求成功 254#492:

```
{"errmsg":"ok", "errcode":0}
```

返回结果中,和 errmsg、errcode 并列的还可能有其他键值,所以我们为所有的返回结果类型定义了一个基类:WxJsonResult,位于 Senparc.Weixin.Entities 命名空间下 254#157:

```
using System;

namespace Senparc.Weixin.Entities
{
    /// <summary>
    /// 公众号JSON返回结果(用于菜单接口等)
    /// </summary>
    [Serializable]
    public class WxJsonResult : IWxJsonResult
    {
        public ReturnCode errcode { get; set; }
        public string errmsg { get; set; }
    }
}
```

其中 IWxJsonResult 接口定义如下 254#398:

```
public interface IWxJsonResult : IJsonResult
{
    ReturnCode errcode { get; set; }
}
```

IWxJsonResult 接口又继承了 IJsonResult 接口:

```
public interface IJsonResult
{
    string errmsg { get; set; }
}
```

将 errcode 和 errmsg 分离到两个(层)接口中,是因为微信企业号等其他模块对于同样的 errcode 属性有着不同的定义,需要对 errcode 再次进行抽象,这才有了 IWxJsonResult 接口。而 string 类型的 errmsg 又是多个模块所共有的,因此放在更加底层的 IJsonResult 接口中。

errcode 在返回的 JSON 中为 int 类型,此处为了方便开发,我们将其定义为一个名为

ReturnCode 的枚举属性，这样就兼顾了数值（int）和文字（string）情景下的开发和阅读需要。

参照官方的 errcode 值和文字说明的定义，ReturnCode 的定义代码见：254#158。

以上这些错误类型及对应的代码开发者至少应该有大致的印象，在实际开发的过程中，很多错误是非常容易碰到的，这时候我们只能通过错误类型去判断问题所在。

12.2.2 扩展响应类型

WxJsonResult 是所有返回类型的基类，对于不同的接口，SDK 都会定义不同的类来对应其返回结果，例如在"短址接口"中，微信官方返回的 JSON 为 255#159：

```
{'errmsg':'ok', 'errcode':0, short_url:'http://weixin.senparc.com'}
```

返回结果的类应该被定义为 255#399：

```
/// <summary>
/// ShortUrl 返回结果
/// </summary>
public class ShortUrlResult : WxJsonResult
{
    public string short_url { get; set; }
}
```

也有一些返回类型会更加复杂，例如多层嵌套，我们同样创建不同层次的类和属性来进行结构一致的匹配。

例如，在"批量获取用户基本信息"接口中，返回数据是以数组的形式表现的，我们会得到类似如下的 JSON 结果 255#160：

```
{
  "user_info_list": [
    {
      "subscribe": 1,
      "openid": "otvxTs4dckWG7imySrJd6jSi0CWE",
      "nickname": "iWithery",
      "sex": 1,
      "language": "zh_CN",
      "city": "Jieyang",
      "province": "Guangdong",
      "country": "China",
      "headimgurl": "http://wx.qlogo.cn/mmopen/xbIQx1GRqdvyqkMMhEaGOX80211CyqMJNgUzKP8MeAeHFicRDSnZH7FY4XB7p8XHXIf6uJA2SCunTPicGKezDC4saKISzRj3nz/0",
      "subscribe_time": 1434093047,
      "unionid": "oR5GjjgEhCMJFyzaVZdrxZ2zRRF4",
      "remark": "",
      "groupid": 0,
```

```
            "tagid_list":[128,2]
        },
        {
            "subscribe": 0,
            "openid": "otvxTs_JZ6SEiP0imdhpi50fuSZg",
            "unionid": "oR5GjjjrbqBZbrnPwwmSxFukE41U",
        },
        {…}
    ]
}
```

此时除了可能得到的 errmsg 和 errcode 参数以外，还需要构建一个数组，数组中的元素又是一个复杂对象。对于这样的情况，我们通过创建一个复杂对象的类 UserInfoJson，并将这个类的列表（通常为 List< UserInfoJson>或 UserInfoJson[]）作为一个属性放入整个返回数据的类中，代码如下 255#161：

```
/// <summary>
/// 高级接口获取的用户信息
/// </summary>
public class UserInfoJson
{
    /// <summary>
    /// 用户是否订阅该公众号标识，值为 0 时，代表此用户没有关注该公众号，拉取不到其余信息。
    /// </summary>
    public int subscribe { get; set; }
    public string openid { get; set; }
    public string nickname { get; set; }
    public int sex { get; set; }
    public string language { get; set; }
    public string city { get; set; }
    public string province { get; set; }
    public string country { get; set; }
    public string headimgurl { get; set; }
    public long subscribe_time { get; set; }
    public string unionid { get; set; }
    public string remark { get; set; }
    public int groupid { get; set; }
}

/// <summary>
/// 批量获取用户基本信息返回结果
/// </summary>
public class BatchGetUserInfoJsonResult : WxJsonResult
{
    public List<UserInfoJson> user_info_list { get; set; }
}
```

其他类似的情况也参照这样的写法，甚至会层层套用更多的类型。

在类名的约定上，遵循如下的规律：

[接口方法名称] + [返回类型] + Result

其中的 [返回类型] 通常为字符串 JSON，所以经常可以看到以 JsonResult 结尾的类。

例如上述接口的方法名称为 **BatchGetUserInfo**，则对应的返回类型为 **BatchGetUserInfoJsonResult**。

12.3 请求

在图 12-1 中我们可以看到 GET 和 POST 两个相对"庞大"的分支，本节将分别介绍 GET、POST 请求的处理方案实现，以及文件的上传、下载及出现频次最高的 JSON 数据的处理。

由于请求处理属于非常基础的功能，这部分模块我们统一放在 Senparc.Weixin.dll 下的 Utilities/HttpUtility 文件夹下（命名空间为 Senparc.Weixin.HttpUtility）。

我们将基础的 GET 和 POST 请求方法统一放到了 Senparc.Weixin/Utilities/HttpUtility/RequestUtility.cs 中。

根据请求方式、用途和作用范围的不同，我们将请求的方法分为以下几类：

- GET 请求
- POST 请求
- JSON 请求
- 文件上传/下载
- 公共方法

12.3.1 GET 请求

对于 GET 请求，RequestUtility 提供了两个名为 HttpGet 的重写方法，以下的方法直接通过 URL 下载字符串，不具备传递和获取 Cookie 的功能 257#162：

```
/// <summary>
/// 使用 Get 方法获取字符串结果（没有加入 Cookie）
/// </summary>
/// <param name="url"></param>
/// <returns></returns>
public static string HttpGet(string url, Encoding encoding = null)
{
    WebClient wc = new WebClient();
    wc.Proxy = _webproxy;
    wc.Encoding = encoding ?? Encoding.UTF8;
    return wc.DownloadString(url);
}
```

以下的重写方法提供了 Cookie 容器（CookieContainer）的传递 257#400：

```
/// <summary>
/// 使用 Get 方法获取字符串结果（加入 Cookie）
/// </summary>
/// <param name="url"></param>
/// <param name="cookieContainer"></param>
/// <param name="encoding"></param>
/// <returns></returns>
public static string HttpGet(string url, CookieContainer cookieContainer = null,
Encoding encoding = null, int timeOut = Config.TIME_OUT)
{
    HttpWebRequest request = (HttpWebRequest)WebRequest.Create(url);
    request.Method = "GET";
    request.Timeout = timeOut;
    request.Proxy = _webproxy;

    if (cookieContainer != null)
    {
        request.CookieContainer = cookieContainer;
    }

    HttpWebResponse response = (HttpWebResponse)request.GetResponse();

    if (cookieContainer != null)
    {
        response.Cookies = cookieContainer.GetCookies(response.ResponseUri);
    }

    using (Stream responseStream = response.GetResponseStream())
    {
        using (StreamReader myStreamReader = new StreamReader(responseStream,
encoding ?? Encoding.GetEncoding("utf-8")))
        {
            string retString = myStreamReader.ReadToEnd();
            return retString;
        }
    }
}
```

这两个方法在使用效果上几乎一致，唯一的区别在于对 Cookie 支持与否。由于微信服务器不支持 Cookie 的传递，因此在 SDK 内部，使用的多为上一个更加简洁的 HttpGet() 方法。

注意：这两个方法返回的都是 string 类型，可以获取任何网页、文本、JSON 等不同响应类型的数据，本章后面将会介绍的"JSON 请求"就基于此返回 string 的通信方法。

此外，以上的两个方法都为同步方法，在大量并发的情况下执行效率并不高，因此为了更好地配合异步编程，我们配套创建了对应的异步方法 257#163：

```csharp
/// <summary>
/// 使用Get方法获取字符串结果（没有加入Cookie）
/// </summary>
/// <param name="url"></param>
/// <returns></returns>
public static async Task<string> HttpGetAsync(string url, Encoding encoding = null)
{
    //... 257#163
}

/// <summary>
/// 使用Get方法获取字符串结果（加入Cookie）
/// </summary>
/// <param name="url"></param>
/// <param name="cookieContainer"></param>
/// <param name="encoding"></param>
/// <returns></returns>
public static async Task<string> HttpGetAsync(string url, CookieContainer cookieContainer = null, Encoding encoding = null, int timeOut = Config.TIME_OUT)
{
    //... 257#163
}
```

有关异步编程的内容这里不再展开，示例可以看开源项目的 Sample。

12.3.2 POST 请求

与 GET 请求方式对应，RequestUtility 也提供了处理 POST 请求的方法：HttpPost()。HttpPost() 同样具有两个重写方法，应对不同的应用场景。以下是完整的具备 CookieContainer、文件上传、表单数据、二进制数据流等在内的完整实现 HttpPost() 258#164：

```csharp
public static string HttpPost(string url, CookieContainer cookieContainer = null, Stream postStream = null, Dictionary<string, string> fileDictionary = null, string refererUrl = null, Encoding encoding = null, int timeOut = Config.TIME_OUT, bool checkValidationResult = false)
{
    HttpWebRequest request = (HttpWebRequest)WebRequest.Create(url);
    request.Method = "POST";
    request.Timeout = timeOut;
    request.Proxy = _webproxy;

    if (checkValidationResult)
    {
        ServicePointManager.ServerCertificateValidationCallback =
            new RemoteCertificateValidationCallback(CheckValidationResult);
    }

    #region 处理Form表单文件上传
```

```csharp
        //表单上传相关代码...
        #endregion

        request.ContentLength = postStream != null ? postStream.Length : 0;
        request.Accept = "text/html,application/xhtml+xml,application/xml;q=0.9,image/webp,*/*;q=0.8";
        request.KeepAlive = true;

        if (!string.IsNullOrEmpty(refererUrl))
        {
            request.Referer = refererUrl;
        }
        request.UserAgent = "Mozilla/5.0 (Windows NT 6.1; WOW64) AppleWebKit/537.36 (KHTML, like Gecko) Chrome/31.0.1650.57 Safari/537.36";

        if (cookieContainer != null)
        {
            request.CookieContainer = cookieContainer;
        }

        #region 输入二进制流
        if (postStream != null)
        {
            postStream.Position = 0;

            //直接写入流
            Stream requestStream = request.GetRequestStream();

            byte[] buffer = new byte[1024];
            int bytesRead = 0;
            while ((bytesRead = postStream.Read(buffer, 0, buffer.Length)) != 0)
            {
                requestStream.Write(buffer, 0, bytesRead);
            }

            //debug
            //postStream.Seek(0, SeekOrigin.Begin);
            //StreamReader sr = new StreamReader(postStream);
            //var postStr = sr.ReadToEnd();

            postStream.Close();//关闭文件访问
        }
        #endregion

        HttpWebResponse response = (HttpWebResponse)request.GetResponse();

        if (cookieContainer != null)
        {
```

```csharp
                response.Cookies = cookieContainer.GetCookies(response.ResponseUri);
            }

            using (Stream responseStream = response.GetResponseStream())
            {
                using (StreamReader myStreamReader = new StreamReader(responseStream, encoding ?? Encoding.GetEncoding("utf-8")))
                {
                    string retString = myStreamReader.ReadToEnd();
                    return retString;
                }
            }
        }
```

HttpPost() 方法的参数说明如表 12-1 所示。

表 12-1

参数名称	类型	必填	说明
url	string	是	POST 请求的 URL
cookieContainer	CookieContainer	否	CookieContainer，用于传递 Cookie，如果不需要支持 Cookie 则设为 null
postStream	Stream	否	Post 方式传递的二进制数据流，可以是基于 Stream 类型的任何子类，如 MemoryStream、FileStream，等等。例如微信接口通常需要提交 JSON 信息，可以使用 MemoryStream 传送 JSON 字符串
fileDictionary	Dictionary<string, string>	否	需要上传文件的列表，此字典的 Key 和 Value 分别对应于所提交文件的 Name（相当于 Form 表单的 <input type="file" name="fileName"/>中的 fileName），以及本地文件的完整磁盘路径
refererUrl	string	否	用于模拟来源网页 URL
encoding	Encoding	否	编码类型，默认为 UTF-8
timeOut	int	否	请求超时时间（单位：毫秒），默认为 10000 毫秒，即 10 秒
checkValidationResult	bool	否	验证服务器证书回调自动验证，默认为 false

基于上述的 HttpPost 方法，我们还提供了一个更加便捷的模拟常规表单（无文件上传）的重写方法 258#165：

```csharp
public static string HttpPost(string url, CookieContainer cookieContainer = null,
Dictionary<string, string> formData = null, Encoding encoding = null, int timeOut = Config.TIME_OUT)
{
    MemoryStream ms = new MemoryStream();
    formData.FillFormDataStream(ms);//填充 formData
```

```
        return HttpPost(url, cookieContainer, ms, null, null, encoding, timeOut);
}
```

此方法提供了一个类型为 Dictionary<string, string>的 formData 参数,其 Key 和 Value 分别对应于常规 Form 表单提交的 Name 和 Value。FillFormDataStream() 会自动将这个字典转化为 Stream 传入到第一个介绍的 HttpPost() 方法中,以下是 FillFormDataStream() 方法的实现代码 258#401:

```
public static void FillFormDataStream(this Dictionary<string, string> formData, Stream stream)
{
    string dataString = GetQueryString(formData);
    var formDataBytes = formData == null ? new byte[0] : Encoding.UTF8.GetBytes(dataString);
    stream.Write(formDataBytes, 0, formDataBytes.Length);
    stream.Seek(0, SeekOrigin.Begin);//设置指针读取位置
}
```

此方法中还使用到了 GetQueryString()方法,目的是将 formData 转成 QueryString 的字符串形式,实现代码如下 258#166:

```
public static string GetQueryString(this Dictionary<string, string> formData)
{
    if (formData == null || formData.Count == 0)
    {
        return "";
    }

    StringBuilder sb = new StringBuilder();

    var i = 0;
    foreach (var kv in formData)
    {
        i++;
        sb.AppendFormat("{0}={1}", kv.Key, kv.Value);
        if (i < formData.Count)
        {
            sb.Append("&");
        }
    }

    return sb.ToString();
}
```

和 GET 请求一样,POST 请求方法除了同步方法以外,也都提供了配套的异步方法,原理和使用方法一致,这里不再重复介绍,方法名称的命名规则都是在同步方法后加"Async"。

12.3.3 JSON 请求

在微信接口中，GET 方式的请求得到的绝大多数是 JSON 类型的返回数据，为此我们在 Senparc.Weixin.HttpUtility 下面创建名为 Get 的类，包含了名为 GetJson<T>() 的方法 259#167：

```csharp
namespace Senparc.Weixin.HttpUtility
{
    /// <summary>
    /// Get 请求处理
    /// </summary>
    public static class Get
    {
        /// <summary>
        /// GET 方式请求 URL，并返回 T 类型
        /// </summary>
        /// <typeparam name="T">接收 JSON 的数据类型</typeparam>
        /// <param name="url"></param>
        /// <param name="encoding"></param>
        /// <param name="maxJsonLength">允许最大 JSON 长度</param>
        /// <returns></returns>
        public static T GetJson<T>(string url, Encoding encoding = null, int? maxJsonLength = null)
        {
            string returnText = RequestUtility.HttpGet(url, encoding);

            WeixinTrace.SendLog(url, returnText);

            JavaScriptSerializer js = new JavaScriptSerializer();
            if (maxJsonLength.HasValue)
            {
                js.MaxJsonLength = maxJsonLength.Value;
            }

            if (returnText.Contains("errcode"))
            {
                //可能发生错误
                WxJsonResult errorResult = js.Deserialize<WxJsonResult>(returnText);
                if (errorResult.errcode != ReturnCode.请求成功)
                {
                    //发生错误
                    throw new ErrorJsonResultException(
                        string.Format("微信请求发生错误！错误代码：{0}，说明：{1}",
                                    (int)errorResult.errcode, errorResult.errmsg),
                        null, errorResult, url);
                }
            }

            T result = js.Deserialize<T>(returnText);
```

```
            return result;
        }

    }
}
```

其中泛型 T 为返回类型,在通过此方法调用微信高级接口的时候,T 通常为 WxJsonResult 的子类,这里为了提高扩展性,没有对 T 的类型进行约束。

虽然 GetJson<T>() 没有针对 T 进行约束,但是其中对可能出现的 WxJsonResult 类型进行了判断,如果接收到错误代码,会抛出类型为 ErrorJsonResultException 的异常,具体内容我们会在第 13 章 13.3 节"异常处理"的内容中介绍。

此方法的 url 可以为任何 URI 资源地址字符串。encoding 参数用于设置请求的编码类型,默认为 UTF-8。由于 JavaScriptSerializer 默认对解析的字符串对象长度有限制,此处提供了一个名为 maxJsonLength 的参数,用于处理数据量比较大的 JSON 数据,例如可以传入 int.MaxValue,当然更建议传入一个可预知的最大值。

例如我们希望通过 **http://apistore.baidu.com/microservice/cityinfo?cityname=苏州** 这个第三方接口来获取苏州这个城市的基本信息,直接在地址栏访问这个接口可以得到如下的 JSON 信息:

```
{
  errNum: 0,
  retMsg: "success",
  retData: {
    cityName: "苏州",
    provinceName: "江苏",
    cityCode: "101190401",
    zipCode: "215000",
    telAreaCode: "0512"
  }
}
```

那如何利用 SDK 来处理呢?我们有如下两种方法。

方法一   类似本章之前介绍的方法,现根据 JSON 类型定义一个 CityInfoJsonResult 类,然后这样调用 259#169 :

```
var url = "http://apistore.baidu.com/microservice/cityinfo?cityname=苏州";
var result = Senparc.Weixin.HttpUtility.Get.GetJson<CityInfo>(url);
```

方法二   如果你确实够懒,而且有一些特殊情况,例如接口的名称是通过配置实现的,无法在编译之前确定名称等,则可以借助 dynamic 动态类型。此时可以不用创建 CityInfoJsonResult,直接以 Dynamic 作为泛型输入 259#170 :

```
var url = "http://apistore.baidu.com/microservice/cityinfo?cityname=苏州";
var result = Senparc.Weixin.HttpUtility.Get.GetJson<dynamic>(url);
```

表面上我们看到 JSON 被转为了 dynamic 这个"类型",实际上结果会被转为一个 Dictionary 的字典类型,其结构和 key-value 值与 JSON 中的关系是对应的。我们可以通过 result["key"] 的方式取值。图 12-2 为单元测试代码及结果。

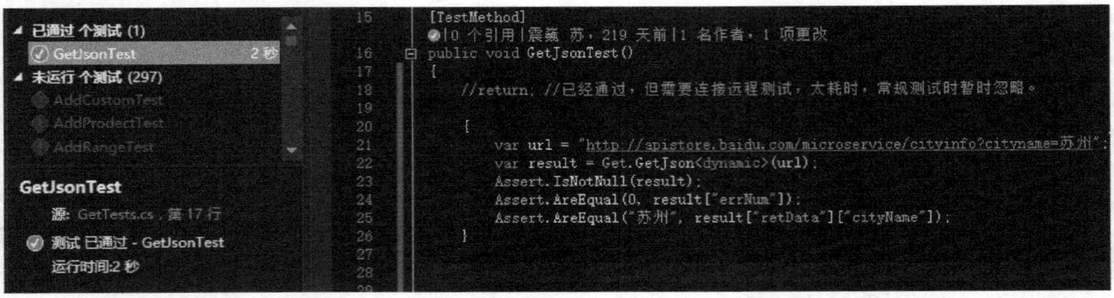

图12-2

12.3.4 文件上传/下载

微信公众号的实际开发过程中,处理图片、语音、视频等素材的上传和下载是非常重要的一个环节。在 RequestUtility 中,RequestUtility.HttpPost() 方法中已经提供了文件上传的能力,关于文件下载,通常是通过 Get 方法实现的,Get 类中有一个轻量级的文件下载方法 Download() 260#171:

```
public static void c(string url, Stream stream)
{
    WebClient wc = new WebClient();
    var data = wc.DownloadData(url);
    stream.Write(data, 0, data.Length);
}
```

参数如表 12-2 所示:

表 12-2

参数名称	类型	必填	说明
url	string	是	文件下载请求的 URL
stream	Stream	是	下载后储存二进制数据流的 Stream,可以是基于 Stream 类型的任何子类,如 MemoryStream、FileStream 等

例如我们需要从 Internet 下载一张图片并保存,可以这么做 260#172:

```
var url = "http://weixin.senparc.com/images/v2/ewm_01.png";
using (FileStream fs = new FileStream("qr.jpg", FileMode.OpenOrCreate))
{
    Get.Download(url, fs);//下载
    fs.Flush();//直接保存,无需处理指针
}
```

注意:此处的 stream 写入完成之后,并没有将指针指回起始位置,所以如果需要在方法调用之后继续访问这个 stream(通常需要这么做),那么需要对指针的位置进行一次重置。例如

我们需要下载一张图片，并将其转换成 Base64 编码，可以这样做 260#173：

```
var url = "http://weixin.senparc.com/images/v2/ewm_01.png";
string base64Img = null;
using (MemoryStream ms = new MemoryStream())
{
    Get.Download(url, fs);//下载
    ms.Seek(0, SeekOrigin.Begin);//将指针放到流的开始位置
    base64Img = Convert.ToBase64String(ms.ToArray());//输出图片 base64 编码
}
```

除了文件以外，此方法用于下载网页源代码、JSON 等数据也都适用，只是无法携带更加丰富的参数，例如 Cookie、POST 上传数据等，这些情况下就需要用到 HttpPost 等方法了。

文件的下载功能同样提供了配套的异步方法。

12.3.5 公共方法

除了已经介绍过的 FillFormDataStream() 和 GetQueryString() 等方法外，RequestUtility 还提供了一系列公用方法，日常的项目中也可以直接使用，如表 12-3 所示。

表 12-3

方法	说明
string HtmlEncode(this string html)	对 HTML 代码进行编码
string HtmlDecode(this string html)	对 HTML 代码进行解码
string UrlEncode(this string url)	对 URL 进行编码
string UrlDecode(this string url)	对 URL 进行解码
string AsUrlData(this string data)	将 URL 中的参数名称/值编码为合法的格式；可以解决类似这样的问题：假设参数名为 tvshow，参数值为 Tom&Jerry，如果不编码，可能得到的网址：http://a.com/?tvshow=Tom&Jerry&year=1965 编码后则为：http://a.com/?tvshow=Tom%26Jerry&year=1965 实践中经常导致问题的字符有："&""?""=" 等

以上方法都已标记为 public Static，可以直接通过 RequestUtility.XX() 进行调用。

12.4 使用 AccessToken 请求接口：CommonJsonSend

几乎所有的微信高级接口都需要提供 AccessToken 作为识别公众号以及合法授权凭证（令牌），为此我们封装了名为 CommonJsonSend 的类，作为可以统一的请求入口，处理需要提供 AccessToken 的接口请求。

12.4.1 Sent<T>() 方法

和本章介绍的 GET、POST 方法对应，CommonJsonSend 中的方法也同时提供了同步和异步的方法，下面介绍同步方法。CommonJsonSend 的主要方法如下 263#174：

```csharp
public static class CommonJsonSend
{
    public static T Send<T>(string accessToken, string urlFormat, object data,
CommonJsonSendType sendType = CommonJsonSendType.POST, int timeOut = Config.TIME_OUT,
bool checkValidationResult = false, JsonSetting jsonSetting = null)
    {
        try
        {
            var url = string.IsNullOrEmpty(accessToken) ? urlFormat : string.Format
(urlFormat, accessToken.AsUrlData());
            switch (sendType)
            {
                case CommonJsonSendType.GET:
                    return Get.GetJson<T>(url);
                case CommonJsonSendType.POST:
                    SerializerHelper serializerHelper = new SerializerHelper();
                    var jsonString = serializerHelper.GetJsonString(data, jsonSetting);
                    using (MemoryStream ms = new MemoryStream())
                    {
                        var bytes = Encoding.UTF8.GetBytes(jsonString);
                        ms.Write(bytes, 0, bytes.Length);
                        ms.Seek(0, SeekOrigin.Begin);

                        return Post.PostGetJson<T>(url, null, ms, timeOut: timeOut,
checkValidationResult: checkValidationResult);
                    }
                default:
                    throw new ArgumentOutOfRangeException("sendType");
            }
        }
        catch (ErrorJsonResultException ex)
        {
            ex.Url = urlFormat;
            throw;
        }
    }
}
```

CommonJsonSend 同时提供了对 GET 及 POST 两种请求类型的处理方法，对 Get 及 Post 类的方法进行了进一步的封装处理。Send<T>() 方法的参数如表 12-4 所示。

表 12-4

参数名称	类型	必填	说明
accessToken	string	是	通用接口的 AccessToken（非 OAuth 的 AccessToken） 如果接口不需要提供 AccessToken，则可以为 null，此时 urlFormat 不要提供 {0} 参数

续表

参数名称	类型	必填	说明
urlFormat	string	是	API 的 URL，参数中的{0}将被 AccessToken 替换
data	object	是	需要 Post 给接口的数据，通常为 JSON，此处可以为匿名类型。如果是 Get 请求可以输入 null
sendType	CommonJsonSendType	否	请求类型，选择 Get 或 Post。默认为 Post
timeOut	Int	否	请求超时时间（单位：毫秒），默认为 10000 毫秒，即 10 秒
checkValidationResult	bool	否	验证服务器证书回调自动验证，默认为 false
jsonSetting	JsonSetting	否	JSON 转换设置，随后将具体介绍

其中的 urlFormat 需和微信官方的 Url 格式保持严格的一致，例如官方文档中创建自定义菜单的接口为：

https://api.weixin.qq.com/cgi-bin/menu/create?access_token=**ACCESS_TOKEN**

则 urlFormat 为：

"https://api.weixin.qq.com/cgi-bin/menu/create?access_token=**{0}**"

12.4.2　JsonSetting

有不少开发者都很关心为什么 Senparc.Weixin SDK 在处理 JSON 的时候没有考虑使用 Newtonsoft.Json 组件（也称 Json.NET，http://www.newtonsoft.com/json）？其实针对这个问题我们是经过了仔细的思考和研究之后，才做出了这样的决定：

主要的原因是 Newtonsoft.Json 在从 6.x 向 8.x 的升级过程中，并没有保证很好的向下兼容性，出现了一些方法的"断层"，因此如果 SDK 选择了某个版本，而开发者的系统正在使用另外一个不兼容的版本，反而会给开发者带来一系列麻烦。当 6.x 的使用率下降到一定比例，我们还会优先考虑使用 Newtonsoft.Json。

因此当前 SDK 还是暂时选择使用了 .NET 自带的序列化方法，和 Newtonsoft.Json 相比，.NET 自带的方法不仅效率上会有非常微小的劣势，而且对于一些特殊的情况也没有能力处理，例如对于 JSON 出现的 null 值，无法在序列化到字符串的过程中自动过滤掉，而微信的接口中多处都出现了这类需求，因此我们自己创建了 WeixinJsonConventer 这个类，用于处理这种情况。CommonJsonSend.Send<T>() 方法中的 jsonSetting 参数就是 WeixinJsonConventer 的配置参数。

JsonSetting 的定义如下 264#176：

```
public class JsonSetting
{
    public bool IgnoreNulls { get; set; }
    public List<string> PropertiesToIgnore { get; set; }
    public List<Type> TypesToIgnore { get; set; }
```

```csharp
        public JsonSetting(bool ignoreNulls = false, List<string> propertiesToIgnore
= null, List<Type> typesToIgnore = null)
        {
            IgnoreNulls = ignoreNulls;
            PropertiesToIgnore = propertiesToIgnore ?? new List<string>();
            TypesToIgnore = typesToIgnore ?? new List<Type>();
        }
    }
```

JsonSetting 中的几个属性说明见表 12-5。

表 12-5

属性名称	类型	构造函数默认值	说明
IgnoreNulls	string	false	是否忽略当前类型以及具有 IJsonIgnoreNull 接口，且为 null 值的属性。如果为 true，符合此条件的属性将不会出现在 JSON 字符串中
PropertiesToIgnore	List<string>	null	需要特殊忽略 null 值的属性名称
TypesToIgnore	List<Type>	null	指定类型（Class，非 Interface）下的为 null 属性不生成到 JSON 中

例如我们有这样的一组数据，如表 12-6 所示。

表 12-6

字段	类型	值
CompanyName	string	"Senparc"
CreateTime	string	"2010-04-20"
Products	List<string>	["P1", "P2", "P3"]
Punish	List<int>	null
Hotline	string	"4000318816"
Note	string	null
QQGroup	List<string>	null

如果按照 .NET 自带的方法进行 JSON 格式序列化，结果可能是这样的：

```
[{
"CompanyName" : "Senparc",
"CreateTime" : "2010-04-20",
"Products" : ["P1" , "P2" , "P3"],
"Punish" : null,
"Hotline" : "4000318816",
"Note" : null,
"QQGroup" : null
}]
```

在微信的一些接口中，如果值为 null，则这一条数据就不能在 JSON 中出现，需要得到如下期望的结果：

```
[{
"CompanyName" : "Senparc",
"CreateTime" : " 2010-04-20",
"Products" : ["P1" , "P2" , "P3"],
"Hotline" : "4000318816"
}]
```

这种"忽略所有 null 属性"的情况，只需按照表 12-7 设置参数。

表 12-7

属性名称	值
IgnoreNulls	true
PropertiesToIgnore	null（默认）
TypesToIgnore	null（默认）

除此以外，还有第二种情况："仅当属性 Punish 和 Hotline 为 null 时忽略那一条，其他名称的属性不忽略"，此时我们需要将 IgnoreNulls 设为 false，并指定 PropertiesToIgnore，如表 12-8 所示。

表 12-8

属性名称	值
IgnoreNulls	false
PropertiesToIgnore	["Punish", "Hotline"]
TypesToIgnore	null（默认）

此时会生成如下 JSON：

```
[{
"CompanyName" : "Senparc",
"CreateTime" : " 2010-04-20",
"Products" : ["P1" , "P2" , "P3"],
"Hotline" : "4000318816",
"Note" : null,
"QQGroup" : null
}]
```

还有第三种情况："仅当 List<string> 和 List<int> 类型的属性为 null 时忽略那一条，其他类型的属性不忽略"，此时我们需要将 IgnoreNulls 设为 false，并指定 TypesToIgnore，如表 12-9 所示。

表 12-9

属性名称	值
IgnoreNulls	true
PropertiesToIgnore	null
TypesToIgnore	[typeof(List<string>), typeof(List<int>)]

此时会生成如下 JSON：

```
[{
"CompanyName" : "Senparc",
"CreateTime" : "2010-04-20",
"Products" : ["P1" , "P2" , "P3"],
"Hotline" : "4000318816",
"Note" : null,
}]
```

这种情况在微信接口中出现的频率是比较高的，例如"创建卡券"的接口中，当 BaseCardInfo 的 base_info 属性（对应类型为 Card_BaseInfoBase）为 null 时，不能出现在提交的 JSON 数据中，否则会出错（严格地讲这些问题都是微信的 Bug），此时我们可以这样设置 264#177：

```
var jsonSetting = new JsonSetting(false/*此接口也可以用true*/, null,
    new List<Type>()
    {
        typeof (Card_BaseInfoBase)//过滤base_info属性
    });

var result = CommonJsonSend.Send<CardCreateResultJson>(null, urlFormat, cardData,
timeOut: timeOut,
    //针对特殊字段的null值进行过滤
    jsonSetting: jsonSetting);
```

除了有名称和类型规则的忽略条件，我们还创建了一个名为 IJsonIgnoreNull 的接口，只要实现了这个接口（或继承 JsonIgnoreNull 类）的类，无论 JsonSetting 中的三个属性为什么值，都会被强制忽略。IJsonIgoreNull 接口及默认实现 JsonIgoreNull 类的定义如下 264#178：

```
public interface IJsonIgnoreNull : IEntityBase
{
}

public class JsonIgnoreNull : IJsonIgnoreNull
{
}
```

IJsonIgnoreNull 是针对类的一种标记方式，如果需要同样强制忽略某个属性，尤其是值类型和结构（struct），则可以使用 .NET 的 [ScriptIgnoreAttribute] 属性进行标记。

12.4.3 WeixinJsonConventer

JsonSetting 是为 WeixinJsonConventer 服务的，最终实现忽略属性功能的方法都在 WeixinJsonConventer 中，WeixinJsonConventer 继承自 JavaScriptConverter，实现方法见 265#179。

其中的处理规则和逻辑已经在 JsonSetting 的内容中介绍过，这里不再重复。

WeixinJsonConventer 的使用方法和其他所有的 JavaScriptConverter 对象类似，这里我们将其

封装成一个名为 GetJsonString() 的方法，代码如下 265#180:

```
public string GetJsonString(object data, JsonSetting jsonSetting = null)
{
    JavaScriptSerializer jsSerializer = new JavaScriptSerializer();
    jsSerializer.RegisterConverters(new JavaScriptConverter[]
    {
        new WeixinJsonConventer(data.GetType(), jsonSetting),
        new ExpandoJsonConverter()
    });

    var jsonString = jsSerializer.Serialize(data);

    //解码Unicode,也可以通过设置App.Config(Web.Config)设置来做，这里只是暂时弥补一下，用到的地方不多
    MatchEvaluator evaluator = new MatchEvaluator(DecodeUnicode);
    var json = Regex.Replace(jsonString, @"\\u[0123456789abcdef]{4}", evaluator);
    //或：[\\u007f-\\uffff], \对应为\u000a，但一般情况下会保持\
    return json;
}
```

其中 data 为包括匿名类型在内的，需要转成 JSON 字符串的任意类型数据，jsonSetting 用于传入忽略规则。此方法在 CommonJsonSend.Sent<T>() 方法中被使用到 265#181:

```
//其他代码
case CommonJsonSendType.POST:
    SerializerHelper serializerHelper = new SerializerHelper();
    var jsonString = serializerHelper.GetJsonString(data, jsonSetting);
    using (MemoryStream ms = new MemoryStream())
    {
        var bytes = Encoding.UTF8.GetBytes(jsonString);
        ms.Write(bytes, 0, bytes.Length);
        ms.Seek(0, SeekOrigin.Begin);

        return Post.PostGetJson<T>(url, null, ms, timeOut: timeOut, checkValidationResult: checkValidationResult);
    }
//其他代码
```

12.5 AccessToken 自动处理器：ApiHandlerWapper

在之前的过程中，我们先为不同的请求类型和用途准备了一些类和方法，然后在这些方法的基础上，又封装了一系列的类和方法，以更好地支持 AccessToken 以及 JSON 等对象的处理。

到此为止，看上去这已经是个用起来很方便的工具了，不过在实际使用过程中，我们发现光有这些类还不够方便——我们需要始终面临一个问题：AccessToken 过期。

在 AppId 和 Secret 都正确的前提下，AccessToken 的"过期"（或称"无效"）通常有这么几种情况。

- 没有通过 AppId 和 Secret 获取正确的 AccessToken；
- 已经获取过 AccessToken，但已超过有效期（默认为 7200 秒）；
- 已经获取过 AccessToken，但在其他地方刷新了 AccessToken 导致当前保存的 AccessToken 失效。

如果在每次调用 API 的时候，由接口返回 AccessToken 无效的错误信息，再去处理，将会产生很大的工作量，并且会额外增加系统代码的复杂程度。

为此我们创建了 **TryCommonApi** 用于自动处理 AccessToken 的各种情况，并在其"过期"的时候自动进行一次获取，确保（在参数和权限正确的情况下）能够一次返回正确的 API 调用结果。

TryCommonApi 的处理流程如图 12-3 所示 266#362。

TryCommonApi 的方法实现代码见 266#182。

以获取用户信息为例，原始的接口写法应该是这样的 266#183：

```
public static UserInfoJson Info(string accessToken, string openId, Language lang = Language.zh_CN)
{
    string url = string.Format("https://api.weixin.qq.com/cgi-bin/user/info?access_token={0}&openid={1}&lang={2}",
        accessToken.AsUrlData(), openId.AsUrlData(), lang.ToString("g").AsUrlData());
    return HttpUtility.Get.GetJson<UserInfoJson>(url);
}
```

由于 GetJson<UserInfoJson>(url) 方法在 accessToken 参数过期的时候会抛出异常，因此开发者为了防止 accessToken 过期，必须在每次调用 Info() 方法之前判断 AccessToken 的有效性，或者使用 try{}catch{} 来对 Info() 方法捕获异常，并在得到过期异常的情况下再次刷新 AccessToken、再次调用 Info。

这显然是不能接受的。

有了 TryCommonApi 之后，相关的一系列问题就得到了化解，现在所有需要使用 AccessToken 的接口方法都统一使用了如下的格式 266#184：

```
public static UserInfoJson Info(string accessTokenOrAppId, string openId, Language lang = Language.zh_CN)
{
    return ApiHandlerWapper.TryCommonApi(accessToken =>
    {
        string url = string.Format("https://api.weixin.qq.com/cgi-bin/user/info?access_token={0}&openid={1}&lang={2}",
            accessToken.AsUrlData(), openId.AsUrlData(), lang.ToString("g").AsUrlData());
        return HttpUtility.Get.GetJson<UserInfoJson>(url);
    }, accessTokenOrAppId);
}
```

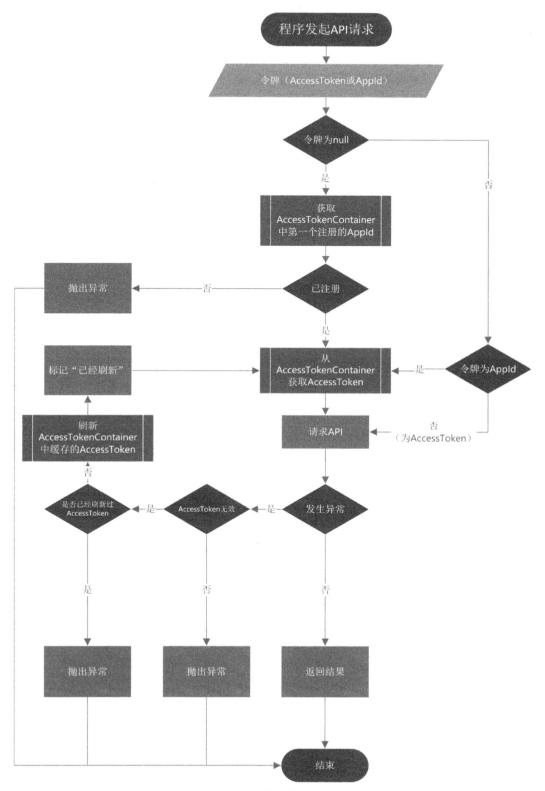

图12-3

这样，开发者在调用接口的时候不再需要担心 AccessToken 过期的问题了，**可以假设 "AccessToken 永远不会过期"**。

不光如此，从图 12-2 及 TryCommonApi 的代码我们可以看到，TryCommonApi 支持输入微信公众号的 AppId，这意味着我们甚至可以忘掉 AccessToken 的存在，只需要知道我们需要操作的是哪个对应的 AppId，TryCommonApi 以及第 10 章已经介绍过的 AccessTokenContainer 会自动获取 AccessToken，唯一需要做的就是在全局给公众号做一个注册 266#185 ：

```
namespace Senparc.Web
{
    public class MvcApplication : System.Web.HttpApplication
    {
        protected void Application_Start()
        {
            var appId = "你的 AppId";
            var appSecret = "你的 AppSecret";
            //注册微信
            Containers.AccessTokenContainer.Register(appId, appSecret);
        }
    }
}
```

至此，只需要以最普通的方式调用微信接口，彻底忘掉 AccessToken 和刷新的事情 266#186 ：

```
UserApi.Info(appId, openId); //获取用户信息
```

当然你仍然可以选择使用 accessToken 传入，但须关心过期的问题。

习题

12.1 使用 POST 方法来获取一条 JSON 消息的方法是什么（或有哪些）？

12.2 ApiHandlerWapper 的作用是什么？

12.3 为什么获取 AccessToken 接口的底层方法不能使用 ApiHandlerWapper？

12.4 如何使用 Senparc.Weixin SDK 提供的方法从任意网站下载一个图片，并保存到本地？

第 13 章 Debug 模式及异常处理

微信官方对于通信安全的考虑是比较周全的,例如 JS-SDK 在使用的时候必须符合后台注册的域名地址,以及官方的消息通信只向通过了 ICP 备案的域名开放等。由此给开发带来的一个负面的影响就是有些功能必须要发布到线上之后才能测试(其他方式见第 3 章 3.1.4 "服务器")。除此以外,当本地测试通过之后,也需要在实际环境中进行测试。

在此过程中的远程代码监测是十分重要的,一方面我们需要了解程序即时的运行状态,另外一方面如果发生异常,也需要及时知道异常发生的时间、接口、错误类型及其他详细的错误信息。

为此,Senparc.Weixin SDK 加入了一套可热切换的 Debug 模式,以及一套异常处理机制。

13.1 Debug 模式设计原理

Debug 模式在 Senparc.Weixin SDK 中可以随时开启或关闭 268#187:

```
Senparc.Weixin.Config.IsDebug = true;//打开 Debug 模式
Senparc.Weixin.Config.IsDebug = false;//关闭 Debug 模式,稳定生产环境中可以关闭
```

当 IsDebug 为 true 时,Senparc.Weixin SDK 会在以下情况下记录日志:

- API 被调用时(GET/POST)。
- 手动调用 WeixinTrace. SendLog () 方法时(见本章 13.2 "WeixinTrace")。
- 当 WeixinException、ErrorJsonResultException 等异常发生的时候(见本章 13.4 "异常处理")。
- 使用 WeixinTrace.Log() 方法添加日志时(见本章 13.2 "WeixinTrace"),事实上,WeixinTrace.Log() 方法是所有途径最终触发记录日志的地方。

当 IsDebug 为 false 时，即使手动调用触发以上条件中任意一条，日志都不会被记录。

默认情况下，日志以天为单位记录在一个文本文件（.log）中，并存放于 **/App_Data/WeixinTraceLog/** 目录下，例如：

`/App_Data/WeixinTraceLog/SenparcWeixinTrace-20161225.log`

我们推荐的微信日志记录的格式和规则如下：

```
[[[类型]]]
[时间]
[线程]
日志内容
（空行）
```

例如接口调用的日志如下：

```
[[[接口调用]]]
[2016/12/25 0:40:46]
[线程:32]
    URL：https://api.weixin.qq.com/cgi-bin/token?grant_type=client_credential&appid=wxXX&secret=XXX
    Result：
{"access_token":"Tt7E36XgDB37b-o_Gehi374YjpFeuONm7KMBVZxJeG-xEZffk_Y7XUrvIL7uHogASBdkfAC2sUqs1luz7qlg-oGn-fSG1h5jjTkJCK-yazgKVJjCJAEPD","expires_in":7200}
```

"日志内容"的首行会自动进行一个单位的缩进，内容中可以包含换行，但是尽量不要包含三个连续的"["符号（[[[），因为"[[["是某一条记录的开始，可以方便开发者对日志内容进行识别并输出到页面中或进行数据分析。

Debug 日志记录的核心代码都封装在 Senparc.Weixin.WeixinTrace 类下。

13.2 WeixinTrace

WeixinTrace.cs 位于 Senparc.Weixin 项目的 Trace 文件夹下，WeixinTrace 是一个静态类，命名空间为 Senparc.Weixin，WeixinTrace.cs 文件的源代码见 269#188 。

代码比较简单且有注释，阅读很方便，这里不再一一展开，需要特别说明一下的是几个公共方法。

- Log() 方法可用于记录单行的日志，但是通常情况下我们不建议使用，因为这会打破上文中提到的推荐日志格式。

- SendCustomLog() 方法可用于自定义的日志记录，按照参数输入即可输出推荐的日志格式（下同）。

- SendApiLog() 方法用于记录 API 调用时的日志，通常为 Senparc.Weixin SDK 内部使用。

- WeixinExceptionLog() 方法用于记录 WeixinException 异常的日志。
- ErrorJsonResultExceptionLog() 方法用于记录 ErrorJsonResultException 异常的日志，通常在 API 调用发生异常或返回错误代码的时候触发。由于 WeixinException 是 ErrorJsonResultException 的基类，因此默认情况下，当 ErrorJsonResultExceptionLog 自动由 ErrorJsonResultException 触发的时候，WeixinException 中将不再触发 WeixinExceptionLog（逻辑详见本章 11.3 "异常处理"）。

除了这几个公共的方法，WeixinTrace 中还有两个公共的委托 269#189：

```
/// <summary>
/// 记录 WeixinException 日志时需要执行的任务
/// </summary>
static Action<WeixinException> OnWeixinExceptionFunc;

/// <summary>
/// 执行所有日志记录操作时执行的任务（发生在 Senparc.Weixin 记录日志之后）
/// </summary>
public static Action OnLogFunc;
```

这两个委托会分别在日志结束的时候被调用。其中，OnLogFunc 会在日志结束（关闭）之后执行；OnWeixinExceptionFunc 会在所有 WeixinExpection 相关的日志（包括 WeixinExceptionLog() 和 ErrorJsonResultExceptionLog() 等）在执行 OnLogFunc 之前执行。

例如，有这样的一个常见需求：对所有的日志记录完成之后，使用系统的 log4net 模块记录一条日志，并在所有的 WeixinException 相关日志完成记录后，也记录一条特殊的 log4net 日志，然后再向管理员推送一条微信模板消息，那么我们可以在 Global.asax.cs（或 App_Start 中）运行例如这样的代码 269#190：

```
private void ConfigWeixinLog()
{
    Senparc.Weixin.Config.IsDebug = true;

    //自定义日志记录回调
    Senparc.Weixin.WeixinTrace.OnLogFunc = () =>
    {
        log4net.LogManager.GetLogger("SenparcWeixinLog").Info("记录了一条 SenparcWeixinLog");
    };

    Senparc.Weixin.WeixinTrace.OnWeixinExceptionFunc = ex =>
    {
        //加入每次触发 WeixinExceptionLog 后需要执行的代码

        //发送模板消息给管理员
        try
        {
```

```csharp
//开启异步任务
Task.Factory.StartNew(async () =>
{
    var appId = "appId";
    string openId = "管理员 OpenId";
    var host = "A1";
    string service = null;
    string message = null;
    var status = ex.GetType().Name;
    var remark = "备注信息";
    string url = null;//需要点击打开的 URL

    if (ex is ErrorJsonResultException)
    {
        var jsonEx = (ErrorJsonResultException)ex;
        service = jsonEx.Url;
        message = jsonEx.Message;
    }
    else
    {
        service = "WeixinException";
        message = ex.Message;
    }

    // WeixinTemplate_ExceptionAlert 是一个自定义的类,
    // 用于打包 data 信息
    var data = new WeixinTemplate_ExceptionAlert(
        "微信发生异常", host, service, status, message, remark);

    //调用异步模板消息接口
    var result = await Senparc.Weixin.MP.AdvancedAPIs
                .TemplateApi
                .SendTemplateMessageAsync(appId, openId,
 data.TemplateId, url, data);
    });
}
catch (Exception e)
{
    Senparc.Weixin.WeixinTrace
    .SendCustomLog("OnWeixinExceptionFunc 过程错误", e.Message);
}
};
}
```

当然,除了在系统启动的时候设置,也可以在程序的任意位置进行设置和改写这两个委托。

上述代码中,为了突出逻辑,并没有加入更多的判断,用于防止在模板消息接口的调用过程中发生错误(抛出 ErrorJsonResultException 异常),从而导致无限迭代执行 OnWeixinException-

Func 的情况，在实际生产环境中务必要注意这个问题，例如加入如下粗体代码 |269#191|：

```
var sendTemplateMessage = true;

if (ex is ErrorJsonResultException)
{
    var jsonEx = (ErrorJsonResultException)ex;
    service = jsonEx.Url;
    message = jsonEx.Message;

    //需要忽略的类型
    var ignoreErrorCodes = new[]
    {
        ReturnCode.获取access_token时AppSecret错误或者access_token无效,
        ReturnCode.template_id不正确,
        ReturnCode.缺少access_token参数,
        ReturnCode.api功能未授权,
        ReturnCode.用户未授权该api,
        ReturnCode.参数错误invalid_parameter,
        ReturnCode.接口调用超过限制,
        //其他更多可能的情况
    };
    if (ignoreErrorCodes.Contains(jsonEx.JsonResult.errcode))
    {
        sendTemplateMessage = false;//防止无限递归，这种请款那个下不发送消息
    }
    //TODO:防止更多的接口自身错误导致的无限递归。
}

//...

if (sendTemplateMessage)
{
    //调用SendTemplateMessageAsync()方法
}
```

此外，上述代码采用了异步接口发送模板消息，为的是尽量不带来程序上的阻塞，因为日志触发的情况可能会比较多，而且很多情况不可预测，如果使用过多阻塞的方式做，可能会比较明显地影响运行（或测试）结果，如果在生产环境中开启 IsDebug 状态的话，尤其要注意不要在这些事件中加入负担过重的操作。

此功能可以在"盛派网络小助手"微信公众号内发送文字"ex"进行体验。

上述代码中的 WeixinTemplate_ExceptionAlert 类的设计思路详见第 15 章"模板消息"。

13.3 异常处理

Senparc.Weixin SDK 的异常处理可以帮助开发者有针对性地处理特定的异常类型，无论是在测试过程中还是生产环境中，这都是非常重要的。

所有的全局异常类型都位于 Senparc.Weixin 项目的 Senparc.Weixin.Exceptions 命名空间下，目前已有的异常类型有：

- WeixinException
- ErrorJsonResultException
- MessageHandlerException
- UnknownRequestMsgTypeException
- UnRegisterAppIdException
- WeixinMenuException

更多的异常类型将会随项目升级而按需添加，以下将逐一介绍现有的异常类型。

13.3.1 WeixinException

WeixinException 的基类是 ApplicationException，同时又是其他 5 个异常类型的基类。定义代码如下 421#192：

```
using System;

namespace Senparc.Weixin.Exceptions
{
    /// <summary>
    /// 微信自定义异常基类
    /// </summary>
    public class WeixinException : ApplicationException
    {
        /// <summary>
        /// WeixinException
        /// </summary>
        /// <param name="message">异常消息</param>
        /// <param name="logged">是否已经使用 WeixinTrace 记录日志，如果没有，WeixinException 会进行概要记录</param>
        public WeixinException(string message, bool logged = false)
            : this(message, null, logged)
        {
        }

        /// <summary>
        /// WeixinException
        /// </summary>
        /// <param name="message">异常消息</param>
```

```
        /// <param name="inner">内部异常信息</param>
        /// <param name="logged">是否已经使用 WeixinTrace 记录日志，如果没有，
WeixinException 会进行概要记录</param>
        public WeixinException(string message, Exception inner, bool logged = false)
            : base(message, inner)
        {
            if (!logged)
            {
                WeixinTrace.WeixinExceptionLog(this);
            }
        }
    }
}
```

WeixinException 的 2 个构造函数中，都有一个名为 logged 的参数，由于 WeixinException 是其他异常类型的基类，而其他类型中也可能对日志进行记录，因此，当 logged 参数为 true 时，WeixinException 认为本次异常的日志已经被记录，在 WeixinException 内部不再重复记录日志。

在第二个构造函数中，WeixinException 调用了上文介绍的 WeixinTrace 中的 WeixinExceptionLog() 方法，并将当前实例（this）作为 Exception 参数传入，用于记录本次异常。在这个过程结束前，如果 OnWeixinExceptionFunc 委托已经被定义，则会被尝试执行。

13.3.2　ErrorJsonResultException

ErrorJsonResultException 是从 WeixinException 派生的子类，代码如下 272#193：

```
using System;
using Senparc.Weixin.Entities;

namespace Senparc.Weixin.Exceptions
{
    /// <summary>
    /// JSON 返回错误代码（比如 token_access 相关操作中使用）。
    /// </summary>
    public class ErrorJsonResultException : WeixinException
    {
        public WxJsonResult JsonResult { get; set; }
        public string Url { get; set; }

        /// <summary>
        /// ErrorJsonResultException
        /// </summary>
        /// <param name="message">异常消息</param>
        /// <param name="inner">内部异常</param>
        /// <param name="jsonResult">WxJsonResult</param>
        /// <param name="url">API 地址</param>
        public ErrorJsonResultException(string message, Exception inner, WxJsonResult jsonResult, string url = null)
```

```
            : base(message, inner, true)
        {
            JsonResult = jsonResult;
            Url = url;

            WeixinTrace.ErrorJsonResultExceptionLog(this);
        }
    }
}
```

ErrorJsonResultException 通常用于返回 JSON 格式的 API 中，当 JSON 中出现错误代码的时候（例如 access_token 已经过期，或某些 API 没有权限），就会触发 ErrorJsonResultException。

ErrorJsonResultException 中有如下两个属性。

- JsonResult 属性，储存了异常发生时，已经得到的微信服务器返回的结果，JsonResult 的类型为 WxJsonResult，WxJsonResult 是绝大部分返回结果类型为 JSON 的 API 的结果类型的基类（详见第 12 章 12.2.1 "基类：WxJsonResult"），当然 JsonResult 储存的返回结果信息仍然是完整的，例如在获取 AccessToken 的过程中如果发生错误，则会储存 AccessTokenResult。

- Url 属性，用于记录当前正在请求的 API 的 URL（带 QueryString 参数），但是不会记录 POST 方式提交的表单信息。

ErrorJsonResultException 在调用基类的构造函数时，传入的 logged 参数为 true，因此基类 WeixinException 中不会再启用日志记录功能。

ErrorJsonResultExceptiond 的构造函数中调用了 WeixinTrace.ErrorJsonResultExceptionLog() 方法，用于记录这种特殊的异常类型日志。

13.3.3　MessageHandlerException

MessageHandlerException 用于处理 MessageHandler 各种过程中发生的异常（详见第 7 章 "MessageHandler：简化消息处理流程"），代码如下 273#194：

```
using System;

namespace Senparc.Weixin.Exceptions
{
    /// <summary>
    /// MessageHandler 异常
    /// </summary>
    public class MessageHandlerException : WeixinException
    {
        public MessageHandlerException(string message)
            : this(message, null)
        {
        }
```

```
        public MessageHandlerException(string message, Exception inner)
            : base(message, inner)
        {
        }
    }
}
```

MessageHandlerException 目前没有添加更多的日志处理代码，因为 MessageHandler 本身就是一个比较开放的模块，开发者可以获得到几乎所有环境中的信息。

13.3.4　UnknownRequestMsgTypeException

UnknownRequestMsgTypeException 是 MessageHandlerException 的子类，会在 MessageHandler 收到系统无法识别的消息类型时触发，代码如下 274#195：

```
using System;

namespace Senparc.Weixin.Exceptions
{
    /// <summary>
    /// 未知请求类型。
    /// </summary>
    public class UnknownRequestMsgTypeException : WeixinException
    {
        public UnknownRequestMsgTypeException(string message)
            : this(message, null)
        {
        }

        public UnknownRequestMsgTypeException(string message, Exception inner)
            : base(message, inner)
        { }
    }
}
```

由于微信的消息类型相对比较稳定，不会出现频繁的增改，Senparc.Weixin SDK 也已经对目前需要使用到的几乎所有类型进行了处理，所以，UnknownRequestMsgTypeException 更大的意义是用于提醒开发团队保持更新，当遇到新的未处理的类型可以及时处理。因此，在 UnknownRequestMsgTypeException 的内部没有进行更多的处理，我们更需要的是这个异常的"名字"，作为一种提示。

13.3.5　UnRegisterAppIdException

UnRegisterAppIdException 异常会在同时满足以下条件的时候抛出：

1）AppId 没有进行过注册；

2）程序试图通过 AppId 索引 AccessToken 等参数。

AppId 索引的过程主要存在于 Container 中（详见第 10 章"Container：数据容器"）以及 TryCommonApi() 方法（详见第 12 章 12.5 "AccessToken 自动处理器：ApiHandlerWapper"）的过程中。

要避免 UnRegisterAppIdException 的发生，需要及时注册公众号（当然也包括了企业号等）的 AppId 和 Secret。

通常，系统中的公众号有以下两种情况：

1）系统所服务的公众号是固定的。这种情况下建议在 Global 中进行注册，可以参考 Senparc.Weixin.MP.Sample 项目的做法。

2）系统服务的公众号是不确定的，例如使用了开放平台，或者随时有公众号加入进来，这种情况下需要在明确账号信息的第一时间进行注册。

除此以外，注册的时间点也和系统使用的缓存策略有关：

1）如果系统使用的是本地内存缓存，那么在应用程序池（或网站）重启之后，缓存会被清空，因此需要重新注册。

2）如果系统使用的是分布式缓存（如 Redis、Memcached 等），那么在应用程序池（或网站）重启后，不会影响缓存的状态（除非存在其他关联），这种情况下不需要重复进行注册，在缓存的生命周期内注册一次即可。

UnRegisterAppIdException 类的定义如下 275#196 ：

```csharp
using System;

namespace Senparc.Weixin.Exceptions
{
    /// <summary>
    /// 未注册 AppId 异常
    /// </summary>
    public class UnRegisterAppIdException : WeixinException
    {
        public string AppId { get; set; }
        public UnRegisterAppIdException(string appId, string message, Exception inner = null)
            : base(message, inner)
        {
            AppId = appId;
        }
    }
}
```

UnRegisterAppIdException 中我们可以获取到未注册的 AppId，开发者可以根据这个线索对微信公众号进行处理。

13.3.6 WeixinMenuException

WeixinMenuException 会在自定义菜单接口调用出现异常的时候抛出，常见的错误提示有：

- 不合法的菜单类型
- 合法的按钮个数
- 不合法的按钮个数
- 不合法的按钮名字长度
- 不合法的按钮 Key 长度
- 不合法的按钮 URL 长度
- 不合法的菜单版本号
- 不合法的子菜单级数
- 不合法的子菜单按钮个数
- 不合法的子菜单按钮类型
- 不合法的子菜单按钮名字长度
- 不合法的子菜单按钮 Key 长度
- 不合法的子菜单按钮 URL 长度
- 不合法的自定义菜单使用用户
- 缺少子菜单数据
- 创建菜单个数超过限制
- 官方返回的其他错误类型

WeixinMenuException 类定义如下 276#197：

```csharp
using System;

namespace Senparc.Weixin.Exceptions
{
    /// <summary>
    /// 菜单异常
    /// </summary>
    public class WeixinMenuException : WeixinException
    {
        public WeixinMenuException(string message)
            : this(message, null)
        {
        }

        public WeixinMenuException(string message, Exception inner)
            : base(message, inner)
        {
        }
    }
}
```

13.4 微信官方在线调试工具

除了 Senparc.Weixin SDK 在运行时返回的异常以外，微信官方也提供了在线的测试工具，可以进行比较明确的接口正确性检测，帮助开发者调试。

微信公众平台接口调试工具在线地址为 278#494：http://mp.weixin.qq.com/debug/。

在线调试工具的使用比较简单，例如当需要测试 AppId 及 Secret 是否正确，并且希望直接看到返回的 JSON 结果时，可以在【接口类型】中选中"基础支持"选项，在【接口列表】中选中"获取 access_token 接口 /token"选项，然后输入需要测试的微信公众号的 AppId 及 Secret 参数，如图 13-1 所示。

图13-1

单击【检查问题】按钮，当参数都正确的时候会返回期望的 JSON 结果，如图 13-2 所示。

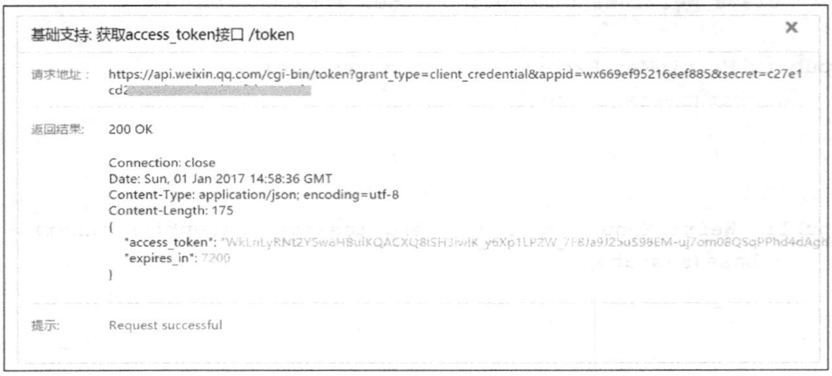

图13-2

当发生错误的时候，会返回 errorcode 和 errmsg（也即 WxJsonResult 对应的参数），如图 13-3 所示。

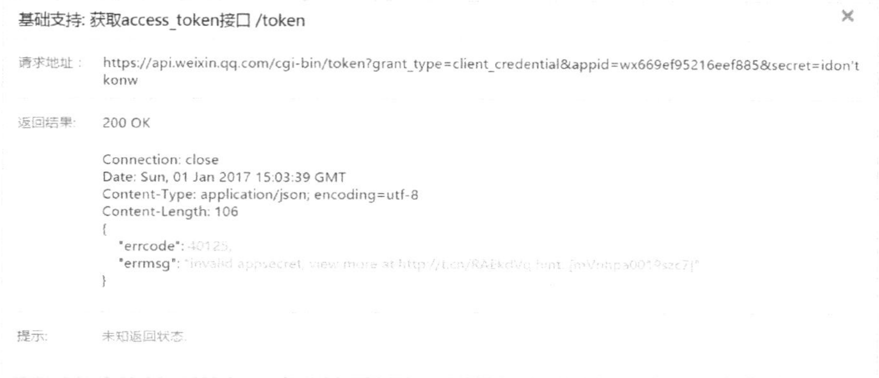

```
基础支持：获取access_token接口 /token                                    ×

请求地址：   https://api.weixin.qq.com/cgi-bin/token?grant_type=client_credential&appid=wx669ef95216eef885&secret=idon't
            konw

返回结果：   200 OK

            Connection: close
            Date: Sun, 01 Jan 2017 15:03:39 GMT
            Content-Type: application/json; encoding=utf-8
            Content-Length: 106
            {
              "errcode": 40125,
              "errmsg": "invalid appsecret, view more at http://j.cn/RAEkdVq hint: [m5nhpa0019sec7]"
            }

提示：       未知返回状态。
```

图13-3

在系统实际运行的过程中，当调用的接口返回的 errorcode 不为 0（即"请求成功"）时，就会抛出 ErrorJsonResultException 异常，并记录下本次接口返回的数据，上面测试 access_token 接口对应的接口方法为 Senparc.Weixin.MP.CommonAPIs.CommonApi.GetToken()，返回的结果类型为：AccessTokenResult。

习题

13.1 如何开启或关闭 Senparc.Weixin SDK 的 Debug 模式？

13.2 请列举 3 个 Senparc.Weixin 中定义的异常类型。

第三部分　Senparc.Weixin SDK 接口介绍

第 14 章　微信接口

第 15 章　模板消息

第 16 章　微信网页授权（OAuth 2.0）

第 17 章　其他帮助类及辅助接口

第 18 章　微信网页开发：JS-SDK

第 19 章　微信支付

Chapter 14

第 14 章 微信接口

本章将以微信官方的接口结构及顺序为参考,逐个介绍 Senparc.Weixin SDK 通用接口及高级接口的定义。

微信官方接口文档地址 281#198:https://mp.weixin.qq.com/wiki。

高级接口都需要使用到 AccessToken,本章的代码示例将利用 ApiHandlerWapper(见第 12 章 12.5 节)、AccessTokenContainer(见第 10 章 10.4 节)等优越的特性,直接使用 AppId 的方式进行接口调用。

由于多数接口方法的编写逻辑都很清晰且近似,本章只举少数有代表性的方法展示源代码。完整的源代码可以参考 GitHub 281#445(https://github.com/JeffreySu/WeiXinMPSDK)的最新代码。

14.1 微信接口概述

"接口"的含义比较广泛,本章所指的"接口"除有特殊说明以外,是指通过 Web API 方式与微信服务器进行通信的接口,表面上来看,就是通过 URL 获取信息或进行微信设置的通信途径。"接口"与第 7 章所介绍的"消息处理"共同构成了微信 2 种最主要的服务器间的交互形式。

在微信公众号刚诞生的时候,官方将接口分成了两类:**通用接口**和**高级接口**。

通用接口是指微信公众号在尚未通过认证的情况下,可以使用的基础接口,如获取 AccessToken、微信菜单、获取微信服务器的 IP 段等(针对服务号、订阅号限制会各有不同)。

高级接口是指微信公众号在满足一定条件下才能使用的接口,例如卡券接口、微信支付、开通摇一摇周边等。

现在随着微信公众号类别和验证条件的增多,官方已经弱化这两类接口的分类。

即便如此,作为学习之用,我们还是更愿意保留这两个概念,在 Senparc.Weixin SDK 的设计中至今也保留了 CommonAPIs（通用接口）和 AdvancedAPIs（高级接口）这两个分类。

通用接口与高级接口相比，在原理和实现上并没有特别之处，其运行原理都是一致的。

其中，CommonAPIs 提供了如下接口：

- 获取接口调用凭据相关接口
- 微信菜单相关接口
- 获取用户信息接口
- JSSDK 相关接口
- 获取微信服务器的 IP 段接口

除了上述接口，CommonAPIs 还担负着为所有接口提供基础功能的任务，如 AccessToken-HandlerWapper、CommonJsonSend 定义等。

除了上述通用接口以外的接口，本章所介绍的余下接口都是高级接口。

14.2 开始使用微信接口

14.2.1 获取接口调用凭据（AccessToken）

以下是官方对"接口调用凭证（AccessToken）"的一段非常重要的说明 284#557：

access_token 是公众号的全局唯一接口调用凭据，公众号调用各接口时都需使用 access_token。开发者需要进行妥善保存。access_token 的存储至少要保留 512 个字符空间。access_token 的有效期目前为 2 个小时，需定时刷新，重复获取将导致上次获取的 access_token 失效。

公众平台的 API 调用所需的 access_token 的使用及生成方式说明：

1、为了保密 AppSecrect，第三方需要一个 access_token 获取和刷新的中控服务器。而其他业务逻辑服务器所使用的 access_token 均来自于该中控服务器，不应该各自去刷新，否则会造成 access_token 覆盖而影响业务；

2、目前 access_token 的有效期通过返回的 expire_in 来传达，目前是 7200 秒之内的值。中控服务器需要根据这个有效时间提前去刷新新 access_token。在刷新过程中，中控服务器对外输出的依然是老 access_token，此时公众平台后台会保证在刷新短时间内，新老 access_token 都可用，这保证了第三方业务的平滑过渡；

3、access_token 的有效时间可能会在未来有调整，所以中控服务器不仅需要内部定时主动刷新，还需要提供被动刷新 access_token 的接口，这样便于业务服务器在 API 调用获知 access_token 已超时的情况下，可以触发 access_token 的刷新流程。

公众号可以使用 AppID 和 AppSecret 调用本接口来获取 access_token。AppID 和 AppSecret 可在微信公众平台官网-开发页中获得（需要已经成为开发者，且账号没有异常状态）。**注意调用所有微信接口时均需使用 HTTPS 协议**。如果第三方不使用中控服务器，而是选择各个业务逻辑点各自去刷新 access_token，那么就可能会产生冲突，导致服务不稳定。

为了方便查阅，下面的小节将按照官方文档的介绍顺序依次介绍接口，可能会同时穿插通用接口及高级接口，识别的方法是根据静态类名 CommonApi（通用接口）或 UserApi、MediaApi 等其他接口（高级接口）。

通用接口的命名空间都为 Senparc.Weixin.MP.CommonAPIs，高级接口的命名空间都为 Senparc.Weixin.MP.AdvancedAPIs。

具体接口方法的参数定义遵循官方的解释，书中不再赘述。

14.2.2　获取凭证接口

接口方法：CommonApi.GetToken(string appid, string secret, string grant_type = "client_credential")

返回类型：AccessTokenResult

方法说明：285#567

实现代码：284#199：

```
/// <summary>
/// 获取凭证接口
/// </summary>
/// <param name="grant_type">获取 access_token 填写 client_credential</param>
/// <param name="appid">第三方用户唯一凭证</param>
/// <param name="secret">第三方用户唯一凭证密钥，既 appsecret</param>
/// <returns></returns>
public static AccessTokenResult GetToken(string appid, string secret, string grant_type = "client_credential")
{
    //注意：此方法不能再使用 ApiHandlerWapper.TryCommonApi()，否则会循环
    var url = string.Format("https://api.weixin.qq.com/cgi-bin/token?grant_type={0}&appid={1}&secret={2}",
                    grant_type.AsUrlData(), appid.AsUrlData(), secret.AsUrlData());

    AccessTokenResult result = Get.GetJson<AccessTokenResult>(url);
    return result;
}
```

上述代码是最有代表性的一个 GET 类型接口方法的构成。

1. 构造 URL

在此过程中，.AsUrlData() 扩展方法用于将 URL 中的参数名称和值编码为合法的格式。例如参数值中包含"&""?""="等字符，会影响整个 URL 的释义，从而造成错误。此方法可以有效解决这个问题，例如"&"符号会被转码成"%26"。

此接口的 HTTP 请求方式为 GET，如果是 POST 方式，通常接下去还有一步是"准备 POST 数据"，详见 14.3.1 自定义菜单。

2. 获取结果

大部分的接口返回的都是 JSON 类型数据，因此"获取结果"使用的是 Get.GetJson<T>() 方法，实现原理详见 12.3.3 "JSON 请求"。

AccessTokenResult 的定义如下 284#200：

```
/// <summary>
/// access_token 请求后的 JSON 返回格式
/// </summary>
[Serializable]
public class AccessTokenResult : WxJsonResult
{
    /// <summary>
    /// 获取到的凭证
    /// </summary>
    public string access_token { get; set; }
    /// <summary>
    /// 凭证有效时间，单位：秒
    /// </summary>
    public int expires_in { get; set; }
}
```

[Serializable] 标记了 AccessTokenResult 类可以被序列化的特性，序列化特性可以帮助数据进行传输和持久化的储存（如缓存）。

在开发阶段如果要验证 AppId 和 Secret 是否正确，可以通过 Senparc.Weixin SDK 的 Demo 进行测试：https://sdk.weixin.senparc.com/Menu。

几乎所有接口的返回类型都继承自 WxJsonResult，用于接受错误码等全局定义一致的信息（详见 12.2.1 "基类：WxJsonResult"）。

3. 返回结果

当返回结果正常的时候将正确返回 Result 参数，如果有错误，在第 2 步 Get.GetJson<T>() 方法中就会抛出异常。

注意：其他大部分接口都实现了 ApiHandlerWapper（详见 12.5 "AccessToken 自动处理器：ApiHandlerWapper"），由于 GetToken() 法是 ApiHandlerWapper 的组成部分，因此无法使用 ApiHandlerWapper 来对诸如 AppSecret 错误之类的情况进行自动重试，否则会引发死循环。

因此，如果直接使用此方法获取 AccessToken，需要注意做好异常捕捉。

当然，更加推荐的方式是直接使用 AccessTokenContainer 来处理 AccessToken（详见 10.4 节 "AccessTokenContainer"）。

14.2.3 获取微信服务器 IP 地址

一些情况下，出于安全等考虑，需要获知微信服务器的 IP 地址列表，以便进行相关限制，可以通过该接口获得微信服务器 IP 地址列表或者 IP 网段信息。

接口方法：**CommonApi.GetCallBackIp**(string accessTokenOrAppId, string openId)

返回类型：GetCallBackIpResult

方法说明：680#569

方法代码如下 285#201：

```csharp
/// <summary>
/// 获取微信服务器的ip段
/// </summary>
/// <param name="accessTokenOrAppId"></param>
/// <returns></returns>
public static GetCallBackIpResult GetCallBackIp(string accessTokenOrAppId)
{
    return ApiHandlerWapper.TryCommonApi(accessToken =>
    {
        var url = string.Format("https://api.weixin.qq.com/cgi-bin/getcallbackip?access_token={0}", accessToken.AsUrlData());

        return Get.GetJson<GetCallBackIpResult>(url);

    }, accessTokenOrAppId);
}
```

对比 GetToken() 方法，可以看到：GetCallBackIp() 方法中用到了 ApiHandlerWapper.TryCommonApi() 方法，这样一方面我们可以只提供 AppId 进行接口调用，另外一方面如果发生了 AccessToken 过期的情况，SDK 也会自动处理，我们只需要"心无旁骛"地专注于开发逻辑即可。

接下来将要介绍的几乎所有的接口都会用到类似的做法。

14.3 自定义菜单管理

自定义菜单能够丰富公众号的界面，提高用户理解公众号功能的效率。自定义菜单包含了两类："（普通）自定义菜单"和"个性化菜单"。（普通）自定义菜单接口包括：创建菜单、获取菜单、删除菜单接口。个性化菜单接口包括创建、删除等接口功能，获取菜单接口是共用的（同时获两种菜单的完整数据）。菜单管理相关的接口被放置于 Senparc.Weixin.MP.CommonAPIs 命名空间下的 CommonApi 静态类中。

14.3.1 自定义菜单

（普通）自定义菜单所定义的内容具有唯一性，一旦设置成功，所有用户看到的菜单内容都是一致的。

★ **创建菜单**

自定义菜单的创建规则如下。

1）自定义菜单分为一级菜单和二级菜单。

2）一级菜单数量为 1~3 个，即打开公众账号直接可以看到排列在最下方的最多 3 个按钮。一级菜单的文字最多不能超过 16 字节（相当于 8 个汉字）。

3）二级菜单从属于一级菜单，数量为 1~5 个。二级菜单的文字最多不能超过 40 字节（相当于 20 个汉字）。

4）无论一级菜单还是二级菜单，都有多种事件可以选择，限制各有不同，例如：点击（Click，值不能超过 128 字节）和打开网址（View，URL 不能超过 256 个字节）。

5）当一个一级菜单下有二级菜单存在的时候，这个一级菜单按钮被点击不会触发任何事件。

接口方法：**CommonApi.CreateMenu**(string accessTokenOrAppId, ButtonGroup buttonData, int timeOut = Config.TIME_OUT)

返回类型：**WxJsonResult**

方法说明：288#570

方法代码如下 288#202：

```
/// <summary>
/// 创建菜单
/// </summary>
/// <param name="accessTokenOrAppId">AccessToken 或 AppId。当为 AppId 时，如果
AccessToken 错误将自动获取一次。当为 null 时，获取当前注册的第一个 AppId。</param>
/// <param name="buttonData">菜单内容</param>
/// <returns></returns>
public static WxJsonResult CreateMenu(string accessTokenOrAppId, ButtonGroup buttonData, int timeOut = Config.TIME_OUT)
{
    return ApiHandlerWapper.TryCommonApi(accessToken =>
        {
            var urlFormat = "https://api.weixin.qq.com/cgi-bin/menu/create?access_token={0}";
            return CommonJsonSend.Send<WxJsonResult>(accessToken, urlFormat, buttonData, timeOut: timeOut);

        }, accessTokenOrAppId);
}
```

CreateMenu()接口使用的是 POST 方式的 HTTP 请求，所以使用的是 CommonJsonSend.Send<T>() 方法（详见 12.4.1 "Sent<T>() 方法"），其中要求 POST 提交的数据已经由 buttonData 参数提供，有些接口的 POST 会比较复杂，例如参数名称会根据一些情况变化，这就需要我们在"构造 URL"步骤之后，使用匿名类型（Anonymous Types）临时构造参数并进行提交。

使用 CreateMenu() 方法创建菜单只需要两步。

第一步：组织菜单内容 288#203

```
ButtonGroup bg = new ButtonGroup();

//单击
bg.button.Add(new SingleClickButton()
```

```
                    {
                        name = "单击测试",
                        key = "OneClick",
                        type = ButtonType.click.ToString(),//默认已经设为此类型,这里只
作为演示
                    });

        //二级菜单
        var subButton = new SubButton()
                        {
                            name = "二级菜单"
                        };
        subButton.sub_button.Add(new SingleClickButton()
                        {
                            key = "SubClickRoot_Text",
                            name = "返回文本"
                        });
        subButton.sub_button.Add(new SingleClickButton()
                        {
                            key = "SubClickRoot_News",
                            name = "返回图文"
                        });
        subButton.sub_button.Add(new SingleClickButton()
                        {
                            key = "SubClickRoot_Music",
                            name = "返回音乐"
                        });
        subButton.sub_button.Add(new SingleViewButton()
                        {
                            url = "http://weixin.senparc.com",
                            name = "Url 跳转"
                        });
        bg.button.Add(subButton);
```

第二步：提交到微信服务器 288#204

```
var result = CommonApi.CreateMenu(appId, bg);
```

从上述的代码中可以看到如果始终用代码来创建（或更新、删除）自定义菜单，显然是非常痛苦的一件事，为此我们在 SDK 的 Sample 中提供了一个简易的可视化自定义菜单编辑器，同时支持个性化菜单（见 14.3.2），线版本地址 288#446：http://sdk.weixin.senparc.com/Menu。

ButtonGroup 是整个菜单数据的集合，可以定义所有自定义菜单按钮的组合。SDK 中对按钮进行了充分的设计和抽象，代码图（CodeMap）如图 14-1 所示 288#363。

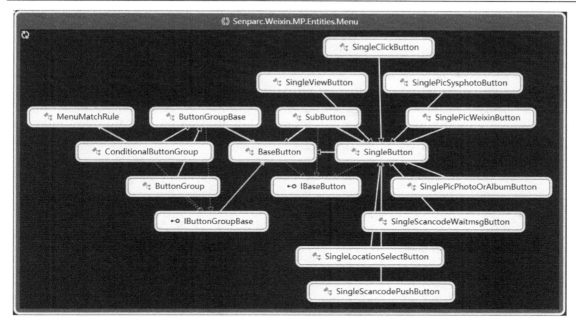

图14-1

ButtonGroup 继承自 ButtonGroupBase，其中包含了一级菜单按钮的列表（当一级菜单为 SubButton 时，这个 SubButton 会包含二级菜单）。单个自定义菜单按钮类图如图 14-2 所示 288#364 。

从图 14-2 中可以看到，所有的菜单按钮都继承自 BaseButton，BaseButton 下面又分出两个子类：SubButton（二级菜单）和 SingleButton（可用于触发点击事件的按钮）。SubButton 没有子类，其下必须包含至少一个 SingleButton，即我们通常所看到的可以点击弹出下一级微信菜单的按钮，SubButton 和 SingleButton 在 UI 上最终呈现的区别如图 14-3 所示。

SubButton 只能出现在一级菜单中（用于弹出二级菜单），**目前为止微信自定义菜单的结构不会允许三级菜单的存在。**

SingleButton 可以存在于一级菜单，也可以存在于二级菜单。SingleButton 是一个抽象类，无法被直接使用，根据功能的不同，有 9 个不同的类实现了 SingleButton，对应了 9 种不同的微信菜单按钮，其中最为常用的是 SingleClickButton（单击按钮）和 SingleViewButton（URL 按钮）。

SingleClickButton 在设置的时候需要提供一个 EventKey，EventKey 会在用户点击对应的菜单之后，通过微信服务器传输到应用程序服务器，处理的过程可以参考第 7 章 7.4.2 节"第二步：创建你自己的 MessageHandler"，请求会被引导到 OnEvent_ClickRequest(RequestMessageEvent_Click requestMessage)事件方法中。通过 requestMessage.EventKey 即可识别到用户点击了哪个菜单。

注意：在不同的菜单按钮中 EventKey 和按钮名称都是允许重复的。

SingleViewButton 被点击后，微信会直接用网页方式打开对应的 URL，此时微信的服务器也会传送一条请求消息到应用程序服务器（最终进入 OnEvent_ViewRequest() 事件）。

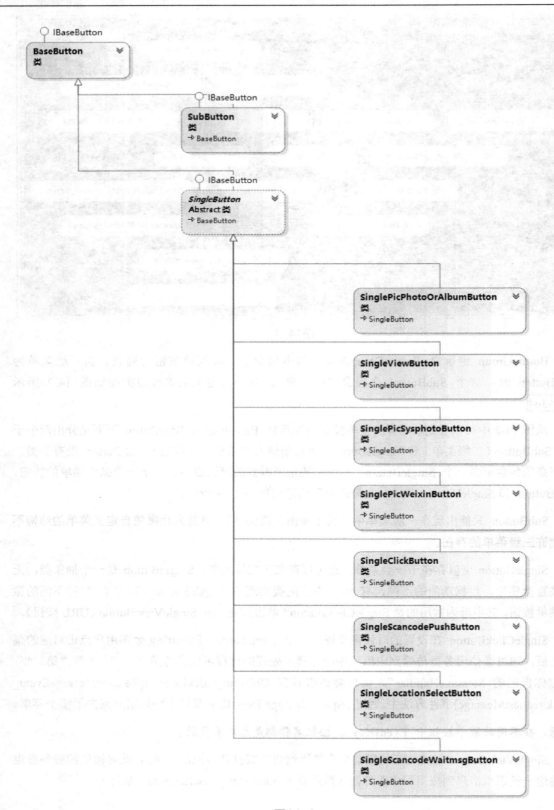

图14-2

图14-3

注意：客户端打开网页和应用程序服务器接收到点击事件是分两个独立流程同步进行的，因此没有办法通过 OnEvent_ViewRequest() 点击事件确定哪个 OpenId 的用户正在打开被请求的网页（尤其在数秒内有多次网页被打开的情况下更无法判断），这里面必定存在时间差。那么如何判断当前的网页是由哪个用户访问的呢？解决这个问题需要使用到 OAuth 2.0，请看第 16 章。

★ 获取菜单

接口方法：**CommonApi.GetMenu**(string accessTokenOrAppId)

返回类型：**GetMenuResult**

方法说明：288#571

由于微信菜单结构和类型的不确定性，SDK 在 GetMenu() 方法中做了比较多的判断工作，最后整理成 GetMenuResult，由于篇幅的原因不在这里展开。对此过程感兴趣的开发者可以查阅对应源代码。

GetMenuResult 的使用比较简单,集成了 ButtonGroupBase 作为储存菜单信息的对象（见14.3.2),因此核心结构和 ButtonGroup 是一致的，只需要遍历并输出菜单即可，和创建菜单过程是一个逆向操作，只不过更加简单。相关的应用代码同样可以参考之前介绍的 Sample 中的可视化菜单代码，都已包含在 GitHub 项目中的 Controller（Senparc.Weixin.MP.Sample/Senparc.Weixin.MP.Sample/Controllers/MenuController.cs）和 View（Senparc.Weixin.MP.Sample/Senparc.Weixin.MP.Sample/Views/Menu/Index.cshtml）中。

★ 删除菜单

接口方法：CommonApi.DeleteMenu(string accessTokenOrAppId)

返回类型：WxJsonResult

方法说明： 288#572

注意：菜单一旦被删除是无法还原的，为此 SDK 提供的可视化菜单编辑器显得非常重要：只要在界面上已经载入菜单，即使进行了误删，只要重新点击一次"更新到服务器"按钮即可还原菜单，因为页面上还保存着最新的菜单数据，可以视其为一个历史版本的缓存。

14.3.2 个性化菜单

个性化菜单可以根据用户的不同特征，展示不同的菜单内容。

用户的特征可以包括：

1）用户分组 ID（group_id）

2）性别（sex）

3）国家信息（country）

4）省份信息（province）

5）城市信息（city）

6）客户端版本（client_platform_type）

7）用户标签 id（tag_id）

8）语言（language）

个性化菜单和自定义菜单具有几乎一致的数据结构，因此 SDK 中设计了一个抽象类：ButtonGroupBase，并由两个类实现：ConditionalButtonGroup（个性化菜单按钮集合）和 ButtonGroup（普通自定义菜单集合）。ButtonGroup 的类和接口结构关系如图 14-4 所示 292#365 。

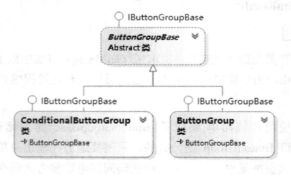

图14-4

★ 创建个性化菜单

接口方法：CommonApi.CreateMenuConditional(string accessTokenOrAppId, ConditionalButtonGroup buttonData, int timeOut = Config.TIME_OUT)

返回类型：**CreateMenuConditionalResult**

方法说明：292#574

和 ButtonGroup 不同的是，为了实现对用户特征的识别，ConditionalButtonGroup 提供了类型为 MenuMatchRule 的 Matchrule 参数，Matchrule 共 8 个（特征）字段，均可为空，但不能全部为空，至少要有一个匹配信息是不为空的。Country、Province、City 组成地区信息，将按照 Country、Province、City 的顺序进行验证，要符合地区信息表的内容。地区信息从大到小验证，小的可以不填，即若填写了省份信息，则国家信息也必填并且匹配，城市信息可以不填。 例如"中国 江苏省 苏州市"、"中国 江苏省"都是合法的地域信息，而"中国 苏州市"则不合法，因为填写了城市信息但没有填写省份信息。

在 Sample 中，我们做了这样的约定：当 Matchrule 全部为空时（null 或 String.Empty），将这个请求识别为普通的自定义菜单，否则就使用个性化菜单逻辑进行处理。在实际开发过程中，这也是一种比较好的实践。

★ 测试个性化菜单匹配结果

接口方法：**CommonApi.TryMatch**(string accessTokenOrAppId, string userId)

返回类型：**MenuTryMatchResult**

方法说明：292#573

★ 删除个性化菜单

接口方法：**CommonApi.DeleteMenuConditional**(string accessTokenOrAppId, string menuId)

返回类型：**WxJsonResult**

方法说明：292#576

14.4 消息管理

消息管理接口是服务于用户和公众号之间信息交互的重要工具，主要分为四大类：客服消息、群发接口和原始校验、模板消息、获取公众号的自动回复规则。本节将针对这四类接口逐一介绍。

14.4.1 发送客服消息

当用户和公众号产生特定动作的交互时（具体动作列表请见下方说明），微信将会把消息数据推送给开发者，开发者可以在一段时间内（目前修改为 48 小时）调用客服接口，通过 POST 一个 JSON 数据包来发送消息给普通用户。此接口主要用于客服等有人工消息处理环节的功能，方便开发者为用户提供更加优质的服务。

目前允许的动作列表如下（公众平台会根据运营情况更新该列表，不同动作触发后，允许的客服接口下发消息条数不同，下发条数达到上限后，会遇到错误返回码）：

1）用户发送信息

2）点击自定义菜单（仅有点击推事件、扫码推事件、扫码推事件且弹出"消息接收中"提示

框这 3 种菜单类型是会触发客服接口的）

3）关注公众号

4）扫描二维码

5）支付成功

6）用户维权

注意：本接口中所有使用到 media_id 的地方，现在都可以使用素材管理中的永久素材 media_id 了。

微信官方对于客服功能进行了几次调整，有关"客服管理"的接口已经独立到"新版客服功能"分类，请见本章 14.14 "多客服功能"。

注意：虽然微信官方没有对发送客服消息次数限制做出明确的说明，经过我们大量的测试，基本可以得出以下结论。

1）每个 OpenId 连续接收客服消息的上限为 20 条（和消息类型无关），第 21 条起微信服务器会拒绝推送，返回 45047 错误（out of response count limit）；

2）个人微信号主动发送一条任意类型的消息，即可让 20 条限制计数归零，可以是文字、图片等消息，也可以是点击具有点击事件类型的菜单，但是不能是点击弹出网页的菜单；

3）此限制和时间无关，超过 24 小时后仍然存在（超过 48 小时本身就已经不能再发了）；

4）此限制针对的是客服消息，模板消息、群发等接口不适用。

客服消息相关的接口被放置于 Senparc.Weixin.MP.AdvancedAPIs 命名空间下的 CustomApi 静态类中。

★ 发送文本消息

根据我们多个项目全局的统计，此方法是客服消息中调用频率最高的一个。

接口方法：CustomApi.SendText(string accessTokenOrAppId, string openId, string content, int timeOut = Config.TIME_OUT, string kfAccount = "")

返回类型：WxJsonResult

方法说明：695#767

★ 发送图片消息

接口方法：CustomApi.SendImage(string accessTokenOrAppId, string openId, string mediaId, int timeOut = Config.TIME_OUT, string kfAccount = "")

返回类型：WxJsonResult

方法说明：695#768

★ 发送语音消息

接口方法：CustomApi.SendVoice(string accessTokenOrAppId, string openId, string mediaId, int timeOut = Config.TIME_OUT, string kfAccount = "")

返回类型：**WxJsonResult**

方法说明：695#769

★ 发送视频消息

接口方法：**CustomApi.SendVideo**(string accessTokenOrAppId, string openId, string mediaId, string title, string description, int timeOut = Config.TIME_OUT, string kfAccount = "", string thumb_media_id = "")

返回类型：**WxJsonResult**

方法说明：695#770

★ 发送音乐消息

接口方法：**CustomApi.SendMusic**(string accessTokenOrAppId, string openId, string title, string description, string musicUrl, string hqMusicUrl, string thumbMediaId, int timeOut = Config.TIME_OUT, string kfAccount = "")

返回类型：**WxJsonResult**

方法说明：695#771

★ 发送图文消息（点击跳转到外链）

接口方法：**CustomApi.SendNews**(string accessTokenOrAppId, string openId, List<Article> articles, int timeOut = Config.TIME_OUT, string kfAccount = "")

返回类型：**WxJsonResult**

方法说明：695#772

注意：图文消息条数限制在8条以内，注意，如果图文数超过8，则将会无响应。

★ 发送图文消息（点击跳转到图文消息页面）

接口方法：**CustomApi.SendMpNews**(string accessTokenOrAppId, string openId, string mediaId, int timeOut = Config.TIME_OUT, string kfAccount = "")

返回类型：**WxJsonResult**

方法说明：695#773

注意：图文消息条数限制在8条以内，注意，如果图文数超过8，则将会无响应。

★ 发送卡券

接口方法：**CustomApi.SendCard**(string accessTokenOrAppId, string openId, string cardId, CardExt cardExt, int timeOut = Config.TIME_OUT)

返回类型：**WxJsonResult**

方法说明：695#774

14.4.2 发送消息–群发接口和原创校验

素材和群发相关的接口分贝被放置于 Senparc.Weixin.MP.AdvancedAPIs 命名空间下的 MediaApi 和 GroupMessageApi 静态类中。

注意：本小节的所有接口的可用情况如下：除"根据 OpenId 群发"相关接口为"订阅号不可用，服务号认证后可用"外，其余接口都为"订阅号与服务号认证后均可用"。

★ 上传图文消息内的图片获取 URL

接口方法：**MediaApi.UploadImg**(string accessTokenOrAppId, string file, int timeOut = Config.TIME_OUT)

返回类型：**UploadImgResult**

方法说明：698#775

注意：本接口上传的图片提供给图文消息内部引用，不占用公众号的素材库中图片数量 5000 的限制。图片仅支持 jpg 或 png 格式，大小必须在 1MB 以下。

★ 获取视频群发用的 MediaId

接口方法：**MediaApi.GetVideoMediaIdResult**(string accessTokenOrAppId, string mediaId, string title, string description, int timeOut = Config.TIME_OUT)

返回类型：**VideoMediaIdResult**

方法说明：698#778

★ 上传图文消息素材

接口方法：**MediaApi.UploadTemporaryNews**(string accessTokenOrAppId, string mediaId, string title, string description, int timeOut = Config.TIME_OUT)

返回类型：**UploadTemporaryMediaResult**

方法说明：698#776

★ 根据标签进行群发

接口方法：**GroupMessageApi.SendGroupMessageByGroupId**(string accessTokenOrAppId, int timeOut = Config.TIME_OUT, params NewsModel[] news)

返回类型：**SendResult**

方法说明：698#777

几个重要的参数说明如下。

1) value 参数用于提供各种类型的素材的 mediaId。

2) type 参数（GroupMessageType）用于指定群发的类型如下。

- mpnews：图文消息（media_id 需要通过上述"上传图文消息素材"接口得到）
- text：文本

- voice：语音/音频（media_id 需通过基础支持中的上传下载多媒体文件来得到）
- image：图片（media_id 需通过基础支持中的上传下载多媒体文件来得到）
- video：视频（media_id 需要通过"获取视频群发用的 MediaId"接口得到）
- wxcard：卡券消息

3）send_ignore_reprint 参数用于指定待群发的文章被判定为转载时，是否继续群发。规则如下。

- 当 send_ignore_reprint 参数设置为 1 时，文章被判定为转载时，且原创文允许转载时，将继续进行群发操作。
- 当 send_ignore_reprint 参数设置为 0 时，文章被判定为转载时，将停止群发操作。
- send_ignore_reprint 默认为 0。

注意：开发者调用群发接口进行图文消息的群发时，微信会将开发者准备群发的文章，与公众平台原创库中的文章进行比较，校验结果分为以下几种：

1）当前准备群发的文章，未命中原创库中的文章，则可以群发。

2）当前准备群发的文章，已命中原创库中的文章，则：

　　a）若原创作者允许转载该文章，则可以进行群发。群发时，会自动替换成原文的样式，且会自动将文章注明为转载并显示来源。

　　若希望修改原文内容或样式，或群发时不显示转载来源，可自行与原创公众号作者联系并获得授权之后再进行群发。

　　b）若原创作者禁止转载该文章，则不能进行群发。

　　若希望转载该篇文章，可自行与原创公众号作者联系并获得授权之后再进行群发。

★ 根据 OpenId 列表群发

注意："根据 OpenId 列表群发"接口订阅号不可用，服务号认证后可用。

接口方法 1：**GroupMessageApi.SendGroupMessageByOpenId**(string accessTokenOrAppId, GroupMessageType type, string value, int timeOut = Config.TIME_OUT, params string[] openIds)

返回类型：**SendResult**

方法说明：698#780

注意：此方法可以发送除视频以外类型的消息。

接口方法 2：**GroupMessageApi.SendVideoGroupMessageByOpenId**(string accessTokenOrAppId, string title, string description, string mediaId, int timeOut = Config.TIME_OUT, params string[] openIds)

返回类型：**SendResult**

方法说明：698#781

注意：此方法专用于群发视频消息。

★ 删除群发

接口方法：**GroupMessageApi.DeleteSendMessage**(string accessTokenOrAppId, string msgId, int timeOut = Config.TIME_OUT)

返回类型：**WxJsonResult**

方法说明：698#782

★ 预览接口

接口方法：**GroupMessageApi.SendGroupMessagePreview**(string accessTokenOrAppId, GroupMessageType type, string value, string openId, string wxName = null, int timeOut = Config.TIME_OUT)

返回类型：**SendResult**

方法说明：698#783

注意：openId 与 wxName（接收消息用户的微信号）两者任选其一，同时传入以 wxName 优先。

★ 查询群发消息发送状态

接口方法：**GroupMessageApi.GetGroupMessageResult**(string accessTokenOrAppId, string msgId, int timeOut = Config.TIME_OUT)

返回类型：**GetSendResult**

方法说明：698#784

14.4.3 发送消息–模板消息接口

模板消息在微信公众号应用中是非常重要的，为此本书 15 章专门介绍了模板消息，相关介绍请见 15 章。

14.4.4 获取公众号的自动回复规则

自动回复规则的接口分贝被放置于 Senparc.Weixin.MP.AdvancedAPIs 命名空间下的 AutoReplyApi 静态类中，目前只有一个"获取公众号的自动回复规则"接口。

接口方法：**AutoReplyApi.GetCurrentAutoreplyInfo**(string accessTokenOrAppId)

返回类型：**GetCurrentAutoreplyInfoResult**

方法说明：700#791

14.5 微信网页授权（OAuth）

通过一系列网页授权，系统可以识别到当前的网页正由哪个用户访问。由于这个过程略为复杂，微信接口在此过程中也只参与了其中一部分环节，因此将在 16 章中单独进行介绍。

14.6 素材管理

素材管理接口用于一些临时性的多媒体场景，它通常是通过 media_id 来进行使用。主要是针对临时素材和永久素材的管理，其中包括：新增、获取、删除和修改。其中还涉及素材总数和素材列表的获取。

素材管理相关的接口被放置于 Senparc.Weixin.MP.AdvancedAPIs 命名空间下的 MediaApi 静态类中。

14.6.1 新增临时素材

接口方法：**MediaApi.UploadTemporaryMedia**(string accessTokenOrAppId, UploadMediaFileType type, string file, int timeOut = Config.TIME_OUT)

返回类型：**UploadTemporaryMediaResult**

方法说明：298#577

14.6.2 获取临时素材

接口方法 1：**MediaApi. Get**(string accessTokenOrAppId, string mediaId, Stream stream)

返回类型：**void**

接口方法 2：**MediaApi. Get** (string accessTokenOrAppId, string mediaId, string dir)

返回类型：**string**

方法说明：299#578

14.6.3 新增永久素材

临时素材不能够满足开发者的需求，开发者有时需要永久保存一些素材。新增的素材类型有多种。本节只举一个图文类型的方法展示源代码。完整的源代码可以参考 GitHub 的最新代码。

接口方法：**MediaApi.UploadNews**(string accessTokenOrAppId, int timeOut = Config.TIME_OUT, params NewsModel[] news)

返回类型：**UploadForeverMediaResult**

方法说明：300#579

14.6.4 获取永久素材

接口方法：**MediaApi.GetForeverMedia**(string accessToken, string mediaId, Stream stream)

返回类型：**void**

方法说明：301#580

14.6.5 删除永久素材

接口方法：**MediaApi.DeleteForeverMedia**(string accessTokenOrAppId, string mediaId, int timeOut = Config.TIME_OUT)

返回类型：WxJsonResult

方法说明：302#581

14.6.6 修改永久图文素材

接口方法：**MediaApi.UpdateForeverNews**(string accessTokenOrAppId, string mediaId, int? index, NewsModel news, int timeOut = Config.TIME_OUT)

返回类型：WxJsonResult

方法说明：303#582

14.6.7 获取素材总数

接口方法：**MediaApi.GetMediaCount**(string accessTokenOrAppId)

返回类型：GetMediaCountResultJson

方法说明：304#583

14.6.8 获取素材列表

根据素材的类型获取相应的列表，完整的源代码可以参考 GitHub 的最新代码。（获取图文素材列表）

接口方法：**MediaApi.GetNewsMediaList**(string accessTokenOrAppId, int offset, int count, int timeOut = Config.TIME_OUT)

返回类型：MediaList_NewsResult

方法说明：305#584

14.7 用户管理

用户管理接口用于获取和设置与微信用户有关的信息，其中包括：用户标签管理、设置用户备注名、获取用户基本信息（UnionID 机制）、获取用户列表、获取用户地理位置。

用户管理相关的接口都集中放置于 Senparc.Weixin.MP.AdvancedAPIs 命名空间下的 UserApi 及 UserTagApi 静态类中。

14.7.1 用户标签管理

开发者可以使用用户标签管理的相关接口，实现对公众号的标签进行创建、查询、修改、删除等操作，也可以对用户进行打标签、取消标签等操作。

标签接口包括：创建标签、获取公众号已创建的标签、编辑标签、删除标签、获取标签下粉丝列表。

★ 创建标签

接口方法：**UserTagApi.Create**(string accessTokenOrAppId,string name, int timeOut = Config.

TIME_OUT)

返回类型：**CreateTagResult**

方法说明：307#585

调用示例：307#447

```
var result = Senparc.Weixin.MP.AdvancedAPIs.UserTagApi.Create(_appId, "新增标签");
```

成功调用之后，公众号后台将可以看到新增的标签，如图 14-5 所示。

图14-5

★ 获取公众号已创建的标签

接口方法：**UserTagApi.Get**(string accessTokenOrAppId)

返回类型：**OpenIdResultJson**

方法说明：307#586

★ 编辑标签

接口方法：**UserTagApi.Update**(string accessTokenOrAppId, int id, string name, int timeOut = Config.TIME_OUT)

返回类型：**WxJsonResult**

方法说明：307#587

★ 删除标签

接口方法：**UserTagApi.Delete**(string accessTokenOrAppId, int id, int timeOut = Config.TIME_OUT)

返回类型：**WxJsonResult**

方法说明：307#588

★ 获取标签下粉丝列表

接口方法：**UserTagApi.Get**(string accessTokenOrAppId, int tagid, string nextOpenid="", int timeOut = Config.TIME_OUT)

返回类型：**UserTagJsonResult**

方法说明：307#589

★ 批量为用户打标签

接口方法：**UserTagApi.BatchTagging**(string accessTokenOrAppId,int tagid,List<string> openid_list,int timeOut = Config.TIME_OUT)

返回类型：**WxJsonResult**

方法说明：307#590

★ 批量为用户取消标签

接口方法：**UserTagApi.BatchUntagging**(string accessTokenOrAppId, int tagid, List<string> openid_list, int timeOut = Config.TIME_OUT)

返回类型：**WxJsonResult**

方法说明：307#591

★ 获取用户身上的标签列表

接口方法：**UserTagApi.UserTagList**(string accessTokenOrAppid,string openid,int timeOut = Config.TIME_OUT)

返回类型：**UserTagListResult**

方法说明：307#592

14.7.2 设置用户备注名

接口方法：**UserApi.UpdateRemark**(string accessTokenOrAppId, string openId, string remark, int timeOut = Config.TIME_OUT)

返回类型：**WxJsonResult**

方法说明：308#593

14.7.3 获取用户基本信息（UnionID 机制）

★ 获取用户基本信息（包括 UnionID 机制）

接口方法：**UserApi.Info**(string accessTokenOrAppId, string openId, Language lang = Language.zh_CN)

返回类型：**UserInfoJson**

方法说明：309#594

★ 批量获取用户基本信息

接口方法：**UserApi.BatchGetUserInfo**(string accessTokenOrAppId, List<BatchGetUserInfoData> userList, int timeOut = Config.TIME_OUT)

返回类型：**BatchGetUserInfoJsonResult**

方法说明：309#595

★ 获取用户列表

接口方法：**UserApi.Get**(string accessTokenOrAppId, string nextOpenId)

返回类型：**OpenIdResultJson**

方法说明：309#596

14.8 账号管理

账号管理用于用户渠道的推广分析和账号的绑定，主要提供了生成带参数的二维码的接口。其接口主要包括：创建二维码、获取下载二维码的地址、长链接转短链接。账号管理的接口都集中放置于 Senparc.Weixin.MP.AdvancedAPIs 命名空间下的下的 QrCodeApi 和 UrlApi 的静态类中。

14.8.1 创建二维码

接口方法：**QrCodeApi.Create**(string accessTokenOrAppId, int expireSeconds, int sceneId, int timeOut = Config.TIME_OUT)

返回类型：**CreateQrCodeResult**

方法说明：322#597

14.8.2 获取下载二维码的地址

接口方法：**QrCodeApi.GetShowQrCodeUrl**(string ticket)

返回类型：**string**

方法说明：323#598

14.8.3 长链接转短链接

接口方法：**UrlApi.ShortUrl**(string accessTokenOrAppId, string action, string longUrl, int timeOut = Config.TIME_OUT)

返回类型：**ShortUrlResult**

方法说明：324#599

14.9 数据统计接口

数据统计接口用于开发者获取数据及作出相应的高级处理。其接口主要包括：用户分析数据、图文分析数据、消息分析数据和接口分析数据接口。数据统计的接口集中放置于 Senparc.Weixin.MP.AdvancedAPIs 命名空间下的 AnalysisApi 中。

14.9.1 用户分析数据接口

★ 获取用户增减数据

接口方法：**AnalysisApi.GetUserSummary**(string accessTokenOrAppId, string beginDate, string endDate, int timeOut = Config.TIME_OUT)

返回类型：**AnalysisResultJson**

方法说明：326#600

★ 获取累计用户数据

接口方法：**AnalysisApi.GetUserCumulate**(string accessTokenOrAppId, string beginDate, string endDate, int timeOut = Config.TIME_OUT)

返回类型：**AnalysisResultJson**

方法说明：326#602

14.9.2 图文分析数据

★ 获取图文群发每日数据

接口方法：**AnalysisApi.GetArticleSummary**(string accessTokenOrAppId, string beginDate, string endDate, int timeOut = Config.TIME_OUT)

返回类型：**AnalysisResultJson**

方法说明：329#603

★ 获取图文群发总数据

接口方法：**AnalysisApi.GetArticleTotal**(string accessTokenOrAppId, string beginDate, string endDate, int timeOut = Config.TIME_OUT)

返回类型：**AnalysisResultJson**

方法说明：329#604

★ 获取图文统计数据

接口方法：**AnalysisApi.GetUserRead**(string accessTokenOrAppId, string beginDate, string endDate, int timeOut = Config.TIME_OUT)

返回类型：**AnalysisResultJson**

方法说明：329#605

★ 获取图文统计分时数据

接口方法：**AnalysisApi.GetUserReadHour**(string accessTokenOrAppId, string beginDate, string endDate, int timeOut = Config.TIME_OUT)

返回类型：**AnalysisResultJson**

方法说明：329#606

★ 获取图文分享转发数据

接口方法：**AnalysisApi.GetUserShare**(string accessTokenOrAppId, string beginDate, string endDate, int timeOut = Config.TIME_OUT)

返回类型：**AnalysisResultJson**

方法说明：329#607

★ 获取图文分享转发分时数据

接口方法：**AnalysisApi.GetUserShareHour**(string accessTokenOrAppId, string beginDate, string endDate, int timeOut = Config.TIME_OUT)

返回类型：**AnalysisResultJson**

方法说明：329#609

14.9.3 消息分析数据

★ 获取消息发送概况数据

接口方法：**AnalysisApi.GetUpStreamMsg**(string accessTokenOrAppId, string beginDate, string endDate, int timeOut = Config.TIME_OUT)

返回类型：**AnalysisResultJson**

方法说明：337#610

★ 获取消息分送分时数据

接口方法：**AnalysisApi.GetUpStreamMsgHour**(string accessTokenOrAppId, string beginDate, string endDate, int timeOut = Config.TIME_OUT)

返回类型：**AnalysisResultJson**

方法说明：337#611

★ 获取消息发送周数据

接口方法：**AnalysisApi.GetUpStreamMsgWeek**(string accessTokenOrAppId, string beginDate, string endDate, int timeOut = Config.TIME_OUT)

返回类型：**AnalysisResultJson**

方法说明：337#612

★ 获取消息发送月数据

接口方法：**AnalysisApi.GetUpStreamMsgMonth**(string accessTokenOrAppId, string beginDate, string endDate, int timeOut = Config.TIME_OUT)

返回类型：**AnalysisResultJson**

方法说明：337#613

★ 获取消息发送分布数据

接口方法：**AnalysisApi.GetUpStreamMsgDist**(string accessTokenOrAppId, string beginDate, string endDate, int timeOut = Config.TIME_OUT)

返回类型：**AnalysisResultJson**

方法说明：337#614

★ 获取消息发送分布周数据

接口方法：**AnalysisApi.GetUpStreamMsgDistWeek**(string accessTokenOrAppId, string beginDate, string endDate, int timeOut = Config.TIME_OUT)

返回类型：**AnalysisResultJson**

方法说明：337#615

★ 获取消息发送分布月数据

接口方法：**AnalysisApi.GetUpStreamMsgDistMonth**(string accessTokenOrAppId, string beginDate, string endDate, int timeOut = Config.TIME_OUT)

返回类型：**AnalysisResultJson**

方法说明：337#616

14.9.4 接口分析数据接口

★ 获取接口分析数据

接口方法：**AnalysisApi.GetInterfaceSummary**(string accessTokenOrAppId, string beginDate, string endDate, int timeOut = Config.TIME_OUT)

返回类型：**AnalysisResultJson**

方法说明：345#617

★ 获取接口分析分时数据

接口方法：**AnalysisApi.GetInterfaceSummaryHour**(string accessTokenOrAppId, string beginDate, string endDate, int timeOut = Config.TIME_OUT)

返回类型：**AnalysisResultJson**

方法说明：345#618

14.10 微信 JS-SDK

微信 JS-SDK 的相关接口用于公众号通过微信网页授权机制，来获取用户基本信息，从而实现业务逻辑。微信 JS-SDK 的接口包括：获取验证地址、获取 AccessToken、刷新 access_token、获取用户基本信息等接口。其接口放置于 Senparc.Weixin.MP.AdvancedAPIs 命名空间下的 OAuthApi 中。

14.10.1 获取验证地址

接口方法：**OAuthApi.GetAuthorizeUrl**(string appId, string redirectUrl, string state, OAuthScope scope, string responseType = "code",bool addConnectRedirect=true)

返回类型：**string**

方法说明：349#619

14.10.2 获取 AccessToken

接口方法：**OAuthApi.GetAccessToken**(string appId, string secret, string code, string grantType = "authorization_code")

返回类型：**OAuthAccessTokenResult**

方法说明：350#620

14.10.3 刷新 access_token

接口方法：**OAuthApi.RefreshToken**(string appId, string refreshToken, string grantType = "refresh_token")

返回类型：**RefreshTokenResult**

方法说明：351#621

14.10.4 获取用户基本信息

接口方法：**OAuthApi.GetUserInfo**(string accessToken, string openId, Language lang = Language.zh_CN)

返回类型：**OAuthUserInfo**

方法说明：352#622

14.10.5 检验授权凭证（access_token）是否有效

接口方法：**OAuthApi.Auth**(string accessToken, string openId)

返回类型：**WxJsonResult**

方法说明：353#623

14.11 微信小店接口

微信小店接口用于实现快速开店，官方文档下载地址：https://wximg.gtimg.com/shake_tv/mpwiki/shop_api.zip。微信小店的接口位于 Senparc.Weixin.MP.AdvancedAPIs.MerChant 命名空间下。语义理解接口用于搭建智能语义服务。其接口是发送语义理解请求接口。语义理解接口被放置于 Senparc.Weixin.MP. AdvancedAPIs 命名空间下的 SemanticApi 中。

14.11.1 语义理解接口

★ 发送语义理解请求接口

接口方法：**SemanticApi.SemanticSend\<T>**(string accessTokenOrAppId, SemanticPostData semanticPostData, int timeOut = Config.TIME_OUT)

返回类型：T

方法说明：653#624

14.12 微信卡券接口

微信卡券接口用于朋友之间的优惠共享。微信卡券接口主要包括：创建卡券、投放卡券、核销卡券、管理卡券等接口。微信卡券接口大多集中放置于 Senparc.Weixin.MP.AdvancedAPIs 命名空间下的 CardApi 和 Senparc.Weixin.Open.ComponentAPIs 命名空间下的 ComponentApi 中。

14.12.1 创建卡券

★ 创建卡券

接口方法：**CardApi.CreateCard**(string accessTokenOrAppId, BaseCardInfo cardInfo, int timeOut = Config.TIME_OUT)

返回类型：**CardCreateResultJson**

方法说明：358#625

★ 设置微信买单接口

接口方法：**CardApi.PayCellSet**(string accessTokenOrAppId, string cardId, bool isOpen, int timeOut = Config.TIME_OUT)

返回类型：**WxJsonResult**

方法说明：358#626

★ 设置自助核销接口

接口方法：**CardApi.SelfConsumecellSet**(string accessTokenOrAppId, string cardId, bool isOpen, int timeOut = Config.TIME_OUT)

返回类型：**WxJsonResult**

方法说明：358#627

14.12.2 投放卡券

★ 创建二维码接口

接口方法：**CardApi.CreateQR**(string accessTokenOrAppId, string cardId, string code = null, string openId = null, string expireSeconds = null, bool isUniqueCode = false, string balance = null, string outer_id=null, int timeOut = Config.TIME_OUT)

返回类型：**CreateQRResultJson**

方法说明：362#628

★ 创建货架接口

接口方法：**CardApi.ShelfCreate**(string accessTokenOrAppId, ShelfCreateData data, int timeOut = Config.TIME_OUT)

返回类型：**ShelfCreateResultJson**

方法说明：362#629

★ 导入 Code

接口方法：**CardApi.CodeDeposit**(string accessTokenOrAppId, string cardId, string[] codeList, int timeOut = Config.TIME_OUT)

返回类型：**WxJsonResult**

方法说明：362#630

★ 查询导入 Code 数目接口

接口方法：**CardApi.GetDepositCount**(string accessTokenOrAppId, string cardId, int timeOut = Config.TIME_OUT)

返回类型：**GetDepositCountResultJson**

方法说明：362#631

★ 核查 Code 接口

接口方法：**CardApi.CheckCode**(string accessTokenOrAppId, string cardId, string[] codeList, int timeOut = Config.TIME_OUT)

返回类型：**CheckCodeResultJson**

方法说明：362#632

★ 图文消息群发卡券

接口方法：**CardApi.GetHtml**(string accessTokenOrAppId, string cardId, int timeOut = Config.TIME_OUT)

返回类型：**GetHtmlResult**

方法说明：362#633

★ 设置测试用户白名单

接口方法：**CardApi. AuthoritySet**(string accessTokenOrAppId, string[] openIds, string[] userNames, int timeOut = Config.TIME_OUT)

返回类型：**WxJsonResult**

方法说明：362#634

14.12.3 核销卡券

★ 查询 Code 接口（线下核销）

接口方法：**CardApi.CardGet**(string accessTokenOrAppId, string code, string cardId = null, int timeOut = Config.TIME_OUT)

返回类型：**CardGetResultJson**

方法说明：370#635

★ 核销 Code 接口（线下核销）

接口方法：**CardApi.CardConsume**(string accessTokenOrAppId, string code, string cardId = null, int timeOut = Config.TIME_OUT)

返回类型：**CardConsumeResultJson**

方法说明：370#636

★ Code 解码接口（线上核销）

接口方法：**CardApi.CardDecrypt**(string accessTokenOrAppId, string encryptCode, int timeOut = Config.TIME_OUT)

返回类型：**CardDecryptResultJson**

方法说明：370#637

14.12.4 管理卡券

★ 查询 Code 接口

参考第 16 章 16.9.3.1 节。

★ 获取用户已领取卡券

接口方法：**CardApi.GetCardList**(string accessTokenOrAppId, string openId, string cardId = null, int timeOut = Config.TIME_OUT)

返回类型：**GetCardListResult**

方法说明：374#638

★ 查询卡券详情

接口方法：**CardApi.CardDetailGet**(string accessTokenOrAppId, string cardId, int timeOut = Config.TIME_OUT)

返回类型：**CardDetailGetResultJson**

方法说明：374#639

★ 批量查询卡列表

接口方法：**CardApi.CardBatchGet**(string accessTokenOrAppId, int offset, int count, int timeOut = Config.TIME_OUT)

返回类型：**CardBatchGetResultJson**

方法说明：374#640

★ 更改卡券信息接口

接口方法：**CardApi.CardUpdate**(string accessTokenOrAppId, CardType cardType, object data, string cardId = null, int timeOut = Config.TIME_OUT)

返回类型：**WxJsonResult**

方法说明：374#641

★ 修改库存接口

接口方法：**CardApi.ModifyStock**(string accessTokenOrAppId, string cardId, int increaseStockValue = 0, int reduceStockValue = 0, int timeOut = Config.TIME_OUT)

返回类型：**WxJsonResult**

方法说明：374#643

★ 删除卡券接口

接口方法：**CardApi.CardDelete**(string accessTokenOrAppId, string cardId, int timeOut = Config.TIME_OUT)

返回类型：**CardDeleteResultJson**

方法说明：374#642

★ 设置卡券失效接口

接口方法：**CardApi.CardUnavailable**(string accessTokenOrAppId, string code, string cardId = null, int timeOut = Config.TIME_OUT)

返回类型：**WxJsonResult**

方法说明：374#644

★ 拉取卡券概况数据接口

接口方法：**CardApi.GetCardBizuinInfo**(string accessTokenOrAppId, string beginDate, string endDate, int condSource, int timeOut = Config.TIME_OUT)

返回类型：**GetCardBizuinInfoResultJson**

方法说明：374#645

★ 获取免费券数据接口

接口方法：**CardApi.GetCardInfo**(string accessTokenOrAppId, string beginDate, string endDate, int condSource, string cardId, int timeOut = Config.TIME_OUT)

返回类型：**GetCardInfoResultJson**

方法说明：374#646

★ 拉取会员卡数据接口

接口方法：**CardApi.GetCardMemberCardInfo**(string accessTokenOrAppId, string beginDate, string endDate, int condSource, int timeOut = Config.TIME_OUT)

返回类型：**GetCardMemberCardInfoResultJson**

方法说明：374#647

14.12.5 会员卡专区

★ 激活/绑定会员卡

接口方法：**CardApi.MemberCardActivate**(string accessTokenOrAppId, string membershipNumber, string code, string cardId, string activateBeginTime = null, string activateEndTime = null, string initBonus = null,

string initBalance = null, string initCustomFieldValue1 = null, string initCustomFieldValue2 = null, string initCustomFieldValue3 = null, int timeOut = Config.TIME_OUT)

返回类型：**WxJsonResult**

方法说明：386#648

★ 设置开卡字段接口

接口方法：**CardApi.ActivateUserFormSet**(string accessTokenOrAppId, ActivateUserFormSetData data, int timeOut = Config.TIME_OUT)

返回类型：**WxJsonResult**

方法说明：386#649

★ 拉取会员信息接口

接口方法：**CardApi.UserinfoGet**(string accessTokenOrAppId, string cardId, string code, int timeOut = Config.TIME_OUT)

返回类型：**UserinfoGetResult**

方法说明：386#650

★ 更新会员信息

接口方法：**CardApi.UpdateUser**(string accessTokenOrAppId, string code, string cardId, int addBonus, int addBalance,string backgroundPicUrl =null, int? bonus = null, int? balance = null, string recordBonus = null, string recordBalance = null, string customFieldValue1 = null, string customFieldValue2 = null, string customFieldValue3 = null, int timeOut = Config.TIME_OUT)

返回类型：**UpdateUserResult**

方法说明：386#651

14.12.6 朋友的券专区

★ 开通券点账户接口

接口方法：**CardApi.PayActive**(string accessTokenOrAppId,int timeOut = Config.TIME_OUT)

返回类型：**PayActiveResultJson**

方法说明：391#652

★ 对优惠券批价

接口方法：**CardApi.GetpayPrice**(string accessTokenOrAppId, string cardId,int quantity,int timeOut = Config.TIME_OUT)

返回类型：**GetpayPriceResultJson**

方法说明：391#653

★ 查询券点余额接口

接口方法：**CardApi.GetCoinsInfo**(string accessTokenOrAppId, int timeOut = Config.TIME_OUT)

返回类型：**GetCoinsInfoResultJson**

方法说明：391#654

★ 确认兑换库存接口

接口方法：**CardApi.PayConfirm**(string accessTokenOrAppId, string cardId, int quantity, string orderId, int timeOut = Config.TIME_OUT)

返回类型：**WxJsonResult**

方法说明：391#655

★ 充值券点接口

接口方法：**CardApi.PayRecharge**(string accessTokenOrAppId, int coinCount, int timeOut = Config.TIME_OUT)

返回类型：**PayRechargeResultJson**

方法说明：391#656

★ 查询订单详情接口

接口方法：**CardApi.PayGetOrder**(string accessTokenOrAppId, int orderId, int timeOut = Config.TIME_OUT)

返回类型：**PayGetOrderResultJson**

方法说明：391#657

★ 查询券点流水详情接口

接口方法：**CardApi.GetOrderList**(string accessTokenOrAppId, int offset, int count, string orderType, NorFilter norFilter,SortInfo sortInfo, int beginTime,int endTime,int timeOut = Config.TIME_OUT)

返回类型：**GetOrderListResultJson**

方法说明：391#658

14.12.7 第三方代制专区

★ 创建子商户接口

接口方法：**CardApi.SubmerChantSubmit**(string accessTokenOrAppId,InfoList info,int timeOut = Config.TIME_OUT)

返回类型：**SubmerChantSubmitJsonResult**

方法说明：399#659

★ 卡券开放类目查询接口

接口方法：**CardApi.GetApplyProtocol**(string accessTokenOrAppId,int timeOut = Config.TIME_OUT)

返回类型：**GetApplyProtocolJsonResult**

方法说明：399#660

★ 更新子商户接口

接口方法：**CardApi.SubmerChantUpdate**(string accessTokenOrAppId, InfoList info, int timeOut = Config.TIME_OUT)

返回类型：**SubmerChantSubmitJsonResult**

方法说明：399#661

★ 拉取单个子商户信息接口

接口方法：**CardApi.SubmerChantGet**(string accessTokenOrAppId, string merchantId, int timeOut = Config.TIME_OUT)

返回类型：**SubmerChantSubmitJsonResult**

方法说明：399#662

★ 批量拉取子商户信息接口

接口方法：**CardApi.SubmerChantBatchGet**(string accessTokenOrAppId, string beginId, int limit, string status, int timeOut = Config.TIME_OUT)

返回类型：**SubmerChantBatchGetJsonResult**

方法说明：399#663

★ 母商户资质申请接口

接口方法：**CardApi.AgentQualification**(string accessTokenOrAppId, string registerCapital, string businessLicenseMediaid, string taxRegistRationCertificateMediaid,string lastQuarterTaxListingMediaid, int timeOut = Config.TIME_OUT)

返回类型：**WxJsonResult**

方法说明：399#664

★ 母商户资质审核查询接口

接口方法：**CardApi.CheckAgentQualification**(string accessTokenOrAppId, int timeOut = Config.TIME_OUT)

返回类型：**CheckQualificationJsonResult**

方法说明：399#665

★ 子商户资质申请接口

接口方法：**CardApi.MerchantQualification**(string accessTokenOrAppId, string appid, string name, string logoMediaid, string businessLicenseMediaid,string operatorIdCardMediaid,string agreementFileMediaid,string primaryCategoryId,string secondaryCategoryId,int timeOut = Config.TIME_OUT)

返回类型：**WxJsonResult**

方法说明：399#666

★ 子商户资质审核查询接口

接口方法：**CardApi.CheckMerchantQualification**(string accessTokenOrAppId,string appid,int timeOut = Config.TIME_OUT)

返回类型：**CheckQualificationJsonResult**

方法说明：399#667

14.12.8 第三方授权相关接口（开放平台）

★ 使用授权码换取公众号的授权信息

接口方法：ComponentApi.QueryAuth(string componentAccessToken, string componentAppId, string authorizationCode, int timeOut = Config.TIME_OUT)

返回类型：QueryAuthResult

方法说明：409#668

★ 确认授权

接口方法：ComponentApi. ApiConfirmAuth(string componentAccessToken, string componentAppId, string authorizerAppid, int funscopeCategoryId, int confirmValue, int timeOut = Config.TIME_OUT)

返回类型：WxJsonResult

方法说明：409#669

★ 获取授权方信息

接口方法：ComponentApi.GetAuthorizerInfo(string componentAccessToken, string componentAppId, string authorizerAppId, int timeOut = Config.TIME_OUT)

返回类型：GetAuthorizerInfoResult

方法说明：409#670

14.13 微信门店接口

微信门店接口用于商户提高门店管理的效率。微信门店的接口主要包括：创建门店、查询门店、修改门店、删除门店等接口。微信门店接口集中于 Senparc.Weixin.MP.AdvancedAPIs 下的 PoiApi 中。

14.13.1 上传图片

在创建门店之前需要做些准备工作，需要用上传图片接口上传图片并获取 URL。

接口方法：PoiApi.UploadImage(string accessTokenOrAppId, string file, int timeOut = Config.TIME_OUT)

返回类型：UploadImageResultJson

方法说明：423#671

14.13.2 创建门店

接口方法：PoiApi.AddPoi(string accessTokenOrAppId, CreateStoreData createStoreData,
　　　　　　int timeOut = Config.TIME_OUT)

返回类型：**WxJsonResult**

方法说明：430#672

14.13.3 查询门店信息

接口方法：**PoiApi.GetPoi**(string accessTokenOrAppId, string poiId, int timeOut = Config.TIME_OUT)

返回类型：**GetStoreResultJson**

方法说明：416#673

14.13.4 查询门店列表

接口方法：**PoiApi.GetPoiList**(string accessTokenOrAppId, int begin, int limit = 20, int timeOut = Config.TIME_OUT)

返回类型：**GetStoreListResultJson**

方法说明：417#674

14.13.5 修改门店服务信息

接口方法：**PoiApi.UpdatePoi**(string accessTokenOrAppId, UpdateStoreData updateStoreData, int timeOut = Config.TIME_OUT)

返回类型：**WxJsonResult**

方法说明：419#675

14.13.6 删除门店

接口方法：**PoiApi.DeletePoi**(string accessTokenOrAppId, string poiId, int timeOut = Config.TIME_OUT)

返回类型：**WxJsonResult**

方法说明：431#676

14.13.7 获取门店类目表

接口方法：**PoiApi.GetCategory**(string accessTokenOrAppId)

返回类型：**GetCategoryResult**

方法说明：432#677

14.13.8 设备功能介绍

微信设备功能简化第三方的接入云，它为第三方提供了 O2O 的功能，给用户带来更好的用户体验。

这部分信息更多的是后台操作，可以直接参考官方文档（676#794 https://mp.weixin.qq.com/wiki?t=resource/res_main&id=mp1421141257）。

14.14 多客服功能

多客服的接口用于开发指定的客服接待功能。多客服功能的接口主要包括：客服管理接口、多客服会话控制接口、获取客服聊天记录接口。多客服的接口集中于 Senparc.Weixin.MP.AdvancedAPIs 命名空间下的 CustomServiceApi 中。

14.14.1 客服管理接口

★ 获取客服基本信息

接口方法：**CustomServiceApi.GetCustomBasicInfo**(string accessTokenOrAppId, int timeOut = Config.TIME_OUT)

返回类型：**CustomInfoJson**

方法说明：677#678

★ 获取在线客服接待信息

接口方法：**CustomServiceApi.GetCustomOnlineInfo**(string accessTokenOrAppId, int timeOut = Config.TIME_OUT)

返回类型：**CustomOnlineJson**

方法说明：677#679

★ 添加客服账号

接口方法：**CustomServiceApi.AddCustom**(string accessTokenOrAppId, string kfAccount, string nickName, string passWord, int timeOut = Config.TIME_OUT)

返回类型：**WxJsonResult**

方法说明：677#680

★ 设置客服信息

接口方法：**CustomServiceApi. UpdateCustom**(string accessTokenOrAppId, string kfAccount, string nickName, string passWord, int timeOut = Config.TIME_OUT)

返回类型：**WxJsonResult**

方法说明：677#681

★ 上传客服头像

接口方法：**CustomServiceApi.UploadCustomHeadimg**(string accessTokenOrAppId, string kfAccount, string file, int timeOut = Config.TIME_OUT)

返回类型：**WxJsonResult**

方法说明：677#682

★ 删除客服账号

接口方法：**CustomServiceApi. DeleteCustom**(string accessTokenOrAppId, string kfAccount, int timeOut = Config.TIME_OUT)

返回类型：**WxJsonResult**

方法说明：677#683

14.14.2 多客服会话控制接口

★ 创建会话

接口方法：**CustomServiceApi.CreateSession**(string accessTokenOrAppId, string openId, string kfAccount, string text = null, int timeOut = Config.TIME_OUT)

返回类型：**WxJsonResult**

方法说明：678#684

★ 关闭会话

接口方法：**CustomServiceApi. CloseSession**(string accessTokenOrAppId, string openId, string kfAccount, string text = null, int timeOut = Config.TIME_OUT)

返回类型：**WxJsonResult**

方法说明：678#685

★ 获取客户的会话状态

接口方法：**CustomServiceApi.GetSessionState**(string accessTokenOrAppId, string openId, int timeOut = Config.TIME_OUT)

返回类型：**GetSessionStateResultJson**

方法说明：678#686

★ 获取客服的会话列表

接口方法：**CustomServiceApi.GetSessionList**(string accessTokenOrAppId, string kfAccount, int timeOut = Config.TIME_OUT)

返回类型：**GetSessionListResultJson**

方法说明：678#687

★ 获取未接入会话列表

接口方法：**CustomServiceApi.GetWaitCase**(string accessTokenOrAppId, int timeOut = Config.TIME_OUT)

返回类型：**GetWaitCaseResultJson**

方法说明：678#688

14.14.3 获取客服聊天记录接口

★ 获取用户聊天记录

接口方法：**CustomServiceApi.GetRecord**(string accessTokenOrAppId, DateTime startTime, DateTime endTime, int pageSize = 10, int pageIndex = 1, int timeOut = Config.TIME_OUT)

返回类型：**GetRecordResult**

方法说明：679#689

14.15 摇一摇周边

摇一摇周边的相关接口主要包括：申请开通摇一摇周边、摇一摇红包、获取设备及用户信息等接口。其接口集中放置于 Senparc.Weixin.MP.AdvancedAPIs 命名空间下的 ShakeAroundApi 中。

14.15.1 申请开通摇一摇周边

★ 申请开通功能

接口方法：**ShakeAroundApi.Register**(string accessTokenOrAppId, RegisterData data, IndustryId industry_id, int timeOut = Config.TIME_OUT)

返回类型：**RegisterResultJson**

方法说明：439#690

★ 查询审核状态

接口方法：**ShakeAroundApi.GetAuditStatus**(string accessTokenOrAppId)

返回类型：**GetAuditStatusResultJson**

方法说明：439#691

14.15.2 设备管理

★ 申请设备 ID

接口方法：**ShakeAroundApi.DeviceApply**(string accessTokenOrAppId, int quantity, string applyReason, string comment = null, long? poiId = null, int timeOut = Config.TIME_OUT)

返回类型：**DeviceApplyResultJson**

方法说明：440#692

★ 查询设备 ID 申请审核状态

接口方法：**ShakeAroundApi.DeviceApplyStatus**(string accessTokenOrAppId, int appId, int timeOut = Config.TIME_OUT)

返回类型：**GetDeviceStatusResultJson**

方法说明：440#693

★ 编辑设备信息

接口方法：**ShakeAroundApi.DeviceUpdate**(string accessTokenOrAppId, long deviceId, string uuId, long major, long minor, string comment, int timeOut = Config.TIME_OUT)

返回类型：**WxJsonResult**

方法说明：440#694

★ 配置设备与门店的关联关系

接口方法：**ShakeAroundApi.DeviceBindLocatoin**(string accessTokenOrAppId, long deviceId, string uuid, long major, long minor, long poiId, string poiAppid, int type = 1, int timeOut = Config.TIME_OUT)

返回类型：**WxJsonResult**

方法说明：440#695

★ 配置设备与其他门店的关联关系

接口方法：**ShakeAroundApi.DeviceBindLocatoin**(string accessTokenOrAppId, long deviceId, string uuid, long major, long minor, long poiId, int timeOut = Config.TIME_OUT)

返回类型：**WxJsonResult**

方法说明：440#695

★ 查询设备列表

接口方法：**ShakeAroundApi.SearchDeviceById**(string accessTokenOrAppId,List<DeviceApply_Data_Device_Identifiers> deviceIdentifiers, int timeOut = Config.TIME_OUT)

返回类型：**DeviceSearchResultJson**

方法说明：440#697

14.15.3 页面管理

★ 新增页面

接口方法：**ShakeAroundApi.AddPage**(string accessTokenOrAppId, string title, string description, string pageUrl, string iconUrl, string comment = null, int timeOut = Config.TIME_OUT)

返回类型：**AddPageResultJson**

方法说明：441#698

★ 编辑页面信息

接口方法：**ShakeAroundApi.UpdatePage**(string accessTokenOrAppId, long pageId, string title, string description, string pageUrl, string iconUrl, string comment = null, int timeOut = Config.TIME_OUT)

返回类型：**UpdatePageResultJson**

方法说明：441#699

★ 查询页面列表

接口方法：**ShakeAroundApi.SearchPagesByPageId**(string accessTokenOrAppId, long[] pageIds, int timeOut = Config.TIME_OUT)

返回类型：**SearchPagesResultJson**

方法说明：441#700

★ 删除页面

接口方法：**ShakeAroundApi.DeletePage**(string accessTokenOrAppId, long[] pageIds, int timeOut = Config.TIME_OUT)

返回类型：**WxJsonResult**

方法说明：441#701

14.15.4 素材管理

★ 上传图片素材

接口方法：**ShakeAroundApi.UploadImage**(string accessTokenOrAppId, string file, int timeOut = Config.TIME_OUT)

返回类型：**UploadImageResultJson**

方法说明：442#702

14.15.5 配置设备与页面的关联关系

★ 配置设备与页面的关联关系

接口方法：**ShakeAroundApi.BindPage**(string accessTokenOrAppId, DeviceApply_Data_Device_Identifiers deviceIdentifier, long[] pageIds, ShakeAroundBindType bindType, ShakeAroundAppendType appendType, int timeOut = Config.TIME_OUT)

返回类型：**WxJsonResult**

方法说明：443#703

★ 查询设备的关联关系

接口方法：**ShakeAroundApi.RelationSearch**(string accessTokenOrAppId, DeviceApply_Data_Device_Identifiers deviceIdentifier, int timeOut = Config.TIME_OUT)

返回类型：**RelationSearchResultJson**

方法说明：443#704

14.15.6 数据统计

以设备为维度的数据统计接口

接口方法：**ShakeAroundApi.StatisticsByDevice**(string accessTokenOrAppId,DeviceApply_Data_Device_Identifiers deviceIdentifier, long beginDate, long endDate, int timeOut = Config.TIME_OUT)

返回类型：**StatisticsResultJson**

方法说明：444#705

★ 批量查询设备统计数据接口

接口方法：**ShakeAroundApi.DeviceList**(string accessTokenOrAppId, long date, string pageIndex, int timeOut = Config.TIME_OUT)

返回类型：**DeviceListResultJson**

方法说明：444#706

★ 以页面为维度的数据统计接口

接口方法：**ShakeAroundApi.StatisticsByPage**(string accessTokenOrAppId, long pageId, long beginDate, long endDate, int timeOut = Config.TIME_OUT)

返回类型：**StatisticsResultJson**

方法说明：444#707

★ 批量查询页面统计数据接口

接口方法：**ShakeAroundApi.PageList**(string accessTokenOrAppId, long date, int pageIndex, int timeOut = Config.TIME_OUT)

返回类型：**PageListResultJson**

方法说明：444#708

14.15.7 HTML5 页面获取设备信息

★ 新增分组

接口方法：**ShakeAroundApi.GroupAdd**(string accessTokenOrAppId, string groupName, int timeOut = Config.TIME_OUT)

返回类型：**GroupAddResultJson**

方法说明：445#709

★ 编辑分组信息

接口方法：**ShakeAroundApi.GroupUpdate**(string accessTokenOrAppId, string groupid, string groupName, int timeOut = Config.TIME_OUT)

返回类型：**RegisterResultJson**

方法说明：445#710

★ 删除分组

接口方法：**ShakeAroundApi.GroupDelete**(string accessTokenOrAppId, string groupId, int timeOut = Config.TIME_OUT)

返回类型：**RegisterResultJson**

方法说明：445#711

★ 查询分组列表

接口方法：**ShakeAroundApi.GroupGetList**(string accessTokenOrAppId, int begin, int count, int timeOut = Config.TIME_OUT)

返回类型：**GroupGetListResultJson**

方法说明：445#712

★ 查询分组详情

接口方法：**ShakeAroundApi.GroupGetDetail**(string accessTokenOrAppId, string groupId, int begin, int count, int timeOut = Config.TIME_OUT)

返回类型：**GroupGetDetailResultJson**

方法说明：445#713

★ 添加设备到分组

接口方法：**ShakeAroundApi.GroupGetAdddevice**(string accessTokenOrAppId, string groupId, DeviceApply_Data_Device_Identifiers deviceIdentifier, int timeOut = Config.TIME_OUT)

返回类型：**RegisterResultJson**

方法说明：445#714

★ 从分组中移除设备

接口方法：**ShakeAroundApi.GroupDeleteDevice**(string accessTokenOrAppId, string groupId, DeviceApply_Data_Device_Identifiers deviceIdentifier, int timeOut = Config.TIME_OUT)

返回类型：**RegisterResultJson**

方法说明：445#715

14.15.8 获取设备及用户信息

接口方法：**ShakeAroundApi.GetShakeInfo**(string accessTokenOrAppId, string ticket, int needPoi = 1, int timeOut = Config.TIME_OUT)

返回类型：**GetShakeInfoResultJson**

方法说明：446#716

14.15.9 摇一摇红包

★ 创建红包活动

接口方法：**ShakeAroundApi.AddLotteryInfo**(string accessTokenOrAppId, string title, string desc, int onoff, long beginTime, long expireTime, string sponsorAppid, long total, string jumpUrl, string key, int timeOut = Config.TIME_OUT)

返回类型：**AddLotteryInfoResultJson**

方法说明：447#717

★ 录入红包信息

接口方法：**ShakeAroundApi.SetPrizeBucket**(string accessTokenOrAppId, string lotteryId, string mchid, string sponsorAppid, PrizeInfoList prizeInfoList, int timeOut = Config.TIME_OUT)

返回类型：**SetPrizeBucketResultJson**

方法说明：447#718

★ 设置红包活动抽奖开关

接口方法：**ShakeAroundApi.SetLotterySwitch**(string accessTokenOrAppId, string lotteryId, int onOff, int timeOut = Config.TIME_OUT)

返回类型：**WxJsonResult**

方法说明：447#719

★ 红包查询接口

接口方法：**ShakeAroundApi.QueryLottery**(string accessTokenOrAppId, string lotteryId, int timeOut = Config.TIME_OUT)

返回类型：**QueryLotteryJsonResult**

方法说明：447#720

14.16 微信连 Wi-Fi

微信连 Wi-Fi 的接口主要包括第三方平台获取开插件 wifi_token 等接口，其接口主要被放置于 Senparc.Weixin.MP.AdvancedAPIs 命名空间下的 WiFiApi 中。

14.16.1 第三方平台获取开插件 wifi_token

接口方法：**WiFiApi.OpenPluginToken**(string accessTokenOrAppId, string callBackUrl, int timeOut = Config.TIME_OUT)

返回类型：**WiFiOpenPluginTokenJsonResult**

方法说明：449#721

14.16.2 Wi-Fi 门店管理

★ 获取 Wi-Fi 门店列表

接口方法：**WiFiApi.ShopList**(string accessTokenOrAppId, int pageIndex = 1, int pageSize = 10, int timeOut = Config.TIME_OUT)

返回类型：**WiFiShopListJsonResult**

方法说明：450#722

★ 查询门店 Wi-Fi 信息

接口方法：**WiFiApi.ShopGet**(string accessTokenOrAppId, long shopId, int pageindex=1, int pagesize=10, int timeOut = Config.TIME_OUT)

返回类型：**WiFiShopGetJsonResult**

方法说明：450#723

★ 修改门店网络信息

接口方法：**WiFiApi.ShopUpdate**(string accessTokenOrAppId, long shopId, string oldSsid, string ssid, int timeOut = Config.TIME_OUT)

返回类型：**WxJsonResult**

方法说明：450#724

★ 清空门店网络及设备

接口方法：**WiFiApi.ShopClean**(string accessTokenOrAppId, long shopId, string ssid, int timeOut = Config.TIME_OUT)

返回类型：**WxJsonResult**

方法说明：450#725

14.16.3 Wi-Fi 设备管理

★ 添加密码型设备

接口方法：**WiFiApi.AddDevice**(string accessTokenOrAppId, long shopId, string ssid, string password,/*string bssid,*/ int timeOut = Config.TIME_OUT)

返回类型：**WxJsonResult**

方法说明：451#726

★ 添加 portal 型设备

接口方法：**WiFiApi.WifeRegister**(string accessTokenOrAppId, long shopId, string ssid, string reset, int timeOut = Config.TIME_OUT)

返回类型：**WiFiRegisterJsonResult**

方法说明：451#727

★ 查询设备

接口方法：**WiFiApi.GetDeviceList**(string accessTokenOrAppId, int pageIndex = 1, int pageSize = 10, long? shopId = null, int timeOut = Config.TIME_OUT)

返回类型：**GetDeviceListResult**

方法说明：451#728

★ 删除设备

接口方法：**WiFiApi.DeleteDevice**(string accessTokenOrAppId, string bssid, int timeOut = Config.TIME_OUT)

返回类型：**WxJsonResult**

方法说明：451#729

14.16.4 配置联网方式

★ 获取物料二维码

接口方法：**WiFiApi.GetQrcode**(string accessTokenOrAppId, long shopId, int imgId, int timeOut = Config.TIME_OUT)

返回类型：**GetQrcodeResult**

方法说明：452#730

★ 获取公众号连网 URL

接口方法：**WiFiApi.GetConnectUrl**(string accessTokenOrAppId)

返回类型：**WiFiConnectUrlResultJson**

方法说明：452#731

14.16.5 商家主页管理

★ 设置商家主页

接口方法：**WiFiApi.SetHomePage**(string accessTokenOrAppId, long shopId, string url = null, int timeOut = Config.TIME_OUT)

返回类型：**WxJsonResult**

方法说明：453#732

★ 查询商家主页

接口方法：**WiFiApi.GetHomePage**(string accessTokenOrAppId, long shopId, int timeOut = Config.TIME_OUT)

返回类型：**GetHomePageResult**

方法说明：453#733

★ 设置微信首页欢迎语

接口方法：**WiFiApi.SetBar**(string accessTokenOrAppId, long shopId, int barType, int timeOut = Config.TIME_OUT)

返回类型：**WxJsonResult**

方法说明：453#734

★ 设置连网完成页

接口方法：**WiFiApi.SetFinishpage**(string accessTokenOrAppId, long shopId, string finishPageUrl, int timeOut = Config.TIME_OUT)

返回类型：**WxJsonResult**

方法说明：453#735

14.16.6　Wi-Fi 数据统计

接口方法：**WiFiApi.GetStatistics**(string accessTokenOrAppId, string beginDate, string endDate, long shopId = -1, int timeOut = Config.TIME_OUT)

返回类型：**GetStatisticsResult**

方法说明：454#736

14.16.7　卡券投放

★ 设置门店卡券投放信息

接口方法：**WiFiApi.SetCouponPut**(string accessTokenOrAppId, long shopId, string cardId, string cardDescribe, string starTime, string endTime, int cardQuantity, int timeOut = Config.TIME_OUT)

返回类型：**WxJsonResult**

方法说明：455#737

★ 查询门店卡券投放信息

接口方法：**WiFiApi.GetCouponPut**(string accessTokenOrAppId, long shopId, int timeOut = Config.TIME_OUT)

返回类型：**WiFiGetCouponPutJsonResult**

方法说明：455#738

14.17　小程序

小程序的接口介绍详见第 20 章。

14.18 异步方法

本章介绍了大部分微信的接口及对应 SDK 中的方法,其中的绝大多数方法都需要和微信服务器使用 HTTP(S)协议进行通信,这里面就涉及了阻塞的问题。

为了方便描述,以上介绍时使用的都是同步的接口,这些同步接口在执行的过程中是会阻塞当前线程的。

如果你还没有理解"阻塞"是如何发生的,这里可以举一个近似的例子方便你理解:

假设制作一个蛋糕需要 30 分钟,再烘烤需要 30 分钟,再进行装饰需要 30 分钟,那么,制作一个完整蛋糕的时间是一个半小时。

现在你同时收到了 2 个蛋糕订单,而你手里只有 1 个烤箱,那么你会怎么做?

为了节约时间,通常我们会选择这么做:

1)用 30 分钟制作一个蛋糕 A;

2)30 分钟后,将蛋糕 A 放入烤箱,开始烘烤;

3)利用蛋糕 A 烘烤的时间,制作蛋糕 B;

4)30 分钟后,蛋糕 B 做完的时候,蛋糕 A 烘烤完成,将蛋糕 B 放入烤箱开始烘烤;

5)接下来的 30 分钟内,利用蛋糕 B 烘烤的时间,装饰蛋糕 A;

6)30 分钟后,A 装饰完成的时候,蛋糕 B 烘烤完成,开始对 B 进行装饰;

7)30 分钟后完成蛋糕 B 的装饰。

整个过程算下来总共用了 4 个 30 分钟,即 2 个小时。

但如果是按照"阻塞"的做法会是怎样呢?你可能会被要求"专心做完一件事后再做下一件",于是你必须使用 2 个 "一个半小时" 分别制作 2 个蛋糕,总共花去 3 个小时。

对于事情的结果,我想大家都是希望不要"阻塞",这样可以更快地完成任务。这就是为什么我们花了很多时间对几乎所有接口做了异步版本。

所有异步版本都遵照微软推荐的 C#编写规则,在同步(会造成"阻塞")方法名称的后面加上 "Async",例如同步方法名称为 456#205:

```
public static TagJson Get(string accessTokenOrAppId)
```

那么异步方法则定义为 456#206:

```
public static async Task<TagJson> GetAsync(string accessTokenOrAppId)
```

方法的参数都是一致的,只是方法中涉及同步请求的过程都换成了异步的做法。例如原先的方法可能是这样被调用的 456#207:

```
var tagJsonResult = AdvancedAPIs.UserTagApi.Get(appId);
//TODO:继续其他操作
```

现在,你可以这么做 456#208:

```
var tagJsonResultTask = await AdvancedAPIs.UserTagApi.GetAsync(appId);
//TODO:继续其他操作
```

如果这个 tagJsonResult 中的参数在下文中的某处是必须用到的,那么还是需要使用到一些另外的方法。

方法一 456#209:

```
await Task.Factory.StartNew(async () =>
{
    var tagJsonResult = await AdvancedAPIs.UserTagApi.GetAsync(appId);
return tagJsonResult;
}).ContinueWith(async task =>
{
    var tagJsonResult = await task.Result;
    //TODO:继续操作 tagJsonResult
});
```

方法二 456#210:

```
var tagJsonResult = await AdvancedAPIs.UserTagApi.GetAsync(appId);
//TODO:继续操作 tagJsonResult
```

await 和.Result 一样,代码会在此处对结果进行等待,但在等待的过程中,方法内部的实现过程可以享受到异步的好处。

习题

14.1 所有的"高级接口"最终都需要哪个接口提供 AccessToken?

14.2 除了传入 AccessToken,还有更简单的方法调用"高级接口"吗?

14.3 "(普通)自定义菜单"和"个性化菜单"的相同点和区别有哪些?

14.4 "创建二维码"接口的方法是什么?

14.5 谈谈你对"异步方法"的理解,如果要使用异步方法调用"创建二维码"接口,并将二维码储存在本地,应该怎么做?

第 15 章 模板消息

在 14 章中，已经介绍了 Senparc.Weixin.MP 中的高级接口的基本结构及设计思想，在开发过程中，模板消息和其他高级接口是并列的关系，使用方法、设计思想都是一致的，不同的是使用模板消息需要做更多准备工作，本章将介绍模板消息从申请、开发到使用环节的全流程介绍。

15.1 概述

模板消息仅用于公众号向已经关注的用户发送重要的服务通知，只能用于符合其要求的服务场景中，如信用卡刷卡通知，商品购买成功通知等。不支持广告等营销类消息以及其他所有可能对用户造成骚扰的消息。

使用模板消息虽然也有一定的使用量限制，但平均都在 100 万条以上，可以突破公众号群发次数限制，且在这个范围内每个用户收到条数没有限制。用户接收到的模板消息样式也会和其他消息有所不同，如图 15-1 所示的 2 条消息都是模板消息。

小程序也支持模板消息，准备工作是近似的，但是接口不同，本章将以普通公众号（服务号）为例进行介绍。

小程序的模板消息使用，请参考第 20 章 20.4.5 节"使用模板消息"。

15.2 使用规则

微信官方对于模板消息的使用，进行了一些规定，使用之前请务必了解清楚，以便更好地管理模板消息，并避免使用在不恰当的场景中：

1）所有服务号都可以在【功能】>【添加功能插件】处看到申请模板消息功能的入口，只有认证后的服务号才可以申请模板消息的使用权限并获得该权限。

图15-1

2)需要选择公众账号服务所处的 2 个行业,每月可更改 1 次所选行业;

3)在所选择行业的模板库中选用已有的模板进行调用;

4)每个账号可以同时使用 25 个模板;

5)当前每个账号的模板消息的日调用上限为 10 万次,单个模板没有特殊限制。【2014 年 11 月 18 日将接口调用频率从默认的日 1 万次提升为日 10 万次,可在 MP 登录后的开发者中心查看】。当账号粉丝数超过 10W/100W/1000W 时,模板消息的日调用上限会相应提升,需要注意的是微信官方文档中介绍的数字并不准确,以公众号后台开发者中心页面中标明的数字为准。

(根据我们最新统计,目前最低应该已经调整到 100 万次/天)

6)请根据运营规范使用模板消息,否则可能会被停止内测资格甚至封号惩罚;

7)请勿使用模板发送垃圾广告或造成骚扰;

8)请勿使用模板发送营销类消息;

9)请在符合模板要求的场景时发送模板。

模板消息只能向满足条件的用户发送:

1)用户个人微信已经关注该公众号,且没有将公众号设为"消息免打扰"或将"接收消息"关闭。

2)"一次性订阅(模板)消息",可以不需要关注进行发送。

15.3 申请模板消息

15.3.1 开通模板消息功能

模板消息必须开通并申请后才能使用，默认情况下模板消息是不开通的，需要在公众平台后台的左侧"功能"菜单中单击【添加功能插件】按钮，如图15-2所示。

图15-2

打开页面后，可以看到插件库，其中包含了"模板消息"，如图15-3所示。

图15-3

单击"模板消息"按钮进入，如图15-4所示。

在"介绍"中，对模板消息的使用权限有明确的规定：**模板消息只对认证的服务号开放。**

如果当前账号满足条件，单击【申请】按钮，进行申请，根据提示完成申请操作。

注意：选择行业的时候需要慎重，虽然开通模板消息功能之后行业仍然可以修改，但是已经申请的模板消息会被清空。

图15-4

15.3.2 添加消息模板

申请成功之后,即可看到左侧菜单中出现"模板消息"的入口,如图 15-5 所示。

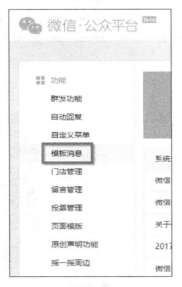

图15-5

单击【模板消息】按钮,进入模板消息管理页面,如图 15-6 所示。

在【我的模板】标签下会显示已经添加的消息模板,最多允许添加 25 个。单击【模板库】标签或【从模板库中添加】按钮,进入模板库,如图 15-7 所示。

"所在行业"右侧显示了申请开通时选择的行业,如果需要修改,可以单击【修改行业】按钮,如图 15-8 所示,注意页面的提示。

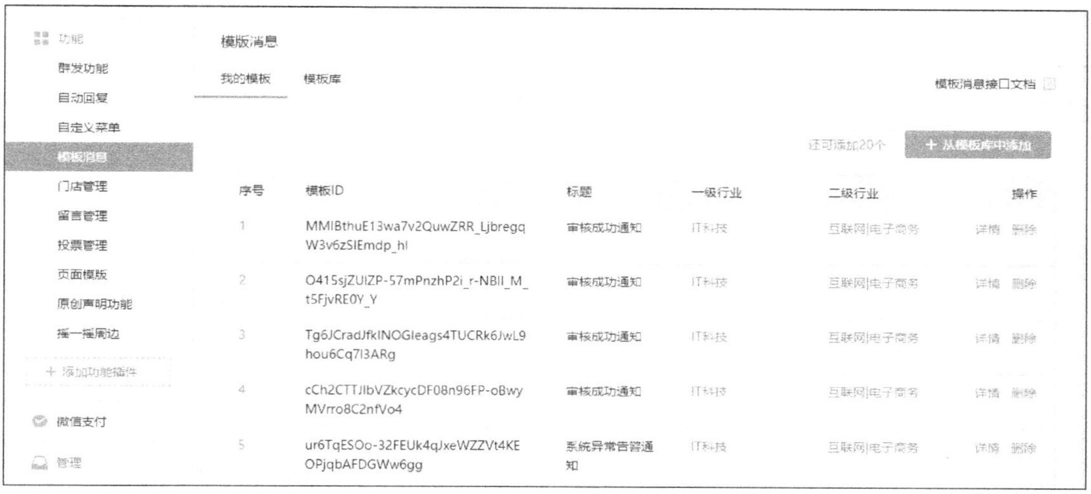

第 15 章 模板消息　371

图15-6

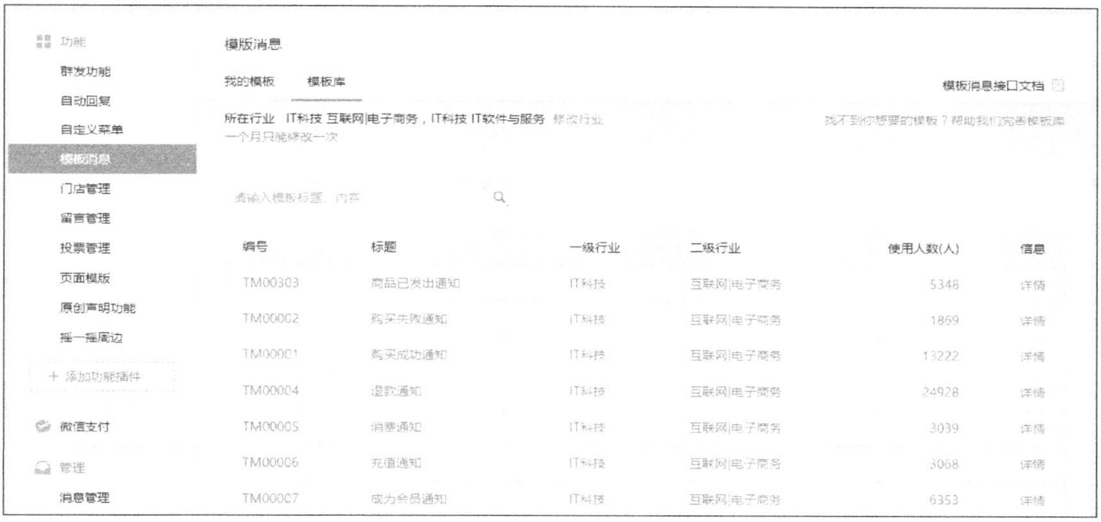

图15-7

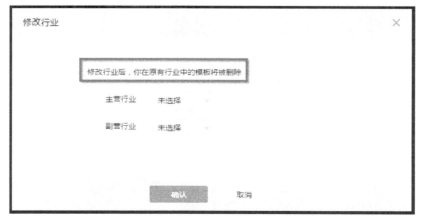

图15-8

回到【模板库】页面，在搜索框中搜索我们想要的模板关键字，例如"支付成功"，单击按钮，如图 15-9 所示，列表中会出现包含搜索关键字的模板。

图15-9

单击【详情】按钮可以查看每一个模板的详情，如图 15-10 所示。

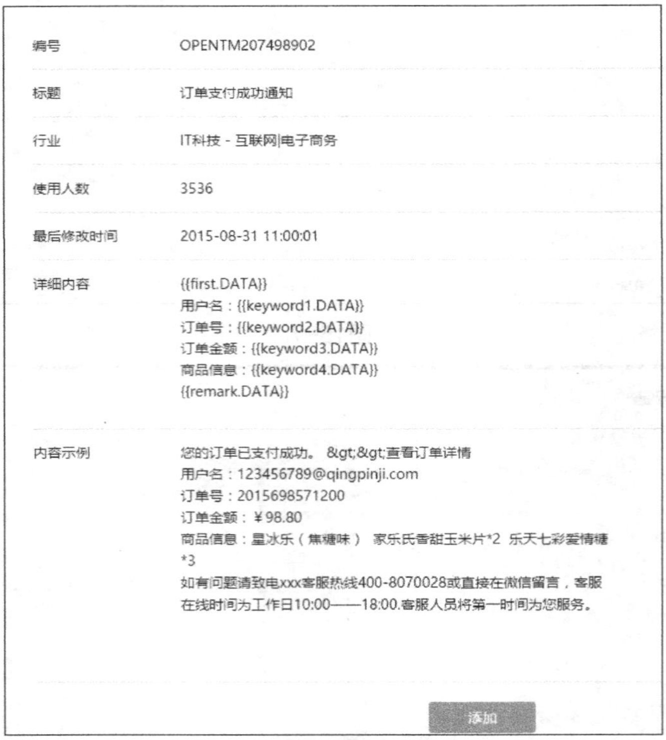

图15-10

如果对这条消息满意，单击【添加】按钮，即可完成添加，如图 15-11 所示。

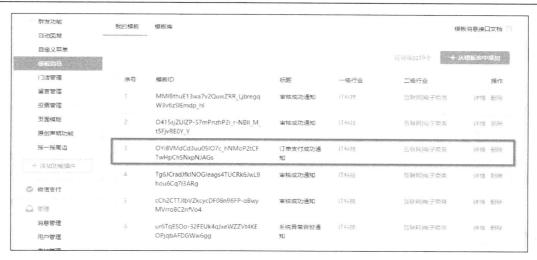

图15-11

申请成功之后,我们需要将"模板 ID"记录下来,在接下去发送模板消息的过程中需要使用到。

注意:同一个模板被添加到不同公众号中后,所使用的"模板 ID"是不同的,因此如果一个系统同时管理着多个公众号,必须将每个"模板 ID"和公众号 AppId 进行关联,以便在使用时区分。

15.3.3 创建自定义消息模板

以上的步骤用于添加已经存在的消息模板,那么如果找不到我们需要的模板,应该怎么办呢?

方法是通过【模板库】页面右上方的【帮助我们完善模板库】按钮,按照提示提交模板申请。仔细阅读说明后,进入模板申请页面,如图 15-12 所示。

图15-12

每个账户每个月最多允许申请 3 个新模板。有关填写的内容页面上示例已经比较清楚，这里不再赘述。

15.4 接口介绍

微信为模板消息提供了比较完整的一系列接口，可以在开发者的服务器上自己创建后台进行管理，以下将接口逐一介绍。接口内部的实现方式（包括 **ApiHandlerWapper.TryCommonApi** 机制、返回类型、异步方法规则等）和其他高级接口都是一致的，可以参考第 14 章，这里不再重复介绍。

模板消息的接口封装在 TemplateApi 类中，命名空间为 Senparc.Weixin.MP.AdvancedAPIs。

15.4.1 设置所属行业

和页面修改一样，每月允许修改 1 次所属行业。

接口方法：

TemplateApi.SetIndustry(string accessTokenOrAppId, IndustryCode industry_id1, IndustryCode industry_id2, int timeOut = Config.TIME_OUT)

返回类型：**WxJsonResult**

调用示例 465#211：

```
var result = TemplateApi.SetIndustry(_appId, IndustryCode.IT科技_互联网_电子商务, IndustryCode.IT科技_IT软件与服务);
```

其中行业代码都已经使用 IndustryCode 枚举进行管理，只需要选择文字即可，因此官方提供的编号对照表不在这里介绍，忘了它吧。

15.4.2 获取设置的行业信息

接口方法：

TemplateApi.GetIndustry(string accessTokenOrAppId, int timeOut = Config.TIME_OUT)

返回类型：**GetIndustryJsonResult**

调用示例 466#212：

```
var result = TemplateApi.GetIndustry(_appId);
```

返回的结果中，行业代码也已经自动转换到 IndustryCode 枚举中。

注意：设置行业也可在微信公众平台后台完成，每月只可修改行业 1 次，设置完成后，公众号仅可使用所属行业中相关的模板，请谨慎操作！

15.4.3 获得模板 ID（添加模板）

接口方法：

TemplateApi.Addtemplate(string accessTokenOrAppId, string template_id_short, int timeOut =

Config.TIME_OUT)

返回类型：**AddtemplateJsonResult**

调用示例 467#213：

```
var result = TemplateApi.Addtemplate(accessToken, "OPENTM206164559");
```

template_id_short 参数即在【模板库】页面模板列表中的"编号"字段。

注意：1）微信官方称此接口为"获得模板 ID"，其实并不准确，正确的描述应当是："添加模板"。在返回结果中可以得到"模板 ID"。

2）每个模板都可以重复添加多次，每次添加后的"模板 ID"都是不同的，每次添加之后的"模板 ID"都不会重复（删除某个模板后，此"模板 ID"将永久失效），同时新增的模板会占用 25 个模板的额度。因此添加和删除的操作都需要慎重！

3）介于以上原因，千万不要为了重新获得某个已经添加的模板的"模板 ID"而调用此接口，这么做只会新增一条模板消息，并且得到不同的"模板 ID"。

15.4.4　获取模板列表

接口方法：

TemplateApi.GetPrivateTemplate(string accessTokenOrAppId, int timeOut = Config.TIME_OUT)

返回类型：**GetPrivateTemplateJsonResult**

调用示例 468#214：

```
var result = TemplateApi.GetPrivateTemplate(_appId);
```

15.4.5　删除模板

接口方法：

TemplateApi.DelPrivateTemplate(string accessTokenOrAppId, string template_id, int timeOut = Config.TIME_OUT)

返回类型：**WxJsonResult**

调用示例 471#215：

```
var result = TemplateApi.DelPrivateTemplate(_appId, templateId);
```

注意：这里的 templateId 即"模板 ID"，也可以通过 Addtemplate() 或 GetPrivateTemplate() 接口得到，不是模板编号（template_id_short）。

15.4.6　发送模板消息

接口方法：

TemplateApi.SendTemplateMessage(string accessTokenOrAppId, string openId, string templateId, string url, object data, TempleteModel_MiniProgram miniProgram = null, int timeOut = Config.TIME_OUT)

返回类型：**SendTemplateMessageResult**

调用示例 472#216：

```
TemplateApi.SendTemplateMessage(_appId, openId, templateId, "http://sdk.weixin.
senparc.com", testData);
```

SendTemplateMessage()是所有模板消息接口中使用频率最高的接口，用户收到的消息模板、内容都是由这个接口决定。

在模板消息发送完成后，微信服务器会将是否送达成功作为通知推送到应用服务器，对应的事件类型为：TEMPLATESENDJOBFINISH。

注意： 1）"发送模板消息"接口是使用频率相对较高的接口，建议使用对应的异步方法。

2）miniProgram（TempleteModel_MiniProgram 类型）参数用于设置小程序的参数，如果不需要跳转到小程序，则不用设置。TempleteModel_MiniProgram 中包含了小程序的 AppId 及 pagepath 参数，pagepath 用于设置所需跳转到小程序的具体页面路径，支持带参数（如：index?foo=bar）。

3）url 和 miniprogram 都是非必填字段，若都不传则模板无跳转；若都传，会优先跳转至小程序。开发者可根据实际需要选择其中一种跳转方式即可。当用户的微信客户端版本不支持跳小程序时，将会跳转至 url。

下面，以本章 15.3.2 节 "添加消息模板"中添加的 "订单支付成功"模板为例演示一下如何使用 "发送模板消息"接口。

第一步：了解模板格式

在【我的模板】列表中单击 "订单支付成功"的【详情】按钮，查看模板格式，如图 15-13 所示。

图 15-13

第二步：准备数据

根据图 15-13 所示的内容，我们可以收集到如下信息 472#217：

```
var openId = "olPjZjsXuQPJoV0HlruZkNzKc91E";//消息目标用户的 OpenId
var templateId = "OYi8VMdCd3uu05lO7c_hNMoP2tCFTwHpChSNxpNJAGs";

//实际生产环境中，用户信息应该从数据库或缓存中读取
var userInfo = UserApi.Info(_appId,openId);

var data = new
{
    first = new TemplateDataItem("您的订单已经支付"),
    keyword1 = new TemplateDataItem(userInfo.nickname),
    keyword2 = new TemplateDataItem("1234567890"),
    keyword3 = new TemplateDataItem(88.ToString("c")),
    keyword4 = new TemplateDataItem("模板消息测试商品"),
    remark = new TemplateDataItem("更详细信息，请到 Senparc.Weixin SDK 官方网站
（http://sdk.weixin.senparc.com）查看! ")
};
```

上述代码中，data 是一个匿名类型的变量，我们可以根据模板消息的需要任意指定属性名称，其中的每一个属性名称，分别对应了模板"详情内容"中的占位符 **{{属性名称.Data}}** 的格式，SDK 会在发送之前自动整理消息格式。

有如下几个使用技巧和注意点。

1）任意一个占位符都可以不输入，那样整行不会在客户端显示。

2）如果占位符属性存在，无论输入 (string)null 或空字符串""，该行都会显示，只是有占位符的地方为空。

3）first 无论是否提供，位置都会预留（留空一行），remark 如果不提供，则少一行内容。

4）TemplateDataItem 支持当前参数显示不同的颜色，例如当我们希望把金色显示成红色，可以这么修改 keyword3 的设置 472#218：

```
keyword3 = new TemplateDataItem(88.ToString("c"),"#ff0000"),//显示为红色
```

第三步：发送模板消息

准备好数据之后，只需要一行代码即可完成模板消息发送 472#219：

```
var result = TemplateApi.SendTemplateMessage(_appId, openId, templateId,
"http://sdk.weixin.senparc.com", data);
```

其中的 url 参数是一个可选项，提供了 URL 之后，客户端的模板消息下方会显示"详情"按钮，单击模板消息可以打开 URL。

执行上述代码后，客户端即可收到消息，如图 15-14 所示。

图15-14

优化

虽然模板消息发送成功了,但是有没有发现什么不太美的地方?没错,代码太多!而且依靠 keywordX 来区分对应的参数实在是件很痛苦的事情!

最好的办法显然是对"准备数据"步骤进行封装,将所有的参数放入到一个实体中。为此,我们在 Senparc.Weixin.dll 下创建了一个名为 ITemplateMessageBase 的接口,并以此实现了一个名为 TemplateMessageBase 的类 472#220:

```
namespace Senparc.Weixin.Entities.TemplateMessage
{
    /// <summary>
    /// 模板消息数据基础类接口
    /// </summary>
    public interface ITemplateMessageBase
    {
        /// <summary>
        /// Url,为null时会自动忽略
        /// </summary>
        string TemplateId { get; set; }
        /// <summary>
        /// Url,为null时会自动忽略
        /// </summary>
        string Url { get; set; }
        /// <summary>
        /// 模板名称
        /// </summary>
        string TemplateName { get; set; }
    }
```

```csharp
/// <summary>
/// 模板消息数据基础类
/// </summary>
public class TemplateMessageBase : ITemplateMessageBase
{
    /// <summary>
    /// 每个公众号都不同的templateId
    /// </summary>
    public string TemplateId { get; set; }
    /// <summary>
    /// Url,为null时会自动忽略
    /// </summary>
    public string Url { get; set; }
    /// <summary>
    /// 模板名称
    /// </summary>
    public string TemplateName { get; set; }

    public TemplateMessageBase(string templateId, string url, string templateName)
    {
        TemplateId = templateId;
        Url = url;
        TemplateName = templateName;
    }
}
```

TemplateMessageBase 将作为所有模板消息数据实体的基类。按照上述的"订单支付成功通知"模板，我们创建一个名为 TemplateMessage_PaySuccessNotice 的类，继承自 TemplateMessageBase 472#221：

```csharp
/// <summary>
/// "订单支付成功通知"模板消息数据定义
/// </summary>
public class TemplateMessage_PaySuccessNotice : TemplateMessageBase
{
    public TemplateDataItem first { get; set; }
    public TemplateDataItem keyword1 { get; set; }
    public TemplateDataItem keyword2 { get; set; }
    public TemplateDataItem keyword3 { get; set; }
    public TemplateDataItem keyword4 { get; set; }
    public TemplateDataItem remark { get; set; }

    /// <summary>
    /// "订单支付成功通知"模板消息数据定义 构造函数
    /// </summary>
    /// <param name="_first">first.Data 头部信息</param>
    /// <param name="userName">用户名</param>
```

```csharp
/// <param name="orderNumber">订单号</param>
/// <param name="orderAmount">订单金额</param>
/// <param name="productInfo">商品信息</param>
/// <param name="_remark">remark.Data 备注</param>
/// <param name="url"></param>
/// <param name="templateId"></param>
public TemplateMessage_PaySuccessNotice(string _first, string userName,
    string orderNumber, string orderAmount, string productInfo,
    string _remark,
    string templateId = "OYi8VMdCd3uu05lO7c_hNMoP2tCFTwHpChSNxpNJAGs",
    string url = null)
    : base(templateId, url, "订单支付成功通知")
{
    /* 模板格式
        {{first.DATA}}
        用户名：{{keyword1.DATA}}
        订单号：{{keyword2.DATA}}
        订单金额：{{keyword3.DATA}}
        商品信息：{{keyword4.DATA}}
        {{remark.DATA}}
     */

    first = new TemplateDataItem(_first);
    keyword1 = new TemplateDataItem(userName);
    keyword2 = new TemplateDataItem(orderNumber);
    keyword3 = new TemplateDataItem(orderAmount, "#ff0000");//显示为红色
    keyword4 = new TemplateDataItem(productInfo);
    remark = new TemplateDataItem(_remark);
}
}
```

在 TemplateMessage_PaySuccessNotice 的构造函数中，我们采用了可读性更强的参数命名，内部和 keywordX 进行关联，这样开发者在开发的时候可以忽略 keywordX 的存在。此外，由于同一个模板消息可以被添加多次，或者同时为多个公众号提供服务（此时的 templateId 是不同的），构造函数中的 templateId 采用了默认值的形式，也可以根据需要重写。

经过优化的模板消息接口，我们可以这样优雅地操作 472#222：

```csharp
var openId = "olPjZjsXuQPJoV0HlruZkNzKc91E";//消息目标用户的 OpenId

//实际生产环境中，用户信息应该从数据库或缓存中读取
var userInfo = UserApi.Info(_appId, openId);

var data = new TemplateMessage_PaySuccessNotice(
    "您的订单已经支付", userInfo.nickname,
    "1234567890", 88.ToString("c"),
    "模板消息测试商品",
    "更详细信息，请到 Senparc.Weixin SDK 官方网站（http://sdk.weixin.senparc.com）查看!
```

```
    \r\n 这条消息使用的是优化过的方法。",
        url: "http://sdk.weixin.senparc.com");

    var result = TemplateApi.SendTemplateMessage(_appId, openId, data);
```

data 参数中的 url 如果不提供（保留 null 值），则微信客户端会隐藏"详情"按钮，当前模板消息将无法单击打开网页，对比如图 15-15 所示。

图15-15

15.4.7 事件推送

在模版消息发送任务完成后，微信服务器会将是否送达成功作为通知，发送到开发者中心填写的服务器配置地址中（应用服务器）。Senparc.Weixin SDK 可以统一使用 MessageHandler 接收并处理所有推送消息（有关 MessageHandler 的详细介绍详见第 7 章"MessageHandler：简化消息处理流程"）。对应模板消息的"事件推送"消息事件，由 OnEvent_TemplateSendJobFinishRequest 事件负责处理（所有事件见第 7 章 7.4.2 节"第二步：创建你自己的 MessageHandler"），我们可以在 自己创建的 CustomMessageHandler 中加入如下代码 473#223：

```
/// <summary>
/// 事件之发送模板消息返回结果
/// </summary>
/// <returns></returns>
public override IResponseMessageBase OnEvent_TemplateSendJobFinishRequest
(RequestMessageEvent_TemplateSendJobFinish requestMessage)
{
    switch (requestMessage.Status)
    {
        case "success":
            //发送成功
            break;
```

```
        case "failed:user block":
            //送达由于用户拒收（用户设置拒绝接收公众号消息）而失败
            break;
        case "failed: system failed":
            //送达由于其他原因失败
            break;
        default:
            throw new WeixinException("未知模板消息状态: " + requestMessage.Status);
            break;
    }

    //无需回复文字内容
    return null;
}
```

注意：此方法内不能再发送模板消息，否则会造成无限循环！

15.4.8 异步方法

在模板消息的接口中，除了"事件推送"属于消息范畴，需要使用 MessageHandler 处理以外，其他的所有高级接口都提供了异步方法，特别是"发送模板消息"接口，我们更推荐使用异步方法来处理，减少线程的阻塞，以此为例，我们可以这样使用 474#224：

```
Task.Factory.StartNew(async () =>
{
    var openId = "olPjZjsXuQPJoV0HlruZkNzKc91E";//消息目标用户的 OpenId

    //实际生产环境中，用户信息应该从数据库或缓存中读取
    var userInfo = await UserApi.InfoAsync(_appId, openId);//使用异步方法

    var data = new TemplateMessage_PaySuccessNotice(
        "您的订单已经支付", userInfo.nickname,
        "1234567890", 88.ToString("c"),
        "模板消息测试商品",
        "更详细信息，请到 Senparc.Weixin SDK 官方网站（http://sdk.weixin.senparc.com）查看! \r\n 这条消息使用的是优化过的方法，且不带 Url 参数。使用异步方法。");

    var  result = await TemplateApi.SendTemplateMessageAsync(_appId, openId, data);
//使用异步方法

    //调用客服接口显示 MsgID
    finalResult = await CustomApi.SendTextAsync(_appId, openId, "上一条模板消息的 MsgID: " + result.msgid);//使用异步方法
});
```

上述代码中调用客服接口（CustomApi.SendTextAsync）只是为了在微信客户端显示模板消息的 MsgID，用于和开发者服务器收到的事件推送消息比较，生产环境中不需要这么做。如图 15-16 所示，左侧最后两条消息是运行上述代码后微信手机端收到的 1 条模板消息和 1 条客服消息

(Text 类型），右侧是开发者服务器收到的 Success 状态的事件推送消息。

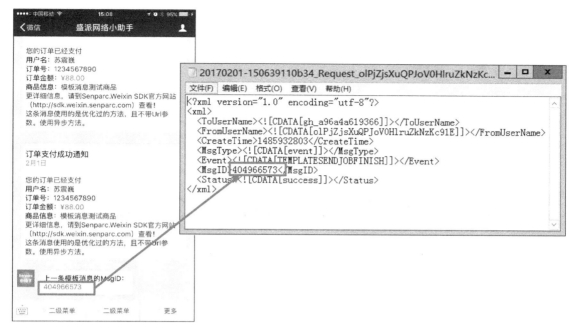

图15-16

习题

15.1 如何发送一条模板消息？

15.2 "模板 ID"有什么用？当删除一个模板后，如何再次得到相同的"模板 ID"？

15.3 应用服务器如何得知模板消息发送成功或失败（如有多种方式请列出）？

… Chapter 16

第 16 章 微信网页授权（OAuth 2.0）

16.1　OAuth 2.0 简介

我们现在已经知道，用户通过微信公众号的界面进行互动，服务器可以很方便地通过 MessageHandler 获得到 RequestMessage，并从 RequestMessage 得到 FromUserName，即用户在此微信公众号上的唯一标示：OpenId。

实际的使用过程中，更多的交互会在网页中完成（本章的"网页"如无特殊说明，都指在微信 App 内打开的网页，而不是在手机外部浏览器打开的网页），用户通过单击菜单、扫描二维码、打开分享链接等方式都可以进入到网页，不是必须通过微信公众号（即使通过微信公众号进入网页也很难**精确**获取到），因此在网页中是无法直接获取到用的 OpenId 的。

我们也可以换一个角度思考，当用户 Jeffrey 同时关注了 A、B、C 三个公众号，当他从朋友圈打开了一个网页，这个网址可能同时服务于 A、B 两个公众号（这是允许的），而 Jeffrey 在 A 和 B 两个公众号内的 OpenId 必定是不同的，那么 Jeffrey 此时的身份到底应该是哪个公众号的用户呢？如何安全地在不泄露 Jeffrey 账号、密码等信息的情况下完成登录验证呢？要解决这个问题，单靠 Jeffrey 客户端做判断显然是不行的，这里我们就需要引入一项安全技术：OAuth。

以下是官方对于 OAuth 的解释：

OAuth 协议为用户资源的授权提供了一个安全的、开放而又简易的标准。与以往的授权方式不同之处是 OAuth 的授权不会使第三方触及到用户的账号信息（如用户名与密码），即第三方无需使用用户的用户名与密码就可以申请获得该用户资源的授权，因此 OAuth 是安全的。OAuth 是 Open Authorization 的简写。

OAuth 协议为用户资源的授权提供了一个安全的、开放而又简易的标准。同时，任何第三方都可以使用 OAuth 认证服务，任何服务提供商都可以实现自身的 OAuth 认证服务，因而 OAuth 是开放的。

我们这里所说的 OAuth 默认指 OAuth 2.0，关于 OAuth 1.0 我们这里不在展开，OAuth 2.0

已经非常完善并且适用于更多的环境。

说到这里，OAuth 看上去是很高端很复杂的样子，请不要纠结这个问题，因为确实有点复杂。不过复杂之中，使用的都是我们非常熟悉的网页技术。下面我们通过图 16-1 来看一下 OAuth 的运作模式 476#366：

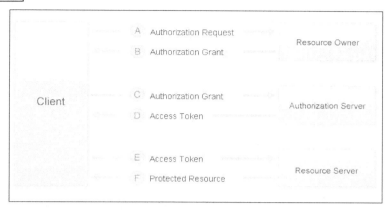

图16-1

从图 16-1 中我们可以看到，整个过程进行了 2 次"握手"，最终可以利用授权的 AccessToken 进行一系列的安全请求。相关的过程说明如下。

- A：由客户端（对应**应用服务器**）向服务器（对应**微信服务器**）发出验证请求，请求中一般会携带这些参数。

  - ID 标识，例如微信公众号的 AppId
  - 验证后跳转到的 URL（redirectUrl）
  - 状态参数（可选）
  - 授权作用域 Scope（可选）
  - 响应类型（可选）

- B：服务器返回一个 Grant 授权标识（微信默认情况下称之为 Code），类似于一个一次性的临时字符串密钥。如果在 A 中提供了 redirectUrl，这里服务器会做一次跳转，带上 Grant 和状态参数，访问 redirectUrl。

- C：客户端的 redirectUrl 对应页面，凭借 Grant 再次发起请求，这次请求通常会携带一些敏感信息。

  - ID 标识
  - 密码
  - Grant 字符串（Code）
  - Grant 类型（可选，微信中默认为 Code）

- D：服务器验证 ID 标识、密码、Grant 都正确之后，返回 AccessToken（注意，这里的 AccessToken 和之前通用接口、高级接口介绍的 AccessToken 没有关系，不能交叉使用）。

- E：客户端凭借 AccessToken 请求一系列的 API，在此过程中不会再携带 AppId、Secret、Grant 等敏感的信息。
- F：服务器返回请求结果。

看上去步骤很多，不用担心，SDK 都已经对整个过程行了很好的封装，并且提供了示例代码。

16.2 设置微信 OAuth 回调域名

要配置 OAuth，首先进入到微信公众号后台，确定当前是有效的、通过认证的公众号，如图 16-2。

图16-2

单击左侧菜单的【设置】>【公众号设置】页面，并单击【功能设置】标签，如图 16-3 所示。

图16-3

在最下方可以看到"网页授权域名"，单击右侧【设置】按钮，并输入有效的授权回调页面域名，如图 16-4 所示。

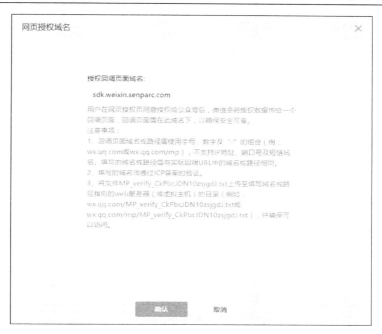

图16-4

请仔细阅读弹出窗口中的"注意事项"。

16.3 开发微信 OAuth 接口

OAuth 接口的方法都封装在了 Senparc.Weixin.MP.AdvancedAPIs 命名空间下的 OAuthApi 类中。包含的接口方法表 16-1 所示。

表 16-1

方法	返回类型	说明
GetAuthorizeUrl()	String	获取验证地址
GetAccessToken()	OAuthAccessTokenResult	获取 AccessToken 注意：此 AccessToken 和高级接口中其他 AccessToken 不通用
GetUserInfo()	OAuthUserInfo	获取用户基本信息
RefreshToken()	OAuthAccessTokenResult	刷新 AccessToken
Auth()	WxJsonResult	检验授权凭证（access_token）是否有效

表 16-1 中的方法都为同步方法，OAuthApi 类下也同时提供了异步方法。

下面我们按照使用的步骤（参考图 16-1），对整个 OAuth 过程的实现（方法）做一下详细的介绍，主要代码包含在 Sample 示例中 478#448（https://github.com/JeffreySu/WeiXinMPSDK/tree/master/src/Senparc.Weixin.MP.Sample/Senparc.Weixin.MP.Sample）。

16.3.1 创建 Controller

首先，我们在 Senparc.Weixin.MP.Sample 项目中创建一个 Controller 用于处理所有和 OAuth

有关的请求,名为 OAuth2Controller 479#226。

```
namespace Senparc.Weixin.MP.Sample.Controllers
{
    public class OAuth2Controller : Controller
    {
        //下面换成账号对应的信息,也可以放入 web.config 等地方方便配置和更换
        private string appId = "YourAppId";
        private string secret = "YourAppSecret";
    }
}
```

16.3.2 GetAuthorizeUrl()方法

GetAuthorizeUrl() 方法的作用是获取本次验证所需访问微信服务器的验证地址。参数如表 16-2 所示。

表 16-2

参数名称	类型	说明
appId	string	公众号的唯一标识
redirectUrl	string	授权后重定向的回调链接地址,输入参数无须使用 UrlEncode 进行编码,方法内会自动处理 **出于安全性的考虑,redirectUrl 强烈建议使用 HTTPS 协议访问**
state	string	重定向后会带上 State 参数,开发者可以填写 a-zA-Z0-9 的参数值,最多 128 字节
scope	OAuthScope	应用授权作用域,snsapi_base (不弹出授权页面,直接跳转,只能获取用户 openid),snsapi_userinfo (弹出授权页面,可通过 openId 拿到昵称、性别、所在地。并且,即使在未关注的情况下,只要用户授权,也能获取其信息)
responseType	string	返回类型,默认为 Code,无须修改
addConnectRedirect	bool	这是一个正在测试中的功能,用于帮助解决 40029-invalid Code 的问题(见 16.7 节"解决 OAuth 出现 40029(invalid code)错误"),默认为 true

从 scope 参数可以看到,微信的 OAuth 提供了两种不同的模式:**snsapi_userinfo** 和 **snsapi_base**。有关两者的区别见表 16-3。

表 16-3

	Snsapi_userinfo	Snsapi_base
出现授权页面并需要用户手动单击同意授权	是	否(静默授权)
是否能获取到完整的用户基本信息	是	只能获得 OpenId
是否必须关注公众号	否	必须关注公众号才能进一步获取用户基本信息,否则只能获得 OpenId

现在,创建一个名为 Index 的 Action,用于显示通过 GetAuthorizeUrl() 方法获取到的官方授权 URL,并且可以单击进入。

实际操作的过程中可以直接跳转到微信服务器的 URL 480#227,因而不需要 Index 的存在。

```
public ActionResult Index()
{
    var state = "JeffreySu-" + DateTime.Now.Millisecond;//随机数,用于识别请求可靠性
    Session["State"] = state;//储存随机数到Session

    //此页面引导用户单击授权
    ViewData["UrlUserInfo"] = OAuthApi.GetAuthorizeUrl(appId, "http://sdk.weixin.senparc.com/oauth2/UserInfoCallback", state, OAuthScope.snsapi_userinfo);
    ViewData["UrlBase"] = OAuthApi.GetAuthorizeUrl(appId, "http://sdk.weixin.senparc.com/oauth2/BaseCallback", state, OAuthScope.snsapi_base);
    return View();
}
```

上述代码中,生成了一个 state 随机数,并将其存放在 Session 中,在接下去的验证过程中会使用到这个 Session 值。由于 state 会明文包含在 URL 中,因此不具备非常高的保密性,只能作为辅助的验证手段。此外,state 也可以夹带一些我们需要传递的明文数据,例如上述代码中的"JeffreySu","-"号用于分割字符串方便处理。

为了方便同时演示 **snsapi_userinfo** 和 **snsapi_base** 效果,这里分别生成了对应于这两种模式的两个不同 URL(输入不同的 OAuthScope 枚举),实际开发过程中可以根据实际的情况进行选择。参数中的 redirectUrl 分别为:

http://sdk.weixin.senparc.com/oauth2/**userinfocallback**

和

http://sdk.weixin.senparc.com/oauth2/**basecallback**

创建对应视图(Views/OAuth2/Index.cshtml):

```
@{
    Layout = null;
}


<!DOCTYPE html>
<html>
<head>
    <meta charset="utf-8" />
    <meta name="viewport" content="width=device-width" />
    <title>OAuth2.0 授权测试</title>
    @Scripts.Render("~/bundles/modernizr")
    @Scripts.Render("~/bundles/jquery")
</head>
<body>
    <h2>OAuth2.0 授权测试</h2>
    <p>注意:此页面仅供测试,测试号随时可能过期。请将此 DEMO 部署到您自己的服务器上,并使用自己的 appid 和 secret。</p>
    <p><a href="@ViewData["UrlUserInfo"]">单击这里测试 snsapi_userinfo</a></p>
    <p>
```

```
            将要链接到的地址：<br />
            <textarea rows="10" cols="40">@ViewData["UrlUserInfo"]</textarea>
        </p>
        <p><a href="@ViewData["UrlBase"]">单击这里测试snsapi_base</a></p>
        <p>
            将要链接到的地址：<br />
            <textarea rows="10" cols="40">@ViewData["UrlBase"]</textarea>
        </p>
</body>
</html>
```

部署到应用服务器之后，打开页面可以看到对应的 URL，如图 16-5 所示。

图16-5

获取到的 2 个 URL 分别如下。

snsapi_userinfo：

https://open.weixin.qq.com/connect/oauth2/authorize?appid=wx669ef95216eef885&redirect_uri=http%3A%2F%2Fsdk.weixin.senparc.com%2Foauth2%2FUserInfoCallback&response_type=code&scope=**snsapi_userinfo**&state=JeffreySu-256&connect_redirect=1#wechat_redirect

snsapi_base：

https://open.weixin.qq.com/connect/oauth2/authorize?appid=wx669ef95216eef885&redirect_uri=http%3A%2F%2Fsdk.weixin.senparc.com%2Foauth2%2FBaseCallback&response_type=code&scope=**snsapi_base**&state=JeffreySu-256&connect_redirect=1#wechat_redirect

单击打开 **snsapi_userinfo** 链接，出现授权页面，如图 16-6 所示。

图16-6

单击【确认登录】按钮之后，页面会跳转到预先设置的 redirectUrl：

http://sdk.weixin.senparc.com/oauth2/**userinfocallback**

16.3.3 GetAccessToken() 方法

在跳转到 /oauth2/**userinfocallback** 的同时，微信还会在 URL 中自动添加 2 个参数（QueryString）：**code** 和 **state**。

code 作为换取 access_token 的票据，每次用户授权带上的 code 将不一样，code 只能使用一次，5 分钟未被使用自动过期。

state 即我们在 GetAuthorizeUrl() 方法中输入的参数 state。

为了能够接收到 /oauth2/**UserInfoCallback** 的请求，我们在 OAuth2Controller 下创建名为 **UserInfoCallback** 的 Action，并带有 code 和 state 两个参数 481#231：

```
/// <summary>
/// OAuthScope.snsapi_userinfo方式回调
/// </summary>
/// <param name="code"></param>
/// <param name="state"></param>
/// <returns></returns>
public ActionResult UserInfoCallback(string code, string state)
{
    if (string.IsNullOrEmpty(code))
    {
        return Content("您拒绝了授权！");
    }
```

```csharp
        if (state != Session["State"] as string)
        {
            //这里的state其实是会暴露给客户端的,验证能力很弱,这里只是演示一下
            // 实际上可以存任何想传递的数据,比如用户ID,并且需要结合例如下面的
Session["OAuthAccessToken"]进行验证
            return Content("验证失败!请从正规途径进入!");
        }
        OAuthAccessTokenResult result = null;
        //通过,用code换取access_token
        try
        {
            result = OAuthApi.GetAccessToken(appId, secret, code);
        }
        catch (Exception ex)
        {
            return Content(ex.Message);
        }
        if (result.errcode != ReturnCode.请求成功)
        {
            return Content("错误: " + result.errmsg);
        }
        //下面2个数据也可以自己封装成一个类,储存在数据库中(建议结合缓存)
        //如果可以确保安全,可以将access_token存入用户的cookie中,每一个人的access_token是
不一样的
        Session["OAuthAccessTokenStartTime"] = DateTime.Now;
        Session["OAuthAccessToken"] = result;

        //因为第一步选择的是OAuthScope.snsapi_userinfo,这里可以进一步获取用户详细信息
        try
        {
            OAuthUserInfo userInfo = OAuthApi.GetUserInfo(result.access_token, result.openid);
            return View(userInfo);
        }
        catch (ErrorJsonResultException ex)
        {
            return Content(ex.Message);
        }
    }
```

当 code 为 null 时(即 URL 中未提供 code 参数),表明用户取消了授权。由于目前微信已经将授权页面上的"取消"按钮去掉,只保留了一个【确认登录】按钮(见图16-6),因此通过官方途径进入的请求时 code 是一定会存在的,此处保留了对于 code 的判断只是作为访问合法的一种辅助判断,同时也可以应对将来可能的变化。

对于 state 的判断建议加上,可以增强系统的安全性。例如当一个用户的 code 及 redirectUrl 被泄露之后(并且 code 没有被使用掉),黑客完全是可以通过直接访问 redirectUrl 来取得授权的。但是由于黑客的 Session 和真实用户的 Session 所储存的 state 不一致,所以这件事就没这么

容易了。我们直接用一个新用户访问 **snsapi_userinfo** 的链接，此用户就会被拒之门外，如图 16-7 所示。

图16-7

在进行了一系列的审核之后，进入到下一个环节：使用 **code** 换取 **AccessToken**。使用到的方法为 **OAuthApi.GetAccessToken()**，参数如表 16-4 所示。

表 16-4

参数名称	类型	说明
appId	string	公众号的唯一标识
secret	string	公众号的 AppSecret
code	string	code 作为换取 access_token 的票据，每次用户授权带上的 code 将不一样，code 只能使用一次，5 分钟未被使用自动过期
grantType	string	填写为 authorization_code（请保持默认参数）

注意：GetAccessToken() 接口最终使用的是 GET 方式请求微信服务器，因此 Secret 会被包含在 URL 中明文进行发送，所以更加需要确保应用服务器网络环境的安全性（即使是 POST 也是一样），否则可能带来灾难性的后果！

GetAccessToken()方法返回的类型为 OAuthAccessTokenResult，包含了一系列非常重要的参数，如表 16-5 所示。

表 16-5

属性名称	类型	说明
access_token	string	接口调用凭证
expires_in	int	access_token 接口调用凭证超时时间，单位（秒）
refresh_token	string	用户刷新 access_token
openid	string	授权用户唯一标识
scope	string	用户授权的作用域，使用逗号","分隔
unionid	string	只有在用户将公众号绑定到微信开放平台账号后，才会出现该字段。详见：获取用户个人信息（UnionID 机制）

通过上述的 access_token 参数，我们可以进一步通过 GetUserInfo() 方法获得到用户的详细基本信息（见 16.3.4 节"GetUserInfo() 方法"）。

注意 1：和 Secret 一样，access_token 也是安全级别非常高的参数，不允许传输到客户端（即使加密都不允许），所有需要使用到 Secret 和 access_token 的接口，也必须从应用服务器发起，不能交给客户端去做（即使这么做在可访问性上是被允许的）！

注意2：这里的 access_token 和我们调用"通用接口"和其他"高级接口"时所用的 AccessToken 并不相同，两者是完全独立的，不能通用，此处或得到的 access_token 只能用在 OAuthApi 下的接口方法中！

16.3.4 GetUserInfo() 方法

在 UserInfoCallback 这个 Action 中，获取到 access_token 之后，就可以用来换取用户信息了，使用的是 GetUserInfo() 方法。GetUserInfo() 方法包含了 3 个参数，见表 16-6。

表 16-6

参数名称	类型	说明
accessToken	string	调用接口凭证
openId	string	普通用户的标识，对当前公众号唯一
lang	Language	返回国家地区语言版本，zh_CN 简体，zh_TW 繁体，en 英语。默认为 zh_CN

此处的 accessToken 和 openId 都来自于 GetAccessToken()方法返回的结果（OAuthAccessTokenResult）。

GetUserInfo()返回的类型为 OAuthUserInfo，属性如表 16-7 所示。

表 16-7

属性名称	类型	说明
openid	string	用户的唯一标识
nickname	string	用户昵称
sex	int	用户的性别，值为 1 时是男性，值为 2 时是女性，值为 0 时是未知
province	string	用户个人资料填写的省份
city	string	普通用户个人资料填写的城市
country	string	国家，如中国为 CN
headimgurl	string	用户头像，最后一个数值代表正方形头像大小（有 0、46、64、96、132 数值可选，0 代表 640*640 正方形头像），用户没有头像时该项为空
privilege	string[]	用户特权信息，json 数组，如微信沃卡用户为（chinaunicom）。作者注：其实这个格式称不上 JSON，只是个单纯数组
unionid	string	只有在用户将公众号绑定到微信开放平台账号后，才会出现该字段

这里通过 OAuthApi.GetUserInfo() 获取到的用户信息，和直接使用高级接口 UserApi.Info() 返回的结果是近似的，不同的是后者提供了更多关于订阅、标签、备注等方面的信息。所以，如果开发过程中需要进一步获取到关注用户的信息，可以尝试性调用 UserApi.Info() 来获取到（如果用户没有关注将获取不到）。

注意：此处调用 UserApi.Info() 所使用的 AccessToken 为高级接口的 AccessToken，非 OAuth 的 access_token！

至此，用户的身份信息已经验证完了，OAuth 的流程结束。接下去你可以根据自己的业务需要对用户进行一系列保存、登录等操作了。

为了展示已经获取到的用户信息，创建一个简单的视图（Views/OAuth2/UserInfoCallback.

cshtml) 482#232:

```
@model Senparc.Weixin.MP.AdvancedAPIs.OAuth.OAuthUserInfo
@{
    Layout = null;
}
<!DOCTYPE html>
<html>
<head>
    <meta name="viewport" content="width=device-width" />
    <title>OAuth2.0 授权测试授权成功</title>
</head>
<body>
    <h2>OAuth2.0 授权测试授权成功! </h2>
    @if (ViewData.ContainsKey("ByBase"))
    {
        <p><strong>您看到的这个页面来自于 snsapi_base 授权,因为您已关注本微信,所以才能查询到详细用户信息,否则只能进行常规的授权。</strong></p>
    }
    else
    {
        <p><strong>您看到的这个页面来自于 snsapi_userinfo 授权,可以直接获取到用户详细信息。</strong></p>
    }
    <p>下面是通过授权得到的您的部分个人信息: </p>
    <p>openid:@Model.openid</p>
    <p>nickname:@Model.nickname</p>
    <p>country:@Model.country</p>
    <p>province:@Model.province</p>
    <p>city:@Model.city</p>
    <p>sex:@Model.sex</p>
    @if (Model.unionid != null)
    {
        <p>unionid:@Model.unionid</p>
    }
    <p>
        头像: <br />
        <img src="@Model.headimgurl"/>(直接调用可能看不到,需要抓取)
    </p>
</body>
</html>
```

最终呈现的效果如图 16-8 所示。

以上的流程我们是跟着 **snsapi_userinfo** 走下来的,按照微信官方的说明,如果是通过 **snsapi_base** 的方式,则进行完 GetAccessToken(),获取到 access_token 以及 openId 之后就终止了,无法继续向下进行。

图16-8

下面我们就来测试一下，创建一个名为 BaseCallback 的 Action，对应于之前 http://sdk.weixin.senparc.com/oauth2/**BaseCallback** 的回调地址 482#233：

```
/// <summary>
/// OAuthScope.snsapi_base 方式回调
/// </summary>
/// <param name="code"></param>
/// <param name="state"></param>
/// <returns></returns>
public ActionResult BaseCallback(string code, string state)
{
    if (string.IsNullOrEmpty(code))
    {
        return Content("您拒绝了授权！");
    }

    if (state != Session["State"] as string)
    {
        //这里的 state 其实是会暴露给客户端的，验证能力很弱，这里只是演示一下，
        //建议用完之后就清空，将其一次性使用
        //实际上可以存任何想传递的数据，比如用户 ID，并且需要结合例如下面的
Session["OAuthAccessToken"]进行验证
        return Content("验证失败！请从正规途径进入！");
    }

    //通过，用 code 换取 access_token
    var result = OAuthApi.GetAccessToken(appId, secret, code);
    if (result.errcode != ReturnCode.请求成功)
    {
```

```
            return Content("错误: " + result.errmsg);
        }
        //下面 2 个数据也可以自己封装成一个类,储存在数据库中(建议结合缓存)
        //如果可以确保安全,可以将 access_token 存入用户的 cookie 中,每一个人的 access_token 是
不一样的
        Session["OAuthAccessTokenStartTime"] = DateTime.Now;
        Session["OAuthAccessToken"] = result;
        //因为这里还不确定用户是否关注本微信,所以只能试探性地获取一下
        OAuthUserInfo userInfo = null;
        try
        {
            //已关注,可以得到详细信息
            userInfo = OAuthApi.GetUserInfo(result.access_token, result.openid);
            ViewData["ByBase"] = true;
            return View("UserInfoCallback", userInfo);
        }
        catch (ErrorJsonResultException ex)
        {
            //未关注,只能授权,无法得到详细信息
            //这里的 ex.JsonResult 可能为: "{\"errcode\":40003,\"errmsg\":\"invalid openid\"}"
            return Content("用户已授权,授权Token: " + result);
        }
    }
```

在 BaseCallback 这个 Action 中,我们仍然执行了 OAuthApi.GetUserInfo() 尝试获取用户信息(按照官方的说法已经无法继续进行了)。

然后单击图 16-5 中界面的 snsapi_base 对应链接,结果如图 16-9 所示。

图16-9

通过实验可以发现：进行了 snsapi_base 模式授权后，仍然获取到了用户的基本信息！

不过这只是一个初步的测试，还有一些环境因素干扰，比如：

- 我刚进行了一次 snsapi_userinfo 授权，微信是否有缓存状态存在？
- 我已经关注了这个公众号，是否有影响？
- 直接单击链接进入和跳转是否会产生不同的结果？

注意：这里只是作为一种探索和尝试，实际生产环境请勿冒险，以微信官方的说明为准！我们也会通过官方途径及时和大家分享最新的测试结果。

16.3.5 RefreshToken() 方法

由于 access_token 拥有较短的有效期，当 access_token 超时后，可以使用 refresh_token 进行刷新，refresh_token 有效期为 30 天，当 refresh_token 失效之后，需要用户重新授权。刷新 access_token 的方法为 OAuthApi.RefreshToken()，参数如表 16-8 所示。

表 16-8

参数名称	类型	说明
AppId	string	公众号的唯一标识
refreshToken	string	填写通过 access_token 获取到的 refresh_token 参数
grantType	string	固定填写 refresh_token，默认为 refresh_token

RefreshToken() 方法返回的类型为 RefreshTokenResult，由于返回的数据和 GetAccessToken() 方法是相同的，因此继承自 OAuthAccessTokenResult，这里不再重复介绍。

我们建议将 refresh_token 存储在数据库或生命周期较长的缓存中（如 Redis）。

16.3.6 Auth()方法

有时候我们还需要验证当前储存的 access_token 是否有效，这时候需要用到 OAuthApi.Auth() 方法，返回的类型是基础的 WxJsonResult，参数如表 16-9 所示。

表 16-9

参数名称	类型	说明
accessToken	string	调用接口凭证
openId	string	用户的唯一标识

accessToken 和 openId 都来自于从 GetAccessToken() 或 RefreshToken() 方法获取到的 access_token 及 openId 参数。

注意：从上面的接口我们也可以推论：在 OAuth 里面的每一个 access_token 都对应了一个确定的用户（OpenId），是不可以跨用户使用的。即 A 用户通过 OAuth 到的 code 进一步或得到的 access_token 是不可以被 B 用户使用的。否则 Auth() 接口就不会要求提供 openId 参数。如果你感兴趣，也可以做一个测试：在 GetUserInfo() 方法中输入 A 用户的 access_token，以及 B 用户的 openId，结果会怎么样呢？

16.4 异步 OAuth 接口

在所有 OAuth 有关的接口中，只有 OAuthApi.GetAuthorizeUrl()方法只提供了同步方法（因为此方法内只是简单的字符串拼接，没有比较大的资源消耗和等待），其余的方法都提供了异步版本。

16.3 节中所介绍的 GetAccessToken()、GetUserInfo()、RefreshToken() 和 Auth() 等方法对应的异步方法名称分别为：GetAccessTokenAsync()、GetUserInfoAsync()、RefreshTokenAsync() 和 AuthAsync()，所有返回的类型为 Task<同步方法返回类型>，输入参数及限制都是一致的，这里不再展开。

16.5 调试 OAuth

16.5.1 调试工具

由于 OAuth 从第一步开始就需要和微信服务器交互，并且需要使用到微信 App 内部的通信，因此没有办法脱离互联网或脱离微信 App 进行测试。

但如果直接使用手机 App 测试，则调试过程将会变得非常繁琐，许多的任务甚至无法顺利完成。这里我们就可以使用"微信 Web 开发者工具"，有关软件的准备工作在本书第 3 章 3.5 节中已经有介绍。

使用开发者工具调试 OAuth 和正常的过程没有太大差别，授权的过程会真实生效，所以一定要确保当前测试的域名已经在微信公众号后台进行设置(见本章 16.2 节)，并且已经将当前授权的个人微信号绑定到了该微信公众号的"开发者"微信号中，如果没有绑定，就会出现错误提示，如图 16-10 所示，此时需要进行一系列的设置操作。

图16-10

16.5.2 设置

第一步：登录微信公众号后台。

第二步：打开左侧菜单中的【开发】>【开发者工具】，如图16-11所示。

图16-11

第三步：单击【进入】按钮，打开设置页面，如图16-12所示。

图16-12

可以看到，页面提示"暂未绑定开发者账号"，总共可以绑定 10 个账号。

第四步：单击【绑定开发者账号】按钮，并输入需要绑定的微信号，如图 16-13 所示。

图16-13

第五步：单击【邀请绑定】按钮，返回列表，如图 16-14 所示。

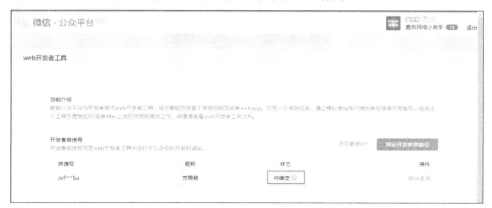

图16-14

注意当前用户对应的状态为"待确定"。

在单击【邀请绑定】按钮的同时，对应的微信客户端上会收到一条来自"公众号安全助手"的消息，如图 16-15 所示。

图16-15

第六步：打开提示的"公众号安全助手"公众号，可以看到最新的一条模板消息,标题为"公众号开发者微信号绑定邀请"，如图 16-16 所示。

第七步：单击打开最新的这条模板消息，如图 16-17 所示。

图16-16

图16-17

第八步：单击【同意操作】按钮，完成授权过程，如图 16-18 所示。

图16-18

至此，开发者工具对于 OAuth 的设置操作完成，我们可以重新刷新 PC 端的微信公众号后台列表，可以看到当前账号已经完成绑定，例如图 16-19 所示。

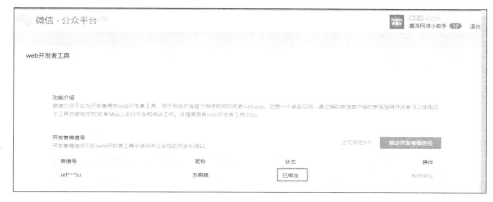

图16-19

下面就可以开始对 OAuth 进行 PC 端调试了,在本章 16.6.2 节中,将演示调试 OAuth 的后续过程。

16.6 使用 SenparcOAuthAttribute 实现 OAuth 自动登录

在 ASP.NET MVC 中,我们可以利用特性标签(Attribute)对请求进行过滤,从而实现对登录状态的自动判断:当发现用户没有登录时,自动跳转到微信官方的 OAuth 2.0 授权页面,完成授权后,重新回到当前页面继续操作;当用户已经登录时,不进行任何操作。

为此我们创建了 SenparcOAuthAttribute,封装在 Senparc.Weixin.MP.MvcExtension 模块中(.NET Core 版本对应模块名称为 Senparc.Weixin.MP.CoreMvcExtension)。

16.6.1 SenparcOAuthAttribute 定义

SenparcOAuthAttribute 类的命名空间为 Senparc.Weixin.MP.MvcExtension,位于项目的 Filters 文件夹下。SenparcOAuthAttribute.cs 定义如下 490#741:

```
using System;
using System.Web.Mvc;
using System.Diagnostics.CodeAnalysis;
using System.Web;
using Senparc.Weixin.MP.AdvancedAPIs;

namespace Senparc.Weixin.MP.MvcExtension
{
    [SuppressMessage("Microsoft.Performance", "CA1813:AvoidUnsealedAttributes",
        Justification = "Unsealed so that subclassed types can set properties in the default constructor or override our behavior.")]
    [AttributeUsage(AttributeTargets.Class | AttributeTargets.Method, Inherited = true, AllowMultiple = true)]
    public abstract class SenparcOAuthAttribute : FilterAttribute,/* AuthorizeAttribute,*/ IAuthorizationFilter
    {
        protected string _appId { get; set; }
```

```csharp
        protected string _oauthCallbackUrl { get; set; }
        protected OAuthScope _oauthScope { get; set; }

        /// <summary>
        /// AppId
        /// </summary>
        /// <param name="appId"></param>
        ///<param name="oauthCallbackUrl">网站内路径（如：/TenpayV3/OAuthCallback），
以/开头！当前页面地址会加在Url中的returlUrl=xx参数中</param>
        public SenparcOAuthAttribute(string appId, string oauthCallbackUrl,
OAuthScope oauthScope= OAuthScope.snsapi_userinfo)
        {
            _appId = appId;
            _oauthCallbackUrl = oauthCallbackUrl;
            _oauthScope = oauthScope;
        }

        /// <summary>
        /// 判断用户是否已经登录
        /// </summary>
        /// <param name="httpContext"></param>
        /// <returns></returns>
        public abstract bool IsLogined(HttpContextBase httpContext);

        protected virtual bool AuthorizeCore(HttpContextBase httpContext)
        {
            //return true;
            if (httpContext == null)
            {
                throw new ArgumentNullException("httpContext");
            }

            if (!IsLogined(httpContext))
            {
                return false;//未登录
            }

            return true;
        }

        private void CacheValidateHandler(HttpContext context, object data, ref
HttpValidationStatus validationStatus)
        {
            validationStatus = OnCacheAuthorization(new HttpContextWrapper(context));
        }

        public virtual void OnAuthorization(AuthorizationContext filterContext)
        {
```

```csharp
            if (filterContext == null)
            {
                throw new ArgumentNullException("filterContext");
            }

            if (AuthorizeCore(filterContext.HttpContext))
            {
                // ** IMPORTANT **
                // Since we're performing authorization at the action level, the authorization code runs
                // after the output caching module. In the worst case this could allow an authorized user
                // to cause the page to be cached, then an unauthorized user would later be served the
                // cached page. We work around this by telling proxies not to cache the sensitive page,
                // then we hook our custom authorization code into the caching mechanism so that we have
                // the final say on whether a page should be served from the cache.

                HttpCachePolicyBase cachePolicy = filterContext.HttpContext.Response.Cache;
                cachePolicy.SetProxyMaxAge(new TimeSpan(0));
                cachePolicy.AddValidationCallback(CacheValidateHandler, null /* data */);
            }
            else
            {
                if (IsLogined(filterContext.HttpContext))
                {

                }
                else
                {
                    var returnUrl = filterContext.HttpContext.Request.Url.ToString();
                    var urlData = filterContext.HttpContext.Request.Url;
                    //授权回调字符串
                    var callbackUrl = string.Format("{0}://{1}{2}{3}{4}returnUrl={5}",
                        urlData.Scheme,
                        urlData.Host,
                        urlData.Port != 80 ? (":" + urlData.Port) : "",
                        _oauthCallbackUrl,
                        _oauthCallbackUrl.Contains("?") ? "&" : "?",
                        HttpUtility.RequestUtility.UrlEncode(returnUrl)
                        );

                    var state = string.Format("{0}|{1}", "FromSenparc", DateTime.Now.Ticks);
                    var url = OAuthApi.GetAuthorizeUrl(_appId, callbackUrl, state,
```

```
_oauthScope);
                    filterContext.Result = new RedirectResult(url);
                }
            }
        }

        // This method must be thread-safe since it is called by the caching module.
        protected virtual HttpValidationStatus OnCacheAuthorization(HttpContextBase httpContext)
        {
            if (httpContext == null)
            {
                throw new ArgumentNullException("httpContext");
            }

            bool isAuthorized = AuthorizeCore(httpContext);
            return (isAuthorized) ? HttpValidationStatus.Valid : HttpValidationStatus.IgnoreThisRequest;
        }
    }
}
```

SenparcOAuthAttribute 类被标记为抽象类，其中安排了一个名为 IsLogined() 的抽象方法，必须在实现类中进行实现，用于判断用户是否登录。

SenparcOAuthAttribute 的构造函数要求提供三个参数，分别是：AppId、授权回调页面地址以及 OAuthScope（默认为 snsapi_userinfo 方式）。

16.6.2 使用 SenparcOAuthAttribute

使用 SenparcOAuthAttribute 首先要创建一个实现类，实现抽象方法。例如 491#742：

```
using System.Web;
using Senparc.Weixin.MP.MvcExtension;

namespace Senparc.Weixin.MP.Sample.Filters
{
    /// <summary>
    /// OAuth 自动验证，可以加在 Action 或整个 Controller 上
    /// </summary>
    public class CustomOAuthAttribute : SenparcOAuthAttribute
    {
        public CustomOAuthAttribute(string appId, string oauthCallbackUrl)
            : base(appId, oauthCallbackUrl)
        {
            base._appId = base._appId ?? System.Configuration.ConfigurationManager.AppSettings["TenPayV3_AppId"];
        }
```

```csharp
        public override bool IsLogined(HttpContextBase httpContext)
        {
            return httpContext != null && httpContext.Session["OpenId"] != null;
        }
    }
}
```

对于 IsLogined() 方法的实现可以根据系统自身的设计进行改写,例如:

```csharp
return httpContext != null && httpContext.User.Identity.IsAuthenticated;
```

使用的时候只需要在需要验证登录的 Controller 或 Action 上使用自定义特性,如 491#743:

```csharp
[CustomOAuth("YourAppId", "/TenpayV3/OAuthCallback")]
public ActionResult JsApi(int productId, int hc)
{
    //...
}
```

其中的 **/TenpayV3/OAuthCallback** 是授权回调页面的绝对路径地址,不需要填写完整域名,必须以 "/" 开始。此页面的作用就是本章 16.3.3 节中涉及的 **/oauth2/UserInfoCallback** 页面。在回调的过程中,除了微信官方会添加的 code 和 state 两个参数以外,当前访问的页面完整 Url 会被编码后放入固定名称参数 returnUrl 中,这样开发者可以在完成授权操作后返回当前页面继续操作 491#746:

```csharp
public ActionResult OAuthCallback(string code, string state, string returnUrl)
{
    if (string.IsNullOrEmpty(code))
    {
        return Content("您拒绝了授权!");
    }

    if (!state.Contains("|"))
    {
        //这里的 state 其实是会暴露给客户端的,验证能力很弱,这里只是演示一下
        //实际上可以存任何想传递的数据,比如用户 ID
        return Content("验证失败!请从正规途径进入!1001");
    }

    //通过, 用 code 换取 access_token
    var openIdResult = OAuthApi.GetAccessToken("YourAppId", TenPayV3Info.AppSecret, code);
    if (openIdResult.errcode != ReturnCode.请求成功)
    {
        return Content("错误:" + openIdResult.errmsg);
    }
```

```
    Session["OpenId"] = openIdResult.openid;//进行登录

    //也可以使用FormsAuthentication等其他方法记录登录信息，如：
    //FormsAuthentication.SetAuthCookie(openIdResult.openid,false);

    return Redirect(returnUrl);
}
```

本节所介绍的内容可参考 Senparc.Weixin.MP.Sample 项目中相关方法：

1）TenPayV3Controller.cs/JsApi(int productId, int hc)

2）TenPayV3Controller.cs/OAuthCallback(string code, string state, string returnUrl)

您可以在第 19 章"微信支付"的 19.8.1 节"后端开发"中找到相关的上下文信息及在线体验方式。

16.7　解决 OAuth 出现 40029（invalid code）错误

16.7.1　现象和问题

在使用公众号的 OAuth 过程中，我们有时会碰到 40029（invalid code，不合法的 oauth_code）的错误：

```
{"errcode":40029,"errmsg":"req id: xxx, invalid code"}
```

碰到此类情况请先仔细检查一下代码和设置过程中是否有问题：

1）微信公众号是否已经获得网页授权（OAuth）权限？

2）是否已经设置 OAuth 回调域名（见 16.2 节）？

3）是否在代码层面对同一个验证 URL 请求了两次（即从 GetAuthorizeUrl()方法获得的 URL）？

4）是否有其他违反参数限制的做法？

如果存在以上的情况，请先处理这些情况并测试。如果处理之后正常通过，那么你不需要往下看了，下面要说的是一个看似非常严重的微信官方的 Bug：在代码、逻辑和设置完全正常的情况下，仍然会出现 40029 的错误，而且是非常高频地出现，甚至几乎每次都出现，而且越是高并发的情况下越是容易出现！

16.7.2　原因

我们来分析一下原因。

这条错误消息传达的信息是：通过访问从 GetAuthorizeUrl() 得到的验证 URL 之后，用户单击【确认登录】按钮（图 16-6），然后跳转到回调页面（redirectUrl），这时微信会自动加上 code 参数，此时在处理这个 code 参数时，发现 code 是无效的。

其实通过官方提供的 API 获取的 code 通常是不会有问题的，如此高频率不可用是因为这个 code 被悄悄地用掉了。

通过 16.5 我们已经学习到的调试 OAuth 的功能，我们正好用来做一次测试。

第一步：打开"微信 Web 开发者工具"，在地址栏输入需要测试的地址 491#452：http://sdk.weixin.senparc.com/oauth2。

第二步：使用微信客户端扫描出现的二维码并确认授权登录，如图 16-20 所示。

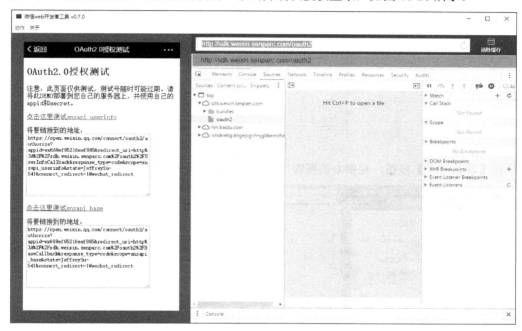

图16-20

第三步：在右侧【调试】栏中打开【Network】标签，选中【Preserve log】复选框，这样即使网页跳转或关闭，网络日志仍然不会被清空，如图 16-21 所示。

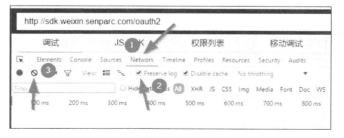

图16-21

为了方便查看，我们可以单击 ⊘ 按钮，清空当前的日志。注意，其左边的 ● 按钮需要保持红色点亮状态。

第四步：单击左侧网页内的【单击这里测试 snsapi_userinfo】链接，出现 OAuth 授权页面，如图 16-22 所示。

图16-22

单击【确认登录】按钮，观察右侧跟踪日志。最后的页面效果及日志如图16-23所示。

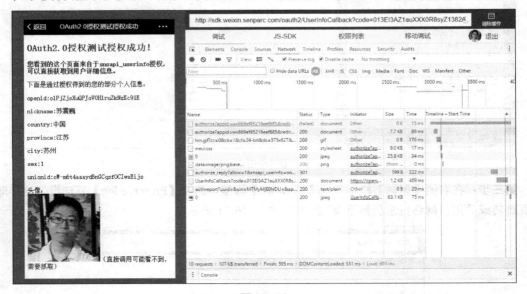

图16-23

这次测试左侧的网页顺利打开了，但是实际生产过程中可能就要碰运气了，注意看一下右侧的前两条记录，如图16-24所示。

图16-24

我们仔细分析一下这两条请求，第一条是我们通过 GetAuthorizeUrl() 接口接口获取到的 URL 如下 491#453 ：

```
https://open.weixin.qq.com/connect/oauth2/authorize?appid=wx669ef95216eef885&r
edirect_uri=http%3A%2F%2Fsdk.weixin.senparc.com%2Foauth2%2FUserInfoCallback&respon
se_type=code&scope=snsapi_userinfo&state=JeffreySu-684&connect_redirect=1
```

请注意这条颜色为红色的记录的 Status 为**(failed)**。微信主动中断了这一次合法的请求，然后自动发起了第二次请求，URL 如下：

```
https://open.weixin.qq.com/connect/oauth2/authorize?appid=wx669ef95216eef885&r
edirect_uri=http%3A%2F%2Fsdk.weixin.senparc.com%2Foauth2%2FUserInfoCallback&respon
se_type=code&scope=snsapi_userinfo&state=JeffreySu-684&connect_redirect=1&uin=MTMy
MjE0NDU%3D&key=f2808086bbd204aaa87857d8f4d5f71e4d9d07203ebc88a085558b5b28e4ec773c0
c97dee564ec8889bad63654cb28c2&pass_ticket=UXN+8qo00llu/Eb+6aEcWKhR58GkKlxIpIPDKUJE
K+dZwZDgiEe8mqDdr5hM+fONTQnXqXeZypgXFIsbraFpvA==
```

对比之后我们可以发现第二次请求多了两个参数：

- uin=MTMyMjE0NDU%3D&key=f2808086bbd204aaa87857d8f4d5f71e4d9d07203ebc88a085558b5b28e4ec773c0c97dee564ec8889bad63654cb28c2
- pass_ticket=UXN+8qo00llu/Eb+6aEcWKhR58GkKlxIpIPDKUJEK+dZwZDgiEe8mqDdr5hM+fONTQnXqXeZypgXFIsbraFpvA==

这两个参数应该也是出于的安全的需要，但是这么一来，给开发者的服务器就会带来困扰：第一次请求虽然微信服务器终止了，但是开发者服务器还在运行，多数情况下已经使用了 redirect_uri（虽然这次测试并没有发生多余的跳转，因此也看到期望的正确结果了），并把传递过来的 code 使用掉了，当第二次请求进来的时候，我们用相同的 code 自然就失效了（code 是一次性的）。

16.7.3 解决方案一

从图 16-14 中可以看到，其实两次请求的发起者是不一样的，可以从这个角度入手，鉴别正确的请求。例如将第一次进来的请求使用 Thread.Sleep() 方法暂停一段时间，等待是否有第二次请求进来。

当然这个方法有一定的风险：两次请求发生的时间间隔非常小（上图为 15 毫秒），仍然需要处理异步的问题。并且这个 15 毫秒在不同的网络情况以及微信服务器的状态下，会有较大的不确定性。

推荐指数：★☆☆☆☆。

16.7.4 解决方案二

这也是网传的一个方案：在正常获取了微信官方的 URL 后面，加上 &connect_redirect=1 这个参数，微信就不会发起第二次，但是本人测试没有成功，仍然收到了两次。

推荐指数：★★☆☆☆。

16.7.5 解决方案三

既然第二次请求的参数和第一次不一样,就可以从 uin 和 pass_ticket 两个参数进行判断,只接受有这两个参数的请求。

这种做法的缺点是这个请求参数并没有体现在官方文档中,或许会悄悄地进行变化,所以需要时刻关注其有效性。

此方案作为一个条件加入到其他方案中还是不错的。

推荐指数:★★★★☆。

16.7.6 解决方案四

利用同步锁,判断 code 的使用情况,这是最粗犷也是最彻底的方法。

第一步,在 OAuth2Controller 内定义静态变量 688#747:

```
static Dictionary<string, OAuthAccessTokenResult> OAuthCodeCollection = new Dictionary<string, OAuthAccessTokenResult>();
static object OAuthCodeCollectionLock = new object();
```

第二步,在回调方法内(如 OAuth2Controller.UserInfoCallback())加上处理的代码 688#748:

```
    string openId;
OAuthAccessTokenResult result = null;
try
{
    //通过,用code换取access_token
    var isSecondRequest = false;
    lock (OAuthCodeCollectionLock)
    {
        isSecondRequest = OAuthCodeCollection.ContainsKey(code);
    }

    if (!isSecondRequest)
    {
        //第一次请求
        LogUtility.Weixin.DebugFormat("第一次微信 OAuth 到达, code: {0}", code);
        lock (OAuthCodeCollectionLock)
        {
            OAuthCodeCollection[code] = null;
        }
    }
    else
    {
        //第二次请求
        LogUtility.Weixin.DebugFormat("第二次微信 OAuth 到达, code: {0}", code);
        lock (OAuthCodeCollectionLock)
        {
```

```
                result = OAuthCodeCollection[code];
            }
        }
        try
        {
            try
            {
                result = result ?? OAuthApi.GetAccessToken(SiteConfig.YourAppId,
SiteConfig.YourAppSecret, code);
            }
            catch (Exception ex)
            {
                return Content("OAuth AccessToken 错误: " + ex.Message);
            }
            if (result != null)
            {
                lock (OAuthCodeCollectionLock)
                {
                    OAuthCodeCollection[code] = result;
                }
            }
        }
        catch (ErrorJsonResultException ex)
        {
            if (ex.JsonResult.errcode == ReturnCode.不合法的oauth_code)
            {
                //code 已经被使用过
                lock (OAuthCodeCollectionLock)
                {
                    result = OAuthCodeCollection[code];
                }
            }
        }
        openId = result != null ? result.openid : null;
    }
    catch (Exception ex)
    {
        return Content("授权过程发生错误: " + ex.Message);
    }
    //使用 result 继续操作
```

说明：1）上述静态 Dicitonary 的储存方式适用于单台服务器，如果是分布式的系统，这里的 Dictionary 请使用公共缓存（如 Redis），并使用分布锁，否则如果两次请求命中了两台不同的服务器仍然会失效。

2）请注意做好缓存清理工作。

此解决方案已经在多个大型项目中使用，目前运行非常稳定，没有再次出现 40029 的情况，可以放心使用。

推荐指数：★★★★★。

16.7.7 解决方案总结

以上解决方案没有绝对的好坏之分，要看具体的环境，因为都不会涉及影响效率和安全性的问题，可以视情况组合使用。推荐指数更多倾向于通用性。

16.8 一些误区和注意点

使用 OAuth 的时候，有一些需要注意的"坑"，以及开发者很容易犯的错误，我们总结了几条下面分节介绍。

16.8.1 每次打开页面都使用 OAuth 获取 OpenId

虽然 OAuth 提供了比较可靠的用户身份识别方法，但是其中需要付出比较高的代价：多次跳转造成的响应时间延长，以及可能出现的用户授权界面（snsapi_userinfo 授权模式下），这一切都是以牺牲用户体验为前提的。所以 OAuth 只要能够不使用，就尽量少用，况且这里面还有可能涉及微信接口调用次数的限制尚不明确（目前从微信后台"接口权限"找不到对应详细条目）。

正确的做法：

1）设定一个用户登录条件，可以是使用 Session 记录一个值（如用户名、OpenId 等具备唯一特征的指标），也可以使用 ASP.NET 自带的 Identify 机制（通常记录用户名）。

2）当特征条件不存在的时候（未登录），使用 OAuth 获取 OpenId，并进行数据库的查询。找到匹配的用户信息之后，记录特征指标进行登录。如果不存在，则获取用户详细信息创建用户并登录。

3）当特征条件已经存在（已登录），则不再需要 OAuth 来识别用户身份，继续向下执行即可。

流程图如图 16-25 所示 498#367 。

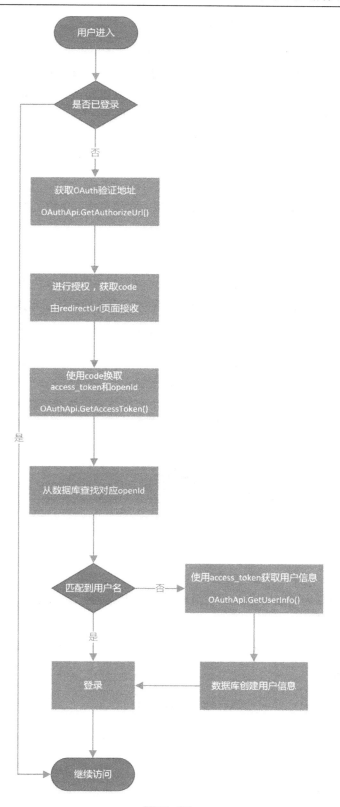

图16-25

16.8.2 认为不使用 HTTPS 没有关系

不涉及敏感信息的网页（例如看一条新闻）基本上不用担心提交的信息被篡改，因为即使黑客把一个新闻 Id 换成另外一个新闻 Id 意义并不是很大。但是在登录的过程中，如果发生了数据的篡改会发生什么事情呢？黑客可能会劫持 code，进而获得到 access_token，从而以该用户的身份进行登录，登录之后什么可怕的事情就都有可能发生了。

尤其现在公共的 Wi-Fi 热点非常多，用户很难知道某一个路由器或交换机的程序内，有没有对流量进行监视甚至劫持。且不要说公共 Wi-Fi，相信很多人都碰到过打开网页的时候，被运营商强制加在底部的广告吧？

使用 HTTPS 至少可以在传输过程中，很大程度上对信息加以保护（被篡改的信息会被验证无效）。

正确的做法：

1）使用 HTTPS 做 OAuth 的回调页面（登录或用户后台模块），更推荐全站使用。

2）对 code、access_token 等储存进行必要加密或采用更安全的储存措施，甚至不储存。

16.8.3 在 Callback（redirectUrl）页面直接输出页面

本章前几节所举的例子，为了方便演示，直接在 Callback（redirectUrl）页面中输出了页面（return View()），在实际生产环境中，这是不提倡的做法。因为 code 是一次性的，如果用户停留的页面是 Callback 页面，那么当用户刷新页面的时候就会再次使用到 code，从而导致错误发生。这种情况也可能发生在用户单击了此页面上的链接之后，再后退到当前页面的情况下。

例如我们刷新之前的/oauth2/UserInfoCallback 页面，就会得到如图 16-26 所示的错误提示。

图16-26

正确的做法：

Callback 页面只作为验证 code、识别用户身份之用，在完成验证之后再次回到用户入口的页面（做一次 302 的跳转）。

如果这样做，我们就需要对上面 OAuth2Controller 的中的 Action 加以修改。

Index 500#235：

```
public ActionResult Index(string returnUrl)
{
    var state = "JeffreySu-" + DateTime.Now.Millisecond;//随机数，用于识别请求可靠性
    Session["State"] = state;//储存随机数到 Session

    ViewData["returnUrl"] = returnUrl;

    //此页面引导用户单击授权
```

```
        ViewData["UrlUserInfo"] =
            OAuthApi.GetAuthorizeUrl(appId,
            "http://sdk.weixin.senparc.com/oauth2/UserInfoCallback?returnUrl=" +
returnUrl.UrlEncode(),
            state, OAuthScope.snsapi_userinfo);
        ViewData["UrlBase"] =
            OAuthApi.GetAuthorizeUrl(appId,
            "http://sdk.weixin.senparc.com/oauth2/BaseCallback?returnUrl=" +
returnUrl.UrlEncode(),
            state, OAuthScope.snsapi_base);
        return View();
    }
```

Index.cshtml：略。

UserInfoCallback 500#397：

```
public ActionResult UserInfoCallback(string code, string state, string returnUrl)
{
//...略

    //因为第一步选择的是OAuthScope.snsapi_userinfo，这里可以进一步获取用户详细信息
    try
    {
        if (!string.IsNullOrEmpty(returnUrl))
        {
            return Redirect(returnUrl);
        }

        OAuthUserInfo userInfo = OAuthApi.GetUserInfo(result.access_token, result.openid);
        return View(userInfo);
    }
    catch (ErrorJsonResultException ex)
    {
        return Content(ex.Message);
    }
}
```

BaseCallback：略（同理于 UserInfoCallback）。

有关 returnUrl 的测试可以关注公众号"盛派网络小助手"，单击菜单【二级菜单】>【OAuth 2.0 授权测试】。

16.8.4 短信通知包含需要 OAuth 的网页（体验问题）

OAuth 必须要在微信内置浏览器打开，否则会出现"请在微信客户端打开链接"的提示，如图 16-27 所示。

图16-27

这样就带来一个问题，如果通过短信发送的消息，包含了一个需要使用 OAuth 才能登录的链接，用户默认就会看到这个提示，并且没有办法进行下一步。

正确的做法：

1) 注意避免在短信中使用需要 OAuth 的页面，这个问题需要技术和市场部门非常密切地沟通，因为市场和运营的部门一般都不会重视这些问题。

2) 在必须要通过短信通知 URL 情况，使用网页授权登录，需要使用到开放平台，这里不再展开。

3) 在判断到用户未登录的时候，不要直接使用 OAuth，而是使用辅助功能判断一下用户是否在微信内，如果不在微信内，则跳转到友好的自定义提示页面。判断当前页面是否在公众号内的方法是 Senaprc.Weixin.BrowserUtility.BrowserUtility.SideInWeixinBroswer()（详见第 14 章 14.4.1 节）

16.8.5 不使用 OAuth，而使用菜单事件判断来访者身份

我们碰到过一些开发者，不是每次都是用 OAuth 验证，而是走了另外一个极端：避免 OAuth。

例如，当一个用户通过 View 类型的菜单打开一个网址的时候，微信客户端会向应用程序服务器触发一个 OnEvent_ViewRequest() 的事件，其中可以获取到 requestMessage.FromUserName（即 OpenId），然后开发者将这个 OpenId 存到缓存中，等待下一次原本需要 OAuth 验证的页面打开的时候，使用这个 OpenId。

很明显，当存在并发的时候，系统很难保证"先点先开"的顺序，并且这种方法也无法保证应用服务器到底是先收到单击事件还是先打开网页。如果出现混乱，直接的后果就是当前用户以其他用户的身份进行登录。

选择这么做的开发者有着不同的原因和苦衷：没有 OAuth 权限、封闭系统且只能通过微信菜单访问页面、访问量不大、避免 40029 错误等。作为一个健壮的系统，我们非常不提倡这样的做法，即使你有很多不得已的理由。

正确的做法：

合理使用 OAuth，不用惧怕 OAuth 带来的损耗，只是尽量避免不必要的请求。比如 40029 的问题本章已经给出了很好的解决方案。

习题

16.1 为什么 OAuth 2.0 需要设置回调域名（原理是什么）？

16.2 使用 OAuth 获取到 OpenId 后，可以有哪些方式储存和传递？哪些方式是比较危险的？

16.3 如何使用 Senparc.Weixin SDK 实现 OAuth 的自动监测登录？

16.4 OAuth 2.0 可以解决网络传输的安全问题吗？

第 17 章　其他帮助类及辅助接口

17.1　概述

在整个微信开发的过程中,我们经常会遇到一些共性的、需要大量重用的方法,这些方法我们将其封装在各个模块的帮助类中,通常位于模块源代码的 Helpers 文件夹及 Utilities 文件夹下。

在设计的过程中我们也充分考虑到了扩展性,在必要的时候对方法做了更细的分解,以便这些方法可以在更多的场景下被使用。

17.2　序列化和 JSON 相关

由于微信接口通信中大量使用到了 JSON 格式的数据,因此对于 JSON 的序列化、反序列化过程显得十分重要。除此之外,并且在分布式缓存的存取过程中,通常也需要对数据进行序列化和反序列化。

对于 JSON 的序列化和反序列化,我们通常会优先想到使用 Newtonsoft.Json 组件,这是一个非常优秀的组件,不过在长期实践过程中,发现了一些小问题,例如不少开发者使用的 Newtonsoft.Json 版本比较旧,不兼容新版本的写法,为此我们暂时抛弃了 Newtonsoft.Json,结合 .NET 自带的方式进行处理,在后续的版本中我们会适时考虑使用 Newtonsoft.Json。

17.2.1　SerializerHelper

处理序列化、反序列化的类名为 SerializerHelper,位于 Senparc.Weixin.Helpers 命名空间下,其中包含了 2 个主要方法以及 1 个分离出来的辅助方法,如表 17-1 所示。

表 17-1

方法名称	参数	说明
GetJsonString (object data, JsonSetting jsonSetting = null) 返回类型：string	1) data：需要序列化的实体类型 2) jsonSetting：序列化时需要进行的设置	将对象转为 JSON 字符串
T GetObject\<T\> (string jsonString) 返回类型：T	1) jsonString：需要反序列化的 JSON 字符串 2) T：需要反序列化到实体的类型	反序列化到对象
DecodeUnicode (Match match) 返回类型：string	match：Match 类型对象	Unicode 解码 这是从 GetJsonString()方法中分离出来的一个方法

SerializerHelper.cs 的代码见 506#236。

例如，我们有一个自定义的 Data 类型，我们需要在类型上加上可序列化的特性 [Serializable] 506#237：

```
[Serializable]
public class Data
{
    public int Id { get; set; }
    public string Name { get; set; }
}
```

初始化一个 Data 类型的变量 506#238：

```
var data = new Data()
{
    Id = 1,
    Name = "Senparc"
};
```

将 data 序列化成 JSON 字符串 506#239：

```
SerializerHelper js = new SerializerHelper();
string json = js.GetJsonString(test);
```

执行之后 JSON 字符串的结果为：

`{"Id":1,"Name":"Senparc"}`

如果我们已经有一个字符串，需要将其反序列化，只需要这么做 506#240：

```
string json = "{\"Id\":1,\"Name\":\"Senparc\"}";
SerializerHelper js = new SerializerHelper();
Data data = js.GetObject<Data>(json);
```

序列化之后即可得到具有相同值属性的 Data 对象。

注意：经过序列化和反序列化之后，前后两个 Data 对象虽然值完全相同，但是属于两个不同的实例，其 HashCode 是不同的。

17.2.2　WeixinJsonConventer

WeixinJsonConventer 是专为微信 JSON 转换设计的序列化转换器，基类为 JavaScriptConverter，位于 Senparc.Weixin.Helpers 命名空间下，WeixinJsonConventer.js 的代码及介绍请见第 12 章"接口调用及数据请求"的第 12.4.3 节"WeixinJsonConventer"。

WeixinJsonConventer 的主要职责是根据 JsonSetting 的设置，对将要被序列化的对象进行判断，根据名称、类型等不同的条件，忽略对应参数（属性）的序列化，使其不出现在 JSON 字符串中。

注意：WeixinJsonConventer 只提供了序列化（Serialize）方法的重写，但是没有提供反序列化（Deserialize）方法的重写。通常情况下，外部不需要使用到 WeixinJsonConventer，WeixinJsonConventer 主要是提供给 Senparc.Weixin SDK 内部进行使用，当开发者需要对微信 JSON 序列化的过程进行更加精确地控制时，可以直接改写这个类。

17.2.3　JsonSetting

在 17.2.1 节 GetJsonString() 方法中以及上一小节（17.2.2），都可以看到一个类型为 JsonSetting 的参数，JsonSetting 用于在序列化的过程中提供设置信息，例如指定某些字段不需要序列化，或者某些类型不进行序列化操作等。JsonSetting 类同样位于 Senparc.Weixin.Helpers 命名空间下，有关代码和使用方法的介绍请见第 12 章"接口调用及数据请求"的第 12.4.2 节"JsonSetting"，这里仅举一个简单的例子。

例如，当前有一个名为 WexinData 的类型，定义如下 509#241：

```
[Serializable]
public class WeixinData
{
    public int Id { get; set; }
    public string UserName { get; set; }
    public string Note { get; set; }
    public string Sign { get; set; }
    public Sex Sex { get; set; }
}
```

其中 Sex 类型是一个枚举类型，位于 Senparc.Weixin 命名空间下。

此时我们初始化一个 WeixinData 实例，并将其序列化成 JSON 字符串 509#242：

```
var weixinData = new WeixinData()
{
    Id = 1,
    UserName = "JeffreySu",
    Note = null,
    Sign = null,
    Sex = Sex.男
};
SerializerHelper js = new SerializerHelper();
string json = js.GetJsonString(weixinData);
```

json 的值为：

`{"Id":1,"UserName":"JeffreySu","Note":null,"Sign":null,"Sex":1}`

以上是常规的定义和序列化过程，可以看到：值为 null 的类型仍然被输出到了 JSON 字符串中，而微信的许多接口（但又不是全部）不接受为 null 的参数，当不需要提交参数的时候，必须将此参数在 JSON 中彻底去除，这个时候应该怎么做呢？这时就可以用到 JsonSetting 509#243：

```
JsonSetting jsonSetting = new JsonSetting(true);
string json2 = js.GetJsonString(weixinData, jsonSetting);
```

做法很简单：初始化一个 JsonSetting 对象，设置 ignoreNulls 参数为 true，并将其传入 GetJsonString() 方法中，得到 json2 字符串如下：

`{"Id":1,"UserName":"JeffreySu","Sex":1}`

可以看到值为 null 的 Note 和 Sign 属性已经被忽略。那么，如果我们只要忽略值为 null 的 Note 属性，Sign 属性无论是否为 null 都需要保留，怎么办呢？

这时候我们需要这样设置 509#244：

```
JsonSetting jsonSetting3 = new JsonSetting(true, new List<string>() { "Note" });
string json3 = js.GetJsonString(weixinData, jsonSetting3);
```

json3 的值为：

`{"Id":1,"UserName":"JeffreySu", "Sign":null,"Sex":1}`

如果需要针对某些特定的类型做 null 值过滤，则只需要设置 typesToIgnore 参数即可。

17.3 时间帮助类：DateTimeHelper

微信通信的 JSON 和 XML 信息中，涉及时间的数据多数以 UNIX 时间为标准，并且使用整形表示，而 .NET 默认会使用 Windows 时间，因此我们创建了 DateTimeHelper 来帮助 SDK 自动转换微信数据的时间。

DateTimeHelper 位于 Senparc.Weixin.Helpers 命名空间下，DateTimeHelper.cs 的代码见：510#245。

DateTimeHelper 中的方法介绍见表 17-2。

表 17-2

方法名称	参数	说明
GetDateTimeFromXml (long dateTimeFromXml) 返回值：DateTime	dateTimeFromXml: long 类型的 Unix 时间	转换微信 DateTime 时间到 .NET 时间
GetDateTimeFromXml (string dateTimeFromXml) 返回值：DateTime	dateTimeFromXml: 从消息（XML）中得到的时间字符串，如<CreateTime>节点值	此方法将 dateTimeFromXml 转换成 long 类型后，会调用 GetDateTimeFromXml (long dateTimeFromXml) 方法并返回
GetWeixinDateTime (DateTime dateTime) 返回值：long	dateTime: 当前 .net（windows）时间	获取微信 DateTime（UNIX 时间戳）

Senparc.Weixin SDK 在处理消息的过程中已经使用到了 DateTimeHelper，因此在处理消息的过程中开发者已经可以忽略 UNIX 时间戳的问题，但如果有新增的接口或者一些特殊接口数据需要处理，仍然需要用到 DateTimeHelper，这个类的内容已经可以完全满足时间转换的需要，一般不需要修改。

17.4 加密解密

微信在消息安全方面提供了许多保障措施，包括消息加密、签名验证等多个过程都需要用到加密或解密的过程，有关加密、解密的常用方法被封装在 EncryptHelper 中，位于 Senparc.Weixin.Helpers 命名空间下。

17.4.1 MD5

MD5 的加密方法为 Senparc.Weixin.Helpers.EncryptHelper.GetMD5()，代码如下 512#246：

```
/// <summary>
/// 获取大写的MD5签名结果
/// </summary>
/// <param name="encypStr">需要加密的字符串</param>
/// <param name="charset">编码</param>
/// <returns></returns>
public static string GetMD5(string encypStr, string charset)
{
```

```csharp
    string retStr;
    MD5CryptoServiceProvider m5 = new MD5CryptoServiceProvider();

    //创建md5对象
    byte[] inputBye;
    byte[] outputBye;

    //使用GB2312编码方式把字符串转化为字节数组.
    try
    {
        inputBye = Encoding.GetEncoding(charset).GetBytes(encypStr);
    }
    catch (Exception ex)
    {
        inputBye = Encoding.GetEncoding("GB2312").GetBytes(encypStr);
    }
    outputBye = m5.ComputeHash(inputBye);

    retStr = BitConverter.ToString(outputBye);
    retStr = retStr.Replace("-", "").ToUpper();
    return retStr;
}
```

其中 encypStr 为需要加密的字符串，charset 为加密使用的编码，默认为 GB2312。

注意：GetMD5() 方法返回的是大写字符串！

由于 MD5 是不可逆加密（非对称），因此没有提供解密方法。

17.4.2　SHA1

另外一种常用的不可逆加密算法就是 SHA1，和 MD5 一样属于摘要算法，因此也只提供了单向加密的方法，方法位于 Senparc.Weixin.Helpers.EncryptHelper GetSha1(encypStr)，代码如下 513#247：

```csharp
/// <summary>
/// 采用 SHA-1 算法加密字符串
/// </summary>
/// <param name="encypStr">需要加密的字符串</param>
/// <returns></returns>
public static string GetSha1(string encypStr)
{
    byte[] strRes = Encoding.Default.GetBytes(encypStr);
    HashAlgorithm iSHA = new SHA1CryptoServiceProvider();
    strRes = iSHA.ComputeHash(strRes);
    StringBuilder enText = new StringBuilder();
    foreach (byte iByte in strRes)
    {
        enText.AppendFormat("{0:x2}", iByte);
```

```
        }
        return enText.ToString();
    }
```

注意：GetSha1() 方法返回的是小写字符串！

17.4.3 AES

AES 是一种可逆加密，其参数比较多，实现的方式也比较多，开发者可以根据需要来改写，EncryptHelper 下提供了一组默认的加密、解密的实现方法。

加密方法：AESEncrypt(byte[] inputdata, byte[] iv, string strKey)，代码如下 514#248 ：

```
/// <summary>
/// AES 加密
/// </summary>
/// <param name="inputdata">输入的数据</param>
/// <param name="iv">向量</param>
/// <param name="strKey">加密密钥</param>
/// <returns></returns>
public static byte[] AESEncrypt(byte[] inputdata, byte[] iv, string strKey)
{
    //分组加密算法
    SymmetricAlgorithm des = Rijndael.Create();
    byte[] inputByteArray = inputdata;//得到需要加密的字节数组
                            //设置密钥及密钥向量
    des.Key = Encoding.UTF8.GetBytes(strKey.Substring(0, 32));
    des.IV = iv;
    using (MemoryStream ms = new MemoryStream())
    {
        using (CryptoStream cs = new CryptoStream(ms, des.CreateEncryptor(), CryptoStreamMode.Write))
        {
            cs.Write(inputByteArray, 0, inputByteArray.Length);
            cs.FlushFinalBlock();
            byte[] cipherBytes = ms.ToArray();//得到加密后的字节数组
            cs.Close();
            ms.Close();
            return cipherBytes;
        }
    }
}
```

解密方法：AESDecrypt(byte[] inputdata, byte[] iv, byte[] strKey)，代码如下 514#249 ：

```
/// <summary>
/// AES 解密
/// </summary>
/// <param name="inputdata">输入的数据</param>
```

```csharp
/// <param name="iv">向量</param>
/// <param name="strKey">key</param>
/// <returns></returns>
public static byte[] AESDecrypt(byte[] inputdata, byte[] iv, byte[] strKey)
{
    SymmetricAlgorithm des = Rijndael.Create();
    des.Key = strKey;//Encoding.UTF8.GetBytes(strKey);//.Substring(0, 7)
    des.IV = iv;
    byte[] decryptBytes = new byte[inputdata.Length];
    using (MemoryStream ms = new MemoryStream(inputdata))
    {
        using (CryptoStream cs = new CryptoStream(ms, des.CreateDecryptor(), CryptoStreamMode.Read))
        {
            cs.Read(decryptBytes, 0, decryptBytes.Length);
            cs.Close();
            ms.Close();
        }
    }
    return decryptBytes;
}
```

17.5 浏览器相关

微信客户端为内置网页提供了一系列的 JS 接口（JS-SDK API），以及用于网页验证身份的 OAuth 2.0 的接口，这些接口只在微信内置浏览器中才能使用，这就需要在某些页面中提供判断方法，以在便用户将必须要求在微信内部打开的网页在微信外部打开时，给出友好的提示。

17.5.1 判断当前网页是否在浏览器内

相关的方法封装在 Senparc.Weixin.BrowserUtility 命名空间下（位于 Senparc.Weixin/Utilities/BrowserUtility 目录下），BrowserUtility.cs 代码如下 516#250：

```csharp
public static class BrowserUtility
{
    /// <summary>
    /// 判断是否在微信内置浏览器中
    /// </summary>
    /// <param name="httpContext">HttpContextBase 对象</param>
    /// <returns>true：在微信内置浏览器内。false：不在微信内置浏览器内。</returns>
    public static bool SideInWeixinBrowser(this HttpContextBase httpContext)
    {
        var userAgent = httpContext.Request.UserAgent;
        if (string.IsNullOrEmpty(userAgent) || (!userAgent.Contains("MicroMessenger") && !userAgent.Contains("Windows Phone")))
```

```
        {
            //在微信外部
            return false;
        }
        //在微信内部
        return true;
    }
}
```

目前 BrowserUtility 只提供了一个验证是否在浏览器中打开当前页面的方法,其原理是判断 UserAgent 中是否包含微信客户端自动加入的关键字。

SideInWeixinBrowser() 被定义成一个扩展方法,因此我们可以直接在 Controller(或 .aspx.cs)中直接这样使用 516#251:

```
if (httpContext.SideInWeixinBrowser())
{
    //...
}
```

SideInWeixinBrowser() 方法也已经被使用到 Senparc.Weixin.MP.MvcExtension.dll 中,如果你是在 ASP.NET MVC 项目中,可以非常方便地使用特性标签对整个 Controller 加以限制 516#252:

```
[WeixinInternalRequest("访问被拒绝,请通过微信客户端访问!")]
public class FilterTestController : Controller
{
    //...
}
```

或对单个 Action 进行限制 516#253:

```
[WeixinInternalRequest("访问被拒绝,请通过微信客户端访问!","nofilter")]
public ContentResult Index()
{
    return Content("访问正常。当前地址:" + Request.Url.PathAndQuery + "<br />请点击右上角转发按钮,使用【在浏览器中打开】功能进行测试!<br />或者也可以直接在外部浏览器打开 http://sdk.weixin.senparc.com/FilterTest/进行测试。");
}

[WeixinInternalRequest("Message 参数将被忽略", "nofilter", RedirectUrl = "/FilterTest/Index?note=has-been-redirected-url")]
public ContentResult Redirect()
{
    return Content("访问正常。当前地址:" + Request.Url.PathAndQuery + "<br />请点击右上角转发按钮,使用【在浏览器中打开】功能进行测试!<br />或者也可以直接在外部浏览器打开 http://sdk.weixin.senparc.com/FilterTest/Redirect 进行测试。");
}
```

其中的忽略参数设置对 Controller 同样有效。

17.6 JS-SDK

有关 JS-SDK 的介绍本书专门用了一章的篇幅介绍，请看第 18 章"微信网页开发：JS-SDK"。本节只介绍相关帮助类的实现方法。JS-SDK 的方法都封装在 JSSDKHelper 类中，位于 Senparc.Weixin.MP.Helpers 命名空间下，下面根据其作用的不同分别介绍。

17.6.1 获取签名信息

JSSDKHelper 类位于 Senparc.Weixin.MP.Helpers 命名空间下，JSSDKHelper.cs 下提供的公共方法如下：

GetNoncestr() 为签名过程生成随机字符串 518#254 ：

```
/// <summary>
/// 获取随机字符串
/// </summary>
/// <returns></returns>
public static string GetNoncestr()
{
    var random = new Random();
    return EncryptHelper.GetMD5(random.Next(1000).ToString(), "GBK");
}
```

GetTimestamp() 方法为签名过程生成 UNIX 时间戳字符串 518#255 ：

```
/// <summary>
/// 获取时间戳
/// </summary>
/// <returns></returns>
public static string GetTimestamp()
{
    var ts = DateTimeHelper.GetWeixinDateTime(DateTime.Now);
    return ts.ToString();
}
```

GetSignature() 方法用于获取 JS-SDK 权限验证签名 518#256 ：

```
/// <summary>
/// 获取 JS-SDK 权限验证的签名 Signature
/// </summary>
/// <returns></returns>
public static string GetSignature(string ticket, string noncestr, string timestamp, string url)
{
```

```
var parameters = new Hashtable();
parameters.Add("jsapi_ticket", ticket);
parameters.Add("noncestr", noncestr);
parameters.Add("timestamp", timestamp);
parameters.Add("url", url);
return CreateSha1(parameters);
}
```

17.6.2 JsSdkUiPackage

JS-SDK 在前端开发的时候，需要由后端提供时间戳（timestamp）、随机码（nonceStr）、ticket、签名（signature）等一系列的参数，按照常规的做法，我们需要使用上一节（17.6.1）中的方法逐个获取，再使用 ViewData 或 Model 进行赋值、传输，显然又是一件不够美的事情。为此我们对这些参数进行了封装，放在一个名为 JsSdkUiPackage 的类下面，JsSdkUiPackage.cs 定义如下 519#257：

```
namespace Senparc.Weixin.MP.Helpers
{
    /// <summary>
    /// 为 UI 输出准备的 JSSDK 信息包
    /// </summary>
    public class JsSdkUiPackage
    {
        /// <summary>
        /// 微信 AppId
        /// </summary>
        public string AppId { get; set; }
        /// <summary>
        /// 时间戳
        /// </summary>
        public string Timestamp { get; set; }
        /// <summary>
        /// 随机码
        /// </summary>
        public string NonceStr { get; set; }
        /// <summary>
        /// 签名
        /// </summary>
        public string Signature { get; set; }

        public JsSdkUiPackage(string appId, string timestamp, string nonceStr, string signature)
        {
            AppId = appId;
            Timestamp = timestamp;
            NonceStr = nonceStr;
            Signature = signature;
        }
```

        }
    }

在 JSSDKHelper 中使用 GetJsSdkUiPackage() 方法来获取 JsSdkUiPackage 519#258：

```
/// <summary>
/// 获取给 UI 使用的 JSSDK 信息包
/// </summary>
/// <param name="appId"></param>
/// <param name="appSecret"></param>
/// <param name="url"></param>
/// <returns></returns>
public static JsSdkUiPackage GetJsSdkUiPackage(string appId, string appSecret, string url)
{
    //获取时间戳
    var timestamp = GetTimestamp();
    //获取随机码
    string nonceStr = GetNoncestr();
    string ticket = JsApiTicketContainer.TryGetJsApiTicket(appId, appSecret);
    //获取签名
    string signature = JSSDKHelper.GetSignature(ticket, nonceStr, timestamp, url);
    //返回信息包
    return new JsSdkUiPackage(appId, timestamp, nonceStr, signature);
}
```

在使用 JsSdkUiPackage 之前，我们可能需要这样做 519#259：

```
public ActionResult Index()
{
    //获取时间戳
    var timestamp = JSSDKHelper.GetTimestamp();
    //获取随机码
    var nonceStr = JSSDKHelper.GetNoncestr();
    string ticket = JsApiTicketContainer.TryGetJsApiTicket(appId, secret);
    //获取签名
    var signature = JSSDKHelper.GetSignature(ticket, nonceStr, timestamp, Request.Url.AbsoluteUri);

    ViewData["AppId"] = appId;
    ViewData["Timestamp"] = timestamp;
    ViewData["NonceStr"] = nonceStr;
    ViewData["Signature"] = signature;

    return View();
}
```

使用 JsSdkUiPackage 之后，我们只需要这样优雅地使用：

后端 519#260

```
public ActionResult Index()
{
    var jssdkUiPackage = JSSDKHelper.GetJsSdkUiPackage(appId, secret, Request.Url.AbsoluteUri);
    return View(jssdkUiPackage);
}
```

前端 519#261

```
@model Senparc.Weixin.MP.Helpers.JsSdkUiPackage
<script>
        wx.config({
            appId: '@Model.AppId', // 必填，公众号的唯一标识
            timestamp: '@Model.Timestamp', // 必填，生成签名的时间戳
            nonceStr: '@Model.NonceStr', // 必填，生成签名的随机串
            signature: '@Model.Signature',// 必填，签名
            jsApiList: [
                'checkJsApi',
                'onMenuShareTimeline'
            ]
        });
</script>
```

17.6.3 获取 SHA1 加密信息

在获取签名的方法 GetSignature() 中，使用到了 CreateSha1() 方法，这是一个私有方法，代码如下 520#262：

```
/// <summary>
/// sha1 加密
/// </summary>
/// <returns></returns>
private static string CreateSha1(Hashtable parameters)
{
    var sb = new StringBuilder();
    var akeys = new ArrayList(parameters.Keys);
    akeys.Sort();

    foreach (var k in akeys)
    {
        if (parameters[k] != null)
        {
            var v = (string)parameters[k];

            if (sb.Length == 0)
            {
```

```
                sb.Append(k + "=" + v);
            }
            else
            {
                sb.Append("&" + k + "=" + v);
            }
        }
    }
    return EncryptHelper.GetSha1(sb.ToString()).ToLower();
}
```

CreateSha1() 中根据微信签名的规则，对参数进行了排序、格式化，最后使用 EncryptHelper.GetSha1() 方法（见本章 17.6.1 节）进行 SHA1 方式的加密。

17.6.4 卡券相关

卡券的签名接口和常规的 JS-SDK 接口有一些差别，因此单独进行了封装。

GetCardSign() 方法用于获取卡券签名（CardSign）521#263：

```
/// <summary>
/// 获取卡券签名 CardSign
/// </summary>
/// <returns></returns>
public static string GetCardSign(string appId, string appSecret, string locationId,
string noncestr, string timestamp, string cardId, string cardType)
{
    var parameters = new Hashtable();
    parameters.Add("appId", appId);
    parameters.Add("appsecret", appSecret);
    parameters.Add("location_id", locationId);
    parameters.Add("nonce_str", noncestr);
    parameters.Add("times_tamp", timestamp);
    parameters.Add("card_id", cardId);
    parameters.Add("card_type", cardType);
    return CreateCardSha1(parameters);
}
```

GetCardSign() 方法中使用到的 CreateCardSha1() 方法根据卡券签名的要求对参数进行了排序、格式化等操作，最后使用 SHA1 方式签名，这也是一个私有方法，代码如下 521#264：

```
/// <summary>
/// 获取卡券签名 CardSign
/// </summary>
/// <returns></returns>
public static string GetCardSign(string appId, string appSecret, string locationId,
string noncestr, string timestamp, string cardId, string cardType)
{
    var parameters = new Hashtable();
```

```csharp
        parameters.Add("appId", appId);
        parameters.Add("appsecret", appSecret);
        parameters.Add("location_id", locationId);
        parameters.Add("nonce_str", noncestr);
        parameters.Add("times_tamp", timestamp);
        parameters.Add("card_id", cardId);
        parameters.Add("card_type", cardType);
        return CreateCardSha1(parameters);
    }
```

GetcardExtSign() 方法用于获取添加卡券时 Ext 参数内的签名 521#265：

```csharp
    /// <summary>
    /// 获取添加卡券时Ext参数内的签名
    /// </summary>
    /// <returns></returns>
    public static string GetcardExtSign(string api_ticket, string timestamp, string card_id, string nonce_str, string code = "", string openid = "")
    {
        var parameters = new Hashtable();
        parameters.Add("api_ticket", api_ticket);
        parameters.Add("timestamp", timestamp);
        parameters.Add("card_id", card_id);
        parameters.Add("code", code);
        parameters.Add("openid", openid);
        parameters.Add("nonce_str", nonce_str);
        return CreateNonekeySha1(parameters);
    }
```

GetcardExtSign() 方法中有调用了 CreateNonekeySha1() 方法，使用另外的规则处理参数，最终进行 SHA1 方式加密，CreateNonekeySha1() 代码如下 521#266：

```csharp
    /// <summary>
    /// 添加卡券Ext参数的签名加密方法
    /// </summary>
    /// <returns></returns>
    private static string CreateNonekeySha1(Hashtable parameters)
    {
        var sb = new StringBuilder();
        var aValues = new ArrayList(parameters.Values);
        aValues.Sort();

        foreach (var v in aValues)
        {
            sb.Append(v);
        }
        return EncryptHelper.GetSha1(sb.ToString()).ToString().ToLower();
    }
```

17.7 地图及位置

微信提供了用户在打开当前微信公众号的状态下，位置获取的功能（需要用户授权），同时也在内置网页中开放了（或者说没有禁用）用户位置获取的 HTML5 接口，这给各种场景的应用带来了很大的施展空间。本节将介绍和位置信息有关的一些帮助类。

17.7.1 LBS 位置计算帮助类：GpsHelper

LBS（Location Based Service，基于移动位置服务）的应用通常离不开距离的计算，因为地球是圆的，所以我们不能简单地通过经纬度的三角函数来计算两点间的直线距离，而是应当计算球面上的 2 点之间的劣弧的距离，并且其中还有经纬度和实际距离之间的换算关系，为此我们创建了 GpsHelper 类，位于 Senparc.Weixin.MP.Helpers 命名空间下，代码见 523#267 。

注释已经比较详细，且代码易懂，这里不再重复介绍各个方法。

17.7.2 百度地图

为了方便开发者使用，我们对百度、谷歌地图的 API 进行了简单的封装，百度地图的方法封装在 BaiduMapHelper 类中，位于 Senparc.Weixin.MP.Helpers 命名空间下，BaiduMapHelper.cs 代码见 527#268 。

使用方法如下 527#269 ：

```
var markersList = new List<BaiduMarkers>();
markersList.Add(new BaiduMarkers()
{
    Longitude = requestMessage.Location_X,
    Latitude = requestMessage.Location_Y,
    Color = "red",
    Label = "S",
    Size = BaiduMarkerSize.m
});

var mapUrl = BaiduMapHelper.GetBaiduStaticMap(requestMessage.Location_X,
requestMessage.Location_Y,1,6,markersList);
```

注意：此接口使用的是较早版本的百度地图接口，出版时百度接口已经升级到 v2，不再提供匿名的调用（需要访问密钥），SDK 将在后续版本中更新。

17.7.3 谷歌地图

谷歌地图的静态地图获取方法封装在 GoogleMapHelper 类下，位于 Senparc.Weixin.MP.Helpers 命名空间下，GoogleMapHelper.cs 的代码见 526#270 。

使用方法如下 526#271 ：

```
var markersList = new List<GoogleMapMarkers>();
markersList.Add(new GoogleMapMarkers()
{
```

```
            X = requestMessage.Location_X,
            Y = requestMessage.Location_Y,
            Color = "red",
            Label = "S",
            Size = GoogleMapMarkerSize.Default,
        });
var mapSize = "480x600";
var mapUrl = GoogleMapHelper.GetGoogleStaticMap(19 /*requestMessage.Scale*//*微
信和GoogleMap的Scale不一致，这里建议使用固定值*/,markersList, mapSize);
```

其他地图，如高德地图、腾讯地图等，可以根据各地图的官方的文档如法炮制，过程几乎都是一样的。

习题

17.1 如何使用 Senparc.Weixin SDK 对一个字符串进行 MD5 加密？

17.2 如何使用 Senparc.Weixin SDK 将一个对象序列化为 JSON 字符串？

17.3 如何判断当前网页是否在浏览器内？

17.4 JsSdkUiPackage 的作用是什么？如何使用？

第 18 章 微信网页开发：JS-SDK

在之前的一些章节中我们已经了解了在应用服务器上如何调用微信接口和微信服务器进行通信，这些部分通常用户都是感知不到的，或者只能在微信公众号的对话界面上进行操作。而在实际的运营过程中，用户绝大部分的深度互动需要依靠网页实现。那么在微信内部运行网页和在外部浏览器中又有什么区别呢？本章将介绍通过 JS-SDK 网页接口进行微信内部网页的开发。

18.1 概述

了解 HTML5 的开发者应该知道，新的移动端浏览器都对 HTML5 进行了非常好的支持，包括各类硬件接口（如重力感应器、陀螺仪、摄像头、GPS 等），并对文件上传、本地资源访问等功能提供了更加友好支持，以及非常多的输入标签的优化。那些深度互动的网页是否可以在微信内置浏览中自由使用这些功能呢？答案是：**部分可用，并且也和微信授权权限有关**。

这里有几个问题大家在微信网页的开发过程中一定要注意。

1）据了解目前最新版本微信内置浏览器使用的内核有两种：Android 使用腾讯 X5 Blink 内核（也就是 QQ 浏览器所使用的内核）；iPhone 使用 WKWebview 内核（苹果自 iOS 8 起引入的网页浏览控件）。对于 Android 用户而言，在微信 6.1 之前，如果安装了 QQ 浏览器，则使用 QQ 浏览器内核，否则使用系统内核。那就意味着，所有 X5 内核存在的问题，微信内置浏览器也会存在，并且一些特性的呈现方式也会由 X5 内核决定。

2）包括 CSS3、WebGL 在内，尤其是 CSS3，X5 内核的表现和其他一些市场占有率更高的浏览器相比还是有一些差距（虽然腾讯官方自己说得很好），大家要相信自己的眼睛，有些 Bug 你感觉怎么都处理不了的时候先想一下是不是 X5 的问题（在 iPhone 和 Android 上的表现也有差异，甚至不同型号的 iPhone 也有差异，总之兼容性还有待提升）。

3）不要太多依赖 LocalStorage 等各种级别的客户端缓存，某些机型很容易因为一点点这方面的问题而导致整个微信闪退（这个对用户体验和转化率是灾难性的）。

4）微信提供了"摇一摇周边"的功能，其中可以打开网页，这里请注意：至少在我们对早期的版本测试过程中，从"摇一摇周边"打开的网页要比从"扫一扫"或对话界面进入的网页更加"脆弱"，在网页过大的情况下更加容易闪退或发生其他的异常。之后官方对于这个问题一直没有说明，使用的时候仍然建议适当考虑这个问题。

5）对于许多的功能微信内置浏览器在使用上还是会有一些限制，好在微信提供了非常丰富的 JS 接口，使我们在网页上可以使用到非常丰富的功能，除了位置服务（LBS，Location Based Services）、照片资源等调用以外，我们还可以对分享页面、界面呈现、卡券、扫一扫等和原生微信 App 有关的功能进行操作。

从 JS-SDK 这个名称上很容易看出来，这是用于微信网页开发的一个工具包，由于以上种种原因，JS-SDK 作为和 JS 接口通信的工具，在网页开发中我们都会主动或被动地依赖于它，熟练使用 JS-SDK 也成为微信开发中非常重要的一个部分。

本章以下的内容都是比较客观的介绍和整理，在官方的文档上面也有比较详细的说明和 Demo 529#562：https://mp.weixin.qq.com/wiki?t=resource/res_main&id=mp1421141115&token=&lang=zh_CN，为此我们也考虑了很久是否需要把微信官方的介绍专门花费一章来复述官网上可以找到的内容，最终考虑到许多方面的因素，我们还是决定重新整理一份 JS-SDK 开发说明：

1）作为一本比较全面介绍微信公众号开发的图书，这是有必要的；

2）介于 JS-SDK 在微信开发过程中的重要性，但是根据许多开发者的提问来看，似乎大家经常会忽略官方在线的文档，因此整理到书中也有其必要性；

3）JS-SDK 和微信支付的高度相关性；

4）大家也需要一份随时可以查找 JS-SDK 功能和用法的"字典"。

这份重新整理的开发说明，大多数地方仍然需要照搬参考官方的文档（没有比这更权威的说明了），并且由于官方的 Demo 中没有 C# 版本，我们也会在此使用 C#（Senparc.Weixin SDK）的方式来处理其中的一些环节。如果你已经对官方的 JS-SDK 文档熟读，这一章可以只看和 SDK 后端有关的部分。

18.2 签名

JS-SDK 的部分接口是有权限限制的（必须通过认证），因此和其他的高级接口一样，需要通过 AppId 和 Secret 来换取 AccessToken，再使用 AccessToken 换取临时票据，JS-SDK 中这个临时票据的名字叫 jsapi_ticket。通过 jsapi_ticket（服务器端保存），我们可以进一步得到 signature（签名，暴露给客户端使用），并在客户端使用 JS-SDK 的各项功能。

18.2.1 通过 JsApiTicketContainer 获取 jsapi_ticket

在第 10 章中我们已经详细了解了 Container 容器的设计思路以及 AccessTokenContainer 的实现及使用，对应 JS-SDK 的 Container 为同一命名空间（以及目录）下的 JsApiTicketContainer，JsApiTicketContainer 和 AccessTokenContainer 设计思路都是一致的。

获取 jsapi_ticket，可以通过 JsApiTicketContainer.GetJsApiTicket(string appId, bool getNewTicket = false) 方法，如果当前微信公众号的 AppId 及 Secret 已经进行了注册，则只需要传入 appId 参数即可获取到 jsapi_ticket。

jsapi_ticket 的有效期默认为 7200 秒（120 分钟），JsApiTicketContainer 会自动进行缓存和管理（包括过期、无效等各种情况都不需要再考虑），其原理和 AccessTokenContainer 的一致。

注意：由于获取 jsapi_ticket 的 API 调用次数非常有限（服务号为 100 万次/天），所以不要在每次打开网页的时候直接调用接口获取（CommonApi.GetTicket() 方法），那样限额很快会被用完，正确的方法是使用 JsApiTicketContainer。

18.2.2 获取签名

以下是官方公布的签名算法。

> 签名生成规则如下：参与签名的字段包括 noncestr（随机字符串），有效的 jsapi_ticket, timestamp（时间戳），url（当前网页的 URL，不包含#及其后面部分）。对所有待签名参数按照字段名的 ASCII 码从小到大排序（字典序）后，使用 URL 键值对的格式（即 key1=value1&key2=value2…）拼接成字符串 string1。这里需要注意的是所有参数名均为小写字符。对 string1 作 sha1 加密，字段名和字段值都采用原始值，不进行 URL 转义。
> 即 signature=sha1(string1)。

这部分算法已经在 Senparc.Weixin.MP.Helpers.JSSDKHelper.GetSignature() 方法中实现（见第 17 章 17.6.1 节"获取签名信息"、17.6.3 节"获取 SHA1 加密信息"）。

在实际的使用过程中，签名（signature）通常需要和时间戳（timestamp）、随机码（nonceStr）、jsapi_ticket 一起使用，因此我们封装了一个名为 JsSdkUiPackage 的类，用于储存提供给 UI 使用的所有 JS-SDK 需要的必备参数。JsSdkUiPackage 类的命名空间为 Senparc.Weixin.MP.Helpers（见第 17 章 17.6.2 节"JsSdkUiPackage"）。

使用 JSSDKHelper.GetJsSdkUiPackage() 方法即可获取到一个 JsSdkUiPackage 实例对象，其中包括了调用 JSSDKHelper.GetSignature() 所获取的签名。

因此，在实际应用过程中，JSSDKHelper.GetJsSdkUiPackage() 方法更为常用。以下的介绍，和签名有关的部分，参数都从 JsSdkUiPackage 对象中调用。

18.3 JS-SDK 使用步骤

18.3.1 第一步：绑定域名

只有进行过域名绑定的网站，才能在客户端使用 JS-SDK 功能。

进入微信公众号后台，单击左侧菜单中的【设置】>【公众号设置】，单击【功能设置】标签，如图 18-1 所示。

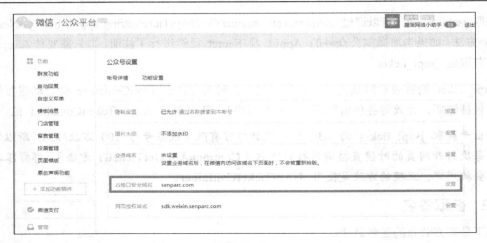

图18-1

在【功能设置】标签下,有一栏"JS 接口安全域名",单击右侧【设置】按钮,弹出窗口如图 18-2 所示。

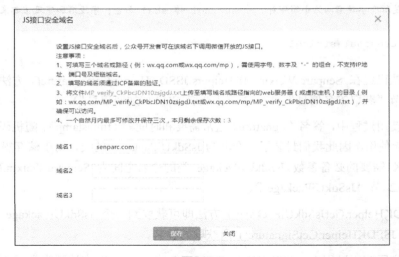

图18-2

请务必注意官方提供的"注意事项" 535#563 。

注意:MP_verify_CkPbcJDN10zsjgdJ.txt 文件名及内容每个公众号都不同,需要分别下载和上传!

18.3.2 第二步:引入 JS 文件

在需要调用 JS 接口的页面引入如下 JS 文件,(支持 HTTP 和 HTTPS):https://res.wx.qq.com/open/js/jweixin-1.2.0.js。

如需使用摇一摇周边功能,发现不稳定的情况,请引入 https://res.wx.qq.com/open/js/jweixin-1.1.0.js。

例如在视图页面的<head>中加入 536#272 :

```
<script src="https://res.wx.qq.com/open/js/jweixin-1.2.0.js"></script>
```

这里直接使用微信提供的地址即可，不建议下载到本地后使用应用服务器输出文件。

注意：此 JS 文件支持使用 **AMD/CMD** 标准模块加载方法加载。

18.3.3 第三步：通过 config 接口注入权限验证配置

所有需要使用 JS-SDK 的页面必须先注入配置信息，否则将无法调用（同一个 URL 仅需调用一次，对于变化 URL 的 SPA（Single Page Application，即"单页 Web 应用"，通常使用锚点信息来传达原始的 URL 参数）的 Web App 可在每次 URL 变化时进行调用，目前 Android 微信客户端不支持 pushState 的 H5 新特性，所以使用 pushState 来实现 Web App 的页面会导致签名失败，此问题会在 Android6.2 中修复）。

在 MVC 视图中，我们可以在页面上这样定义（Index.cshtml） 537#273 ：

```
@model Senparc.Weixin.MP.Helpers.JsSdkUiPackage
@{
    Layout = null;
}
@* 使用JSSDK,首先要到微信公众平台【公众号设置】下的【功能设置】里面设置"JS 接口安全域名" *@
<!DOCTYPE html>
<html>
<head>
    <meta name="viewport" content="width=device-width" />
    <title>公众号 JSSDK 演示</title>
    <!--jQuery 非 JS-SDK 必须-->
    <script src="~/Scripts/jquery-1.7.1.min.js"></script>
    <script src="http://res.wx.qq.com/open/js/jweixin-1.0.0.js"></script>
    <script>
        wx.config({
            debug: false, // 开启调试模式,调用的所有 api 的返回值会在客户端 alert 出来,若要查看传入的参数,可以在 pc 端打开,参数信息会通过 log 打出,仅在 pc 端时才会打印。
            appId: '@Model.AppId', // 必填,公众号的唯一标识
            timestamp: '@Model.Timestamp', // 必填,生成签名的时间戳
            nonceStr: '@Model.NonceStr', // 必填,生成签名的随机串
            signature: '@Model.Signature',// 必填,签名
            jsApiList: [ ] // 必填,需要使用的 JS 接口列表
        });
    </script>

</head>
<body>
    <h1>公众号 JSSDK 演示</h1>
    <div>
        此页面是 Senparc.Weixin.MP JSSDK 的演示,可以点击右上方按钮,转发到朋友圈或者朋友进行测试。<br />
        顺利的话,转发的内容可以看到自定义的标题,配有一个自定义图片。
    </div>

</body>
</html>
```

其中的 Model 就是在本章 18.2.1 节中介绍的 JsSdkUiPackage，对应的 Action 可以这样写 537#274：

```
public ActionResult Index()
{
    var jssdkUiPackage = JSSDKHelper.GetJsSdkUiPackage(appId, secret, Request.Url.AbsoluteUri);
    return View(jssdkUiPackage);
}
```

是不是非常方便呢？

18.3.4 第四步：通过 ready 接口处理成功验证

wx.config 信息验证后会执行 wx.ready 方法，所有接口调用都必须在 wx.config 接口获得结果之后，wx.config 是一个客户端的异步操作，所以如果需要在页面加载时就调用相关接口，则须把相关接口放在 wx.ready 函数中调用来确保正确执行。对于用户触发时才调用的接口，则可以直接调用，不需要放在 wx.ready 函数中。

在上述视图的 JS 标签块内，加上这段代码 538#275：

```
wx.ready(function () {
    //这里调用具体的 JS-SDK 接口方法
});
```

18.3.5 第五步：通过 error 接口处理失败验证

wx.config 信息验证失败会执行 wx.error 函数，如签名过期导致验证失败，具体错误信息可以打开 wx.config 的 Debug 模式查看，也可以在返回的 res 参数中查看，对于 SPA 可以在这里更新签名。

代码如下 539#276：

```
wx.error(function (res) {
    //发生错误之后执行的代码，例如：
    console.log(res);
    alert('验证失败');
});
```

通过这五个步骤，我们已经对 JS-SDK 的使用做好了准备，以下介绍的接口多数都需要编写在 wx.ready() 函数内。

18.4 接口调用说明

所有接口通过 wx 对象(也可使用 jWeixin 对象)来调用（例如 wx.onMenuShareTimeline 是"分享到朋友圈"接口），参数是一个对象（onMenuShareTimeline），除了每个接口本身需要传的参数之外,还有以下通用参数。

1) success:接口调用成功时执行的回调函数。

2) fail:接口调用失败时执行的回调函数。

3) complete:接口调用完成时执行的回调函数,无论成功或失败都会执行。

4) cancel:用户点击取消时的回调函数,仅部分有用户取消操作的 API 才会用到。

5) trigger:监听 Menu 中的按钮点击时触发的方法,该方法仅支持 Menu 中的相关接口。

注意:**不要尝试在 trigger 中使用 ajax 异步请求修改本次分享的内容,因为客户端分享操作是一个同步操作,这时候使用 ajax 的回包会还没有返回。**

以上几个函数都带有一个参数,类型为对象,其中除了每个接口本身返回的数据之外,还有一个通用属性 errMsg,其值格式如下。

调用成功时:"xxx:ok",其中 xxx 为调用的接口名。

用户取消时:"xxx:cancel",其中 xxx 为调用的接口名。

调用失败时:其值为具体错误信息。

18.5 基础接口

基础接口的定义及示例如表 18-1 所示。

表 18-1

用途:判断当前客户端版本是否支持指定 JS 接口

示例及说明:
``
wx.checkJsApi({
    jsApiList: ['chooseImage'], // 需要检测的JS接口列表
    success: function(res) {
        // 以键值对的形式返回,可用的API值true,不可用为false
        // 如:{"checkResult":{"chooseImage":true},"errMsg":"checkJsApi:ok"}
    }
});
``

备注:checkJsApi 接口是客户端 6.0.2 新引入的一个预留接口,第一期开放的接口均可不使用 checkJsApi 来检测。

18.6 具体业务接口

具体业务接口是为具体业务服务的接口,分成了 12 大类:

1) 分享接口;

2) 图像接口;

3）音频接口；

4）智能接口；

5）设备信息；

6）地理位置；

7）摇一摇周边；

8）界面操作；

9）微信扫一扫；

10）微信小店；

11）微信卡券；

12）微信支付。

下面对上述接口分别进行介绍。

18.6.1 分享接口

分享接口包含如下接口：

1）获取"分享到朋友圈"按钮点击状态及自定义分享内容接口（表18-2）；

2）获取"分享给朋友"按钮点击状态及自定义分享内容接口（表18-3）；

3）获取"分享到 QQ"按钮点击状态及自定义分享内容接口（表18-4）；

4）获取"分享到腾讯微博"按钮点击状态及自定义分享内容接口（表18-5）；

5）获取"分享到 QQ 空间"按钮点击状态及自定义分享内容接口（表18-6）。

表 18-2

用途：获取"分享到朋友圈"按钮点击状态及自定义分享内容接口

示例及说明：
 ``
wx.onMenuShareTimeline({
    title: '', // 分享标题
    link: '', // 分享链接
    imgUrl: '', // 分享图标
    success: function () {
        // 用户确认分享后执行的回调函数
    },
    cancel: function () {
        // 用户取消分享后执行的回调函数
    }
});
``

表 18-3

用途："获取"分享给朋友"按钮点击状态及自定义分享内容接口
示例及说明：

```
wx.onMenuShareAppMessage({
    title: '', // 分享标题
    desc: '', // 分享描述
    link: '', // 分享链接
    imgUrl: '', // 分享图标
    type: '', // 分享类型,music、video 或 link,不填默认为 link
    dataUrl: '', // 如果 type 是 music 或 video,则要提供数据链接,默认为空
    success: function () {
        // 用户确认分享后执行的回调函数
    },
    cancel: function () {
        // 用户取消分享后执行的回调函数
    }
});
```

表 18-4

用途："获取"分享到 QQ"按钮点击状态及自定义分享内容接口
示例及说明：

```
wx.onMenuShareQQ({
    title: '', // 分享标题
    desc: '', // 分享描述
    link: '', // 分享链接
    imgUrl: '', // 分享图标
    success: function () {
        // 用户确认分享后执行的回调函数
    },
    cancel: function () {
        // 用户取消分享后执行的回调函数
    }
});
```

表 18-5

用途："获取"分享到腾讯微博"按钮点击状态及自定义分享内容接口
示例及说明：

```
wx.onMenuShareWeibo({
    title: '', // 分享标题
    desc: '', // 分享描述
    link: '', // 分享链接
    imgUrl: '', // 分享图标
    success: function () {
        // 用户确认分享后执行的回调函数
    },
```

续表

```
        cancel: function () {
            // 用户取消分享后执行的回调函数
        }
    });
```

表 18-6

用途：获取"分享到 QQ 空间"按钮点击状态及自定义分享内容接口
示例及说明：
| ```
wx.onMenuShareQZone({
    title: '', // 分享标题
    desc: '', // 分享描述
    link: '', // 分享链接
    imgUrl: '', // 分享图标
    success: function () {
        // 用户确认分享后执行的回调函数
    },
    cancel: function () {
        // 用户取消分享后执行的回调函数
    }
});
``` |

官方特别提示：请注意不要有诱导分享等违规行为，对于诱导分享行为将永久回收公众号接口权限。

18.6.2 图像接口

图像接口包含如下接口：

1）拍照或从手机相册中选图接口（表 18-7）；
2）预览图片接口（表 18-8）；
3）上传图片接口（表 18-9）；
4）下载图片接口（表 18-10）。

表 18-7

用途：拍照或从手机相册中选图接口
示例及说明：
| ```
wx.chooseImage({
    count: 1, // 默认9
    sizeType: ['original', 'compressed'], // 可以指定是原图还是压缩图，默认二者都有
    sourceType: ['album', 'camera'], // 可以指定来源是相册还是相机，默认二者都有
    success: function (res) {
        var localIds = res.localIds; // 返回选定照片的本地 ID 列表，localId 可以作为 img 标签的 src 属性显示图片
    }
});
``` |

表 18-8

用途：预览图片接口

示例及说明：
 	
 ``
wx.previewImage({
    current: '', // 当前显示图片的HTTP链接
    urls: [] // 需要预览的图片HTTP链接列表
});
``

表 18-9

用途：上传图片接口

示例及说明：
 	
 ``
wx.uploadImage({
    localId: '', // 需要上传的图片的本地ID，由chooseImage接口获得
    isShowProgressTips: 1, // 默认为1，显示进度提示
    success: function (res) {
        var serverId = res.serverId; // 返回图片的服务器端ID
    }
});
``

备注：上传图片有效期 3 天，可用微信多媒体接口下载图片到自己的服务器，此处获得的 serverId 即 media_id。

表 18-10

用途：下载图片接口

示例及说明：
 	
 ``
wx.downloadImage({
    serverId: '', // 需要下载的图片的服务器端ID，由uploadImage接口获得
    isShowProgressTips: 1, // 默认为1，显示进度提示
    success: function (res) {
        var localId = res.localId; // 返回图片下载后的本地ID
    }
});
``

18.6.3 音频接口

音频接口包含如下接口。

1）开始录音接口（表 18-11）；

2）停止录音接口（表 18-12）；

3）监听录音自动停止接口（表 18-13）；

4）监听录音自动停止接口（表 18-14）；

5）播放语音接口（表 18-15）；

6）暂停播放接口（表 18-16）；

7）停止播放接口（表 18-17）；

8）监听语音播放完毕接口（表 18-18）；

9）上传语音接口（表 18-19）；

10）下载语音接口（表 18-20）。

表 18-11

用途：开始录音接口
示例及说明： `wx.startRecord();`

表 18-12

用途：停止录音接口

示例及说明：
``
wx.stopRecord({
    success: function (res) {
        var localId = res.localId;
    }
});
``

表 18-13

用途：监听录音自动停止接口

示例及说明：
``
wx.onVoiceRecordEnd({
    // 录音时间超过一分钟没有停止的时候会执行 complete 回调
    complete: function (res) {
        var localId = res.localId;
    }
});
``

表 18-14

用途：监听录音自动停止接口

示例及说明：
``
wx.onVoiceRecordEnd({
    // 录音时间超过一分钟没有停止的时候会执行 complete 回调
    complete: function (res) {
        var localId = res.localId;
    }
});
``

表 18-15

用途：**播放语音接口**

示例及说明：
 	
``
wx.playVoice({
    localId: '' // 需要播放的音频的本地 ID, 由 stopRecord 接口获得
});
``

表 18-16

用途：**暂停播放接口**

示例及说明：
 	
``
wx.pauseVoice({
    localId: '' // 需要暂停的音频的本地 ID, 由 stopRecord 接口获得
});
``

表 18-17

用途：**停止播放接口**

示例及说明：
 	
``
wx.stopVoice({
    localId: '' // 需要停止的音频的本地 ID, 由 stopRecord 接口获得
});
``

表 18-18

用途：**监听语音播放完毕接口**

示例及说明：
 	
``
wx.onVoicePlayEnd({
    success: function (res) {
        var localId = res.localId; // 返回音频的本地 ID
    }
});
``

表 18-19

用途：**上传语音接口**

示例及说明：
 	
``
wx.uploadVoice({
    localId: '', // 需要上传的音频的本地 ID, 由 stopRecord 接口获得
    isShowProgressTips: 1, // 默认为1, 显示进度提示
    success: function (res) {
        var serverId = res.serverId; // 返回音频的服务器端 ID
    }
});
``

备注：上传语音有效期 3 天，可用微信多媒体接口下载语音到自己的服务器，此处获得的 serverId 即 media_id，目前多媒体文件下载接口的频率限制为 10000 次/天（如图 18-3 所示），如需要调高频率，请登录微信公众平台，在开发 - 接口权限的列表中，申请提高临时上限。

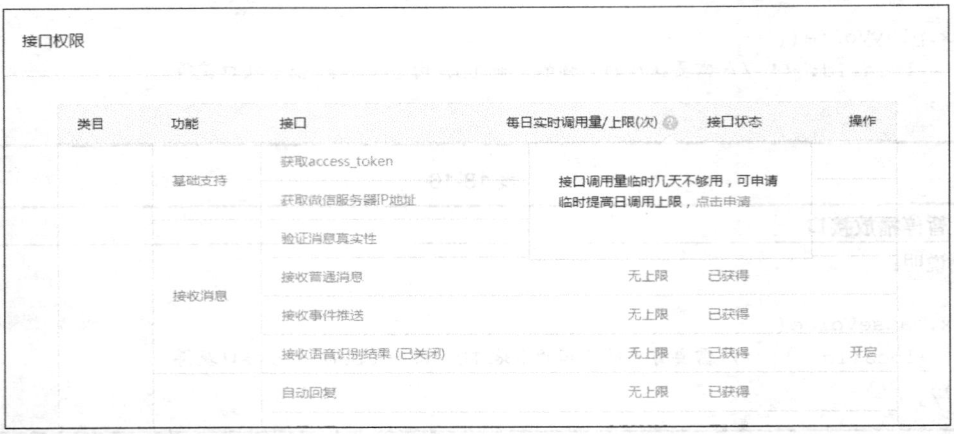

图18-3

表 18-20

用途：下载语音接口
示例及说明：
| ```
wx.downloadVoice({
    serverId: '', // 需要下载的音频的服务器端 ID，由 uploadVoice 接口获得
    isShowProgressTips: 1, // 默认为 1，显示进度提示
    success: function (res) {
        var localId = res.localId; // 返回音频的本地 ID
    }
});
``` |

18.6.4 智能接口

智能接口包含如下接口。

1）识别音频并返回识别结果接口（表 18-21）。

表 18-21

用途：识别音频并返回识别结果接口
示例及说明：
| ```
wx.translateVoice({
    localId: '', // 需要识别的音频的本地 Id，由录音相关接口获得
    isShowProgressTips: 1, // 默认为 1，显示进度提示
    success: function (res) {
        alert(res.translateResult); // 语音识别的结果
    }
});
``` |

18.6.5 设备信息

设备信息包含如下接口。

1) 获取网络状态接口（表 18-22）。

表 18-22

用途：**获取网络状态接口**
示例及说明：

```
wx.getNetworkType({
    success: function (res) {
        var networkType = res.networkType; // 返回网络类型2G, 3G, 4G, Wi-Fi
    }
});
```

18.6.6 地理位置

地理位置包含如下接口。

1) 使用微信内置地图查看位置接口（表 18-23）；
2) 获取地理位置接口（表 18-24）。

表 18-23

用途：**使用微信内置地图查看位置接口**
示例及说明：

```
wx.openLocation({
    latitude: 0, // 纬度,浮点数,范围为90 ~ -90
    longitude: 0, // 经度,浮点数,范围为180 ~ -180。
    name: '', // 位置名
    address: '', // 地址详情说明
    scale: 1, // 地图缩放级别,整形值,范围从1~28。默认为最大
    infoUrl: '' // 在查看位置界面底部显示的超链接,可点击跳转
});
```

表 18-24

用途：**获取地理位置接口**
示例及说明：

```
wx.getLocation({
    type: 'wgs84', // 默认为wgs84的GPS坐标,如果要返回直接给openLocation用的火星坐标,可传入'gcj02'
    success: function (res) {
        var latitude = res.latitude; // 纬度,浮点数,范围为90 ~ -90
        var longitude = res.longitude; // 经度,浮点数,范围为180 ~ -180。
        var speed = res.speed; // 速度,以米/每秒计
        var accuracy = res.accuracy; // 位置精度
    }
});
```

18.6.7 摇一摇周边

摇一摇周边包含如下接口。

1）开启查找周边 ibeacon 设备接口（表 18-25）；

2）关闭查找周边 ibeacon 设备接口（表 18-26）；

3）监听周边 ibeacon 设备接口（表 18-27）。

表 18-25

用途：开启查找周边 ibeacon 设备接口

示例及说明：
``
wx.startSearchBeacons({
  ticket:"", //摇周边的业务 ticket, 系统自动添加在摇出来的页面链接后面
  complete:function(argv){
    //开启查找完成后的回调函数
  }
});
``

备注：如需接入摇一摇周边功能，需要先申请开通摇一摇周边功能。

表 18-26

用途：关闭查找周边 ibeacon 设备接口

示例及说明：
``
wx.stopSearchBeacons({
  complete:function(res){
    //关闭查找完成后的回调函数
  }
});
``

表 18-27

用途：监听周边 ibeacon 设备接口

示例及说明：
``
wx.onSearchBeacons({
  complete:function(argv){
    //回调函数，可以数组形式取得该商家注册的在周边的相关设备列表
  }
});
``

18.6.8 界面操作

界面操作包含如下接口。

1）隐藏右上角菜单接口（表 18-28）；

2）显示右上角菜单接口（表 18-29）；

3）关闭当前网页窗口接口（表18-30）；

4）批量隐藏功能按钮接口（表18-31）；

5）批量显示功能按钮接口（表18-32）；

6）隐藏所有非基础按钮接口（表18-33）；

7）显示所有功能按钮接口（表18-34）。

表 18-28

用途：**隐藏右上角菜单接口**
示例及说明：   ``wx.hideOptionMenu();``

表 18-29

用途：**显示右上角菜单接口**
示例及说明：   ``wx.showOptionMenu();``

表 18-30

用途：**关闭当前网页窗口接口**
示例及说明：   ``wx.closeWindow();``

表 18-31

用途：**批量隐藏功能按钮接口**

示例及说明：
 	
 ``wx.hideMenuItems({``
 ``    menuList: []  // 要隐藏的菜单项,只能隐藏"传播类"和"保护类"按钮,所有menu项见18.7.1 "所有菜单项列表"``
 ``});``

表 18-32

用途：**批量显示功能按钮接口**

示例及说明：
 	
 ``wx.showMenuItems({``
 ``    menuList: []  // 要显示的菜单项,所有menu项见18.7.1 "所有菜单项列表"``
 ``});``

表 18-33

用途：隐藏所有非基础按钮接口
示例及说明：
| ```
wx.hideAllNonBaseMenuItem();
// "基本类"按钮详见 18.7.1 "所有菜单项列表"
``` |

表 18-34

用途：显示所有功能按钮接口
示例及说明：
| ```
wx.showAllNonBaseMenuItem();
``` |

18.6.9 微信扫一扫

微信扫一扫包含如下接口。

1）调起微信扫一扫接口（表 18-35）。

表 18-35

用途：调起微信扫一扫接口
示例及说明：
| ```
wx.scanQRCode({
    needResult: 0, // 默认为 0,扫描结果由微信处理,1 则直接返回扫描结果,
    scanType: ["qrCode","barCode"], // 可以指定扫二维码还是一维码,默认二者都有
    success: function (res) {
    var result = res.resultStr; // 当 needResult 为 1 时,扫码返回的结果
    }
});
``` |

18.6.10 微信小店

微信小店包含如下接口。

1）调起微信扫一扫接口（表 18-36）。

表 18-36

用途：跳转微信商品页接口
示例及说明：
| ```
wx.openProductSpecificView({
    productId: '', // 商品 id
    viewType: '' // 0.默认值,普通商品详情页 1.扫一扫商品详情页 2.小店商品详情页
});
    var result = res.resultStr; // 当 needResult 为 1 时,扫码返回的结果
    }
});
``` |

18.6.11 微信支付

微信支付包含如下接口。

1）发起一个微信支付请求（表 18-37）。

表 18-37

用途：**发起一个微信支付请求**
示例及说明：   ```` wx.chooseWXPay({   timestamp: 0, // 支付签名时间戳，注意微信 jssdk 中的所有使用 timestamp 字段均为小写。但最新版的支付后台生成签名使用的 timeStamp 字段名需大写其中的 S 字符   nonceStr: '', // 支付签名随机串，不长于 32 位   package: '', // 统一支付接口返回的 prepay_id 参数值，提交格式如：prepay_id=***)   signType: '', // 签名方式，默认为'SHA1'，使用新版支付需传入'MD5'   paySign: '', // 支付签名   success: function (res) {   // 支付成功后的回调函数   } }); ````

备注：prepay_id 通过微信支付统一下单接口获得，paySign 采用统一的微信支付 Sign 签名生成方法，注意这里 appId 也要参与签名，appId 与 config 中传入的 appId 一致，即最后参与签名的参数有 **appId, timeStamp, nonceStr, package, signType**。

微信支付开发文档 553#277 ：https://pay.weixin.qq.com/wiki/doc/api/index.html

注意：此接口只是发起微信支付请求，并不能完成所有的微信支付功能，微信支付除了前端 JS-SDK 的部分，更多的工作量和流程集中在后端，更多有关微信支付的介绍详见第 19 章"微信支付"。

18.6.12 微信卡券

微信卡券接口中使用的签名凭证 api_ticket，与本章 18.3.3 节"步骤三：通过 config 接口注入权限验证配置"中 config 使用的签名凭证 jsapi_ticket 不同，开发者在调用微信卡券 JS-SDK 的过程中需依次完成两次不同的签名，并确保凭证的缓存。

微信卡券包含如下接口。

1）获取 api_ticket（表 18-38）；

2）拉取适用卡券列表并获取用户选择信息（表 18-39）；

3）批量添加卡券接口（表 18-41）；

4）查看微信卡包中的卡券接口（表 18-42）。

表 18-38

用途：获取 api_ticket
示例及说明： 　　Senparc.Weixin.MP.CommonAPIs.CommonApi.GetTicketByAccessToken (accessTokenOrAppId, "wx_card") 　　api_ticket 是用于调用微信卡券 JS API 的临时票据，有效期为 7200 秒，通过 access_token 来获取。

实际上"获取 api_ticket"接口是后端调用接口，并非前端 JS 接口，此处将此接口一并列入 JS-SDK 是为了方便开发者查阅。此接口和本章 18.2.1 节"通过 JsApiTicketContainer 获取 jsapi_ticket"中获取的 jsapi_ticket 最终使用的是同一个接口地址（https://api.weixin.qq.com/cgi-bin/ticket/getticket），返回结果及错误提示也是相同的，不同的是之前的接口设置的 type 参数为 **jsapi**，而此处的 type 参数为 **wx_card**。其中 AccessToken 和全局的通用接口获取到的 AccessToken 是通用的。

开发者注意事项如下。

1）此用于卡券接口签名的 api_ticket 与本章 18.3.3 节"步骤三：通过 config 接口注入权限验证配置"中通过 config 接口注入权限验证配置使用的 jsapi_ticket 不同。

2）由于获取 api_ticket 的 api 调用次数非常有限，频繁刷新 api_ticket 会导致 api 调用受限，影响自身业务，开发者需在自己的服务存储与更新 api_ticket。

表 18-39

用途：拉取适用卡券列表并获取用户选择信息

示例及说明：
 	
``
wx.chooseCard({
    shopId: '', // 门店 Id
    cardType: '', // 卡券类型
    cardId: '', // 卡券 Id
    timestamp: 0, // 卡券签名时间戳
    nonceStr: '', // 卡券签名随机串
    signType: '', // 签名方式，默认'SHA1'
    cardSign: '', // 卡券签名
    success: function (res) {
        var cardList= res.cardList; // 用户选中的卡券列表信息
    }
});
``

参数说明如表 18-40 所示。

表 18-40

参数名	必填	类型	示例值	描述
shopId	否	string(24)	1234	门店 ID, shopID 用于筛选出拉起带有指定 location_list(shopID)的卡券列表, 非必填
cardType	否	string(24)	GROUPON	卡券类型, 用于拉起指定卡券类型的卡券列表。当 cardType 为空时, 默认拉起所有卡券的列表, 非必填
cardId	否	string(32)	p1Pj9jr90_SQRaVqYI239Ka1erk	卡券 ID, 用于拉起指定 cardId 的卡券列表, 当 cardId 为空时, 默认拉起所有卡券的列表, 非必填
timestamp	是	string(32)	14300000000	时间戳
nonceStr	是	string(32)	sduhi123	随机字符串
signType	是	string(32)	SHA1	签名方式, 目前仅支持 SHA1
cardSign	是	string(64)	abcsdijcous123	签名

cardSign 详见本章 18.7.1 "卡券扩展字段 cardExt 说明"。

注意: 1) 签名错误会导致拉取卡券列表异常为空, 请仔细检查参与签名的参数有效性。

2) 拉取列表仅与用户本地卡券有关, 拉起列表异常为空的情况通常有三种: 签名错误、时间戳无效、筛选机制有误。请开发者依次排查定位原因。

表 18-41

用途: 批量添加卡券接口

示例及说明:
 	
``
wx.addCard({
    cardList: [{
        cardId: '',
        cardExt: ''
    }], // 需要添加的卡券列表
    success: function (res) {
        var cardList = res.cardList; // 添加的卡券列表信息
    }
});
``

cardSign 详见本章 18.7.1 "卡券扩展字段 cardExt 说明"。

注意: 1) 这里的 card_ext 参数必须与参与签名的参数一致, 格式为字符串而不是 Object, 否则会报签名错误。

2) 建议开发者一次添加的卡券不超过 5 张, 否则会遇到超时报错。

表 18-42

用途：查看微信卡包中的卡券接口
示例及说明：

``
wx.openCard({
    cardList: [{
        cardId: '',
        code: ''
    }]// 需要打开的卡券列表
});
``

18.7 参考资料

18.7.1 所有菜单项列表

1）基本类

举报："menuItem:exposeArticle"

调整字体："menuItem:setFont"

日间模式："menuItem:dayMode"

夜间模式："menuItem:nightMode"

刷新："menuItem:refresh"

查看公众号（已添加）："menuItem:profile"

查看公众号（未添加）："menuItem:addContact"

2）传播类

发送给朋友："menuItem:share:appMessage"

分享到朋友圈："menuItem:share:timeline"

分享到 QQ："menuItem:share:qq"

分享到 Weibo："menuItem:share:weiboApp"

收藏："menuItem:favorite"

分享到 FB："menuItem:share:facebook"

分享到 QQ 空间/menuItem:share:QZone

3）保护类

编辑标签："menuItem:editTag"

删除："menuItem:delete"

复制链接："menuItem:copyUrl"

原网页："menuItem:originPage"

阅读模式："menuItem:readMode"

在 QQ 浏览器中打开："menuItem:openWithQQBrowser"

在 Safari 中打开："menuItem:openWithSafari"

邮件："menuItem:share:email"

一些特殊公众号："menuItem:share:brand"

18.7.2 卡券扩展字段 cardExt 说明

cardExt 本身是一个 JSON 字符串，是商户为该张卡券分配的唯一性信息，包含字段如表 18-43 所示。

表 18-43

字段	是否必填	是否参与签名	说明
code	否	是	指定的卡券 code 码，只能被领取一次。自定义 code 模式的卡券必须填写，非自定义 code 和预存 code 模式的卡券不必填写
openid	否	是	指定领取者的 openid，只有该用户能领取。bind_openid 字段为 true 的卡券必须填写，bind_openid 字段为 false 不必填写
timestamp	是	是	时间戳，商户生成从 1970 年 1 月 1 日 00:00:00 至今的秒数，即当前的时间，且最终需要转换为字符串形式；由商户生成后传入，不同添加请求的时间戳须动态生成，若重复将会导致领取失败
nonce_str	否	是	随机字符串，由开发者设置传入，**加强安全性(若不填写可能被重放请求)**。随机字符串，不长于 32 位。推荐使用大小写字母和数字，不同添加请求的 nonce 须动态生成,若重复将会导致领取失败
fixed_begintimestamp	否	否	卡券在第三方系统的实际领取时间，为东八区时间戳（UTC+8，精确到秒）。当卡券的有效期类型为 DATE_TYPE_FIX_TERM 时专用，标识卡券的实际生效时间，用于解决商户系统内起始时间和领取时间不同步的问题
outer_str	否	否	领取渠道参数，用于标识本次领取的渠道值
signature	是	-	签名，商户将接口列表中的参数按照指定方式进行签名，签名方式使用 SHA1，具体签名方案参见下文；由商户按照规范签名后传入

18.7.3 所有 JS 接口列表

以下为版本 1.2.0 业务接口汇总：

- onMenuShareTimeline
- onMenuShareAppMessage
- onMenuShareQQ
- onMenuShareWeibo
- onMenuShareQZone
- startRecord
- stopRecord
- onVoiceRecordEnd
- playVoice
- pauseVoice
- stopVoice
- onVoicePlayEnd
- uploadVoice
- downloadVoice
- chooseImage
- previewImage
- uploadImage
- downloadImage
- translateVoice
- getNetworkType
- openLocation
- getLocation
- hideOptionMenu
- showOptionMenu
- hideMenuItems
- showMenuItems
- hideAllNonBaseMenuItem
- showAllNonBaseMenuItem
- closeWindow
- scanQRCode
- chooseWXPay
- openProductSpecificView
- addCard
- chooseCard
- openCard

习题

18.1 使用 JS-SDK 需要引用任何的 JS 文件吗？如果需要，地址是什么？

18.2 JS-SDK 的 Config 过程是否必须在页面载入时进行？

18.3 如何使用 JS-SDK 获取用户终端的网络类型？

18.4 iOS 和 Android 微信浏览器的内核都是一样的吗？有哪些区别？

第 19 章　微信支付

微信支付已经成为微信生态的核心功能之一，微信支付连接了商品及服务交易、娱乐、互动等多种不同的场景。纵观整个大环境，银联、PayPal、支付宝等第三方在线支付平台也越来越多地被接入到企业的网站和 APP 中，微信支付属于后起之秀。

微信为微信支付设立了独立的网站 559#455：https://pay.weixin.qq.com，这也是微信支付商户管理后台的入口。

从域名和其战略地位来看，微信支付和微信公众号更多是并列配合的关系，并非完全是从属关系。

微信支付经过多年的发展，已经形成了多个相互关联的子系统，包括我们最常用的境内商户版、及境内服务商版、境外商户版、境外服务商版等。

本章将重点介绍境内商户开发相关的知识，并重点介绍基于网页（JS-SDK）发起的微信支付流程。

为了方便开发者参考官方文档，相关小节的顺序及结构尽量保持和微信支付的"微信支付商户平台开发者文档"的一致，其中由于开发顺序的关系也可能会略作调整。

"微信支付商户平台开发者文档"参考地址 559#456：https://pay.weixin.qq.com/wiki/doc/api/jsapi.php?chapter=1_1。

当前最新的微信支付版本为 V3（其中也升级了多个次版本，本书以撰写时官方最新的文档为参考），此前还有过 V2 的版本。V2 和 V3 划分的时间点为 2014 年 9 月 10 日，在此日期之前申请的微信支付为 V2，之后的为 V3。由于大部分账号都属于 V3 的范畴，因此本章所介绍的内容都基于 V3。

相关微信支付的方法，除有特殊说明以外，V2 版本所有的类统一封装在 Senparc.Weixin.MP.TenPayLib 命名空间下，V3 版本所有的类统一封装在 Senparc.Weixin.MP.TenPayLibV3 命名空间下。

19.1 支付模式

微信支付共有 4 种接入方式，分别是：公众号支付、APP 支付、扫码支付和刷卡支付（如图 19-1 所示）。

图19-1

19.1.1 刷卡支付

刷卡支付是用户展示微信钱包内的"刷卡条码/二维码"给商户系统扫描后直接完成支付的模式。主要应用线下面对面收银的场景。

19.1.2 扫码支付

扫码支付是商户系统按微信支付协议生成支付二维码，用户再用微信"扫一扫"完成支付的模式。该模式适用于 PC 网站支付、实体店单品或订单支付、媒体广告支付等场景。

19.1.3 公众号支付

公众号支付需要用户在微信中打开商户的 HTML5 页面，商户在 HTML5 页面通过调用微信支付提供的 JS-API 接口调起微信支付模块完成支付。应用场景如下。

- 用户在微信公众账号内进入商家公众号，打开某个主页面，完成支付；
- 用户的好友在朋友圈、聊天窗口等分享商家页面链接，用户点击链接打开商家页面，完成支付；
- 将商户页面转换成二维码，用户扫描二维码后在微信浏览器中打开页面后完成支付。

公众号支付是使用网页进行线上支付的最佳方式，也是本章介绍的重点。

19.1.4 APP 支付

APP 支付又称移动端支付，是商户通过在移动端应用 APP 中集成开放 SDK 调起微信支付模块完成支付的模式。

19.2 申请微信支付

19.2.1 流程介绍

只要是通过认证的微信公众号（无论是服务号还是订阅号），即可申请微信支付。从注册微信起,到微信支付申请结束的过程如图 19-2 所示 566#368。

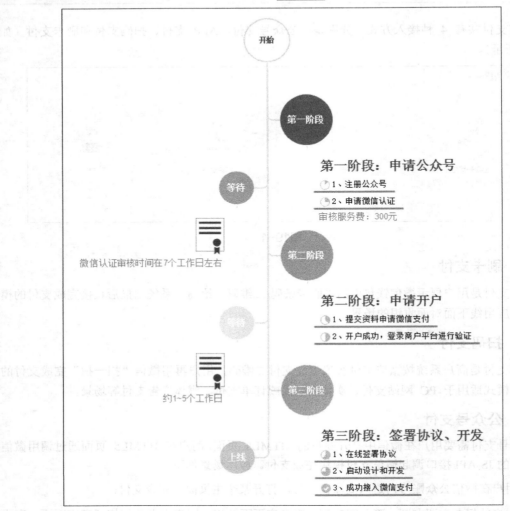

图19-2

在公众号认证完成之后,即可进行微信的申请,过程如下。

19.2.2 第一步:申请开户

进入公众号后台,单击左侧菜单的 微信支付 按钮,进入"微信支付"页面,如图 19-3 所示。

还没有通过微信支付的页面会显示【开通】按钮,**注意:如果当前公众号还没有通过认证,【开通】按钮将无法单击。**

单击【开通】按钮进入,如图 19-4 所示。

图19-3

图19-4

根据提示，分别填写完成"填写基本信息""填写商户信息""填写结算账户"三个步骤的信息，并确认提交。

注意：认证主体和结算账户必须是同一个单位。

在填写信息的过程中，注册（验证）的方式系统会给用户两种选择（如图 19-5 所示）。

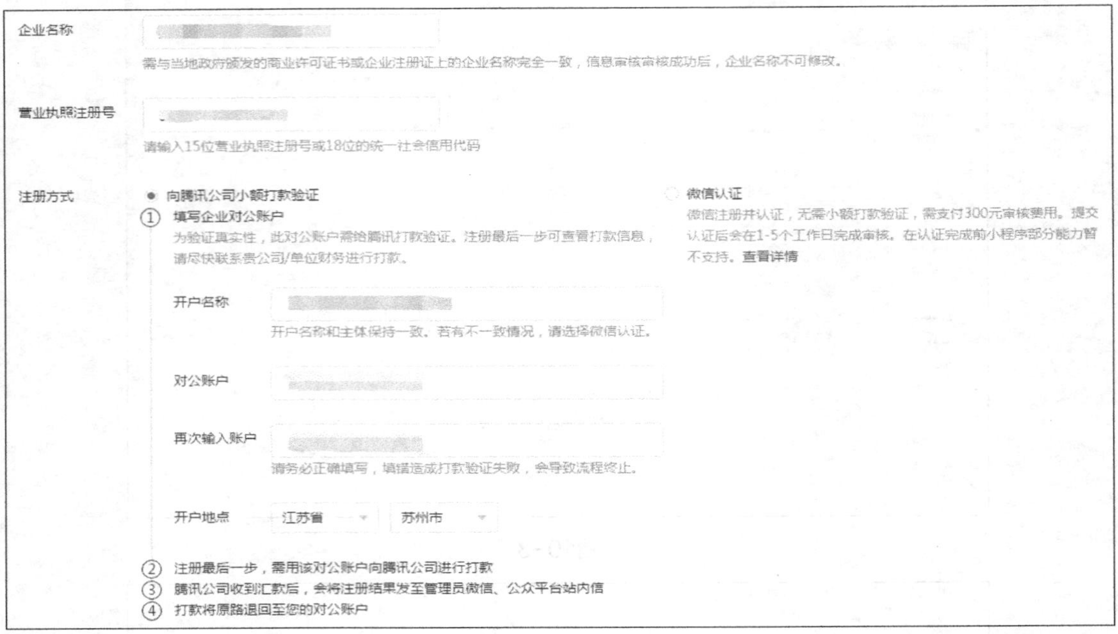

图19-5

两种方式的区别在于以下两点。

1）微信认证：通过结算账户打一笔指定数额的费用到腾讯指定账号（通常为 1 元以内）。这种方式认证速度最快。

2）支付验证注册：腾讯打一笔指定数额的费用到结算账户（通常为 1 元以内）。这种方式认证速度较慢，而且需要在后台进行手动填写验证。

从时间和费用上考虑，通常我们会选择"微信认证"方式，只需按照流程提示使用对公账户打款到指定账号即可。

下面以另外一种"支付验证注册"方式为例介绍。

选择"注册方式"为"支付验证注册"，确认提交之后，进入验证审核阶段。

19.2.3　第二步：小额打款

根据系统的提示，向腾讯指定账号支付一笔验证费用。

提交申请之后，回到"微信支付"页面（或根据收到的邮件登录微信支付后台 https://pay.weixin.qq.com），会看到验证的提示，如图 19-6 所示 568#457。

图19-6

单击【验证】按钮,进入验证步骤,如图 19-7 所示。

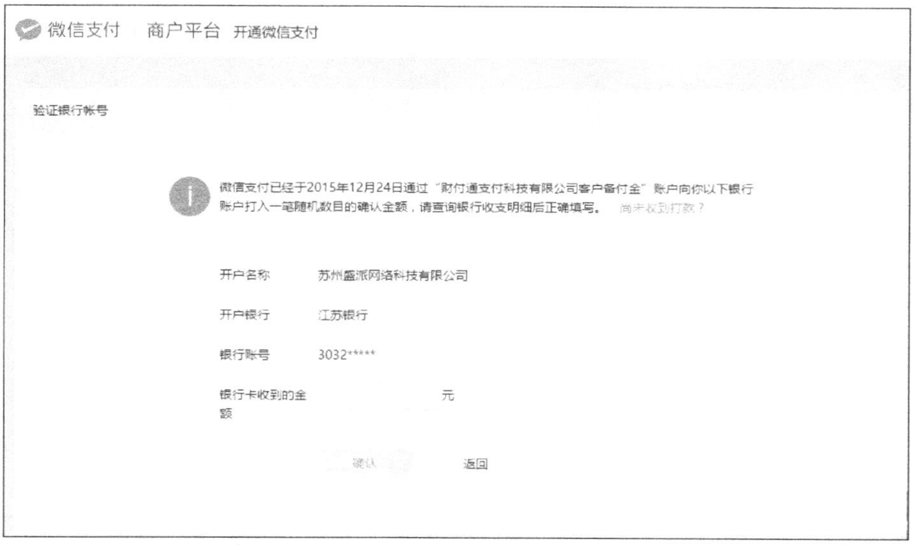

图19-7

填写对公账号收到的腾讯付款过来的费用,单击【确认】按钮,完成验证。

19.2.4　第三步:支付验证费用

申请之后,需要支付 300 元的验证费用到腾讯指定的账号,按照提示打款即可。

付款后,请保持联系人的电话畅通,微信或其授权代表会通过电话核实确认信息,通过后即可完成微信支付整个申请流程。

19.3 获取商户证书

19.3.1 接收邮件

微信支付接口中，所有涉及资金回滚或资金流出的接口会使用到商户证书，包括退款、撤销接口以及企业支付接口等。商家在申请微信支付成功后，会收到的官方的邮件，如图19-8所示。

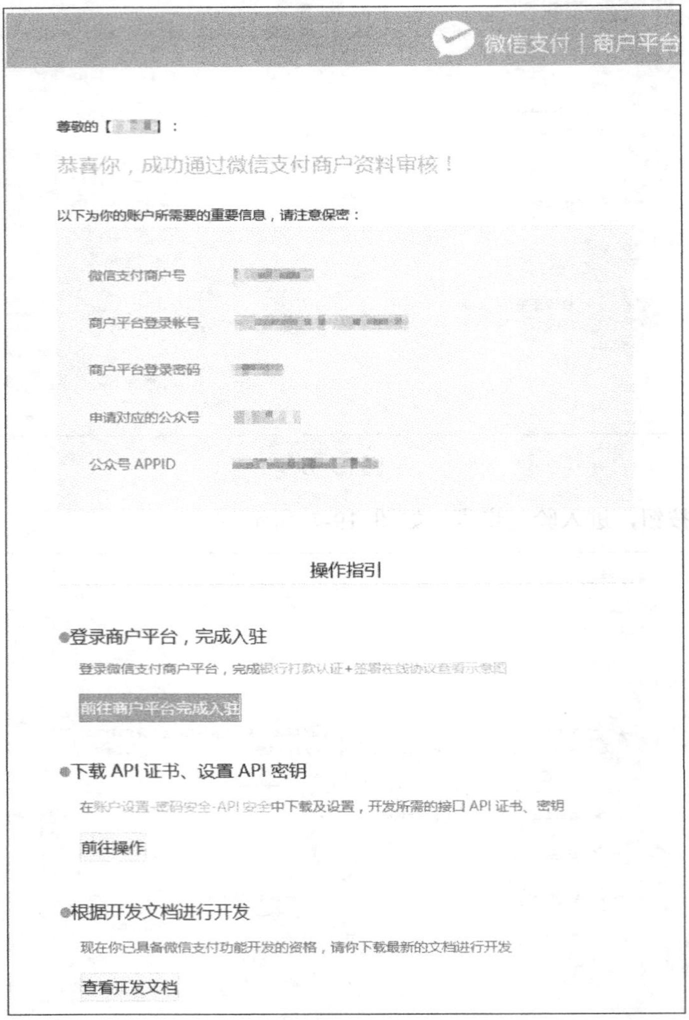

图19-8

下载证书可以通过单击邮件中【下载 API 证书、设置 API 密钥】下方的【前往操作】链接，也可以直接登录微信商户平台（https://pay.weixin.qq.com），进入【账户中心】中【账户设置】中的【API 安全】。

19.3.2 安装操作证书

PC 首次登录会提示安装证书，如图 19-9 所示。

图19-9

单击【安装操作证书】，进入安全证书界面，如图 19-10 所示。

图19-10

单击【申请安装】按钮，进入验证步骤，如图 19-11 所示。

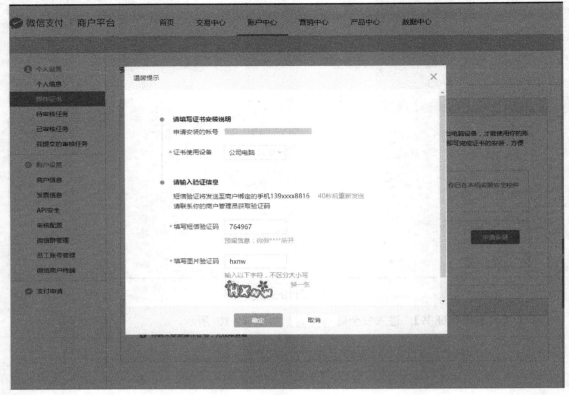

图19-11

设置证书使用设备,输入申请时填写的手机收到的验证码及图形验证码,单击【确定】按钮。如果验证成功,会有成功提示,如图 19-12 所示。

图19-12

单击【确定】,可以看到原先没有任何证书信息的页面已经自动显示了所有授权的证书,并且特别提示了刚才安装的证书(本机使用),如图 19-13 所示。

图19-13

19.3.3 下载证书

重新单击左侧菜单的【API 安全】，进入页面，如图 19-14 所示。

图19-14

单击【下载证书】按钮,出现确认对话框,如图 19-15 所示。

图19-15

单击【下载】按钮，弹出再次确认的窗口，如图 19-16 所示。

图19-16

系统会向相同的手机号再次发送验证码，输入验证码以及邮件中"商户平台登录密码"，单击【提交】按钮，即可下载一个名为 cert.zip 的压缩文件。

使用压缩工具打开之后可以看到文件中包含了 4 个证书文件，以及一份 txt 使用说明文档。如图 19-17 所示。

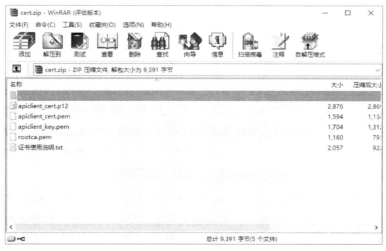

图19-17

如果你是首次使用微信支付证书，建议你一定要读一下"证书使用说明"，尤其记住官方的提示：**证书属于敏感信息，请妥善保管不要泄露和被他人复制！**

证书所提供的的 4 个证书说明如表 19-1 所示。

表 19-1

证书附件	描述	使用场景	备注
pkcs12 格式 (apiclient_cert.p12)	包含了私钥信息的证书文件，为 p12(pfx)格式，由微信支付签发给你用来标识和界定你的身份	撤销、退款申请 API 中调用	Windows 上可以直接双击导入系统，导入过程中会提示输入证书密码，证书密码默认为你的商户 ID（如：10010000）
证书 pem 格式 (apiclient_cert.pem)	从 apiclient_cert.p12 中导出证书部分的文件，为 pem 格式，请妥善保管不要泄漏和被他人复制	PHP 等不能直接使用 p12 文件，而需要使用 pem，为了方便你使用，已为你直接提供	您也可以使用 openssl 命令来自己导出：openssl pkcs12 -clcerts -nokeys -in apiclient_cert.p12 -out apiclient_cert.pem
证书密钥 pem 格式 (apiclient_key.pem)	从 apiclient_key.pem 中导出密钥部分的文件，为 pem 格式	PHP 等不能直接使用 p12 文件，而需要使用 pem，为了方便你使用，已为你直接提供	您也可以使用 openssl 命令来自己导出：openssl pkcs12 -nocerts -in apiclient_cert.p12 -out apiclient_key.pem
CA 证书 (rootca.pem)	微信支付 API 服务器上也部署了证明微信支付身份的服务器证书，你在使用 API 进行调用时也需要验证所调用服务器及域名的真实性	该文件为签署微信支付证书的权威机构的根证书，可以用来验证微信支付服务器证书的真实性	部分工具已经内置了若干权威机构的根证书，无需引用该证书也可以正常进行验证，这里提供给你在未内置所必须根证书的环境中载入使用

19.3.4 一些注意点

1）包括本书例子所基于的 Windows 平台，我们一般只需要使用到 apiclient_cert.p12 文件（事实上除了 PHP 开发以外，都只需要用到这个文件）。如果开发者服务器使用的是可以自行登录桌面的服务器（无论是物理机还是云主机或 VPS），apiclient_cert.p12 可以直接使用，而如果使用的是 Microsoft Azure WebApp 等无法访问桌面的虚拟化服务，则无法使用"双击安装"的方式导入系统，此时需要根据不同服务商的证书配置来进行设置。例如 Microsoft Azure WebApp，只能提供 .pfx 扩展名的证书（如图 19-18 所示），此时的解决方法很简单粗暴：**修改扩展名**。将 apiclient_cert.p12 重命名为 apiclient_cert.pfx 后直接上传即可。

2）如果开发者服务器使用的 .NET Framework 版本大于 2.0，必须在操作系统上双击安装证书 apiclient_cert.p12 后才能被正常调用。如果是无法登录桌面的云主机服务或虚拟机请参考上一条的做法。

3）商户证书调用或安装都需要使用到密码，该密码的值为微信商户号（mch_id）。

4）PHP 开发环境请使用商户证书文件 apiclient_cert.pem 和 apiclient_key.pem，rootca.pem 是 CA 证书。

图19-18

19.4 接口规则

几乎所有的微信支付流程都遵循同一套严格的规则，包括了协议规则、参数格式规定、安全规范等。

19.4.1 协议规则

商户接入微信支付，调用 API 必须遵循一系列规则，对于主动请求微信服务器的 API，这些规则已经被 Senparc.Weixin SDK 很好地封装，在一些开发者需要扩展的情况下（如回调）仍然需要注意，具体规则如下：

- **传输方式**

为保证交易安全性，采用 HTTPS 传输。

Senparc.Weixi SDK 中所有主动请求微信服务器的 URL 已经使用了 HTTPS 协议，但在微信支付的整个流程过程中，会涉及回调地址（由微信服务器异步访问开发者服务器），此时的协议是由开发者服务器决定的，并且即使开发者服务器使用 HTTP 系统也不会返回错误信息，但是这样做是非常不安全的。DNS 劫持、运营商插入广告、数据被窃取、提交数据被修改等安全风险是一直存在的。

- **提交方式**

采用 POST 方法提交。

Senparc.Weixin SDK 对于主动请求的微信支付 API 已经全部使用 POST 方法提交。

- **数据格式**

提交和返回数据都为 XML 格式，根节点名为 xml。

- **字符编码**

统一采用 UTF-8 字符编码。

尤其在中文网站中，有的站点会全局设置 GB-2312 为默认的编码方式，**Senparc.Weixin SDK 中默认的编码即为 UTF-8，在使用微信支付相关接口的时候请保留默认设置！**

- 签名算法

MD5，后续会兼容 SHA1、SHA256、HMAC 等。

- 签名要求

请求和接收数据均需要校验签名，详细方法请参考本章 19.4.3 节"安全规范"。

很多开发者在回调的过程中往往会忽视对签名的验证，认为只要是已经有了 HTTPS，微信发送过来的信息都是可信的，实际上主机名、IP、内容等信息都存在被篡改的可能，并且也不应该排除为了容错而多次收到同一条消息的可能，因此，在回调方法中必须对签名进行验证。

以下是一个黑客攻击的例子，某用户如果发起了一笔款项超过银行卡余额的付款，并且劫持了浏览器的信息，通过 JavaScript 的调试功能使其跳过客户端支付失败的过程，转到支付成功的流程（暂停状态），由于此时订单号已经生成并且会暴露给客户端，如果此时用户模拟微信服务器发送了一条支付成功的信息（里面会包含金额、订单号、签名等信息），如果不对签名进行验证，这条信息开发者服务器可能无法识别真伪，认为支付成功，此时再放行客户端的支付成功流程（其实也已经不重要，当然有的开发者会进行二次验证，但已经为时过晚），这样一个成功支付的流程就走完了。

- 证书要求

调用申请退款、撤销订单接口需要商户证书（详情请见本章 19.4.3 节"安全规范"）。

简单地说，资金流入微信支付账户，不需要提供商户证书，但是有资金流出的时候（包括发红包、企业付款），必须要提供商户证书。

- 判断逻辑

先判断协议字段返回，再判断业务返回，最后判断交易状态。

这条规则也适用于其他场景。

19.4.2 参数规定

19.4.2.1 body 字段格式要求

微信支付的参数格式都遵照严格的规定，包括了字段顺序和连接符（不能随意加空格），根据使用场景的不同，我们将其划分为 5 类，分别是：PC 网站、微信浏览器、门店扫码、门店刷卡、第三方手机浏览器和第三方 APP，下面将逐一进行介绍。

我们模拟一个场景，方便大家理解将要介绍的规则：

1）我们开发了一个 PC 网站，支付页面的 title 为：Senparc.Weixin PC 图书众筹。销售商品各有各的描述，目前在售的只有一个商品，商品描述为：众筹 ￥100，其所属的分类为图书众筹。

2）我们又开发了一个手机站，支持在第三方浏览器中打开，支付页面的 title 为：Senparc.Weixin 手机图书众筹。数据库使用的和 PC 网站是同一个，因此销售的商品也一样。

3）我们又申请了多个微信门店（和线下实体店对应），其中唯一一个开放的门店叫盛派超市，商家的真实名称为"盛派网络"。POS 机数据库也是和网站用同一个。线下的实体店配备了扫码枪和刷卡机可供客户微信支付使用。

4）我们又发布了一款 APP，名字叫盛派网络小助手 APP。

- **PC 网站**

PC 网站的支付方式都为扫码支付，商品字段规则为：

[浏览器打开的网站主页 title 名]-[商品概述]

例如：

Senparc.Weixin PC 图书众筹-众筹 ￥100

- **微信浏览器**

微信浏览器内使用的是公众号支付，商品字段规则为：

[商家名称]-[销售商品类目]

例如：

盛派网络-图书众筹

- **门店扫码**

门店扫码有两种方式，分别是公众号支付和扫码支付，都是线下门店支付，拥有相同的商品字段规则：

[店名]-[销售商品类目]

例如：

盛派超市-图书众筹

- **门店刷卡**

门店刷卡的支付方式为刷卡支付，也属于线下门店支付，商品字段规则：

[店名]-[销售商品类目]

例如：

盛派超市-图书众筹

- **第三方手机浏览器**

第三方手机浏览器使用的是 H5 支付，商品字段规则为：

[浏览器打开的移动网页的主页 title 名]-[商品概述]

例如：

Senparc.Weixin 手机图书众筹-众筹 ￥100

- **第三方 APP**

第三方 APP 使用的是 APP 支付，商品字段规则为：

[应用市场上的 APP 名字]-[商品概述]

例如：

盛派网络小助手 APP-众筹 ￥100

19.4.2.2　交易金额

交易金额默认为人民币交易，接口中参数支付金额单位为"分"，最小单位也是"分"，因此参数值必须为整数，不能带小数点。对账单中的交易金额单位为"元"。

外币交易的支付金额同样精确到币种的最小单位，不能带小数点。

19.4.2.3　交易类型

交易类型有两大类。

- JSAPI：公众号支付
  - NATIVE：原生扫码支付
  - APP：App 支付
- MICROPAY：刷卡支付，刷卡支付有单独的支付接口，不调用统一下单接口

19.4.2.4　货币类型

目前默认的是 CNY：人民币。

19.4.2.5　时间

标准北京时间，时区为东八区。如果商户的系统时间为非标准北京时间，参数值必须根据商户系统所在时区先换算成标准北京时间，例如商户所在地为 0 时区的伦敦，当地时间为 2014 年 11 月 11 日 0 时 0 分 0 秒，换算成北京时间为 2014 年 11 月 11 日 8 时 0 分 0 秒。

19.4.2.6　时间戳

标准北京时间，时区为东八区，自 1970 年 1 月 1 日 0 点 0 分 0 秒以来的秒数。注意：部分系统取到的值为毫秒级，需要转换成秒（10 位数字）。

19.4.2.7　商户订单号

商户支付的订单号由商户自定义生成，微信支付要求商户订单号保持唯一性（建议根据当前系统时间加随机序列来生成订单号）。重新发起一笔支付要使用原订单号，避免重复支付；已支付过或已调用关单、撤销（请见本章 19.6 节 "微信支付 API"）的订单号不能重新发起支付。

19.4.2.8　银行类型

微信目前为各类银行和机构对应设置了 252 个不同的银行编码，由于内容比较长，可以扫描下方二维码进行查看 577#564，如图 19-19 所示。

图19-19

19.4.3 安全规范

- **签名算法**

微信支付的签名算法和 JS-SDK 等逻辑基本一致（参考第 18 章 18.2.2 节"获取签名"），这里不再赘述。

为了提高安全性和可维护性，我们还是将这部分算法封装到了独立的方法中。具体位置为：RequestHandler 类中的 CreateMd5Sign() 方法，相关参数说明如表 19-2 所示。

表 19-2

参数名称	类型	必填	说明
key	string	是	参数名
value	string	否	参数值，为 null 时此 key-value 不参与签名

注意，此方法不能一次性带入所有的参数完成签名，而是带入最后一个需要签名的参数，然后统一生成签名。其余的参数都储存在 RequestHandler 类中的 Parameters 变量中。其中参数 key 是必填的（哪怕为空字符串，但不能为 null），value 为 null 时，这个 key-value 不会参与到签名过程中。

- **生成随机数算法**

微信支付 API 接口协议中包含字段 nonce_str，主要保证签名不可预测。

实现此算法的方法为 TenPayV3Util.GetNoncestr()，实现的原理为获取一个随机的 Guid 字符串，再进行一次 MD5 加密。

代码如下 578#278：

```
public static string GetNoncestr()
{
    Random random = new Random();
    return EncryptHelper.GetMD5(Guid.NewGuid().ToString(), "UTF8");
}
```

你也可以根据系统特征定义自己的随机数算法。

- **商户证书安全**

证书文件必须要防止被他人下载，因此，不能放在可以被下载到的文件目录中，例如 wwwroot 目录下（包括子目录或虚拟目录），应放在当前应用程序池控制账户拥有访问权限的其他目录中（通常为 ApplicationPoolIdentity 或 NetworkService 等内置账户）。商户服务器需要做好病毒和木马防护工作，以防被非法侵入者窃取证书文件。

注意：对于服务器使用的是使用虚拟主机"空间"的情况，当无法使用"空间"以外的储存路径时，建议将证书文件放在 App_Data 目录下（此目录是受访问保护的，无法直接通过网页访问下载其中的文件），并重命名文件，以 # 开头，如：**#apiclient_cert.p12**。

- **商户回调 API 安全**

如本章 19.4.1 节"协议规则"中建议的那样，回调的方法应当使用 HTTPS 协议，并且进行一系列充分的安全验证。

19.4.4 获取 OpenId

微信支付所使用的 OpenId 即所绑定的微信公众号的 OpenId，授权方式都是 OAuth 2.0，对于网站类型的应用请参考第 16 章"微信网页授权（OAuth 2.0）"。

19.5 公众号支付

19.5.1 支付场景介绍

我们平常见到的各种微店、微信众筹等，大多都是基于微信公众号进行的微信支付，这里我们称之为"公众号支付"。

公众号支付同时适用于线上和线下的购买行为，下面以本书的线上众筹系统的支付流程为例，介绍一下常规的支付场景。

第一步，编写一个入口网页，可以扫描如图 19-20 所示二维码，页面如图 19-21 所示。

图19-20

图19-21

第二步,页面中可以设置不同价格的产品,进入商品详情(也可以在列表上直接完成),并提供支付按钮供选择购买(也可以只有一个按钮,例如结账或直接购买),如图 19-22 所示。

图19-22

第三步,点击进行支付,唤出微信支付流程,通过输入密码或扫描指纹等方式进行付款,如图 19-23 所示。

第四步,完成支付,并显示支付成功界面,如图 19-24 所示。

图19-23

图19-24

类似的流程可以举一反三运用到网店、众筹、打赏、团购等不同的场景，有关具体案例请见本章 19.8 节"微信支付 Demo 开发"。

19.5.2　公众号后台的配置

进行公众号的支付，首先需要开通微信支付（见本章 19.2 "申请微信支付"），进入到微信公众号的后台（注意：https://mp.weixin.qq.com，不是 https://pay.weixin.qq.com），单击左侧菜单中的【微信支付】，进入微信支付首页，如图 19-25 所示。

图19-25

单击上方的【开发配置】标签,可以看到所有和开发有关的配置,包括了"公众号支付""扫码支付""刷卡支付"三个栏目,其中的配置基本上都是白名单的形式,也就是说只有指定的 URL 或人员才有访问的权限,除此以外的情况微信都会拒绝服务。我们目前需要设置的是"公众号支付"栏目,如图 19-26 所示。

图19-26

单击"公众号支付"中的"支付授权目录"右侧的【添加】按钮,添加支付授权目录,如图 19-27 所示。"支付授权目录"的弹出框中,选择 http 或 https 协议,并在文本框中输入支付授权目录,单击【添加】按钮,如图 19-28 所示。完成所有目录添加之后单击【确定按钮】。

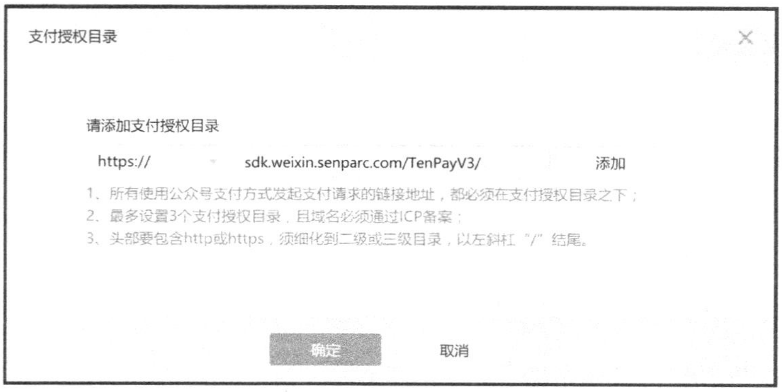

图19-27

图19-28

官方给出了3条提示:

1) 所有使用公众号支付方式发起支付请求的链接地址,都必须在支付授权目录之下;

2) 最多设置3个支付授权目录,且域名必须通过ICP备案;

3) 头部要包含HTTP或HTTPS,须细化到二级或三级目录,以左斜杠"/"结尾。

注意:经过一系列测试,我们可以确定支付授权目录是大小写敏感的,因此在页面开发的过程中务必注意支付相关的URL大小写需要保持一致!

举例来说,如果实际支付的地址为:

https://sdk.weixin.senparc.com/TenpayV3/ProductItem?id=3

那么,目录就是:

https://sdk.weixin.senparc.com/TenpayV3/

在MVC里面,我们通常会使用Routing规则对URL进行格式约定,例如上述的支付地址,可能会变成这样:

https://sdk.weixin.senparc.com/TenpayV3/ProductItem/3

那么,目录应该是:

https://sdk.weixin.senparc.com/TenpayV3/ProductItem/

此外,在实际的开发过程中,我们还碰到另外一种情况,例如许多支持异步载入页面的框架是使用锚点来识别页面的,如上述的页面可能是这样访问的:

https://sdk.weixin.senparc.com/Page/#TenpayV3/ProductItem/3

从页面结构来说,上述情况下的授权目录应该是:

https://sdk.weixin.senparc.com/Page/

但是我们实际测试下来,这样是错误的,微信官方的识别的目录为:

https://sdk.weixin.senparc.com/Page/#TenpayV3/ProductItem/

这显然是不科学的,也可能是微信本身的一个Bug,因为锚点"#"后面可能出现若干个有这样格式的页面，除了 ProductItem，可能还有 CommentItem、OrderItem 等等，这样算下来 3 个支付目录显然不够用。为了解决这个问题，我们建议开发者在锚点后面不要使用常规的 URL 格式（带有"/"），例如可以使用这样的格式（推荐）：

https://sdk.weixin.senparc.com/Page/#TenpayV3-ProductItem|id=3

这样我们对所有可能出现的页面，都只需要设置同一个授权目录：

https://sdk.weixin.senparc.com/Page/

注意：Page 后面的"/"必须要加！

在锚点"#"后面的页面地址标记中，"/"使用"-"取代。在.NET 中"-"不能作为方法名称，因此，在 ASP.NET MVC 中"-"不能成为默认的 ActionName（除非特殊设置 ActionName），这样就降低了"巧合"发生的可能性。另外使用"-"还有一个好处是："-"不会被浏览器转义，可读性更强。

路径名称和参数使用竖线"|"分隔，原因和使用"-"一样。如果遇到多个参数，仍然可以使用"&" 进行分隔，例如：

https://sdk.weixin.senparc.com/Page/#TenpayV3-ProductItem|id=3&catalog=5

在图 19-28 中单击【确定按钮】，看到完整的授权地址显示在"支付授权目录"中时，授权目录的设置即已完成，如图 19-29 所示。

图19-29

微信公众号支付需要依赖于 OpenId 来识别用户，并且是在网页中进行的。因此，通常需要结合 OAuth 2.0 来使用（也有的系统会通过其他登录方式来锁定用户的 OpenId，这种情况下就可以不需要使用 OAuth 2.0 了）。在 16 章 16.2 节"设置微信 OAuth 回调域名"中对此已有介绍。

需要特别注意的是：OAuth 的回调域名只允许设置 1 个，因此，除非有跨域登录等特殊的场景存在，支付授权目录的 3 个 URL 通常都需要在同一个域名（网站）下面。

明白了这样的机制，很多开发者关心的一个问题就很容易得到答案：**某个正在使用中的微信公众号的微信支付是否可以借给别的公众号服务器使用？**

19.5.3 设置测试目录

在系统正式线上发布之前，我们通常需要进行足够的测试，并且这个测试过程最好不要涉及真实的支付，只是模拟整个支付过程，确保代码没有问题，这时，就需要使用到微信的支付测试功能。支付测试类似于 PayPal 的"沙盒模式"（只能说类似），在图 19-29 中，我们可以看到在"支付授权目录"下方，还有两个设置选项，分别是"测试授权目录"以及"测试白名单"。

单击【添加】按钮，输入测试目录，其规则和上一节（19.5.2）中介绍的一样，必须以"/"结尾，如图 19-30 所示。

图19-30

官方的建议是：**将测试目录和正式目录分别设置成两个不同的目录，以方便进行支付测试。**

事实上已经进行正式支付授权的目录也是无法设置为测试目录的。

单击"测试白名单"右侧的【+ 添加】按钮，在弹出框中输入需要授权的个人微信号（无需微信号再次确认），如图 19-31 所示。可以添加最多 20 个测试公众号，通常已经够用。

图19-31

"测试授权目录"和"测试白名单"设置过程及设置成功之后如图 19-32 所示。

图19-32

支付测试的参数设置成功之后,在测试过程中,部署到开发者服务器上的代码中,支付授权目录必须是测试授权目录,并且进行支付的账号必须已经添加到测试白名单中,否则将出现一系列的错误。

19.5.4 商户后台的配置

微信公众号后台的"开发配置"可以认为是一系列的"权限"设置,除此以外我们还需要进行支付结果回调页面等一系列的"配置"设置,这一步需要在"商户后台"(pay.weixin.qq.com)来完成。

以下所有的步骤都是在登录商户后台之后,在【账户中心】中进行设置。

第一步:账号设置(可选)

如果微信支付是由多人管理,在左侧菜单中的"账户设置"一栏中,点击【员工账号管理】,根据提示添加不同身份的账号,也可以自定义权限,如图 19-33 所示。

图19-33

第二步：审核配置（可选）

商户平台针对部分敏感业务，提供审核流程的管理能力。管理人员可以通过启用流程，对退款、企业红包等敏感操作进行管控。

启用了审核流程的业务，相关操作员提交申请后，需经过审核人员审核，当全部审核流程通过后系统才会自动执行操作。使用审核配置需要先添加一批员工账号。

在左侧菜单中的"账户设置"一栏中，单击【审核配置】，即可看到配置页面，根据实际需要进行配置即可。

审核配置界面如图 19-34 所示。

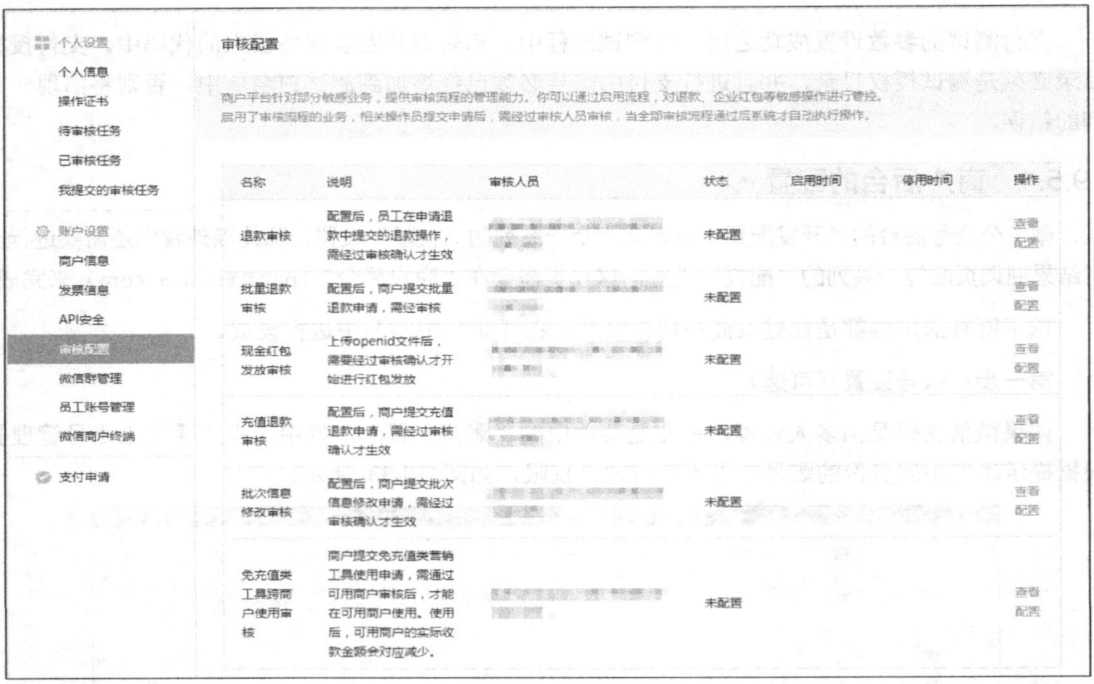

图19-34

第三步：微信群管理（推荐）

在左侧菜单中的"账户设置"一栏中，单击【微信群管理】，即可进入微信群管理页面（如图 19-35 所示），使用个人微信扫描页面中的二维码，即可加入到这个公众号的管理群，这个群类似于普通的微信群，成员之间可以聊天，不同的是群主是"微信支付小管家"，负责发送微信进行维护升级等通知（如图 19-36 所示）。

第 19 章 微信支付

图19-35

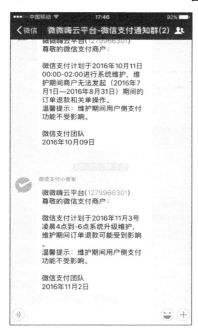

图19-36

19.5.5 业务流程

公众号网页支付的业务流程时序图如图 19-37 所示 586#369 。

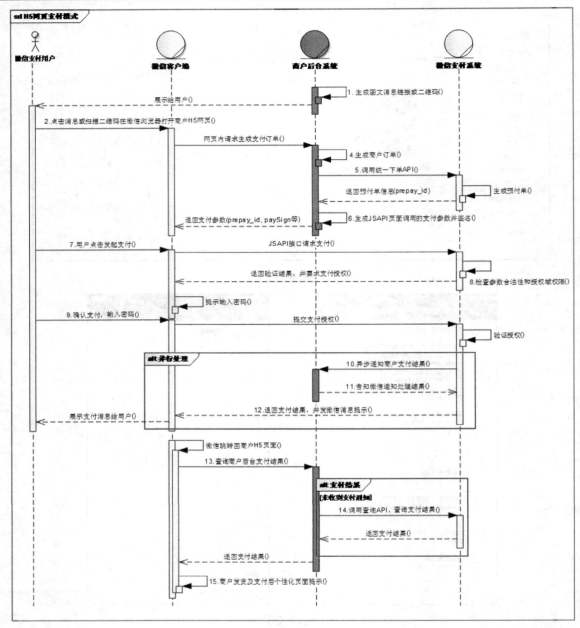

图19-37

看上去比较复杂，不用着急，后面我们会给出一个简易的 Demo，完成一个完整的支付流程。

简单地概括，整个支付流程需要经历这样几个步骤：

1）用户在客户端发起支付；

2）开发者服务器生成订单号，获取预支付码，传输给客户端；

3）客户端使用预支付码进行支付验证；

4）验证通过后用户输入支付密码；

5）开发者服务器进行验证授权，并进行订单处理及返回支付成功（或错误）信息。

注意：这条信息只是为了增强用户体验表面上给用户看一下，通常是正确的，但并不代表整个支付流程 100% 已经成功（或失败）。

6）在开发者服务器调用支付接口后，微信服务器会异步推送支付结果到支付回调页面，这条消息才是真正有效的官方最新支付状态。因此，如果要确保用户看到的支付结果页面是正确的，则上一步不要马上返回结果页面，而是等到这一条异步消息收到之后，再让客户端进行响应（例如使用 JavaScript 做一个计时器进行轮询，收到确认支付成功消息之后再显示结果页面）。

19.5.6　HTML5 页面调起支付 API

在第 18 章中已经介绍了微信内置网页和微信通信的方式：JS-SDK，网页上的微信支付需要使用到类似的工具：WeixinJSBridge，这是一个内置在微信内浏览器中的对象，在外部浏览器中将失效。

调用 API 的示例代码如下 587#281：

```
function onBridgeReady(){
  WeixinJSBridge.invoke(
    'getBrandWCPayRequest', {
       "appId" : "wx2421b1c4370ec43b",        //公众号名称，由商户传入
       "timeStamp": " 1395712654",            //时间戳，自1970 年以来的秒数
       "nonceStr" : "e61463f8efa94090b1f366cccfbbb444", //随机串
       "package" : "prepay_id=u802345jgfjsdfgsdg888",
       "signType" : "MD5",         //微信签名方式：
       "paySign" : "70EA570631E4BB79628FBCA90534C63FF7FADD89" //微信签名
    },
    function(res){
       if(res.err_msg == "get_brand_wcpay_request：ok" ) {}    // 使用以上方式判
断前端返回,微信团队郑重提示：res.err_msg将在用户支付成功后返回    ok，但并不保证它绝对可靠。
    }
  );
}
if (typeof WeixinJSBridge == "undefined"){
  if( document.addEventListener ){
     document.addEventListener('WeixinJSBridgeReady', onBridgeReady, false);
  }else if (document.attachEvent){
     document.attachEvent('WeixinJSBridgeReady', onBridgeReady);
     document.attachEvent('onWeixinJSBridgeReady', onBridgeReady);
  }
}else{
  onBridgeReady();
}
```

和 JS-SDK 中的 wx 对象一样，WeixinJSBridge 是一个早期的 JS 与微信通信的接口，虽然微信官方已经为某些场景给出了新的微信支付接口（基于 wx 接口），但是测试下来发现问题很多，因此暂时还是推荐全局都使用 WeixinJSBridge 方式进行支付。

有关 JS 支付的注意点下文中的 Demo 开发过程中将会详细说明。

getBrandWCPayRequest 的参数及说明如表 19-3 所示。

表 19-3

名称	变量名	描述
公众号 id	appId	商户注册具有支付权限的公众号成功后即可获得
时间戳	timeStamp	当前的时间，详见本章 19.4.2.6 节 "时间戳"
随机字符串	nonceStr	随机字符串，不长于 32 位。推荐使用 Guid
订单详情扩展字符串	package	统一下单接口返回的 prepay_id 参数值，提交格式为：prepay_id=*** 请严格遵守大小写
签名方式	signType	签名算法，暂时只支持 MD5
签名	paySign	签名，详见本章 19.4.3 节 "安全规范"中的"签名算法"

以上所有的参数都为必填。

支付后返回的 res.err_msg 值如表 19-4 所示。

表 19-4

返回值	描述
get_brand_wcpay_request:ok	支付成功
get_brand_wcpay_request:cancel	支付过程中用户取消
get_brand_wcpay_request:fail	支付失败

注意：get_brand_wcpay_request:ok 仅在用户成功完成支付时返回。由于前端交互复杂，get_brand_wcpay_request:cancel 或者 get_brand_wcpay_request:fail 可以统一处理为用户遇到错误或者主动放弃，不必细化区分。

官方文档此处返回值中的冒号为中文全角符号，实际上应该为英文半角符号！

19.6 微信支付 API

微信支付的 API 主要分为以下几类：

1）统一下单；

2）查询订单；

3）关闭订单；

4）申请退款；

5）查询退款；

6）下载对账单；

7）支付结果通知；

8）交易保障。

以下我们将对每个场景的接口进行详细的介绍。

接口的命名空间都为 Senparc.Weixin.MP.TenPayLibV3。

19.6.1 统一下单

应用场景

除被扫支付场景以外，商户系统先调用该接口在微信支付服务后台生成预支付交易单，返回正确的预支付交易回话标识后再按扫码、JSAPI、APP 等不同场景生成交易串调起支付。

接口

TenPayV3.Unifiedorder(string data, int timeOut = Config.TIME_OUT)

TenPayV3.Unifiedorder(TenPayV3UnifiedorderRequestData dataInfo, int timeOut = Config.TIME_OUT)

接口说明

统一支付接口，可接受 JSAPI/NATIVE/APP 下预支付订单，返回预支付订单号。NATIVE 支付返回二维码 code_url。

是否需要证书：不需要。

接口参数说明

dataInfo 类型为 TenPayV3UnifiedorderRequestData，是对一系列支付参数的封装，最终将被转成 XML 字符串给接口使用，相关参数如表 19-5 所示。

timeOut 为请求超时阈值。

表 19-5

字段名	变量名	必填	描述
公众账号 ID	appid	是	公众号 AppId
商户号	mch_id	是	微信支付分配的商户号
设备号	device_info	否	终端设备号(门店号或收银设备 ID)，注意：PC 网页或公众号内支付请传"WEB"
随机字符串	nonce_str	是	随机字符串，不长于 32 位。19.4.3 推荐随机数生成算法
签名	sign	是	签名，详见本章 19.4.3 "安全规范"中的"**签名算法**"
签名类型	sign_type	否	签名类型，目前支持 HMAC-SHA256 和 MD5，默认为 MD5
商品描述	body	是	商品简单描述，该字段须严格按照规范传递，详见本章 19.4.2 "参数规定"中的 19.4.2.1 "body 字段格式要求"
商品详情	detail	否	详见表 19-6
附加数据	attach	否	附加数据，在查询 API 和支付通知中原样返回，该字段主要用于商户携带订单的自定义数据
商户订单号	out_trade_no	是	商户系统内部的订单号，32 个字符内、可包含字母，详见本章 19.4.2 "参数规定"中的 19.4.2.7 "商户订单号"
货币类型	fee_type	否	符合 ISO 4217 标准的三位字母代码，默认人民币：CNY，详见本章 19.4.2 "参数规定"中的 19.4.2.4 "货币类型"

续表

字段名	变量名	必填	描述
总金额	total_fee	是	订单总金额，单位为分，详见本章 19.4.2 "参数规定"中的 19.4.2.2 "交易金额"
终端 IP	spbill_create_ip	是	APP 和网页支付提交用户端 IP，Native 支付填调用微信支付 API 的机器 IP
交易起始时间	time_start	否	订单生成时间，格式为 yyyyMMddHHmmss，如 2016 年 12 月 3 日 14 点 20 分 10 秒表示为 20161203142010
交易结束时间	time_expire	否	订单失效时间，格式同 time_start 参数，为 yyyyMMddHHmmss，如 2016 年 12 月 3 日 14 点 20 分 10 秒表示为 20161203142010 注意：最短失效时间间隔必须大于 5 分钟
商品标记	goods_tag	否	商品标记，代金券或立减优惠功能的参数
通知地址	notify_url	是	接收微信支付异步通知回调地址，通知 URL 必须为直接可访问的 URL，不能携带参数
交易类型	trade_type	是	取值如下：JSAPI，NATIVE，APP，详见本章 19.4.2 "参数规定"中的 19.4.2.3 "交易类型"
商品 ID	product_id	否	trade_type=NATIVE 时，此参数必传。此 id 为二维码中包含的商品 ID，商户自行定义
指定支付方式	limit_pay	否	输入 no_credit，则指定不能使用信用卡支付
用户标识	openid	否	trade_type=JSAPI 时，此参数必传，用户在商户 appid 下的唯一标识。openid 如何获取，请见本章 19.4.4 "获取 OpenId"中的信息引导

表 19-6

字段名	商品详情
变量名	detail
必填	否
字段限制	6000 字符以内

举例	```
	{
	    "goods_detail":[
	        {
	            "goods_id":"book_CrowdFunding_1",
	            "wxpay_goods_id":"1002",
	            "goods_name":"图书众筹 100 元",
	            "quantity":1,
	            "price":10000,
	            "goods_category":"图书",
	            "body":"盛派网络-图书众筹"
	        },
	        {
	            "goods_id":"book_CrowdFunding_1",
	            "wxpay_goods_id":"1001",
	            "goods_name":"图书众筹 100 元",
	            "quantity":1,
	            "price":100,
	``

字段名	商品详情

	`"goods_category":"图书",`
	`"body":"盛派网络-图书众筹"`
	`     }`
	`   ]`
	`}`

说明	商品详细列表，使用 JSON 格式，传输签名前请务必使用 CDATA 标签将 JSON 文本串保护起来。 goods_detail []： └ goods_id String 必填 32 商品的编号 └ wxpay_goods_id String 可选 32 微信支付定义的统一商品编号 └ goods_name String 必填 256 商品名称 └ quantity Int 必填 商品数量 └ price Int 必填 商品单价，单位为分 └ goods_category String 可选 32 商品类目 ID └ body String 可选 1000 商品描述信息

以下是一个完整的 dataInfo 参数转成 XML 后的字符串 589#282：

```xml
<xml>
    <appid>wx2421b1c4370ec43b</appid>
    <attach>来自公众号的众筹</attach>
    <body>盛派网络-图书众筹</body>
    <mch_id>10000100</mch_id>
    <detail><![CDATA[{ "goods_detail" :[{ "goods_id" :" book_CrowdFunding_1 ",
"wxpay_goods_id":"1002","goods_name":"图书众筹100元","quantity":1,"price":10000,
"goods_category":"图书","body":"盛派网络-图书众筹"},{"goods_id":"book_CrowdFunding_1",
"wxpay_goods_id":"1001","goods_name":"图书众筹100元","quantity":1,"price":100,
"goods_category":"图书","body":"盛派网络-图书众筹"}]}]]></detail>
    <nonce_str>1add1a30ac87aa2db72f57a2375d8fec</nonce_str>
    <notify_url> http://sdk.weixin.senparc.com/TenpayV3/PayNotifyUrl </notify_url>
    <openid>oUpF8uMuAJO_M2pxb1Q9zNjWeS6o</openid>
    <out_trade_no>1415659990</out_trade_no>
    <spbill_create_ip>14.23.150.211</spbill_create_ip>
    <total_fee>10100</total_fee>
    <trade_type>JSAPI</trade_type>
    <sign>0CB01533B8C1EF103065174F50BCA001</sign>
</xml>
```

注意：参数值用 XML 转义即可，CDATA 标签用于说明数据不被 XML 解析器解析，即使所有的参数都是用 CDATA 标签也可以。

返回结果

类型：UnifiedorderResult

UnifiedorderResult 继承自 Result（命名空间为 Senparc.Weixin.MP.TenPayLibV3），Result 是

各类统一支付接口的返回结果基类,代码见 589#565。

Result 继承自 TenPayV3Result(命名空间为 Senparc.Weixin.MP.TenPayLibV3),TenPayV3Result 是微信支付返回结果的基类,其中包括了 return_code、return_msg 及返回的 XML 字符串,代码见 589#565。

UnifiedorderResult 根据得到的返回结果(return_code 和 result_code),会自动辨别不同的 XML 节点并载入。

当前 19.6 节下所介绍的支付接口基本都符合相同的思路,下面的接口将不再重复介绍 Result 等相同的内容。

19.6.2 查询订单

应用场景

该接口提供所有微信支付订单的查询,商户可以通过查询订单接口主动查询订单状态,完成下一步的业务逻辑。

需要调用查询接口的情况如下。

- 当商户后台、网络、服务器等出现异常,商户系统最终未接收到支付通知;
- 调用支付接口后,返回系统错误或未知交易状态情况;
- 调用被扫支付 API,返回 USERPAYING 的状态;
- 调用关单或撤销接口 API 之前,需确认支付状态。

接口

TenPayLibV3.OrderQuery(TenPayV3OrderQueryRequestData dataInfo)

接口说明

订单查询接口

是否需要证书:不需要。

接口参数说明

dataInfo 类型为 TenPayV3OrderQueryRequestData,是对一系列查询参数的封装,最终将被转成 XML 字符串给接口使用,相关参数如表 19-7 所示。

表 19-7

字段名	变量名	必填	描述
公众账号 ID	appid	是	微信支付分配的公众账号 ID(企业号 corpid 即为此 appId)
商户号	mch_id	是	微信支付分配的商户号
微信订单号	transaction_id	二选一	微信的订单号,建议优先使用
商户订单号	out_trade_no		商户系统内部订单号,要求 32 个字符内,只能是数字、大小写字母、"_"、"-"、"|"、"*"、"@",且在同一个商户号下唯一

续表

字段名	变量名	必填	描述
随机字符串	nonce_str	是	随机字符串，不长于 32 位
签名	sign	是	通过签名算法计算得出的签名值
签名类型	sign_type	否	签名类型，目前支持 HMAC-SHA256 和 MD5，默认为 MD5

返回结果

类型：OrderQueryResult，继承自 Result。

19.6.3 关闭订单

应用场景

以下情况需要调用关单接口：商户订单支付失败需要生成新单号重新发起支付，要对原订单号调用关单，避免重复支付；系统下单后，用户支付超时，系统退出不再受理，避免用户继续，请调用关单接口。

接口

TenPayLibV3.OrderQuery(TenPayV3CloseOrderRequestData dataInfo)

接口说明

注意：订单生成后不能马上调用关单接口，最短调用时间间隔为 5 分钟。

是否需要证书：不需要。

接口参数说明

dataInfo 类型为 TenPayV3CloseOrderRequestData，是对一系列查询参数的封装，最终将被转成 XML 字符串给接口使用，相关参数如表 19-8 所示。

表 19-8

字段名	变量名	必填	描述
公众账号 ID	appid	是	微信支付分配的公众账号 ID（企业号 corpid 即为此 appId）
商户号	mch_id	是	微信支付分配的商户号
商户订单号	out_trade_no	是	商户系统内部订单号，要求 32 个字符内，只能是数字、大小写字母、"_"、"-"、"|"、"*"、"@"，且在同一个商户号下唯一
随机字符串	nonce_str	是	随机字符串，不长于 32 位
签名	sign	是	通过签名算法计算得出的签名值
签名类型	sign_type	否	签名类型，目前支持 HMAC-SHA256 和 MD5，默认为 MD5

返回结果

类型：CloseOrderResult，继承自 Result。

19.6.4 申请退款

应用场景

当交易发生之后一段时间内,由于买家或者卖家的原因需要退款时,卖家可以通过退款接口将支付款退还给买家,微信支付将在收到退款请求并且验证成功之后,按照退款规则将支付款按原路退到买家账号上。

接口

退款申请接口

接口说明

注意:

- 交易时间超过一年的订单无法提交退款;
- 微信支付退款支持单笔交易分多次退款,多次退款需要提交原支付订单的商户订单号和设置不同的退款单号。总退款金额不能超过用户实际支付金额。一笔退款失败后重新提交,请不要更换退款单号,请使用原商户退款单号。

是否需要证书:请求需要双向证书。参考本章 19.3 节"获取商户证书"。

接口参数说明

dataInfo 类型为 TenPayV3RefundQueryRequestData,是对一系列查询参数的封装,最终将被转成 XML 字符串给接口使用,相关参数如表 19-9 所示。

表 19-9

字段名	变量名	必填	描述
公众账号 ID	appid	是	微信分配的公众账号 ID(企业号 corpid 即为此 appId)
商户号	mch_id	是	微信支付分配的商户号
设备号	device_info	否	终端设备号
随机字符串	nonce_str	是	随机字符串,不长于 32 位。推荐随机数生成算法
签名	sign	是	签名,详见签名生成算法
签名类型	sign_type	否	签名类型,目前支持 HMAC-SHA256 和 MD5,默认为 MD5
微信订单号	transaction_id	二选一	微信生成的订单号,在支付通知中有返回
商户订单号	out_trade_no		商户系统内部订单号,要求 32 个字符内,只能是数字、大小写字母、"_"、"-"、"|"、"*"、"@",且在同一个商户号下唯一
商户退款单号	out_refund_no	是	商户系统内部的退款单号,商户系统内部唯一,只能是数字、大小写字母、"_"、"-"、"|"、"*"、"@",同一退款单号多次请求只退一笔
订单金额	total_fee	是	订单总金额,单位为分,只能为整数
退款金额	refund_fee	是	退款总金额,订单总金额,单位为分,只能为整数
货币种类	refund_fee_type	否	货币类型,符合 ISO 4217 标准的三位字母代码,默认人民币:CNY
操作员	op_user_id	是	操作员账号,默认为商户号

续表

字段名	变量名	必填	描述
退款资金来源	refund_account	否	仅针对老资金流商户使用 REFUND_SOURCE_UNSETTLED_FUNDS---未结算资金退款（默认使用未结算资金退款） REFUND_SOURCE_RECHARGE_FUNDS---可用余额退款(限非当日交易订单的退款)

返回结果

类型：RefundQueryResult，继承自 Result。

体验退款功能可以使用微信扫描下方二维码，支付 1 元，成功后点击"确定"按钮进行退款，如图 19-38 所示。

图19-38

支付成功及退款成功后都会收到"微信支付"公众号的推送消息，如图 19-39 所示。

图19-39

19.6.5 查询退款

应用场景

提交退款申请后，通过调用该接口查询退款状态。退款有一定延时，用零钱支付的退款 20 分钟内到账,银行卡支付的退款 3 个工作日后重新查询退款状态。

接口

TenPayLibV3.RefundQuery(TenPayV3RefundQueryRequestData dataInfo, string cert, string certPassword)

接口说明

退款查询接口

是否需要证书:不需要。

接口参数说明

dataInfo 类型为 TenPayV3RefundQueryRequestData,是对一系列查询参数的封装,最终将被转成 XML 字符串给接口使用,相关参数如表 19-10 所示。

表 19-10

字段名	变量名	必填	描述
公众账号 ID	appid	是	微信支付分配的公众账号 ID(企业号 corpid 即为此 appId)
商户号	mch_id	是	微信支付分配的商户号
设备号	device_info	否	商户自定义的终端设备号等,如门店编号、设备的 ID 等
随机字符串	nonce_str	是	随机字符串,不长于 32 位
签名	sign	是	签名,详见签名生成算法
签名类型	sign_type	否	签名类型,目前支持 HMAC-SHA256 和 MD5,默认为 MD5
微信订单号	transaction_id	四选一	微信订单号
商户订单号	out_trade_no		商户系统内部订单号,要求 32 个字符内,只能是数字、大小写字母、"_"、"-"、"|"、"*"、"@",且在同一个商户号下唯一
商户退款单号	out_refund_no		商户系统内部的退款单号,商户系统内部唯一,只能是数字、大小写字母、"_"、"-"、"|"、"*"、"@",同一退款单号多次请求只退一笔
微信退款单号	refund_id		微信生成的退款单号,在申请退款接口有返回

cert 为证书文件的物理路径,如:@"F:\apiclient_cert.p12"。

certPassword 为证书密码,默认为商户号(mch_id)。

返回结果

类型:RefundQueryResult,继承自 Result。

19.6.6 下载对账单

应用场景

商户可以通过该接口下载历史交易清单。比如掉单、系统错误等导致商户侧和微信侧数据不一致,通过对账单核对后可校正支付状态。

接口

TenPayLibV3.DownloadBill(TenPayV3DownloadBillRequestData dataInfo)

接口说明

注意：

- 微信侧未成功下单的交易不会出现在对账单中。支付成功后撤销的交易会出现在对账单中，跟原支付单订单号一致；
- 微信在次日 9 点启动生成前一天的对账单，建议商户 10 点后再获取；
- 对账单中涉及金额的字段单位为"元"。
- 对账单接口只能下载三个月以内的账单。

是否需要证书：不需要。

接口参数说明

dataInfo 类型为 TenPayV3DownloadBillRequestData，是对一系列查询参数的封装，最终将被转成 XML 字符串给接口使用，相关参数如表 19-11 所示。

表 19-11

字段名	变量名	必填	描述
公众账号 ID	appid	是	微信分配的公众账号 ID（企业号 corpid 即为此 appId）
商户号	mch_id	是	微信支付分配的商户号
设备号	device_info	否	微信支付分配的终端设备号
随机字符串	nonce_str	是	随机字符串，不长于 32 位。推荐随机数生成算法
签名	sign	是	签名
签名类型	sign_type	否	签名类型，目前支持 HMAC-SHA256 和 MD5，默认为 MD5
对账单日期	bill_date	是	下载对账单的日期，格式：20140603
账单类型	bill_type	是	ALL，返回当日所有订单信息，默认值 SUCCESS，返回当日成功支付的订单 REFUND，返回当日退款订单 RECHARGE_REFUND，返回当日充值退款订单（相比其他对账单多一栏"返还手续费"）
压缩账单	tar_type	否	非必传参数，固定值：GZIP，返回格式为.gzip 的压缩包账单。不传则默认为数据流形式

返回结果

类型：string。

获取成功时，返回文本表格，失败时返回错误信息，如：

```
{ return_code:"FAIL", return_msg: "签名失败"}
```

19.6.7 支付结果通知

应用场景

支付完成后,微信会把相关支付结果和用户信息发送给商户,商户需要接收处理,并返回应答。

对后台通知交互时,如果微信收到商户的应答不是成功或超时,微信认为通知失败,微信会通过一定的策略定期重新发起通知,尽可能提高通知的成功率,但微信不保证通知最终能成功。(通知频率为 15/15/30/180/1800/1800/1800/1800/3600,单位:秒)

注意:同样的通知可能会多次发送给商户系统。商户系统必须能够正确处理重复的通知。

推荐的做法是,当收到通知进行处理时,首先检查对应业务数据的状态,判断该通知是否已经处理过,如果没有处理过再进行处理,如果处理过直接返回结果成功。在对业务数据进行状态检查和处理之前,要采用数据锁进行并发控制,以避免函数重入造成的数据混乱。

特别提醒:商户系统对于支付结果通知的内容一定要做签名验证,并校验返回的订单金额是否与商户侧的订单金额一致,防止数据泄露导致出现"假通知",造成资金损失。

接口

根据"统一下单"接口中的 notify_url 参数设置,微信服务器会送通知到此 URL,通知 URL 必须为直接可访问的 URL,不能携带参数。

接口说明

此接口是应用程序服务器提供的 URL 作为接口,微信主动推送支付结果到此 URL。

是否需要证书:不需要。

返回结果

微信推送的消息为 XML,如下所示:

```
<xml>
  <result_code><![CDATA[SUCCESS]]></result_code>
  <fee_type><![CDATA[CNY]]></fee_type>
  <return_code><![CDATA[SUCCESS]]></return_code>
  <total_fee><![CDATA[100]]></total_fee>
  <mch_id><![CDATA[1241385402]]></mch_id>
  <cash_fee><![CDATA[100]]></cash_fee>
  <openid><![CDATA[olPjZjsXuQPJoV0HlruZkNzKc91E]]></openid>
  <transaction_id><![CDATA[4005812001201705039318490857]]></transaction_id>
  <sign><![CDATA[EFD3F9C0EBCCDECCFA471E2E5220834E]]></sign>
  <bank_type><![CDATA[CFT]]></bank_type>
  <appid><![CDATA[wx669ef95216eef885]]></appid>
  <time_end><![CDATA[20170503011015]]></time_end>
  <trade_type><![CDATA[JSAPI]]></trade_type>
  <nonce_str><![CDATA[5EF0B4EBA35AB2D6180B0BCA7E46B6F9]]></nonce_str>
  <is_subscribe><![CDATA[Y]]></is_subscribe>
  <out_trade_no><![CDATA[124138540220170503010932102161]]></out_trade_no>
```

```
</xml>
```

应用服务器收到后需要返回正确或错误信息（XML 格式），如：

```
<xml>
  <return_code><![CDATA[SUCCESS]]></return_code>
  <return_msg><![CDATA[OK]]></return_msg>
</xml>
```

19.6.8 交易保障

应用场景

商户在调用微信支付提供的相关接口时，会得到微信支付返回的相关信息以及获得整个接口的响应时间。为提高整体的服务水平，协助商户一起提高服务质量，微信支付提供了相关接口调用耗时和返回信息的主动上报接口，微信支付可以根据商户侧上报的数据进一步优化网络部署，完善服务监控，和商户更好地协作为用户提供更好的业务体验。

简单地说，此接口用于反馈开发者服务器的数据给微信，帮助其完善系统，并非微信的功能接口，这里不展开介绍。

19.7 企业付款

19.7.1 概述

"企业付款"功能属于微信三大支付工具中使用率相对较高的功能（另外两个是"代金券或立减优惠"及"现金红包"，都属于营销场景的工具）。使用"企业付款"功能可以实现商户的支付账号给个人微信号打款，款项会及时存入微信号的余额中。

"企业付款"必须先进入微信支付后台充值，确保有足够的余额，然后可以在网页上直接操作，或使用接口操作。

充值

登录微信支付商户平台（https://pay.weixin.qq.com），进入【交易中心】标签下的【充值】页面，如图 19-40 所示。

图19-40

温馨提示：

1）商户平台登录账号及密码，会通过开户邮件发放给企业；

2）商户平台可支持企业设置不同的操作员账号（商户平台-账号设置-员工管理-员工账号），分配不同的操作权限（商户平台-账号设置-员工管理-角色权限）；

3）涉及资金操作的功能，安全性要求较高，需要操作员安装证书（商户平台-账户设置-密码安全-操作证书）；

4）充值的资金，企业可自助提现至结算账户（商户平台-资金管理-现金管理-提现）。

使用后台付款

在后台【企业付款管理】页面，可以填写收款用户相关参数，直接向指定用户付款，如图19-41所示。

官方提示：

1）给同一个实名用户付款，单笔单日限额 2W/2W；

2）不支持给非实名用户打款；

3）一个商户同一日付款总额限额 100W；

4）仅支持商户号已绑定的 AppID；

5）针对付款的目标用户，已微信支付实名认证的用户可提供校验真实姓名的功能，未实名认证的用户无法校验，企业可根据自身业务的安全级别选择验证类型；

6）付款金额必须小于或等于商户当前可用余额的金额；

7）已付款的记录，企业可通过企业付款查询查看相应数据。

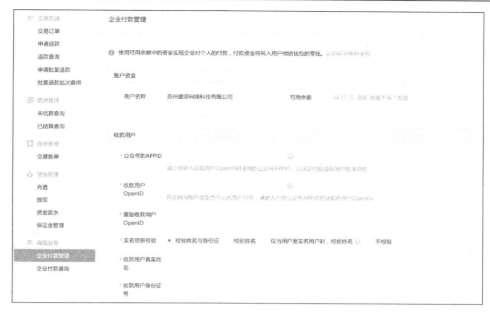

图19-41

19.7.2 企业付款 API

使用企业付款 API 可以在服务器端自动完成对个人微信号的付款流程,其作用和使用后台付款是相同的,但是接口调用规则略有不同:

1)给同一个实名用户付款,单笔单日限额 2W/2W;

2)不支持给非实名用户打款;

3)一个商户同一日付款总额限额 100W;

4)单笔最小金额默认为 1 元;

5)每个用户每天最多可付款 10 次,可以在商户平台--API 安全进行设置;

6)给同一个用户付款时间间隔不得低于 15 秒。

接口

TenPayLibV3.Transfers(TenPayV3TransfersRequestData dataInfo, int timeOut = Config.TIME_OUT)

是否需要证书:不需要。

接口参数说明

dataInfo 类型为 TenPayV3TransfersRequestData,是对一系列查询参数的封装,最终将被转成 XML 字符串给接口使用,相关参数如表 19-12 所示。

表 19-12

字段名	变量名	必填	描述
公众账号 appid	mch_appid	是	微信分配的公众账号 ID(企业号 corpid 即为此 appId)

字段名	变量名	必填	描述
商户号	mchid	是	微信支付分配的商户号
设备号	device_info	否	微信支付分配的终端设备号
随机字符串	nonce_str	是	随机字符串，不长于32位
签名	sign	是	签名
商户订单号	partner_trade_no	是	商户订单号，需保持唯一性（只能是字母或者数字，不能包含有符号）
用户openid	openid	是	商户appid下，某用户的openid
校验用户姓名选项	check_name	是	NO_CHECK：不校验真实姓名 FORCE_CHECK：强校验真实姓名
收款用户姓名	re_user_name	可选	收款用户真实姓名 如果check_name设置为FORCE_CHECK，则必填用户真实姓名
金额	amount	是	企业付款金额，单位为分
企业付款描述信息	desc	是	企业付款操作说明信息，必填
IP地址	spbill_create_ip	是	调用接口的机器IP地址

返回结果

类型：TransfersResult，继承自Result。

19.7.3 查询企业付款API

查询企业付款API用于商户的企业付款操作进行结果查询，返回付款操作详细结果。查询企业付款API只支持查询30天内的订单，30天之前的订单请登录商户平台查询。

接口

TenPayLibV3.GetTransferInfo(TenPayV3GetTransferInfoRequestData dataInfo, int timeOut = Config.TIME_OUT)

是否需要证书：请求需要双向证书。参考本章19.3节"获取商户证书"。

接口参数说明

dataInfo类型为TenPayV3GetTransferInfoRequestData，是对一系列查询参数的封装，最终将被转成XML字符串给接口使用，相关参数如表19-13所示。

表19-13

字段名	变量名	必填	描述
随机字符串	nonce_str	是	随机字符串，不长于32位
签名	sign	是	生成签名方式查看19.4.3节
商户订单号	partner_trade_no	是	商户调用企业付款API时使用的商户订单号
商户号	mch_id	是	微信支付分配的商户号
Appid	appid	是	商户号的appid

返回结果

类型：GetTransferInfoResult，继承自 Result。

19.8 微信支付 Demo 开发

本节将介绍第 6 章 6.7 节介绍的微信支付 Demo 的开发过程，其中包含了网页微信支付过程中所必需的部分。开发者可以以此为例，举一反三。

有关微信支付需要进行的申请及设置步骤已经在本章 19.5 节中详细介绍，这些过程都需要仔细了解，因为设置问题而导致的程序错误是很多见的。

本节将介绍的微信支付所涉及的参数设置如下。

- 网页授权域名（OAuth）：sdk.weixin.senparc.com
- 支付授权目录：http://sdk.weixin.senparc.com/TenPayV3/
- JS-SDK 安全域名：sdk.weixin.senparc.com
- 支付回调地址：http://sdk.weixin.senparc.com/TenpayV3/PayNotifyUrl

19.8.1 后端开发

创建 TenpayV3Controller

新建文件 TenpayV3Controller.cs：

```csharp
using System;
using System.Drawing.Imaging;
using System.IO;
using System.Linq;
using System.Net;
using System.Net.Security;
using System.Security.Cryptography.X509Certificates;
using System.Text;
using System.Web.Mvc;
using System.Xml.Linq;
using Senparc.Weixin.BrowserUtility;
using Senparc.Weixin.Helpers;
using Senparc.Weixin.HttpUtility;
using Senparc.Weixin.MP.AdvancedAPIs;
using Senparc.Weixin.MP.AdvancedAPIs.OAuth;
using Senparc.Weixin.MP.Helpers;
using Senparc.Weixin.MP.Sample.Models;
using Senparc.Weixin.MP.TenPayLibV3;
using Senparc.Weixin.Exceptions;

namespace Senparc.Weixin.MP.Sample.Controllers
{
```

```csharp
public class TenPayV3Controller : Controller
{
    private static TenPayV3Info _tenPayV3Info;

    private static bool CheckValidationResult(object sender, X509Certificate certificate, X509Chain chain, SslPolicyErrors errors)
    {
        if (errors == SslPolicyErrors.None)
            return true;
        return false;
    }

    public static TenPayV3Info TenPayV3Info
    {
        get
        {
            if (_tenPayV3Info == null)
            {
                _tenPayV3Info =
                    TenPayV3InfoCollection.Data[System.Configuration.ConfigurationManager.AppSettings["TenPayV3_MchId"]];
            }
            return _tenPayV3Info;
        }
    }
}
```

添加商品列表页面

添加一个名为 ProductList 的 Action，作为商品展示入口（也可以理解为同一个商品的不同价格套餐）：

```csharp
public ActionResult ProductList()
{
    var products = ProductModel.GetFakeProductList();
    return View(products);
}
```

为了尽量降低演示代码的复杂度，此处产品信息直接从 ProductModel.GetFakeProductList() 方法模拟获取，实际开发过程中通常是从数据库读取。ProductModel 类的定义如下：

```csharp
using System.Collections.Generic;

namespace Senparc.Weixin.MP.Sample.Models
{
    /// <summary>
    /// 商品实体类
```

```csharp
///   </summary>
public class ProductModel
{
    public int Id { get; set; }
    public string Name { get; set; }
    public decimal Price { get; set; }

    public ProductModel()
    {
    }

    public ProductModel(int id, string name, decimal price)
    {
        Id = id;
        Name = name;
        Price = price;
    }


    private static List<ProductModel> ProductList { get; set; }

    ///   <summary>
    ///   获取产品列表
    ///   </summary>
    ///   <returns></returns>
    public static List<ProductModel> GetFakeProductList()
    {
        var list = ProductList ?? new List<ProductModel>()
        {
            new ProductModel(1,"产品1",(decimal)1.00),
            new ProductModel(2,"产品2",(decimal)2.00),
            new ProductModel(3,"产品3",(decimal)3.00),
            new ProductModel(4,"产品4",(decimal)4.00),
            new ProductModel(5,"捐赠1",(decimal)10.00),
            new ProductModel(6,"捐赠2",(decimal)50.00),
            new ProductModel(7,"捐赠3",(decimal)100.00),
            new ProductModel(8,"捐赠4",(decimal)500.00),
        };
        ProductList = ProductList ?? list;

        return list;
    }
}
```

添加商品详情页面

每一个商品还需要一个详情（或订单）页面，创建名为 ProductItem 的 Action：

```csharp
public ActionResult ProductItem(int productId, int hc)
{
    var products = ProductModel.GetFakeProductList();
    var product = products.FirstOrDefault(z => z.Id == productId);
    if (product == null || product.GetHashCode() != hc)
    {
        return Content("商品信息不存在,或非法进入! 2003");
    }

    //判断是否正在微信端
    if (BrowserUtility.BrowserUtility.SideInWeixinBrowser(HttpContext))
    {
        //正在微信端,直接跳转到微信支付页面
        return RedirectToAction("Index", new { productId = productId, hc = hc });
    }
    else
    {
        //在PC端打开,提供二维码扫描进行支付
        return View(product);
    }
}
```

其中 productId 为商品的唯一编号,用于索引商品。hc 参数只是为了加强验证请求的合法性(因为此案例中的商品信息是在内存中直接创建的,为了保证支付是在同一个程序生命周期中完成,需要校验 HashCode),常规的开发过程可以忽略 HashCode 的校验。

在 ProductItem() 方法中对浏览器做了判断:

- 如果是微信内打开,则直接进入到支付(订单)页面(实际开发过程中可以设计一个展示详情的网页,并通过"支付"按钮进入,此处为了简化逻辑直接跳转);
- 如果是在外部浏览器中打开,则显示二维码,引导用户使用微信打开支付页面。

添加订单支付页面

创建名为 JsApi 的 Action:

```csharp
[CustomOAuth(null, "/TenpayV3/OAuthCallback")]
public ActionResult JsApi(int productId, int hc)
{
    try
    {
        //获取产品信息
        var products = ProductModel.GetFakeProductList();
        var product = products.FirstOrDefault(z => z.Id == productId);
        if (product == null || product.GetHashCode() != hc)
        {
            return Content("商品信息不存在,或非法进入! 1002");
        }
```

```csharp
            var openId = (string)Session["OpenId"];

            string sp_billno = Request["order_no"];
            if (string.IsNullOrEmpty(sp_billno))
            {
                //生成订单序列号,此处用时间和随机数生成,商户根据自己调整,保证唯一
                sp_billno = string.Format("{0}{1}{2}", TenPayV3Info.MchId/*10 位 */,
DateTime.Now.ToString("yyyyMMddHHmmss"),
                    TenPayV3Util.BuildRandomStr(6));
            }
            else
            {
                sp_billno = Request["order_no"];
            }

            var timeStamp = TenPayV3Util.GetTimestamp();
            var nonceStr = TenPayV3Util.GetNoncestr();

            var body = product == null ? "test" : product.Name;
            var price = product == null ? 100 : (int)product.Price * 100;
            var xmlDataInfo = new
TenPayV3UnifiedorderRequestData(TenPayV3Info.AppId, TenPayV3Info.MchId, body,
sp_billno, price, Request.UserHostAddress, TenPayV3Info.TenPayV3Notify,
TenPayV3Type.JSAPI, openId, TenPayV3Info.Key, nonceStr);

            var result = TenPayV3.Unifiedorder(xmlDataInfo);//调用统一订单接口

        //JsSdkUiPackage jsPackage = new JsSdkUiPackage(TenPayV3Info.AppId, timeStamp,
nonceStr,);
            var package = string.Format("prepay_id={0}", result.prepay_id);

            ViewData["product"] = product;

            ViewData["appId"] = TenPayV3Info.AppId;
            ViewData["timeStamp"] = timeStamp;
            ViewData["nonceStr"] = nonceStr;
            ViewData["package"] = package;
            ViewData["paySign"] = TenPayV3.GetJsPaySign(TenPayV3Info.AppId, timeStamp,
nonceStr, package, TenPayV3Info.Key);

            //临时记录订单信息,留给退款申请接口测试使用
            Session["BillNo"] = sp_billno;
            Session["BillFee"] = price;

            return View();
        }
        catch (Exception ex)
```

```
        var msg = ex.Message;
        msg += "<br>" + ex.StackTrace;
        msg += "<br>==Source==<br>" + ex.Source;

        if (ex.InnerException != null)
        {
            msg += "<br>===InnerException===<br>" + ex.InnerException.Message;
        }
        return Content(msg);
    }
}
```

[CustomOAuth] 特性用于提供自动 OAuth 登录验证判断,是对 SenparcOAuthAttribute 的实现。有关 SenparcOAuthAttribute 的介绍请见:第 16 章 16.6 节 "使用 SenparcOAuthAttribute 实现 OAuth 自动登录"。

CustomOAuthAttribute.cs 及 **/TenpayV3/OAuthCallback** 页面方法代码可参考 16.6.2 节 "使用 SenparcOAuthAttribute"。

当用户顺利通过登录之后,使用 TenPayV3.Unifiedorder() 统一订单接口生成预支付订单号 (prepay_id),进行签名后传递给 View 页面。

在 new TenPayV3UnifiedorderRequestData() 构造函数中的支付回调页面地址参数为 TenPayV3Info.TenPayV3Notify,当前值为:http://sdk.weixin.senparc.com/TenpayV3/PayNotifyUrl,PayNotifyUrl 方法代码如下:

```
public ActionResult PayNotifyUrl()
{
    try
    {
        ResponseHandler resHandler = new ResponseHandler(null);

        string return_code = resHandler.GetParameter("return_code");
        string return_msg = resHandler.GetParameter("return_msg");

        string res = null;

        resHandler.SetKey(TenPayV3Info.Key);
        //验证请求是否从微信发过来(安全)
        if (resHandler.IsTenpaySign() && return_code.ToUpper() == "SUCCESS")
        {
            res = "success";//正确的订单处理
            //直到这里,才能认为交易真正成功了,可以进行数据库操作,但是别忘了返回规定格式的消息!
        }
        else
        {
            res = "wrong";//错误的订单处理
```

```
        }
        string xml = string.Format(@"<xml>
<return_code><![CDATA[{0}]]></return_code>
<return_msg><![CDATA[{1}]]></return_msg>
</xml>", return_code, return_msg);
        return Content(xml, "text/xml");
    }
    catch (Exception ex)
    {
        new WeixinException(ex.Message, ex);
        throw;
    }
}
```

注意：只有当同时满足支付回调页面收到成功消息，并且通过签名验证，并且确定"返回状态码"为"SUCCESS"之后，才能确定微信支付操作已经成功，无论是微信客户端的信息或是未经签名与验证的信息都不可信！

当确认微信支付操作成功之后，再对数据库的的订单状态进行修改，至此整个微信支付的流程结束。

为了更完整地演示退款流程，添加一个名为 Refund 的 Action，将之前收到款项进行自动退款：

```
public ActionResult Refund()
{
    string nonceStr = TenPayV3Util.GetNoncestr();

    string outTradeNo = (string)(Session["BillNo"]);
    string outRefundNo = "OutRefunNo-" + DateTime.Now.Ticks;
    int totalFee = (int)(Session["BillFee"]);
    int refundFee = totalFee;
    string opUserId = TenPayV3Info.MchId;
    var dataInfo = new TenPayV3RefundRequestData(TenPayV3Info.AppId, TenPayV3Info.MchId, TenPayV3Info.Key,
        null, nonceStr, null, outTradeNo, outRefundNo, totalFee, refundFee, opUserId, null);
    var cert = @"D:\cert\apiclient_cert_SenparcRobot.p12";//根据自己的证书位置修改
    var password = TenPayV3Info.MchId;//默认为商户号，建议修改
    var result = TenPayV3.Refund(dataInfo, cert, password);
    return Content(string.Format("退款结果：{0} {1}。您可以刷新当前页面查看最新结果。", result.result_code, result.err_code_des));
}
```

注意：退款过程中使用到了微信支付证书，建议有条件的系统将证书保存在 Web 项目目录以外。

19.8.2 前端开发

前端开发通常有如下几个基础页面几乎是必备的。

1) 商品列表: 对应 ProductList 页面;

2) 商品详情: 对应 ProductItem 页面;

3) 订单详情: 对应 JsApi 页面;

4) 支付结果 (本 Demo 略)。

ProductList.cshtml

商品列表页面内容比较简单,主要提供详情页的引导,代码如下:

```
@model List<Senparc.Weixin.MP.Sample.Models.ProductModel>
@{
    Layout = null;
}
<!DOCTYPE html>
<html>
<head>
    <meta name="viewport" content="width=device-width" />
    <title>产品列表</title>
    <style>
        ul#productList, ul#productList li {
            list-style: none;
            /*display: inline;*/
        }

        ul#productList li {
            border: 1px solid #008b8b;
            background: #c9ff94;
            padding: 6%;
            margin: 4%;
            overflow: hidden;
            float: left;
        }

        ul#productList li.br {
            clear: left;
        }

        ul#productList li a {
            text-decoration: none;
            display: block;
            overflow: hidden;
            clear: both;
        }
    </style>
```

```
    </head>
    <body>
        <div>
            <ul id="productList">
                @for (int i = 0; i <= Model.Count - 1; i++)
                {
                    var item = Model[i];
                    <li class="@(i > 0 && i % 4==0 ? "br" : null)">
                        <a href="@Url.Action("ProductItem", "TenPayV3", new {productId = item.Id, hc = item.GetHashCode()})">
                            <h2>@item.Name</h2>
                            <p>@item.Price.ToString("c")</p>
                            <p>点击购买</p>
                        </a>
                    </li>
                }
            </ul>
        </div>
    </body>
</html>
```

ProductItem.cshtml

在本 Demo 中，ProductItem 页面提供给微信外部浏览器使用，使用二维码引导用户使用微信访问，并创建订单、进入支付页面。对于已经在微信内访问的请求，则直接进入支付页面（JsApi）。ProductItem.cshtml 代码如下：

```
@model Senparc.Weixin.MP.Sample.Models.ProductModel
@{
    Layout = null;
}
<!DOCTYPE html>
<html>
<head>
    <meta name="viewport" content="width=device-width" />
    <title>商品详情</title>
</head>
<body>
    <div>
        <h1>商品名称：@Model.Name</h1>
        <p>单价：@Model.Price.ToString("c")</p>
        <p>
            使用微信"扫一扫"下方二维码完成支付：<br />
            <img src="@Url.Action("ProductPayCode",new{productId=Model.Id,hc=Model.GetHashCode()})" width="300" />
        </p>
    </div>
</body>
```

二维码图片的生成来自于名为 ProductPayCode 的 Action，各类组件已经很丰富，这里不再展开。

JsApi.cshtml

订单支付页面（JsApi.cshtml）的关键代码如下：

```
@using Senparc.Weixin.MP.Sample.Models
@{
    Layout = null;
}
<!DOCTYPE html>
<html>
<head>
    <title>公众号 jsapi 支付测试网页</title>
    <meta http-equiv="Content-Type" content="text/html; charset=GBK" />
    <script language="javascript" src="/Scripts/jquery-1.7.1.min.js" type="text/javascript"></script>
    <script language="javascript" src="/Scripts/lazyloadv3.js" type="text/javascript"></script>
    <meta name="viewport" content="width=device-width, initial-scale=1.0, maximum-scale=1" />
    <style>
    /*略*/
    </style>
    <script>
        // 当微信内置浏览器完成内部初始化后会触发 WeixinJSBridgeReady 事件。
        document.addEventListener('WeixinJSBridgeReady', function onBridgeReady() {
            //公众号支付
            jQuery('a#getBrandWCPayRequest').click(function (e) {
                WeixinJSBridge.invoke('getBrandWCPayRequest', {
                    "appId": "@ViewData["appId"]",       //公众号名称，由商户传入
                    "timeStamp": "@ViewData["timeStamp"]",   //时间戳
                    "nonceStr": "@ViewData["nonceStr"]",     //随机串
                    "package": "@Html.Raw(ViewData["package"])",//扩展包
                    "signType": "MD5",      //微信签名方式:MD5
                    "paySign": "@ViewData["paySign"]"    //微信签名
                }, function (res) {
                    if (res.err_msg == "get_brand_wcpay_request:ok") {
                        if (confirm('支付成功！点击"确定"进入退款流程测试。')) {
                            location.href = '@Url.Action("Refund", "TenPayV3")';
                        }
                    }
                    // 使用以上方式判断前端返回,微信团队郑重提示：res.err_msg 将在用户支付成功后返回 ok，但并不保证它绝对可靠。
                    //因此微信团队建议，当收到 ok 返回时，向商户后台询问是否收到交易成功的通知，若收到通知，前端展示交易成功的界面；若此时未收到通知，商户后台主动调用查询订单接口，查询订单的当前状态，并反馈给前端展示相应的界面。
```

```
            });

        });

        WeixinJSBridge.log('yo~ ready.');
    }, false);
    </script>
</head>
<body>
    <div class="WCPay">
        <a id="getBrandWCPayRequest" href="javascript:void(0);">
            @if (ViewData["product"] is ProductModel)
            {
                var product = (ProductModel)ViewData["product"];
                <div class="product">
                    您已选中产品:@product.Name<br />
                    单价:@product.Price.ToString("c")
                </div>
            }
            <h1 class="title">点击提交可体验微信支付</h1>
        </a>
    </div>
</body>
</html>
```

出于演示退款功能的目的，在页面上收到支付成功的消息后，询问是否进入退款流程测试，如果确认，则请求 Refund 进行自动退款。实际开发过程中，此处可以跳转到支付成功页面或显示相关信息。

注意：实际项目开发过程中，退款操作需要判断订单状态，确认已经支付完成，否则会发生错误。也就是说，退款操作实际应当发生在"支付通知回调（**PayNotifyUrl**）"确认成功之后。

19.9 需要注意的一些事

19.9.1 关于服务器 SSL 版本

由于 2014 年 SSL 协议曝出了高危漏洞，可能导致网络中传输的数据被黑客监听，对用户信息、网络账号密码等安全构成威胁。之后，微信于 2015 年 11 月 30 日起关闭了对 SSLv2、SSLv3 及更低版本的支持。

对于 C# 来说，可以使用如下代码来定义安全协议 600#283：

```
System.Net.ServicePointManager.SecurityProtocol = SecurityProtocolType.Tls | SecurityProtocolType.Tls11 | SecurityProtocolType.Tls12
```

如何测试？

将以下配置添加到本地 Windows 的 hosts 配置文件中：

61.151.186.115   api.weixin.qq.com

然后在本地运行一个需要调用高级接口（api.weixin.qq.com 域名下）的单元测试，如果通过低版本的 SSL 调用接口，将会直接报错，提示连接失败：The request was aborted: Could not create SSL/TLS secure channel。

19.9.2 关于 IPv6

如果你的服务器开启了 IPv6 支持，由于当前互联网对 IPv6 支持不完整，导致在 DNS 解析时通常会碰到超时问题，建议在调用支付 API 时，显示指定使用 IPv4 解析。

19.9.3 关于阿里云主机

使用阿里云主机的开发者几乎都会发现微信支付请求时间太长甚至超时的情况。

除了我们感官上发现速度有问题以外，也可以使用阿里云主机 Ping 统一下单的域名（api.mch.weixin.qq.com），如果 IP 不是正确的官方服务器 IP，则说明有问题。

官方文档提供给的 IP 为：182.254.44.159，也许是因为微信使用了 CDN 的缘故，我们实际测试发现目前正常速度的配置下，Ping 出来的 IP 在阿里云为：183.3.235.18，在西数为：101.226.90.149，在其他网络上 Ping 出来的结果也会不一样，所以官方文档提供的 IP 似乎也不是最靠谱，建议开发者仍然要结合感官的速度判断（通常超过 5 秒钟已经不太正常了）。

微信官方的解释是这是阿里云使用的 BGP 造成的（但是其他服务商的 BGP 就很少出现这个问题），无论如何，解决方法都是一样的：修改阿里云主机中外网网卡的 DNS 如下。

首选 DNS 服务器：223.5.5.5

备选 DNS 服务器：223.6.6.6

如果此方案无效，再试一下下面的配置。

首选 DNS 服务器：10.202.72.116

备选 DNS 服务器：10.202.72.118

或者换成腾讯的 DNS。

首选 DNS 服务器：119.29.29.29

备选 DNS 服务器：不设置

注意：各服务商的 DNS 服务器地址可能会变，或因线路等问题而不同，如果上述 IP 无效建议直接咨询服务商。

习题

19.1 某个正在使用中的微信公众号的微信支付是否可以借给别的公众号服务器使用？为什么？

19.2 微信支付接口中，金额的单位通常是什么（元/角/分）？

19.3 哪些微信支付接口需要用到双向证书？

19.4 企业付款接口向用户付款的最小金额是多少？

19.5 微信支付订单处理成功的节点是哪一个（客户端提示支付成功/支付回调页面收到消息/支付回调页面收到消息并通过签名验证/其他）？

19.6 "微信支付由腾讯提供，安全性有保障，因此网页是否使用 HTTPS 已经不是那么重要"，这样的说法正确吗？为什么？

第四部分　微信小程序

第 20 章　微信小程序

第 20 章 微信小程序

从 2016 年以来，开发者都被微信小程序吊足了胃口，每每微信官方有小程序的动态发布，都会被刷屏，大众对微信小程序的关注程度可见一斑。

之所以要将小程序放到最后介绍，一方面是官方还在陆续对小程序进行比较大的更新，另外一方面，当小程序目前的一些功能和细节逐步明晰之后，我们发现许多小程序的规则和所需开发技能仍然是基于微信公众号的，因此如果需要玩转小程序，微信公众号的开发技能仍然是很基础的。因此，即使你只需要开发小程序，也仍然需要关注本书其他部分的内容，在下文中，我们也会对小程序所需的后端开发知识进行索引，帮助大家找到各种功能在本书中对应的位置。

小程序也正处在萌芽阶段，很多的细节应当还会进一步细化和修改，因此我们同样要站在发展的视角来看待和学习小程序。就目前而言，微信公众号等平台以及小程序的生态关系，我的理解如图 20-1 所示（重点是中心交集及包含关系） 603#370。

微信官方为小程序准备了比较细致的文档和教程（这一点和当初公众号相比简直不在一个级别上），以下是一些重要的线上资源。

- 小程序开发文档 603#284：https://mp.weixin.qq.com/debug/wxadoc/dev/
- 小程序设计指南 603#285：https://mp.weixin.qq.com/debug/wxadoc/design/
- 开发工具下载 603#286：https://mp.weixin.qq.com/debug/wxadoc/dev/devtools/download.html

下文将整理目前为止对小程序开发最为重要的知识点、注意点进行介绍，或给出对应资源的地址，并就和微信公众号相关的技能给出在本书中内容的索引。

第 20 章 微信小程序

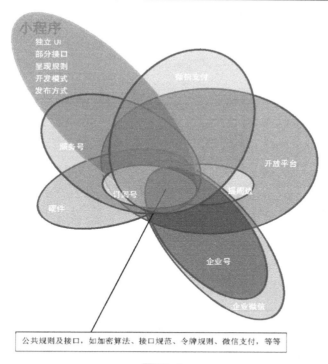

图20-1

20.1 注册小程序

由于小程序仍然是基于微信公众号的一个子类,因此小程序注册、登录的入口和微信公众号是一样的：https:// mp.weixin.qq.com,如图 20-2 所示。

图20-2

单击右上角的【立即注册】按钮,进入到注册页面,如图20-3所示。

图20-3

选择【小程序】,单进入注册页面,如图20-4所示。

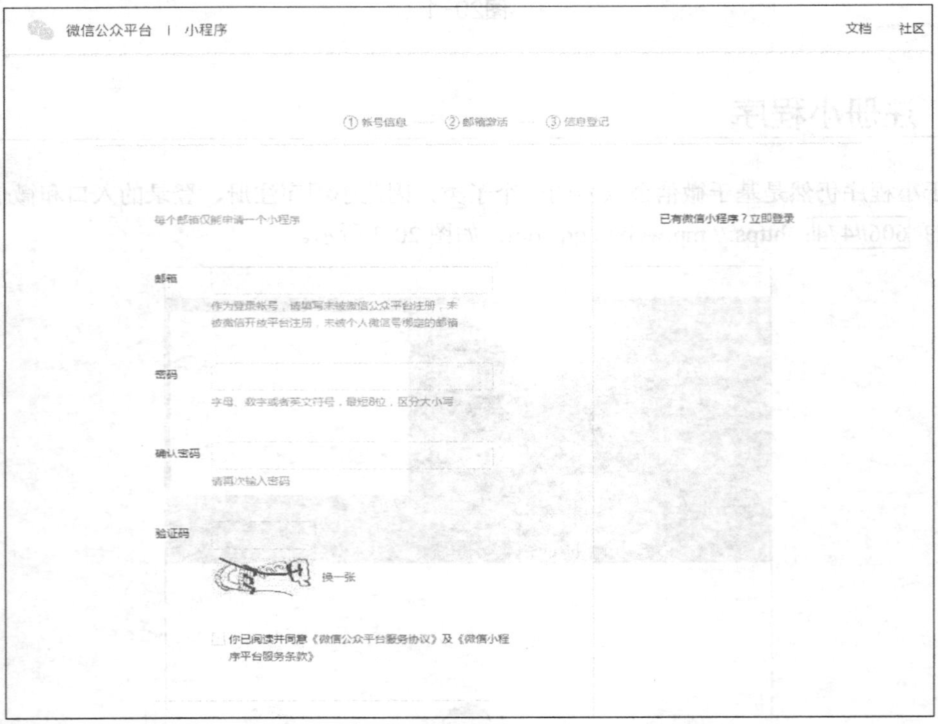

图20-4

按照要求填写信息,并激活注册时填写的邮箱,即可登录小程序的后台。

注意:小程序最初只针对企业、政府、媒体和组织开放认证,自 2017 年 3 月 27 日起,小程序也已经面向个人开放。认证通过之前,小程序的部分功能会被限制使用。

20.2 管理信息及微信认证

20.2.1 信息设置

小程序的登录方式和公众号一致，登录 https://mp.weixin.qq.com，输入账号及密码进行登录，登录之后如图 20-5 所示 608#467 。

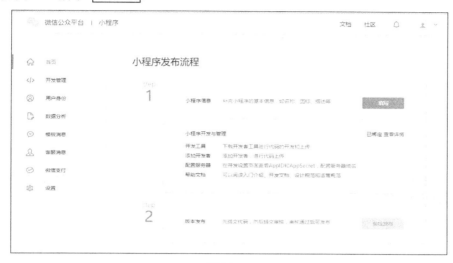

图20-5

单击【填写】按钮，管理员扫描二维码，进入到"填写小程序信息"页面，如图 20-6 所示。

图20-6

填写并上传好"小程序名称""小程序头像"等信息之后，单击【提交】按钮，保存成功后会自动返回首页，此时页面的信息已经做出了改动，如图 20-7 所示。

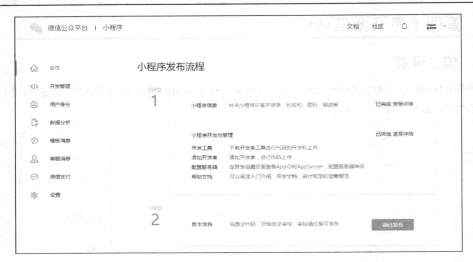

图20-7

单击"小程序信息"的【查看详情】按钮,可以查看已经填写的信息,如果需要对信息进行修改,此时可以及时修改,如图 20-8 所示。

图20-8

20.2.2 微信认证

单击"微信认证"的【详情】按钮,开始微信认证,如图 20-9 所示。

图20-9

单击【申请微信认证】按钮,会弹出【验证身份】对话框,如图 20-10 所示。

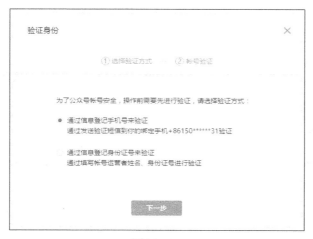

图20-10

选择一种方式进行认证,进入"微信认证"页面,如图 20-11 所示。

图20-11

单击【下一步】按钮，填写资料并设置小程序的信息，最后支付 300 元/年的认证费用。注册的过程都有比较明确的提示，也没有什么"坑"，因此这里不再赘述。

在等待认证的过程中，我们已经可以开始小程序的开发工作了。

20.3　准备开发

这一节我们先定一个小目标：发布一个简易的、静态的小程序，不依赖应用服务器。

20.3.1　开发参数设置

- AppId 和 AppSecret

和微信公众号一样，小程序也有 AppId 和 AppSecret 参数，在首页单击【开发设置】链接进入设置页面，如图 20-12 所示。

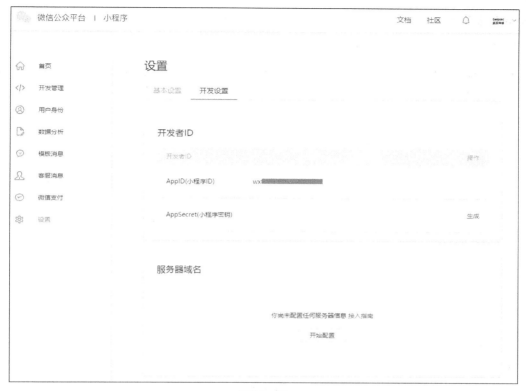

图20-12

在"设置"页面上可以看到 AppId(小程序 ID),以及空着的 AppSecret(小程序密钥),单击【生成】按钮,扫描二维码确认,可以查看生成密钥,如图20-13 所示。

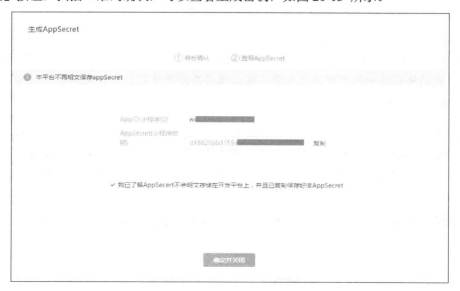

图20-13

此页面提示的密钥必须及时保存下来,一旦关闭就只能再次重新生成,而无法再明文获取。

单击【确定关闭】后回到"设置"页面,接下来进行服务器域名的配置,如果还没有准备好通过 ICP 备案的域名，这一步在开发阶段可以暂时跳过。

- **配置服务器域名**

单击"服务器域名"下方的【开始配置】按钮，扫描二维码并确认，进入到"配置服务器信息"窗口，填写我们已经准备好的域名，如图 20-14 所示。

图20-14

域名分为 4 项：request 合法域名、socket 合法域名、uploadFile 合法域名、downloadFile 合法域名，可以顾名思义。每一项都可以添加最多 5 个域名。

注意：1）这里所有域名的访问路径都是 HTTPS 协议的。

2）我们在实际开发过程中发现，微信官方提供的微信小程序开发工具（见本章 20.3.3 节及 20.3.4 节）对服务器配置信息具有缓存，在打开开发工具的时候修改了网页上的配置，工具内的缓存不一定可以马上生效，建议保存关闭并重新打开开发工具。

- **启用消息推送**

和微信公众号一样，小程序也有消息推送功能，其协议和公众号保持了一致。单击首页最下方"消息推送"区域的【启用】按钮，扫描二维码并确认，进入到"消息推送配置"界面，如图 20-15 所示。这个界面是不是很眼熟呢？没错，和公众号的配置是一样的。因为是测试，这里暂时可以填写我们已经准备好的微信公众号的信息。

注意：这里为了兼容微信公众号的默认处理方式，"数据格式"选择 XML。

图20-15

单击【提交】按钮,显示成功页面,如图 20-16 所示。

图20-16

单击【返回设置首页】按钮,完成设置,如图 20-17 所示。

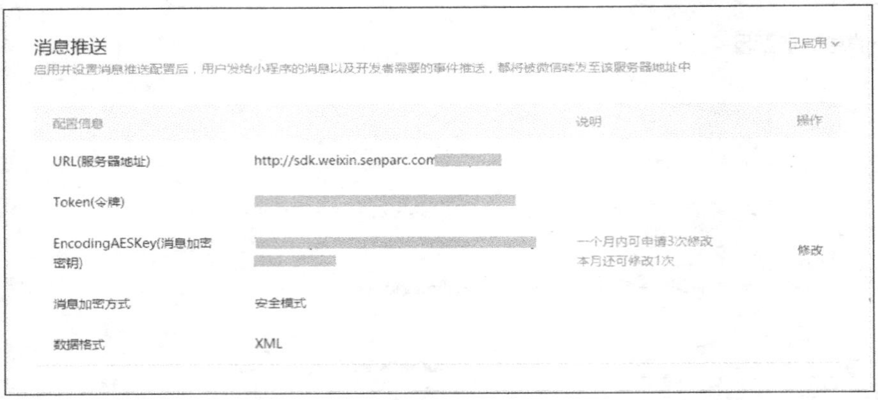

图20-17

- **关闭消息推送**

如果需要关闭"消息推送",则需要单击在"消息推送"区域右上角的 已启用 下拉列表,单击列表中"关闭"按钮,扫描二维码并确认,完成关闭消息推送的操作。

20.3.2 添加开发者和体验者

返回小程序首页,单击左侧菜单中的 用户身份 菜单,在"用户身份"页面中,选择"开发者"标签,并单击右侧的【绑定】按钮,根据提示扫描二维码并添加开发者,每次可以添加多位,最多可以绑定 10 位开发者。完成后如图 20-18 所示。"开发者"可以对小程序具有开发权限。

图20-18

"体验者"的绑定方式也是一样,"体验者"可以访问"体验"状态的小程序,最多可以绑定 40 个体验者。

20.3.3 下载开发工具

开发工具下载地址为 613#287:

https://mp.weixin.qq.com/debug/wxadoc/dev/devtools/download.html

也可以通过后台首页的【下载开发工具】链接进入,下载页面如图 20-19 所示。

图20-19

选择符合我们系统环境的版本进行下载。下载完成后进行安装,一路下一步直到完成。安装成功之后,即可看到初始页面,如图 20-20 所示。

图20-20

20.3.4 开发第一个小程序

- **创建项目**

因为我们是开发小程序,所以单击图 20-20 中的"本地小程序序项目"选项,进入项目管理界面,窗口中显示了已经创建的项目,以及一个"添加项目"按钮,如图 20-21 所示。

单击【添加项目】按钮,进入到"添加项目"界面,如图 20-22 所示。

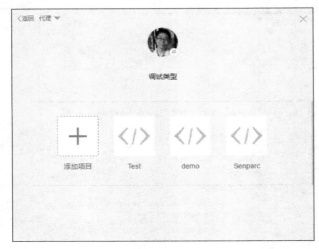

图20-21

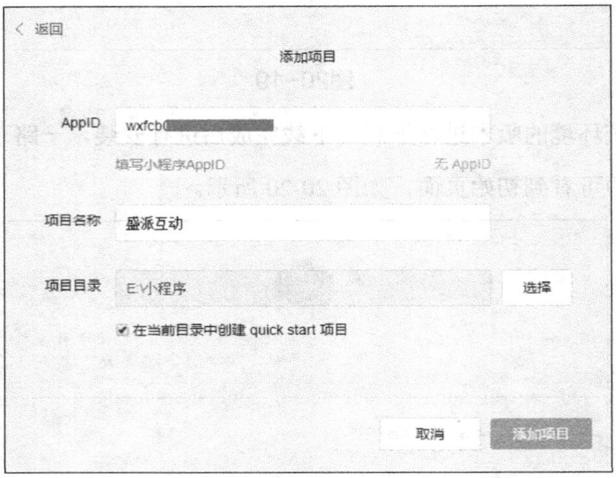

图20-22

AppID 填写之前已经获得到的 AppID（小程序 ID），项目名称不一定要和小程序名称一致，然后选择存放项目的目录，如果是初次创建项目，建议勾选"在当前目录中创建 quick start 项目"选项（这样在项目创建之后，会自动加入一个简单的 Demo 示例），然后单击【添加项目】按钮。

项目创建成功之后，进入到初始界面，如图 20-23 所示。初次进入这个"quick start"项目，界面上会询问是否允许访问个人微信账号的公开信息（类似 OAuth 所做的事情），单击【确定】按钮即可。

默认在"调试"标签下可以直接看到授权之后的效果（实际上就是可以进行网页调试的预览界面），如图 20-24 所示。

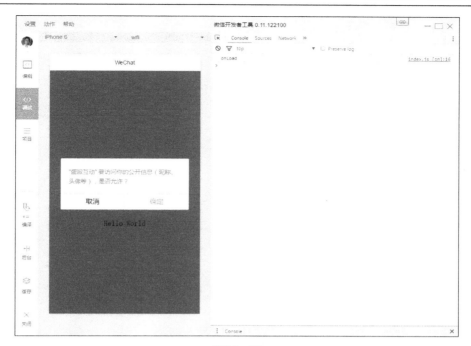

图20-23

图20-24

需要特别注意的是:虽然开发者在开发工具上面能够看到并调试最终生成的 DOM 对象,但这只是模拟出来的效果,在微信客户端内,真实的小程序是运行在 jscore 中的。

- 编辑项目

单击工具左侧的【编辑】按钮,进入编辑状态,如图 20-25 所示。

图20-25

在中间部分，可以看到树状结构的目录，其中最基础的是根目录下面的三个文件。

1）app.js：脚本文件

app.js 是小程序的脚本代码。我们可以在这个文件中监听并处理小程序的生命周期函数、声明全局变量。调用框架提供的丰富的 API，如本例的同步存储及同步读取本地数据。默认代码如下 614#288：

```
//app.js
App({
  onLaunch: function () {
    //调用API从本地缓存中获取数据
    var logs = wx.getStorageSync('logs') || []
    logs.unshift(Date.now())
    wx.setStorageSync('logs', logs)
  },
  getUserInfo:function(cb){
    var that = this;
    if(this.globalData.userInfo){
      typeof cb == "function" && cb(this.globalData.userInfo)
    }else{
      //调用登录接口
      wx.login({
        success: function () {
          wx.getUserInfo({
            success: function (res) {
              that.globalData.userInfo = res.userInfo;
```

```
            typeof cb == "function" && cb(that.globalData.userInfo)
          }
        })
      }
    });
    }
  },
  globalData:{
    userInfo:null
  }
}))
```

2) app.json：配置文件

app.json 是对整个小程序的全局配置。我们可以在这个文件中配置小程序是由哪些页面组成，配置小程序的窗口背景色，配置导航条样式，配置默认标题。默认代码如下 614#289：

```
{
  "pages":[
    "pages/index/index",
    "pages/logs/logs"
  ],
  "window":{
    "backgroundTextStyle":"light",
    "navigationBarBackgroundColor": "#fff",
    "navigationBarTitleText": "WeChat",
    "navigationBarTextStyle":"black"
  }
}
```

当我们添加页面时，需要在 pages 参数下面追加对应的路径，在导航、二维码生成的时候都需要用到。

注意：该文件不可添加任何注释。

3) app.wxss：样式表文件

app.wxss 是整个小程序的公共样式表。我们可以在页面组件的 class 属性上直接使用 app.wxss 中声明的样式规则。默认代码如下 614#290：

```
/**app.wxss**/
.container {
  height: 100%;
  display: flex;
  flex-direction: column;
  align-items: center;
  justify-content: space-between;
  padding: 200rpx 0;
  box-sizing: border-box;
}
```

这三个文件是不可缺少的，目前看到的其他两个文件夹（pages 和 utils）是"quick start"项目自动创建的。我们在图 20-25 中看到的显示微信身份信息的"Hello World"界面就是由 pages/index 以页面生成并输出的。

pages 文件夹下面存放了所有项目中的页面，每个页面的所有文件都被包含在一个目录下（index 和 logs），其中包含了以下 4 种不同扩展名的文件。

1）.wxml：页面结构文件（类比 HTML 文件）

index.wxml 代码 614#291：

```
<!--index.wxml-->
<view class="container">
  <view bindtap="bindViewTap" class="userinfo">
    <image class="userinfo-avatar" src="{{userInfo.avatarUrl}}" background-size="cover"></image>
    <text class="userinfo-nickname">{{userInfo.nickName}}</text>
  </view>
  <view class="usermotto">
    <text class="user-motto">{{motto}}</text>
  </view>
</view>
```

.wxml 文件的作用我们可以类比为 HTML 文件，但不能完全等同。如果你做过 ASP.NET WebForms 的开发，那么 .wxml 文件中的内容更像是 WebForms 中的"控件"，这是生成最终 HTML 的"模板"或"服务器端标签"。

在小程序中，页面是由"组件"表现出来的，在代码中由各种"标签"控制。在上面的代码中，用到了 view、image、text 三种组件。

小程序提供了非常丰富的组件，更多介绍请参考微信官方文档 614#793：

https://mp.weixin.qq.com/debug/wxadoc/dev/component/

由于.wxml 只是一个"模板"，因此数据是通过双大括号 **{{data}}** 这样的格式进行绑定的，如果对 AngularJS、vue.js 等前端框架熟悉的开发者，对这种 Mustache 语法的绑定写法应该不会陌生。

作为第一次开发体验，我们对这个页面稍作修改，输出当前的客户端时间，并每秒刷新。

在 `<view class="usermotto"></view>` 标签的下方，添加如下代码 614#293：

```
<!-- 时间 -->
<view id="clientTime">
<text>{{time}}</text>
</view>
```

那么数据是从哪里来的呢？这就需要脚本文件来提供支持。

2）.js：脚本文件

index.js 代码 614#294：

```
//index.js
//获取应用实例
var app = getApp()
Page({
  data: {
    motto: 'Hello World',
    userInfo: {}
  },
  //事件处理函数
  bindViewTap: function() {
    wx.navigateTo({
      url: '../logs/logs'
    })
  },
  onLoad: function () {
    console.log('onLoad')
    var that = this
    //调用应用实例的方法获取全局数据
    app.getUserInfo(function(userInfo){
      //更新数据
      that.setData({
        userInfo:userInfo
      })
    })
  }
})
```

.js 使用的就是 JavaScript 的语法,在最后生成小程序的时候也会被稍作改动,但是不会影响 JS 逻辑的执行。例如缺少的行末标记";"可以被自动补全。

小程序的 API 基本上都是给 JS 文件使用的,微信官方文档见 613#295:

https://mp.weixin.qq.com/debug/wxadoc/dev/api/

为了让页面的时钟能够显示数据并刷新,我们在 index.js 文件中加入下面的粗体部分代码 614#296:

```
var app = getApp()
Page({
  data: {
    motto: 'Hello World',
    userInfo: {}
  },
  //…
  onLoad: function () {
  //…
    var interval = setInterval(function() {
        that.setData({time:new Date().toLocaleTimeString()});
```

```
        },1000);
    }
})
```

3）.wxss：样式表文件（类比 CSS 文件）

index.wxss 代码 614#297：

```
/**index.wxss**/
.userinfo {
  display: flex;
  flex-direction: column;
  align-items: center;
}

.userinfo-avatar {
  width: 128rpx;
  height: 128rpx;
  margin: 20rpx;
  border-radius: 50%;
}

.userinfo-nickname {
  color: #aaa;
}

.usermotto {
  margin-top: 200px;
}
```

.wxss 文件相当于 css 样式文件，除了 Demo 中使用的 class，也可以使用 id、标签等方式定义，这里不再赘述。

为了测试样式，我们为之前在 index.wxml 文件中添加的标签做一个红色、加粗的样式，显示在距屏幕底部 20px 高的位置，添加以下代码到 index.wxss 文件末尾 614#298：

```
#clientTime{
  position:absolute;
  color:#ff0000;
  font-weight: bold;
  bottom:20px;
}
```

保存之后，左侧的预览界面会显示最新的效果，如图 20-26 所示。

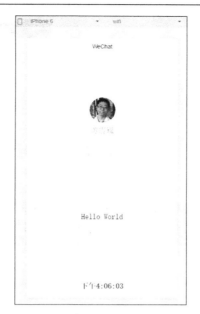

图20-26

4).json：配置文件（可选）

logs 页面中包含了 logs.json 文件，代码如下 614#299：

```
{
    "navigationBarTitleText": "查看启动日志"
}
```

.json 文件是页面的配置文件，属于可选的文件。当有页面的配置文件时，配置项在该页面会覆盖 app.json 的 window 中相同的配置项。如果没有指定的页面配置文件，则在该页面直接使用 app.json 中的默认配置。

上述代码定义了顶部标题的显示文字。我们可以修改配置，让原本白底黑字的标题栏别变成黑底白字，在 logs.json 中加入如下粗体代码 614#300：

```
{
    "navigationBarTitleText": "查看启动日志",
    "navigationBarBackgroundColor":"#000000",
    "navigationBarTextStyle":"#ffffff"
}
```

保存后，效果如图 20-27 所示。

注意：navigationBarTextStyle 属性指定了标题栏文字的颜色，微信官方文档中说只支持 black 和 white 两种，而在开发工具内，如果输入"red"，虽然可以看到预览界面出现了红色的标题文字，但是在实际发布之后，仍然只能看到白色的文字。因此在细节上务必多使用"预览"功能在手机端加强测试。

图20-27

20.3.5 预览小程序

由于客户端开发工具毕竟只是模拟了最终小程序呈现的效果,因此在手机上对开发成果进行预览是一个非常常用的功能,单击开发工具左侧菜单的"项目"按钮,如图20-28所示。

图20-28

单击【预览】按钮,开发工具会自动上传最新代码,并生成二维码,**必须使用当前登录开发工具的开发者(或管理员)的微信扫描此二维码**,进行手机客户端环境的预览。

注意:1)不同的开发者(或管理员)之间是无法查看对方的预览版本的。

2)经过反复测试可以确定:小程序中如需要引用外部资源(如使用 <video> 标签引用外部的 mp4 文件),需要使用 https 协议,否则将无法访问或播放。

20.3.6 发布小程序

单击开发工具"项目"标签下的【上传】按钮,扫描二维码并确认,填写版本信息,如图20-29所示。

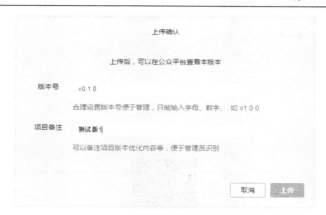

图20-29

填写完成之后单击【上传】按钮，完成上传。此时进入到微信公众号网页后台，单击左侧菜单的 </> 开发管理 按钮，可以看到在"开发版本"下已经出现了刚才上传的版本，单击【提交审核】按钮，如图 20-30 所示。

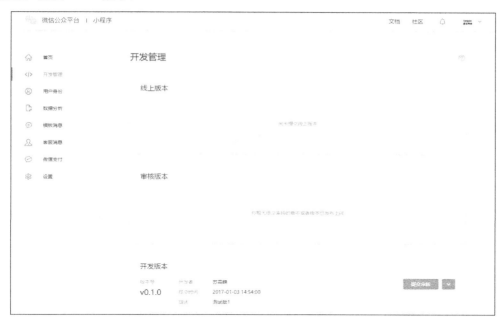

图20-30

由于当前我们开发的是一个测试版本，不具完整 APP 的功能，因此我们单击【提交审核】右侧的箭头，单击【选为体验版本】，即可得到体验二维码（如图 20-31 所示），体验真实环境的小程序运行情况。

注意：上传操作只有管理员有权限。

完成之后，可以看到"体验版"的标签，并可以随时查看二维码，也可以随时取消体验状态或删除，如图 20-32 所示。

注意：体验二维码只能使用"管理员"或"体验者"身份的微信扫描，"开发者"和其他用户是无法访问的。

图20-31

图20-32

使用客户端打开预览的小程序如图 20-33 所示。

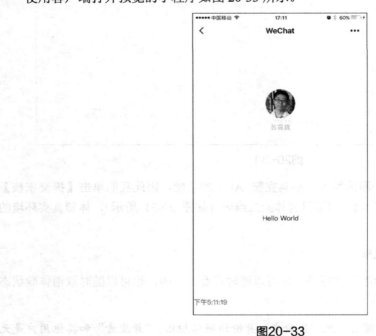

图20-33

在 iPhone 微信客户端中可以明显地看到，我们新加的时间标签，显示在屏幕的左下角，而不是图 20-26 所展示的开发工具内的预览效果。而从我们定义的样式来看，结果也确实应该这样。
然而，在 Android 客户端，时间标签又是居中的。

注意：自 2017 年 4 月 17 日起，微信小程序的代码包最大限制调整为 2MB。

20.4　使用 SDK 进行后端开发

通过上述的教程，开发者们应该已经能够建立并发布一个简单的小程序了，那么如何让小程序具有和服务器后端交互的功能呢？

20.4.1　Senparc.Weixin.WxOpen.dll

Senparc.Weixin SDK 中的小程序模块为 Senparc.Weixin.WxOpen.dll，源代码位于独立的项目中，地址为 618#469：https://github.com/JeffreySu/WxOpen，独立发布一个项目是出于小程序未来体量的考虑。

由于小程序的很多服务器端规则与普通公众号（服务号和订阅号）保持了高度的一致（或者可以说是基于微信公众号架构的），因此 Senparc.Weixin.WxOpen.dll 的部分功能是依赖于 Senparc.Weixin.MP.dll（公众号模块）开发的，SDK 中公众号具备的特性，小程序大多都可以使用，其引用和差异的内容见表 20-1。而小程序独有的接口及不同规则之处，则在 Senparc.Weixin.WxOpen.dll 内进行补充或改写。

表 20-1

模块	行为	开发过程
MessageContext	MP、WxOpen 都使用 Senparc.Weixin 公共类	一致
MessageHandler	移植架构、重构事件	一致
RequestMessageBase / ResponseMessageBase	移植架构、重构	一致，新增专用类型
AccessTokenContainer	不另设，使用 MP 中的类	一致
高级接口（AdvancedAPIs）	新增专用接口：二维码、模板消息、code 换取 session_key 接口	新增，规则一致
Helpers	完全移植	一致
Tencent 命名空间下	完全移植	一致
Enums	选择性移植	一致
RequestMessageFactory	选择性移植（已经不需要 ResponseMessage 生成过程）	一致
异步接口	相同规则	一致

20.4.2　对接 MessageHandler

有关 MessageHandler 的介绍详见第 7 章"MessageHandler：简化消息处理流程"。

小程序的 MessageHandler 位于 Senparc.Weixin.WxOpen.MessageHandlers 命名空间下，名为 WxOpenMessageHandler，移植了微信公众号的 MessageHandler（Senparc.Weixin.MP.MessageHandlers.

MessageHandler）的完整架构（注意：两者都继承了 Senparc.Weixin.MessageHandlers.MessageHandler，是并列关系，没有继承关系），并根据小程序的事件进行了重写，也是抽象类。由于篇幅原因，完整的代码不在这里展示，可以参考微信公众号的逻辑，不同的是 WxOpenMessageHandler 中的事件只有三个：

- 文本消息：OnTextRequest()
- 图片消息：OnImageRequest()
- 进入客服会话事件：OnEvent_UserEnterTempSessionRequest()

以及一个默认消息：DefaultResponseMessage()

注意：根据微信官方的规则，微信小程序的正确返回结果都必须为字符串 "success" 或空字符串（Length=0 的响应），不能使用和微信公众号一样的 ResponseMessageXX 格式的回复，因此目前为止所有上述 4 个方法的返回代码都应当是 619#392：

```
return new SuccessResponseMessage();//返回 success 字符串
```

使用 ASP.NET MVC 应用 WxOpenMessageHandler 的方式，和微信公众号基本一致。

第一步：创建上下文类，CustomWxOpenMessageContext.cs 619#301：

```csharp
using Senparc.Weixin.Context;
using Senparc.Weixin.WxOpen.Entities;

namespace Senparc.Weixin.MP.Sample.CommonService.WxOpenMessageHandler
{
    public class CustomWxOpenMessageContext : MessageContext<IRequestMessageBase, IResponseMessageBase>
    {
        public CustomWxOpenMessageContext()
        {
            base.MessageContextRemoved += CustomMessageContext_MessageContextRemoved;
        }

        /// <summary>
        /// 当上下文过期，被移除时触发的时间
        /// </summary>
        /// <param name="sender"></param>
        /// <param name="e"></param>
        void CustomMessageContext_MessageContextRemoved(object sender, Senparc.Weixin.Context.WeixinContextRemovedEventArgs<IRequestMessageBase,IResponseMessageBase> e)
        {
            /* 注意，这个事件不是实时触发的（当然你也可以专门写一个线程监控）
             * 为了提高效率，根据 WeixinContext 中的算法，这里的过期消息会在过期后下一条请求执行之前被清除
             */
```

```
        var messageContext = e.MessageContext as CustomWxOpenMessageContext;
        if (messageContext == null)
        {
            return;//如果是正常的调用，messageContext 不会为 null
        }

        //TODO:这里根据需要执行消息过期时候的逻辑，下面的代码仅供参考

        //Log.InfoFormat("{0}的消息上下文已过期",e.OpenId);
        //api.SendMessage(e.OpenId, "由于长时间未搭理客服，您的客服状态已退出！");
    }
}
```

小程序暂时没有设置自己的上下文（MessageContext）基类，使用了和微信公众号相同的，在 Senparc.Weixin.dll 中的公共上下文基类：Senparc.Weixin.Context.MessageContext。

有关微信消息上下文的内容详见第 7 章 7.6 节 "解决用户上下文（Session）问题"。

第二步：创建自定义 CustomWxOpenMessageHandler.cs：

微信小程序拥有基于微信公众号 MessageHandler 作为基类的 WxOpenMessageHandler，WxOpenMessageHandler 就是我们即将创建的自定义 MessageHandler 的基类。初始代码如下 619#302：

```csharp
using System.IO;
using System.Web.Configuration;
using Senparc.Weixin.MP.Entities;
using Senparc.Weixin.MP.Entities.Request;
using Senparc.Weixin.MP.MessageHandlers;
using IRequestMessageBase = Senparc.Weixin.MP.Entities.IRequestMessageBase;
using IResponseMessageBase = Senparc.Weixin.MP.Entities.IResponseMessageBase;

namespace Senparc.Weixin.MP.Sample.CommonService.WxOpenMessageHandler
{
    /// <summary>
    /// 自定义 MessageHandler
    /// 把 MessageHandler 作为基类，重写对应请求的处理方法
    /// </summary>
    public partial class CustomWxOpenMessageHandler : WxOpenMessageHandler<CustomWxOpenMessageContext>
    {
        private string appId = WebConfigurationManager.AppSettings["WxOpenAppId"];
        private string appSecret = WebConfigurationManager.AppSettings["WxOpenAppSecret"];

        public CustomWxOpenMessageHandler(Stream inputStream, PostModel postModel, int maxRecordCount = 0)
            : base(inputStream, postModel, maxRecordCount)
```

```csharp
        {
            //这里设置仅用于测试,实际开发可以在外部更全局的地方设置,
            //比如 MessageHandler<MessageContext>.GlobalWeixinContext.ExpireMinutes = 3。
            WeixinContext.ExpireMinutes = 3;

            if (!string.IsNullOrEmpty(postModel.AppId))
            {
                appId = postModel.AppId;//通过第三方开放平台发送过来的请求
            }

            //在指定条件下,不使用消息去重
            base.OmitRepeatedMessageFunc = requestMessage =>
            {
                var textRequestMessage = requestMessage as RequestMessageText;
                if (textRequestMessage != null && textRequestMessage.Content == "容错")
                {
                    return false;
                }
                return true;
            };
        }

        public override void OnExecuting()
        {
            //测试 MessageContext.StorageData
            if (CurrentMessageContext.StorageData == null)
            {
                CurrentMessageContext.StorageData = 0;
            }
            base.OnExecuting();
        }

        public override void OnExecuted()
        {
            base.OnExecuted();
            CurrentMessageContext.StorageData = ((int)CurrentMessageContext.StorageData) + 1;
        }

        /// <summary>
        /// 处理文字请求
        /// </summary>
        /// <returns></returns>
        public override IResponseMessageBase OnTextRequest(RequestMessageText requestMessage)
        {
            //TODO:这里的逻辑可以交给 Service 处理具体信息,参考 OnLocationRequest 方法或/Service/LocationSercice.cs
```

```
                //这里可以进行数据库记录或处理

                return new SuccessResponseMessage();
            }

            public override IResponseMessageBase OnImageRequest(RequestMessageImage requestMessage)
            {
                //发来图片,进行处理
                return DefaultResponseMessage(requestMessage);
            }

            public override IResponseMessageBase DefaultResponseMessage(IRequestMessageBase requestMessage)
            {
                //所有没有被处理的消息会默认返回这里的结果
                return new SuccessResponseMessage();
                //return new SuccessResponseMessage();等效于:
                //base.TextResponseMessage = "success";
                //return null;
            }
        }
    }
```

微信小程序的 WxOpenMessageHandler 和微信公众号的 MessageHandler 的部分区别见表 20-2,这也是微信小程序和微信公众号在消息处理上的一些差别,务必须要注意!

表 20-2

	微信公众号	微信小程序
请求消息类型	众多(见第 7 章 7.2 节)	1. 文本消息 2. 图片消息
请求事件类型	众多(见第 7 章 7.2 节)	进入会话(客服)事件
返回类型	1、基于 Senparc.Weixin.MP.ResponseMessageBase 的子类 2、返回空字符串或"success" (也可以使用 SuccessResponseMessage)	只返回空字符串或"success" (也可以使用 SuccessResponseMessage)

注意:微信小程序的文本及图片类型请求消息,是在"客服对话"的状态下转发到开发者服务器的。

第三步:创建 Controller,为使用 MessageHandler 做准备 619#303:

```
using System;
using System.IO;
```

```csharp
using System.Web.Configuration;
using System.Web.Mvc;
using Senparc.Weixin.MP.Entities.Request;
using Senparc.Weixin.MP.MvcExtension;
using Senparc.Weixin.MP.Sample.CommonService.WxOpenMessageHandler;

namespace Senparc.Weixin.MP.Sample.Controllers.WxOpen
{
    /// <summary>
    /// 微信小程序 Controller
    /// </summary>
    public partial class WxOpenController : Controller
    {
        public static readonly string Token = WebConfigurationManager.AppSettings["WxOpenToken"];//与微信公众账号后台的 Token 设置保持一致,区分大小写。
        public static readonly string EncodingAESKey = WebConfigurationManager.AppSettings["WxOpenEncodingAESKey"];//与微信公众账号后台的 EncodingAESKey 设置保持一致,区分大小写。
        public static readonly string AppId = WebConfigurationManager.AppSettings["WxOpenAppId"];//与微信公众账号后台的 AppId 设置保持一致,区分大小写。
    }
}
```

第四步:添加 Action,使用 MessageHandler

微信小程序的 URL 验证逻辑和微信公众号是一致的,为此我们需要添加 2 个 Action 来分别处理验证(GET)的请求和微信转发的消息请求(POST)。

GET 请求 619#304:

```csharp
/// <summary>
/// GET 请求用于处理微信小程序后台的 URL 验证
/// </summary>
/// <returns></returns>
[HttpGet]
[ActionName("Index")]
public ActionResult Get(PostModel postModel, string echostr)
{
    if (CheckSignature.Check(postModel.Signature, postModel.Timestamp, postModel.Nonce, Token))
    {
        return Content(echostr); //返回随机字符串则表示验证通过
    }
    else
    {
        return Content("failed:" + postModel.Signature + "," + MP.CheckSignature.GetSignature(postModel.Timestamp, postModel.Nonce, Token) + "。" +
            "如果你在浏览器中看到这句话,说明此地址可以被作为微信小程序后台的 Url,请注意保持 Token 一致。");
    }
}
```

POST 请求 619#305：

```
/// <summary>
/// 用户发送消息后，微信平台自动 Post 一个请求到这里，并等待响应 XML。
/// </summary>
[HttpPost]
[ActionName("Index")]
public ActionResult Post(PostModel postModel)
{
    if (!CheckSignature.Check(postModel.Signature, postModel.Timestamp, postModel.Nonce, Token))
    {
        return Content("参数错误！");
    }

    postModel.Token = Token;//根据自己后台的设置保持一致
    postModel.EncodingAESKey = EncodingAESKey;//根据自己后台的设置保持一致
    postModel.AppId = AppId;//根据自己后台的设置保持一致

    var maxRecordCount = 50;

    //第一步：MessageHandler，对微信请求的详细判断操作都在这里面。
    var messageHandler = new CustomMessageHandler(Request.InputStream, postModel, maxRecordCount);

    //第二步：执行微信处理过程
    messageHandler.Execute();

    //第三步：返回结果
    return new FixWeixinBugWeixinResult(messageHandler);
}
```

核心的"三部曲"和微信公众号保持了完全的一致。

20.4.3　回复客服消息

客服消息的操作模式：

1）使用应用服务器搭建服务；

2）官方提供的客服后台。

在 MessageHandler 中我们已经使用到了客服接口，用于对用户消息进行自动回复。那么如果确实需要人工回复怎么办呢？其实只需要开发一个后台，显示接收到的消息，并使用相同的客服接口推送人工回复即可。

微信官方也提供了一个人工客服后台，如果需要独立开发后台的话，这也是一个不错的参考，

地址是 620#470：https://mpkf.weixin.qq.com/

为了使用微信官方的客服后台，首先，我们需要在小程序后台绑定客服个人微信号。单击左侧菜单"客服消息"连接，进入"客服消息"界面，界面上可以看到当前已经绑定的客服，如图20-34所示。

图20-34

单击【添加】按钮，即可绑定个人微信号，添加的过程和添加开发者、体验者过程是相同的，这里不再赘述，添加成功之后，回到此页面，即可看到当前的客服人员状态，如图 20-35 所示。最多可以添加 100 个客服。

图20-35

注意：使用微信官方的客服消息后台，需要关闭"消息推送"（见本章 20.3.1 节"开发参数设置"中的"关闭消息推送"内容），否则消息只会转发到开发者服务器，而不会传达到网页上。

打开客服地址，扫描二维码并确认登录，即可看到当前用户绑定客服身份的公众号及小程序，如图 20-36 所示。

图20-36

选择小程序的客服登录,在没有客户接入的情况下界面如图 20-37 所示。

图20-37

当有用户通过小程序的客服按钮进入到客服界面或发送消息时,即可收到待接入提示,如图 20-38 所示。

注意:接入分为手动接入和自动接入两种模式,可以在设置 中进行设定。

图20-38

单击用户信息右侧的【接入】按钮，或者在左侧复选框选中用户后单击右上角【接入】按钮，即可完成单个或批量的接入，如图20-39所示。

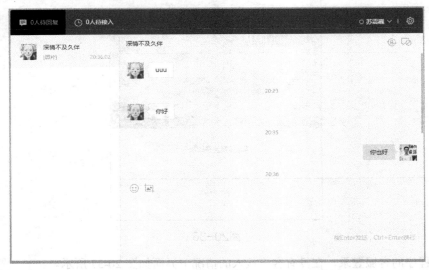

图20-39

客服人员进行回复之后，客户即可收到消息，如图20-40所示。

图20-40

关于其他的微信官方客服后台功能介绍，可以查看"客服消息使用指南" 620#471 ：
https://mp.weixin.qq.com/debug/wxadoc/introduction/custom.html

对于回复（下发）的客服消息，微信官方针对两种不同的用户行为做了限制，如表20-3所示。

表 20-3

用户动作	允许下发条数限制	下发时限
用户通过客服消息按钮进入会话	1 条	1 分钟
用户发送信息	3 条	48 小时

微信官方解释：可发送客服消息条数不累加，上述用户动作会触发可下发条数及可下发时限的更新，可下发消息条数更新为当前可下发条数限制的最大值，有效下发时间限制也更新为最长有效时间。

20.4.4 获取二维码

微信小程序允许开发者生成小程序的二维码，并设置入口页面，直接扫描二维码即可直接进入某个页面。

按照微信官方 URL 的分类规律，Senparc.Weixin.WxOpen 中，微信小程序二维码的接口位于 WxAppApi 类下，命名空间为 Senparc.Weixin.WxOpen.AdvancedAPIs.WxApp。

接口方法 621#393：

```
WxAppApi.CreateWxQrCode(string accessTokenOrAppId, Stream stream, string path, int width = 430, int timeOut = Config.TIME_OUT)
```

返回类型：WxJsonResult

参数定义如表 20-4 所示。

表 20-4

参数名称	类型	说明
accessTokenOrAppId	string	AccessToken 或 AppId，和公众号高级接口一致
stream	Stream	储存二维码信息的流
path	string	二维码对应的页面地址，不能为空，最大长度 128 字节，例如：pages/websocket?type=1 pages/websocket 需要在 app.json 中定义，关于 app.json 的介绍请参考本章 20.3.4 节 "开发第一个小程序" 中相关内容
width	int	二维码的宽度，默认值为 430
timeOut	int	请求超时时间，SDK 默认为 10 秒

这个方法提供了一个 stream 参数，让开发者可以更加灵活地处理数据流，如果你只需要将二维码直接保存到硬盘，我们还提供了一个重写方法 621#394：

```
WxAppApi.CreateWxaQrCode(string accessTokenOrAppId, string filePath, string path, int width = 430, int timeOut = Config.TIME_OUT)
```

只需要一行代码即可完成二维码的设置和保存操作 621#395：

```
var result = WxAppApi.CreateWxQrCode(appId, "D:\\qr.jpg", "pages/websocket", 100);
```

注意：所生成的二维码为正式发布之后小程序的二维码，对体验、审核阶段的小程序无效。

本节主要介绍了微信小程序官方提供的几个常用的高级接口，除此以外还有一些配合前端场景使用的接口，需要结合前端或结合具体的解决方案处理，将在接下去的几个小节中介绍。

20.4.5 其他高级接口

在本书出版之前，微信小程序陆续添加了一系列新的高级接口，包括：

1）获取及新增临时素材接口，命名空间为：Senparc.Weixin.WxOpen.AdvancedAPIs.Media；

2）一系列数据分析接口，命名空间为：Senparc.Weixin.WxOpen.AdvancedAPIs.DataCube

其用法和公众号的高级接口完全一致。

20.5 使用模板消息

20.5.1 概述

微信小程序的模板消息功能和使用场景与公众号的十分相似，可以参考第 15 章"模板消息"。但在操作细节上，微信小程序的模板消息和公众号比较还是有比较大的区别。

1）微信小程序在高级接口上只提供了发送接口，模板添加、查询、删除等接口都暂未提供，需要用户在网页上完成操作；

2）每个模板的关键字都可以根据需要选用并排序，一旦添加，就无法修改。虽然可以重新添加，但是"模板 ID"会变化；

3）目前在微信小程序的模板内，观察到的只有 keywordX 关键词，没有 first 和 remark 关键词；

4）微信小程序的模板消息不可以"任性"发送，只有在两种情况下可以发送，且有限制：

a）支付

当用户在小程序内完成过支付行为，可允许开发者向用户在 7 天内推送有限条数的模板消息（1 次支付可下发 1 条，多次支付下发条数独立，互相不影响）。

b）提交表单

当用户在小程序内发生过提交表单行为且该表单声明为要发模板消息的，开发者需要向用户提供服务时，可允许开发者向用户在 7 天内推送有限条数的模板消息（1 次提交表单可下发 1 条，多次提交下发条数独立，相互不影响）。

5）使用接口不是同一个。

下面逐步介绍微信小程序上的模板消息的添加、设置及发送。

20.5.2 第一步：选取消息模板

微信小程序的模板消息默认就是开通的，不需要像服务号一样申请，进入到微信小程序后台首页，单击左侧菜单的 [模板消息] 按钮，进入"模板消息"页面，如图 20-41 所示。

图20-41

微信小程序同样允许最多添加 25 个模板,单击【模板库】标签或【添加】按钮,进入模板库页面,如图 20-42 所示。

图20-42

选择一条模板消息,单击【选用】按钮,进入到设置页面,如图 20-43 所示。

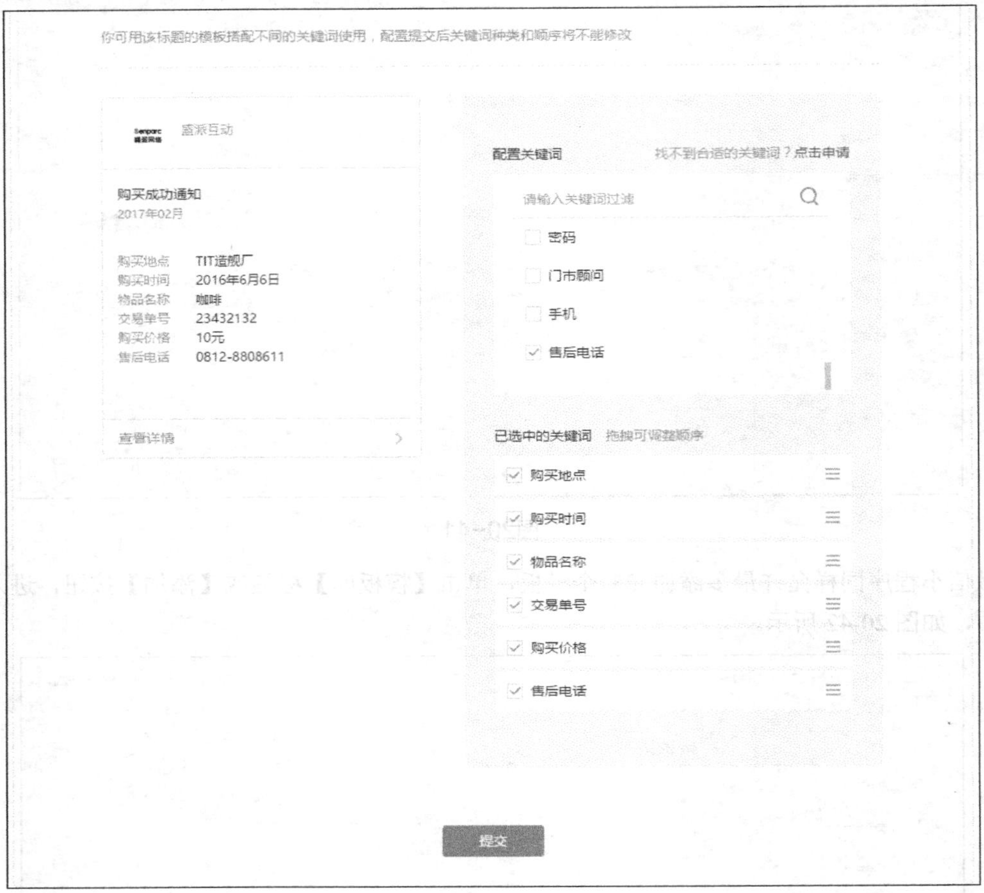

图20-43

20.5.3 第二步：设置并添加模板

在设置页面用户可以勾选需要使用的关键词，并对其排序，配置提交后关键词种类和顺序将不能修改，提交之前需要仔细确认，单击【提交】按钮完成模板添加，如图20-44所示。

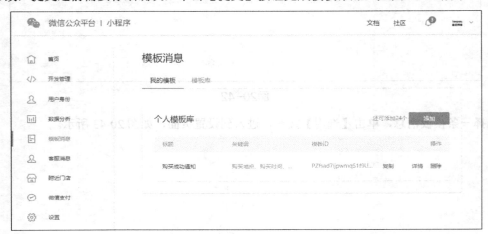

图20-44

如果需要查看完整的模板信息，可以单击【详情】按钮，如图 20-45 所示。

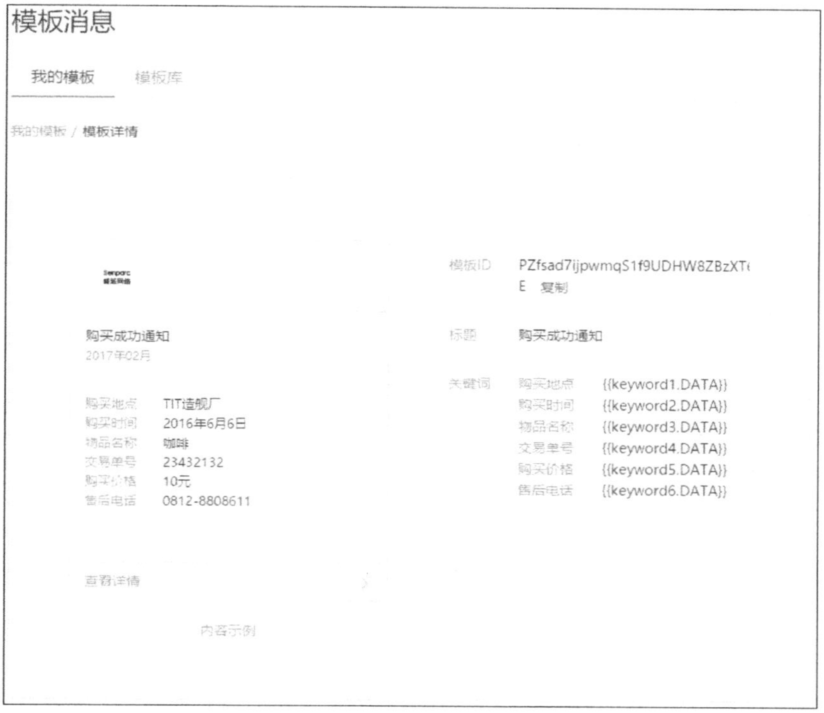

图20-45

"模板 ID"会在发送模板消息时用到，其特点和服务号的模板消息一样，此处需要将其复制保存下来。

20.5.4 第三步：发送模板消息

按照第 15 章 "模板消息" 15.4.6 节 "发送模板消息" 的 "优化" 做法，我们这里一步到位，直接创建一个基于 TemplateMessageBase 的类，例如 WxOpenTemplateMessage_PaySuccessNotice 626#308：

```
public class WxOpenTemplateMessage_PaySuccessNotice : TemplateMessageBase
{
    public string keyword1 { get; set; }
    public string keyword2 { get; set; }
    public string keyword3 { get; set; }
    public string keyword4 { get; set; }
    public string keyword5 { get; set; }
    public string keyword6 { get; set; }

    /// <summary>
    /// "购买成功通知"模板消息数据
    /// </summary>
    /// <param name="payAddress">购买地点</param>
    /// <param name="payTime">购买时间</param>
    /// <param name="productName">物品名称</param>
```

```csharp
/// <param name="orderNumber">交易单号</param>
/// <param name="orderPrice">购买价格</param>
/// <param name="hotLine">售后电话</param>
/// <param name="url"></param>
/// <param name="templateId"></param>
public WxOpenTemplateMessage_PaySuccessNotice(
    string payAddress, DateTime payTime, string productName,
    string orderNumber, decimal orderPrice, string hotLine,
    string url, string templateId =
"PZfsad7ijpwmqS1f9UDHW8ZBzXT69mKdzLR9zCFBD-E")
    : base(templateId, url, "购买成功通知")
{
    /*
        关键词
        购买地点  {{keyword1.DATA}}
        购买时间  {{keyword2.DATA}}
        物品名称  {{keyword3.DATA}}
        交易单号  {{keyword4.DATA}}
        购买价格  {{keyword5.DATA}}
        售后电话  {{keyword6.DATA}}
    */

    keyword1 = payAddress;
    keyword2 = payTime.ToString();
    keyword3 = productName;
    keyword4 = orderNumber;
    keyword5 = orderPrice.ToString("C");
    keyword6 = hotLine;
}
```

在 WxOpenController 这中加入一个新的 Action 626#309：

```csharp
[HttpPost]
public ActionResult TemplateTest(string sessionId, string formId)
{
    var sessionBag = SessionContainer.GetSession(sessionId);
    var openId = sessionBag != null ? sessionBag.OpenId : "用户未正确登录";

    var data = new WxOpenTemplateMessage_PaySuccessNotice(
        "在线购买", DateTime.Now, "图书众筹", "1234567890",
        100, "400-9939-858", "http://sdk.senparc.weixin.com");

    try
    {
        Senparc.Weixin.WxOpen.AdvancedAPIs
            .Template.TemplateApi
            .SendTemplateMessage(
```

```
                AppId, openId, data.TemplateId, data, formId);

        return Json(new { success = true , msg = "发送成功" });
    }
    catch (Exception ex)
    {
        return Json(new { success = false, openId = openId, formId = formId, msg = ex.Message });
    }
}
```

为了触发这个 Action，我们需要在客户端加入一些触发的代码，在 index.wxml 中加入如下代码 626#310：

```
<!-- 模板消息 -->
<form report-submit="true" bindsubmit="formTemplateMessageSubmit">
<button formType="submit" type="primary"
hover-class="other-button-hover" class="btn-DoRequest">
测试模板消息
</button>
</form>
```

注意上述加粗的代码，是提交请求后支持模板消息所必需的：

- report-submit="true"

  只有设置了 report-submit="true" 之后，在表单提交时才能获取到 formId，formId 或 prepayId（适用于支付过程）是发送模板消息所必需的条件。

- bindsubmit="formTemplateMessageSubmit"

  bindsubmit 用于指定触发表单提交后执行的方法。

- formType="submit"

  当 button 的 formType 为 submit 时，此 button 单击时会触发表单提交。

指定了表单触发的方法之后，在 index.js 中加入 formTemplateMessageSubmit 方法 626#311：

```
//测试模板消息提交 form
formTemplateMessageSubmit:function(e)
{
    var submitData = JSON.stringify({
       sessionId:wx.getStorageSync("sessionId"),
       formId:e.detail.formId
    });

    wx.request({
      url: 'https://sdk.weixin.senparc.com/WxOpen/TemplateTest',
      data: submitData,
      method: 'POST',
```

```
      success: function(res){
        // success
        var json = res.data;
        console.log(res.data);
        //模组对话框
        wx.showModal({
          title: '已尝试发送模板消息',
          content: json.msg,
          showCancel:false
        });
      }
    })
  },
  //其他代码
  onLoad: function () {...}
```

预览之后在手机端的呈现如图20-46所示。

单击【测试模板消息】按钮,经过发送请求和回调之后,界面上显示发送成功的提示,如图20-47所示。

图20-46

图20-47

与此同时,可以看到微信收到新消息的提示,返回微信聊天列表,可以看到在【服务通知】对话中收到了一条消息,打开后即可看到收到的模板消息,如图20-48所示。

图20-48

如果单击【进入小程序查看】按钮，即可重新回到小程序内。

20.5.5 申请模板

在模板库页面我们可以根据需要查询合适的模板，如果查询的关键字找不到模板，系统会提示申请模板，如图 20-49 所示

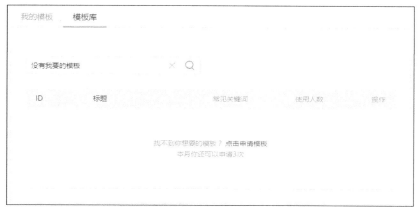

图20-49

每个月允许申请 3 次自定义的模板，单击【单击申请模板】按钮，进入到申请页面，仔细阅读说明提示，填写关键词，如图 20-50 所示。

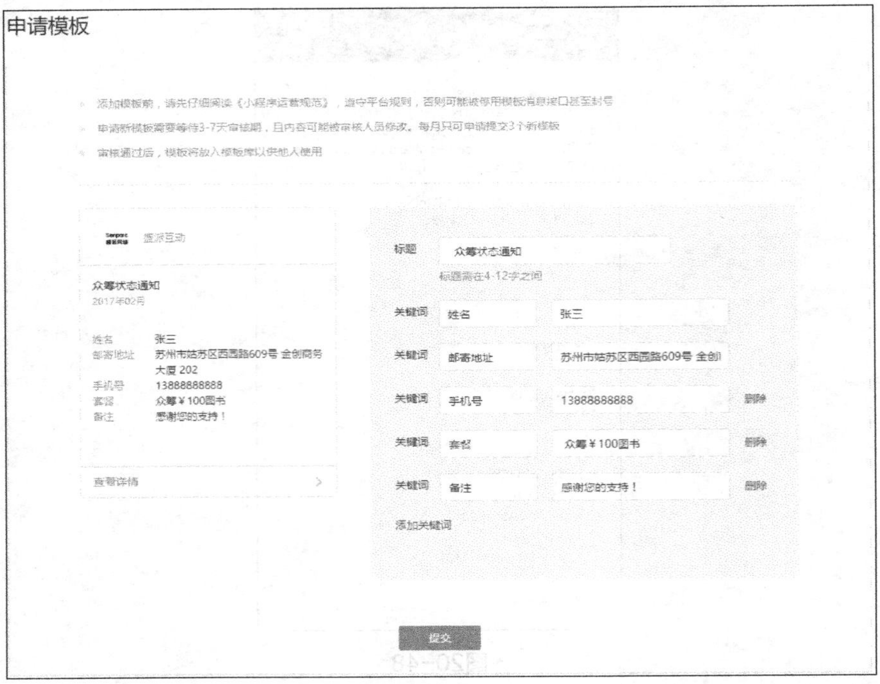

图20-50

最多可以添加 5 个关键词，单击【提交】按钮，等待审核，如图 20-51 所示。

图20-51

有关审核和填写的规范，微信官方也已经做了明确的要求，详见相关接口说明 627#312：
https://mp.weixin.qq.com/debug/wxadoc/dev/api/notice.html#接口说明

20.6 实现数据请求

在公众号的前端网页开发中,我们如果需要获取数据,首选的是通过 AJAX ,那么在小程序中如何向开发者服务器请求数据呢?这需要用到 wx.request 接口。

wx.request 用法和 jQuery 的 AJAX 方法:$.ajax() 比较接近。服务器端的开发也不需要太特殊的处理,平时我们怎么处理 AJAX 请求,仍然怎么处理 wx.request 请求就可以了。

下面在之前的 Demo 基础上,来做一个基于 wx.request 的请求。

- 修改 index.wxml

在 index.wxml 中合适的位置加入以下粗体代码 628#313 :

```
<!--index.wxml-->
<view class="container">
  <!-- 略 -->

  <!-- 请求数据 -->
  <button type="primary" bindtap="doRequest"
hover-class="other-button-hover" class="btn-DoRequest">
  获取数据
  </button>
</view>
```

- 修改 index.wxss

在 index.wxss 中的合适位置加入以下代码 628#396 :

```
.btn-DoRequest{
  margin-top:20px;
}
```

保存之后,我们可以在左侧的预览窗口看到一个按钮已经被添加进来,如图 20-52 所示。

图20-52

- 修改 index.js

在 index.js 文件中添加以下粗体代码 628#314 :

```
//index.js
//获取应用实例
```

```
var app = getApp()
Page({
  //data:...
  //事件处理函数
  //bindViewTap:...

  //处理 wx.request 请求
  doRequest:function(){
    var that = this;
    wx.request({
      url: 'https://sdk.weixin.senparc.com/WxOpen/RequestData',
      data: { nickName : that.data.userInfo.nickName},
      method: 'POST', // OPTIONS, GET, HEAD, POST, PUT, DELETE, TRACE, CONNECT
      // header: {}, // 设置请求的 header
      success: function(res){
        // success
        var json = res.data;
        //模组对话框
        wx.showModal({
          title: '收到消息',
          content: json.msg,
          showCancel:false,
          success: function(res) {
            if (res.confirm) {
              console.log('用户单击确定')
            }
          }
        });
      },
      fail: function() {
        // fail
      },
      complete: function() {
        // complete
      }
    })
  },

  //onLoad:...
})
```

wx.request 的参数说明如表 20-5 所示。

表 20-5

参数名	类型	必填	说明
url	String	是	开发者服务器接口地址
data	Object、String	否	请求的参数

续表

参数名	类型	必填	说明
header	Object	否	设置请求的 header，header 中不能设置 Referer
method	String	否	默认为 GET，有效值：OPTIONS, GET, HEAD, POST, PUT, DELETE, TRACE, CONNECT
dataType	String	否	默认为 JSON。如果设置了 dataType 为 JSON，则会尝试对响应的数据做一次 JSON.parse
success	Function	否	收到开发者服务成功返回的回调函数，res = {data: '开发者服务器返回的内容'}
fail	Function	否	接口调用失败的回调函数
complete	Function	否	接口调用结束的回调函数（调用成功、失败都会执行）

data 数据说明：最终发送给服务器的数据是 String 类型，如果传入的 data 不是 String 类型，会被转换成 String。转换规则如下。

1）对于 header['content-type'] 为 'application/json' 的数据，会对数据进行 JSON 序列化。

2）对于 header['content-type'] 为 'application/x-www-form-urlencoded' 的数据，会将数据转换成 query string (encodeURIComponent(k)=encodeURIComponent(v)&encodeURIComponent(k)=encodeURIComponent(v)...)。

在 success 事件中，我们使用了模组对话框组件：wx.model。

以下是微信官方给出的如下一些提示。

1）content-type 默认为 'application/json';

2）开发者工具 0.10.102800 版本，header 的 content-type 设置异常;

3）客户端的 HTTPS TLS 版本为 1.2，但 Android 的部分机型还未支持 TLS 1.2，所以请确保 HTTPS 服务器的 TLS 版本支持 1.2 及以下版本;

4）要注意 method 的 value 必须为大写（例如：GET）;

5）url 中不能有端口;

6）request 的默认超时时间和最大超时时间都是 60s;

7）request 的最大并发数是 5;

8）网络请求的 referer 是不可以设置的，格式固定为 https://servicewechat.com/{appid}/{version}/page-frame.html，其中 {appid} 为小程序的 appid，{version} 为小程序的版本号，版本号为 0 表示为开发版。

- **在 WxOpenController.cs 中添加 Action**

和 url 中的地址对应，我们需要在 WxOpenController.cs 中添加对应的 Action，添加如下粗体代码 628#315 ：

```
namespace Senparc.Weixin.MP.Sample.Controllers.WxOpen
{
```

```csharp
/// <summary>
/// 微信小程序Controller
/// </summary>
public partial class WxOpenController : Controller
{
    // 略

    [HttpPost]
    public ActionResult RequestData(string nickName)
    {
        var data = new
        {
            msg = string.Format("服务器时间:{0},昵称:{1}", DateTime.Now, nickName)
        };
        return Json(data);
    }
}
```

此处的 nickname 参数对应于 wx.request 传递的 data 参数中的 nickName。

- **部署到服务器**

部署之前,需要先按照本章 20.3.1 节中的"配置服务器域名"配置对应的 request 合法域名。

注意:协议必须是 HTTPS,启用 HTTPS 协议可以参考本章 20.11.1 节"使用 HTTPS"。

将小程序发布(或在本地测试),并将 dll 文件编译、上传至服务器,即可开始测试小程序(预览和发布过程请见本章 20.3.5 和 20.3.6 节)。

成功打开小程序后,单击【获取数据】按钮,即可得到正确的响应,如图 20-53 所示。

图20-53

- 在 IIS 中提供 HTTPS 协议访问

设置过程详见本章 20.11.1 节 "使用 HTTPS"。

除 **wx.requst** 以外更多的接口请查看微信官方接口文档：

https://mp.weixin.qq.com/debug/wxadoc/dev/api/

开发、设置的步骤基本都是一样的，包括文件接口、纯 js 的接口等，可以举一反三。

20.7 登录接口及用户信息管理

介绍完了基础的消息通信，我们必然会考虑到安全问题以及身份识别的问题，那么微信小程序的登录过程是怎么实现的呢？

20.7.1 登录：wx.login

在本章 20.3.4 节 "开发第一个小程序" 中，我们介绍的 app.js 内容中，已经包含了 wx.login() 方法的使用，完整的代码及说明如下 630#316：

```
wx.login({
  success: function () {
wx.getUserInfo({
    //接口调用成功的回调函数（非必填）
    success: function (res) {
      //...
    },
    //接口调用失败的回调函数（非必填）
    fail: function (res) {
      //...
    },
    //接口调用结束的回调函数（调用成功、失败都会执行，非必填）
    complete: function (res) {
      //...
    }
  })
 }
})
```

wx.login() 方法可以完成当前微信用户在当前小程序中的登录（需要用户同意）。在登录成功之后，可以在 success 回调方法中得到一个名为 code 的参数，此参数有效期为 5 分钟，开发者需要将 code 发送到开发者服务器后台，使用 "JsCode2Json" API，将 code 换成 openid 和 session_key，然后进行下一步的操作。

微信官方说明：调用接口获取登录凭证（code）进而换取用户登录态信息，包括用户的唯一标识（openid）及本次登录的会话密钥（session_key）。用户数据的加解密通信需要依赖会话密钥完成。

目前已知 **Bug**：iOS/Android 6.3.30，在 **App.onLaunch** 调用 **wx.login** 会出现异常。

于是，wx.login() 方法我们可以改造成这样 630#317：

```
wx.login({
  success: function (res) {
    //换取 openid & session_key
    wx.request({
      url: 'https://sdk.weixin.senparc.com/WxOpen/OnLogin',
      method: 'POST',
      data: {
        code: res.code
      }
    })
  }
})
```

在之前创建的 WxOpenController 中，我们添加一个新的 Action 630#318：

```
[HttpPost]
public ActionResult OnLogin(string code)
{
    var jsonResult = SnsApi.JsCode2Json(AppId, AppSecret, code);
    if (jsonResult.errcode == ReturnCode.请求成功)
    {
        Session["WxOpenUser"] = jsonResult;//使用 Session 保存登录信息
        return Json(new { success = true, msg = "OK" });
    }
    else
    {
        return Json(new { success = false, msg = jsonResult.errmsg });
    }
}
```

部署完毕之后，我们可以看到微信小程序在打开的时候，自动执行了 wx.login() 方法，并请求了 OnLogin，得到了期望的结果，如图 20-54 所示。

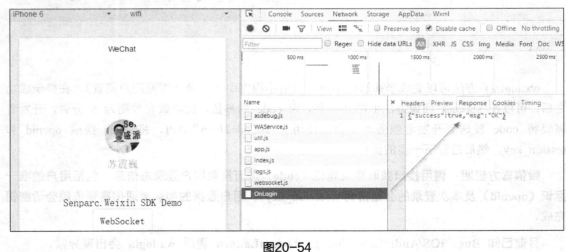

图20-54

在 Session 中，我们储存了通过 JsCode2Json 接口获取的结果，类型为 JsCode2JsonResult，其中包含了当前用户 openid 和 session_key 两个参数。

此处的 openid 和微信公众号的 OpenId 意义是一样的。session_key 是对用户数据进行加密签名的密钥。

微信官方提示：**为了自身应用安全，session_key 不应该在网络上传输。**

当然，我们同样不建议将 OpenId 在网络上明文传输。

20.7.2 登录状态维护：SessionContainer

上述 OnLogin 中，我们暂时使用了 Session 记录了用户的登录状态，这需要依靠 ASP.NET 自身的 Session 机制，在小程序的环境中，这可能是不稳定的，因为涉及小程序的 Cookie 储存状态等一系列问题，因此微信官方也推荐开发者采用自己的 3rd_session 来管理 openid 及 session_key，并自己生成索引数据的 Key。

Senparc.Weixin.WxOpen.dll 中已经考虑到了这个问题，提供了 SessionContainer 对用户的 openid 及 session_key 进行管理。

SessionContainer 基于 BaseContainer<TBag> 进行创建，有关详情请参考第 10 章"Container：数据容器"。

在使用上，SessionContainer 也是非常简单，SessionContainer 提供了 2 个常用的公共方法，如表 20-6 所示。

表 20-6

方法	说明
SessionContainer.GetSession(string key)	获取 Session
SessionContainer.UpdateSession(string key, string openId, string sessionKey)	更新或插入 SessionBag，当 key 为 null 时，自动生成一个 SessionBag 对象并插入到缓存

由于 SessionContainer 继承了 BaseContainer<TBag>，因此也具备了 BaseContainer 的缓存策略及其特性，缓存服务可以使用本机内存缓存或 Redis、Memcached 等分布式缓存或开发者自定义的缓存策略（如数据库、文件等）。

使用 SessionContainer 后，OnLogin() 方法的代码可以改为（注意粗体部分代码） 631#319：

```
[HttpPost]
public ActionResult OnLogin(string code)
{
    var jsonResult = SnsApi.JsCode2Json(AppId, AppSecret, code);
    if (jsonResult.errcode == ReturnCode.请求成功)
    {
        //Session["WxOpenUser"] = jsonResult;//使用 Session 保存登录信息（不推荐）

        //使用 SessionContainer 管理登录信息（推荐）
        var sessionBag = SessionContainer.UpdateSession(null, jsonResult.openid, jsonResult.session_key);

        //注意：生产环境下 SessionKey 属于敏感信息，不能进行传输！
```

```
            return Json(new { success = true, msg = "OK", sessionId = sessionBag.Key });
        }
        else
        {
            return Json(new { success = false, msg = jsonResult.errmsg });
        }
    }
}
```

部署之后重新打开小程序,如图 20-55 所示。

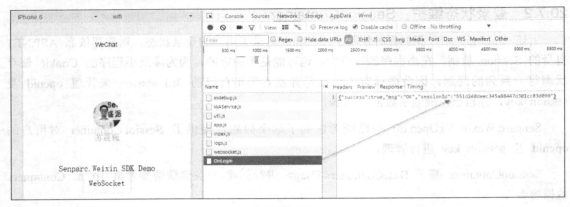

图20-55

注意:Senparc.Weixin.WxOpen 为每个 sessionId 设置的默认过期时间为 **2 天**,并且采用滚动过期的方式:最后一次访问 sessionBag 起,重新向后计算 2 天。超过时间后 sessionId 将会失效,客户端需要重新获取。

在得到了 sessionId(3rd_session)之后,我们需要将 sessionId 储存到微信小程序的本地缓存中,以便随时获取,我们这样改写 wx.login() 方法 631#320:

```
wx.login({
  success: function (res) {
    //换取 openid & session_key
    wx.request({
      url: 'https://sdk.weixin.senparc.com/WxOpen/OnLogin',
      method: 'POST',
      data: {
        code: res.code
      },
      success:function(json){
        var result = json.data;
        if(result.success)
        {
          wx.setStorageSync('sessionId', result.sessionId);
          console.log('sessionId:',wx.getStorageSync('sessionId'));
        }else{
          console.log('储存 session 失败! ',json);
        }
      }
    })
```

```
        //…
    }
})
```

上述代码我们通过 wx.setStorageSync('sessionId', result.sessionId) 将 session 储存在本地 storage 中,需要获取的时候使用 **var sessionId = wx.getStorageSync('sessionId')** 方法即可。

注意：在使用 SessionContainer 的时候也要注意缓存策略的使用，我们建议使用比如 Redis 这样的外部缓存，这样可以避免因为程序重启而导致的意外的信息丢失。除了使用 SessionContainer 以外，也可以使用"数据库 + 缓存"的方式确保稳妥。

20.7.3 验证：wx.checkSession

wx.login() 方法完成当前微信在小程序的登录之后，登录状态是可能在一些情况下丢失的（例如因为缓存清空、时长等原因），这时候我们需要使用 wx.checkSession 对当前用户的登录状态进行检查，wx.checkSession 的使用方法如下 632#321 ：

```
wx.checkSession({
    success: function(){
        //登录态未过期
    },
    fail: function(){
        //登录态过期
        wx.login()
    }
})
```

这段代码可以加入到全局的 app.js 的 onLaunch 事件中，也可以加入到每个页面的 onLoad 事件中，或必须强制判断当前用户登录状态的过程中。

20.7.4 签名加密

为了确保开放接口返回用户数据的安全性，微信会对明文数据进行签名。开发者可以根据业务需要对数据包进行签名校验，确保数据的完整性。

以 wx.getUserInfo() 方法为例（在本章 20.3.4 节"开发第一个小程序"中的 app.js 文件的 wx.login() 方法中已经有用到），获取到的结果如图 20-56 所示。

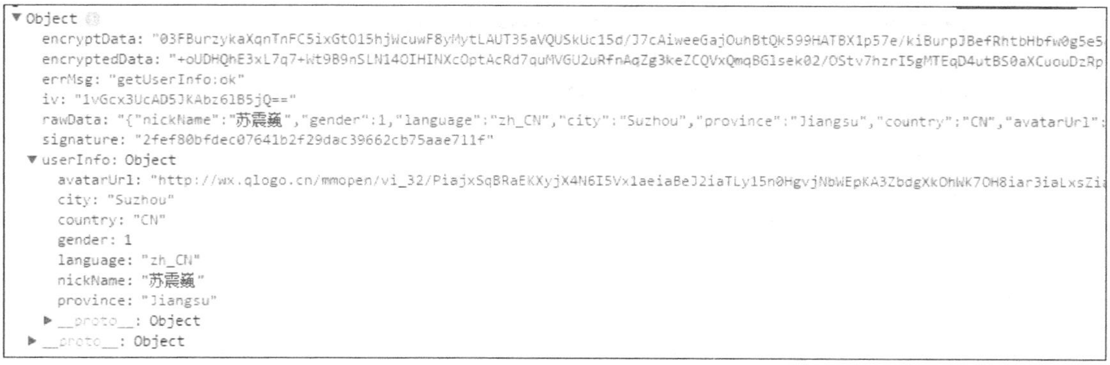

图20-56

其中的 signature 参数是 rawData + session_key 拼接字符串经过 SHA1 加密之后的结果，开发者可以在服务器端，采用相同的逻辑生成一个比照 signature2，与当前的 signature 进行比较。

Senparc.Weixin.WxOpen.dll 中已经提供了比较的方法，可以很方便地做到。

第一步：WxOpenController 添加 Action 633#322。

```
[HttpPost]
public ActionResult CheckSignature(string sessionId,string rawData,string signature)
{
    try
    {
        var checkSuccess = Senparc.Weixin.WxOpen.Helpers.EncryptHelper.CheckSignature(sessionId, rawData, signature);
        return Json(new {success = checkSuccess, msg = checkSuccess ? "校验成功", "校验失败"});
    }
    catch (Exception ex)
    {
        return Json(new {success = false, msg = ex.Message});
    }
}
```

第二步：客户端发送验证请求 633#323。

```
wx.getUserInfo({
  success: function (userInfoRes) {
    console.log('get userinfo',userInfoRes);
    that.globalData.userInfo = userInfoRes.userInfo
    typeof cb == "function" && cb(that.globalData.userInfo)

    //校验
    wx.request({
      url: 'https://sdk.weixin.senparc.com/WxOpen/CheckWxOpenSignature',
      method: 'POST',
      data: {
        sessionId: wx.getStorageSync('sessionId'),
        rawData:userInfoRes.rawData,
        signature:userInfoRes.signature
      },
      success:function(json){
        var checkSuccess = json.data.success;
        console.log(json.data);
      }
    });
  }
})
```

当 checkSuccess 为 true 时，表明验证通过，否则验证不通过，比较大的可能性有：

1）客户端得到的 rawData 信息不完整或错误（被篡改）；

2）服务器端的 session_key 错误或无效。

20.7.5　加密数据解密算法

接口如果涉及敏感数据（如 wx.getUserInfo 当中的 openId 和 unionId），接口的明文内容将不包含这些敏感数据。开发者如需要获取敏感数据，需要对接口返回的加密数据（encryptedData）进行对称解密。解密算法如下：

1）对称解密使用的算法为 AES-128-CBC，数据采用 PKCS#7 填充；

2）对称解密的目标密文为 Base64_Decode(encryptedData)；

3）对称解密密钥 aeskey = Base64_Decode(session_key), aeskey 是 16 字节；

4）对称解密算法初始向量 iv 会在数据接口中返回。

被解密出来的信息为 JSON 格式字符串，如 634#324：

```
{
    "openId": "onh7q0DGM1dctSDbdByIHvX4imxA",
    "nickName": "苏震巍",
    "gender": 1,
    "city": "Suzhou",
    "province": "Jiangsu",
    "country": "CN",
    "avatarUrl": "http://wx.qlogo.cn/mmopen/vi_32/PiajxSqBRaEKXyjX4N6I5Vx1aeiaBeJ2iaTLy15n0HgvjNbWEpKA3ZbdgXkOhWK7OH8iar3iaLxsZia5Ha4DnRPlMerw/0",
    "unionId": null,
    "watermark": {
        "appid": "wxfcb0a0031394a51c",
        "timestamp": "1485785979"
    }
}
```

其中包含了 openId、unionId 等敏感信息，以及一个名为 watermark 对象。watermark 其中包含了 appid 及 timestamp 两个参数，用于让开发者校验此信息的归属，以及时效性。

微信官方提供了几种语言的示例代码，但是没有提供 C# 版本的，为此，Senparc.Weixin.WxOpen.dll 根据算法规则进行了封装实现。

解密相关的方法封装在 Senparc.Weixin.WxOpen.Helpers.EncryptHelper 类下，方法说明见表 20-7。

表 20-7

方法	参数说明	方法说明
DecodeEncryptedData (string sessionKey, string encryptedData, string iv) 返回类型：string	1) sessionKey： 储存在 SessionBag 中的当前用户 会话 SessionKey 2) encryptedData： 接口返回数据中的 encryptedData 参数 3) iv： 接口返回数据中的 iv 参数，对称解密算法初始向量	解密所有消息的基础方法
DecodeEncryptedDataBySessionId (string sessionId, string encryptedData, string iv) 返回类型：string	1) sessionId： 用户 会话 SessionId，即 SessionBag.Key 2) encryptedData： 接口返回数据中的 encryptedData 参数 3) iv： 接口返回数据中的 iv 参数，对称解密算法初始向量	解密消息（通过 SessionId 获取）
DecodeUserInfoBySessionId (string sessionId, string encryptedData, string iv) 返回类型：DecodedUserInfo	同上	解密 UserInfo 消息（通过 SessionId 获取）
CheckWatermark (DecodeEntityBase entity, string appId) 返回类型：bool	1) entity： 解密之后的对象实体，如 DecodedUserInfo，DecodeEntityBase 是所有解密对象的基类，包含水印（Watermark）信息 2) appId： 当前小程序的 AppId	检查解密消息水印

解密信息只需要使用 wx.request() 接口，将 sessionId、encryptedData、iv 三个参数传递到开发者服务器，Senparc.Weixin.WxOpen 就可以自动进行处理，例如我们可以如下这么做。

第一步：将以下代码插入 wx.getUserInfo() 接口的 success 回调函数中的签名验证之后 634#325：

```
wx.request({
  url: 'https://sdk.weixin.senparc.com/WxOpen/DecodeEncryptedData',
  method: 'POST',
  data: {
    'type':"userInfo",
    sessionId: wx.getStorageSync('sessionId'),
    encryptedData:userInfoRes.encryptedData,
    iv:userInfoRes.iv
  },
  success:function(json){
```

```
        console.log(json.data);
    }
});
```

第二步：在 WxOpenController 中加入名为 DecodeEncryptedData 的 Action 634#326：

```
[HttpPost]
public ActionResult DecodeEncryptedData(string type, string sessionId, string encryptedData, string iv)
{
    DecodeEntityBase decodedEntity = null;
    switch (type.ToUpper())
    {
        case "USERINFO"://wx.getUserInfo()
            decodedEntity = Senparc.Weixin.WxOpen.Helpers.EncryptHelper.DecodeUserInfoBySessionId(
                sessionId,
                encryptedData, iv);
            break;
        default:
            break;
    }

    //检验水印
    var checkWartmark = false;
    if (decodedEntity != null)
    {
        checkWartmark = decodedEntity.CheckWatermark(AppId);
    }

    //注意：此处仅为演示，敏感信息请勿传递到客户端！
    return Json(new
    {
        success = checkWartmark,
        msg = string.Format("水印验证：{0}",
            checkWartmark ? "通过" : "不通过")
    });
}
```

部署之后，可以看到开发者服务器成功进行了解密并成功验证水印，如图 20-57 所示。

注意：decodedEntity 中通常包含敏感信息（如 openId），请勿在生产环境中将 decodedEntity、sessionKey 传递到客户端，以上代码将其出输出到客户端只是为了方便演示。

图20-57

20.8 实现 WebSocket 通信

20.8.1 关于 WebSocket

在常规的网页通信中，我们知道所有的请求都是无状态的、单向（单工，simplex）的，如果要实现实时的数据通信，就要求我们通过轮询（polling）、长连接（long connection）等方式来模拟全双工（full-duple）通信的能力。很多年前随着 AJAX 的普及，在轮询的方法中也出现了一些新的做法，比如 Comet 就是一种长轮询技术，但这终归是一种模拟，无法实现全双工通通信。

直到 HTML5 标准的制定和实施，才有一种被浏览器广泛支持的全双工通信技术被受到广泛关注，这就是 WebSocket。

WebSocket 在握手阶段通过 HTTP(S)完成，而后通过 TCP 进行通信，是一种真正意义上的全双工通信。

小程序提供了对 WebSocket 的支持，并在客户端封装了一套实现方法。

20.8.2 在服务器上配置 WebSocket

IIS 8.0 以上的版本才能提供对 WebSocket 的支持，这就意味着我们必须使用 Windows Server 2012 或 Windows 8 以上的系统来运行 IIS。

提示：虽然微软官方提供的 SignalR（https://github.com/SignalR/SignalR）组件可以在低于 IIS 8.0 的系统上部署，用于实现看似"WebSocket"的功能，但其实在低于 IIS 8.0 的宿主环境中，SignalR 提供的并不是真正的 WebSocket，而是使用了其他方式实现的，比较有可能的就是 Comet 技术，其本质还是 AJAX。

以 Windows Server 2012 为例，我们可以按照如下步骤添加或检查 WebSocket 的支持。

第一步：单击任务栏图标 ![icon] 打开"服务器管理器"，如图 20-58 所示。

图20-58

第二步：单击【添加角色和功能】按钮，进入"添加角色和功能向导"窗口，如图 20-59 所示。

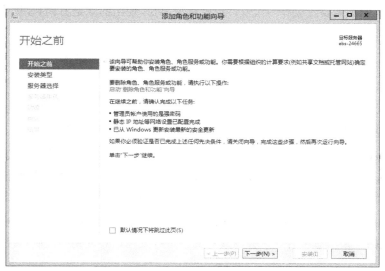

图20-59

第三步：在"开始之前""安装类型""服务器选择"步骤中都单击【下一步】按钮，到达"服务器角色"步骤，在右侧"角色"中，依次打开树状节点【Web 服务器(IIS)】>【Web 服务器】>【应用程序开发】，找到【WebSocket 协议】，选中，如图 20-60 所示。

第四步：单击【下一步】或【安装】按钮，直至安装完成，关闭向导，如果系统提示需要重启则进行重启。

在默认情况下，此时 IIS 中的站点已经可以支持 WebSocket，还有一些特殊的情况可能导致 WebSocket 无法正常工作（小概率事件），请参考本章 20.10.4 节 "20.10.4 解决 Unexpected response code: 200 错误"。

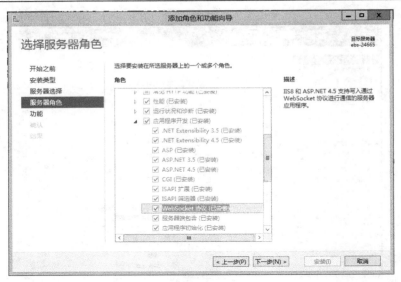

图20-60

小程序强制约定了 WebSocket 的通信协议是 WSS，这是专门用于 WebSocket 的 WS 协议的安全协议，相当于 HTTP 和 HTTPS 的关系。对于已经开启了 HTTPS 支持的网站，则已经默认支持 WSS 协议，我们不需要做额外的设置。也就是说 WSS 使用的就是 HTTPS 提供的通道。同理，WS 协议则是通过 HTTP 的通道进行访问。

20.8.3 使用 Senparc.WebSocket 进行 WebSocket 开发

为了更好地把握小程序 WebSocket 的开发，Senparc 专门开发了一个项目，名叫 Senparc.WebSocket（https://github.com/JeffreySu/Senparc.WebSocket），当前版本为 v0.1.3，目的是针对小程序应用场景下的 WebSocket 进行深度优化。

Senparc.WebSocket 使用 Apache 2.0 协议进行开源，允许进行商用。在撰写本书期间，Senparc.WebSocket 尚处在测试版阶段，但基础的架构已经完成，我们还会不断丰富其功能。除了为微信小程序提供服务以外，Senparc.WebSocket 也可以独立为其他 WebSocket 场景提供服务。

下面我们使用 Senparc.WebSocket 来实现一个假想的场景：当服务器收到用户发送的一段文字后，立即返回一条消息给客户，并继续对文字进行处理，处理完成之后再推送一条处理结果给用户。

后端部分

- 创建自定义 MessageHandler

对于 WebSocket 的请求，Senparc.WebSocket 提供了一个名为 WebSocketMessageHandler 的基类，提供了一些常用的接口，定义如下 638#327：

```
namespace Senparc.WebSocket
{
    /// <summary>
    /// WebSocket 处理程序
    /// </summary>
```

```
public abstract class WebSocketMessageHandler
{
    /// <summary>
    /// 连接时触发事件
    /// </summary>
    /// <param name="webSocketHandler"></param>
    /// <returns></returns>
    public virtual Task OnConnecting(WebSocketHelper webSocketHandler)
    {
        return null;
    }

    /// <summary>
    /// 断开连接时触发事件
    /// </summary>
    /// <param name="webSocketHandler"></param>
    /// <returns></returns>
    public virtual Task OnDisConnected(WebSocketHelper webSocketHandler)
    {
        return null;
    }

    /// <summary>
    /// 收到消息时触发事件
    /// </summary>
    /// <param name="webSocketHandler"></param>
    /// <param name="message"></param>
    /// <returns></returns>
    public abstract Task OnMessageReceiced(WebSocketHelper webSocketHandler, string message);
}
```

WebSocketMessageHandler 是一个抽象类，本身不实现任何具体逻辑，其中包含了以下三个事件。

1）OnConnecting：连接时触发事件，虚方法。

2）OnDisConnected：断开连接时触发事件，虚方法。

3）OnMessageReceiced：收到消息时触发事件，抽象方法。

下一步我们需要按照我们设计的逻辑实现一个自定义的 WebSocketMessageHandler，例如取名为 CustomWebSocketMessageHandler.cs，代码如下 638#328 ：

```
using System.Linq;
using System.Threading.Tasks;
using Senparc.WebSocket;
```

```csharp
namespace Senparc.Weixin.MP.Sample.CommonService.MessageHandlers.WebSocket
{
    /// <summary>
    /// 自定义 WebSocket 处理类
    /// </summary>
    public class CustomWebSocketMessageHandler : WebSocketMessageHandler
    {
        public override Task OnConnecting(WebSocketHelper webSocketHandler)
        {
            //TODO:处理连接时的逻辑
            return base.OnConnecting(webSocketHandler);
        }

        public override Task OnDisConnected(WebSocketHelper webSocketHandler)
        {
            //TODO:处理断开连接时的逻辑
            return base.OnDisConnected(webSocketHandler);
        }

        public override async Task OnMessageReceiced(WebSocketHelper webSocketHandler, string message)
        {
            if (message == null)
            {
                return;
            }

            await webSocketHandler.SendMessage("您发送了文字："+message);
            await webSocketHandler.SendMessage("正在处理中...");

            await Task.Delay(1000);

            //处理文字
            var result = string.Concat(message.Reverse());
            await webSocketHandler.SendMessage(result);
        }
    }
}
```

按照我们需求，开发者服务器在收到消息之后，先连续回复了两条消息 638#329：

```csharp
await webSocketHandler.SendMessage("您发送了文字："+message);
await webSocketHandler.SendMessage("正在处理中...");
```

然后我们模拟了一个复杂的处理过程进行等待（例如远程接口调用、数据库读写等）638#330：

```csharp
await Task.Delay(1000);
```

接下去，我们对收到的文字进行了一个处理（反转字符串）638#331：

```
var result = string.Concat(message.Reverse());
```

最后，返回这个结果 638#332：

```
await webSocketHandler.SendMessage(result);
```

整个过程干净利落，开发者可以几乎忘了 WebSocket 的存在形式，只需要按照处理普通 MessageHandler 的方式进行处理即可。

上述代码中用到的 webSocketHandler 是一个 WebSocketHelper 类型的实例，其中封装了 WebSocket 请求过程中的上下文等对象信息，以及常用的方法。其中，SendMessage() 方法会自动组装一个固定格式的 JSON 字符串返回，例如，当 result 内容为"您发送了文字：我为人人"时，JSON 字符串为：

{"content":"您发送了文字：我为人人","time":"2017/1/28 18:02:44"}

- 注册 Senparc.WebSocket

和微信公众号一样，我们需要在程序中注册 Senparc.WebSocket，做法也十分简单，在 global.asax.cs 中加入如下粗体部分代码 638#333：

```
public class WebApiApplication : System.Web.HttpApplication
{
    protected void Application_Start()
    {
        AreaRegistration.RegisterAllAreas();

        //微信注册 WebSocket 模块
        //（按需，必须执行在 RouteConfig.RegisterRoutes()之前）
        RegisterWebSocket();

        WebApiConfig.Register(GlobalConfiguration.Configuration);
        FilterConfig.RegisterGlobalFilters(GlobalFilters.Filters);
        RouteConfig.RegisterRoutes(RouteTable.Routes);
        BundleConfig.RegisterBundles(BundleTable.Bundles);

        //略
    }

    /// <summary>
    /// 注册 WebSocket 模块
    /// </summary>
    private void RegisterWebSocket()
    {
        //注册路由
```

```
        WebSocket.WebSocketConfig.RegisterRoutes(RouteTable.Routes);
        //注册 WebSocketMessageHandler
        WebSocket.WebSocketConfig
            .RegisterMessageHandler<CustomWebSocketMessageHandler>();
    }
}
```

实际只需要调用如下两个方法。

1)**RegisterRoutes()**:注册路由,注册后 WebSocket 连接的默认地址为 /SenparcWebSocket。

2)**RegisterMessageHandler<CustomWebSocketMessageHandler>()**:将已经创建好的 **CustomWebSocketMessageHandler** 类关联到配置中。

至此为止后端所有需要做的事情已经完成,可以部署到开发者服务器上了,那些和 WebSocket 有关的杂事已经被 Senparc.WebSocket 自动托管处理了,开发者可以不必投入过多精力在 WebSocket 本身的开发。

客户端(前端)部分

WebSocket 通常是用于提供交互的,在这个案例中我们也需要一个 UI 来完成消息发送的操作以及返回消息的显示。我们继续在本章创建的 Demo 中来加入一个页面,取名为 WebSocket,如图 20-61 所示。

图20-61

关键代码如下:

- app.json 注册 websocket 页面,添加以下粗体代码 638#334 :

```
{
  "pages":[
    "pages/index/index",
    "pages/logs/logs",
    "pages/websocket/websocket"
  ],
  //...
}
```

- index.wxss 中添加 websocket 页面入口按钮，在适当位置添加如下代码 638#335：

```
<!-- WebSocket -->
<button type="devalut" bindtap="bindWebsocketTap">
WebSocket
</button>
```

- websocket.js 定义单击事件 638#336：

```
Page({
  //…
  bindWebsocketTap: function(){
    wx.navigateTo({
      url: '../websocket/websocket'
    })
  },
})
//…
```

此时 index 页面如图 20-62 所示。

图20-62

下面进入 websocket 页面的编辑。

- websocket.wxml 定义客户端元素 638#337：

```
<view class="container">
<text>{{messageTip}}</text>


  <scroll-view scroll-y="true" style="height: 260px;" bindscrolltoupper="upper"
bindscrolltolower="lower" bindscroll="scroll">
```

```
<!-- 消息列表 -->
<block wx:for="{{messageTextArr}}"
      wx:for-index="index"
      wx:key="{{index}}"
      wx:for-item="msgItem">
 <view class="messageItem">
   <text class="messageTime">{{msgItem.time}}</text>
   <text class="messageContext">{{msgItem.content}}</text>
 </view>
</block>
  </scroll-view>
</view>

<!-- 消息提交 -->
<view>
<form bindsubmit="formSubmit">
<view class="flex-wrp" style="flex-direction:column;">
  <view class="flex-item submitContent">
    <input placeholder="输入内容" name="messageContent" class="txtContent" value="{{messageContent}}" />
  </view>
  <view class="flex-item submitButton">
    <button type="primary" formType="submit" class="btnSubmit">
    发送
    </button>
  </view>
</view>
</form>
</view>
```

- **websocket.wxss 定义样式** 638#338:

```
.container{
    padding-top:10px;
}

.submitContent{
    width:60%;
    float:left;
}

.submitButton{
    width: 20%;
    float:right;
}

input.txtContent{
```

```
   border:1px solid green;

   height:20px;
   line-height: 30px;
}

button.btnSubmit
{
   line-height: 30px;
   height:30px;
}


.messageItem{
   clear:both;
   padding:5px 10px;
   font-size: 12px;
}

   .messageItem .messageIndex{
       width: 20px;
   }

    .messageItem .messageTime{
        display: block;
        color:darkgrey;
        clear: both;
   }

    .messageItem .messageContext{
       display: block;
       clear:both;
       color:teal;
       padding-left: 10px;
       width:100%;
   }
```

完成样式

- websocket.js 定义逻辑 638#339：

```
var app = getApp()
var socketOpen = false;//WebSocket 打开状态
Page({
  data: {
    messageTip: '',
    messageTextArr:[],
    messageContent:'',
    userinfo:{}
```

```javascript
    },
    //sendMessage
    formSubmit: function(e) {
      var that = this;
      var msg = e.detail.value.messageContent;//获得输入文字
      console.log('send message:' +msg );
      if (socketOpen) {
        wx.sendSocketMessage({
          data:msg
        });
        that.setData({
          messageContent:''
        })
      } else {
        that.setData({
          messageTip:'WebSocket 链接失败,请重新连接!'
        })
      }
    },
    onLoad: function () {
      console.log('onLoad')
      var that = this

      //连接 Websocket
      wx.connectSocket({
        url: 'wss://sdk.weixin.senparc.com/SenparcWebSocket t/SenparcWebSocket',
        header:{
          'content-type': 'application/json'
        },
        method:"GET"
      });
      //WebSocket 连接成功
      wx.onSocketOpen(function(res) {
        console.log('WebSocket 连接成功!')
        socketOpen = true;
        that.setData({
          messageTip:'WebSocket 连接成功!'
        })
      })
      //收到 WebSocket 推送消息
      wx.onSocketMessage(function(res) {
        console.log('收到服务器内容: ' + res.data)
        var jsonResult = JSON.parse(res.data);
        var currentIndex= that.data.messageTextArr.length+1;
        var newArr = that.data.messageTextArr;
        newArr.push(
          {
            index:currentIndex,
```

```
          content:jsonResult.content,
          time:jsonResult.time
        });
        console.log(that);
       that.setData({
         messageTextArr:newArr
       });
     })
     //WebSocket 已关闭
     wx.onSocketClose(function(res) {
       console.log('WebSocket 已关闭!')
       socketOpen = false;
     })
     //WebSocket 打开失败
     wx.onSocketError(function(res){
       console.log('WebSocket 连接打开失败,请检查!')
     })
   }
 })
```

以上 wx.xxSocketXX 的一系列方法,是微信小程序封装好的用于 WebSocket 通信的接口,介绍如表 20-8 所示。

表 20-8

wx.connectSocket(OBJECT)	
说明	创建一个 WebSocket 连接;一个微信小程序同时只能有一个 WebSocket 连接,如果当前已存在一个 WebSocket 连接,会自动关闭该连接,并重新创建一个 WebSocket 连接
示例	```//连接 Websocket
wx.connectSocket({
url: 'wss://sdk.weixin.senparc.com/SenparcWebSocket t/SenparcWebSocket',
header:{
'content-type': 'application/json'
},
method:"GET"
});```
wx.onSocketOpen(CALLBACK)	
说明	监听 WebSocket 连接打开事件
示例	```//WebSocket 连接成功
wx.onSocketOpen(function(res) {
console.log('WebSocket 连接成功!')
socketOpen = true;
that.setData({
messageTip:'WebSocket 连接成功!'
})
})```

wx.onSocketError(CALLBACK)	
说明	监听 WebSocket 错误
| 示例 | ```
//WebSocket 打开失败
wx.onSocketError(function(res){
  console.log('WebSocket 连接打开失败，请检查！')
})
``` |

wx.sendSocketMessage(OBJECT)	
说明	通过 WebSocket 连接发送数据，需要先 wx.connectSocket，并在 wx.onSocketOpen 回调之后才能发送
| 示例 | ```
var msg = e.detail.value.messageContent;//获得输入文字
if (socketOpen) {
  wx.sendSocketMessage({
    data:msg
  });
}
``` |

wx.onSocketMessage(CALLBACK)	
说明	监听 WebSocket 接受到服务器的消息事件
| 示例 | ```
//收到 WebSocket 推送消息
wx.onSocketMessage(function(res) {
  var jsonResult = JSON.parse(res.data);
  //...
})
``` |

wx.closeSocket()	
说明	关闭 WebSocket 连接
示例	`wx.closeSocket()`

wx.onSocketClose(CALLBACK)	
说明	监听 WebSocket 关闭
| 示例 | ```
wx.connectSocket({
  url: 'wss://sdk.weixin.senparc.com/SenparcWebSocket t/SenparcWebSocket'
})

//注意这里有时序问题，
//如果 wx.connectSocket 还没回调 wx.onSocketOpen，而先调用 wx.closeSocket，那么就做不到关闭 WebSocket 的目的。
//必须在 WebSocket 打开期间调用 wx.closeSocket 才能关闭。
wx.onSocketOpen(function() {
  wx.closeSocket()
})

wx.onSocketClose(function(res) {
  console.log('WebSocket 已关闭！')
})
``` |

现在将微信小程序进行预览或者发布体验版，我们即可进行测试，打开主页，单击【WebSocket】按钮，如图 20-63 所示。

输入文字"人人为我"，单击【发送】按钮，可以看到服务器先后返回的 3 条消息，如图20-64 所示。请注意一下消息时间，最后一条消息是过了 1 秒钟才发送过来的。

图20-63

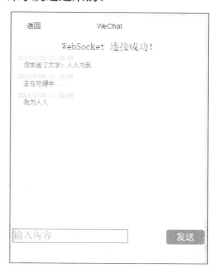

图20-64

以上案例实现了单个客户端和服务器之间的 WebSocket 通信，如果要实现多个终端之间的群发、定向发送，需要在 Senparc.WebSocket 现有基础上加上一个总线功能，这也是我们正在研发的模块，不久之后就会发布，请关注项目：https://github.com/JeffreySu/Senparc.WebSocket。

20.9 小程序的微信支付

微信小程序也提供了微信支付的功能，在进入微信小程序后台首页后，可以看到左侧菜单已经有"微信支付"的按钮，如图 20-65 所示。

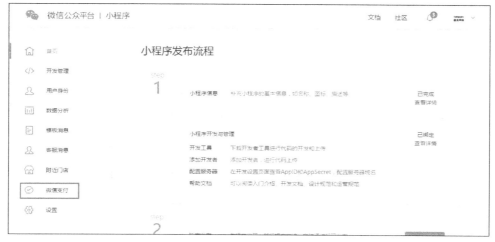

图20-65

单击【微信支付】按钮，进入"微信支付"页面，如图20-66所示。

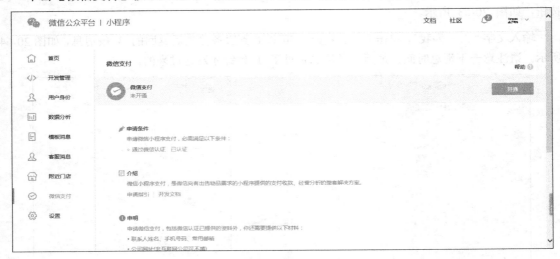

图20-66

初次进入，页面会提示开通微信支付，开通的前提是当前微信小程序账号必须已经通过审核。单击【开通】按钮，系统会提示两种绑定方式，分别是"新申请"和"绑定"，如图20-67所示。

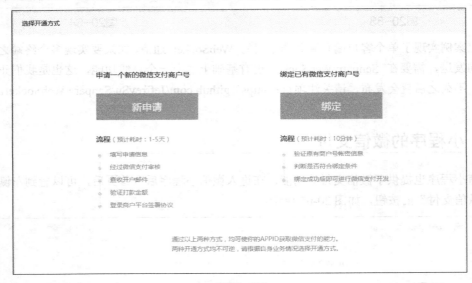

图20-67

"新申请"的流程和常规的微信支付申请流程相同，见 19 章 19.2 节"申请微信支付"，这里不再重复介绍。

"绑定"功能可以选择已经申请好的微信支付账号进行绑定，无需重新申请。

单击【绑定】按钮，弹出"绑定已有商户号开通微信支付"窗口，如图20-68所示。

图20-68

填写已有的商户号及登录密码、验证码，**注意：所绑定的商户号认证主体必须和微信小程序的认证主体是同一个。**

单击【提交】按钮完成绑定，返回"微信支付"页面，如图20-69所示。

图20-69

完成绑定之后即可开始通过微信小程序使用微信支付的功能了。

微信小程序的支付流程、方法和普通公众号的没有区别，详情请参考第 19 章"微信支付"，唯一不同的是需要将原先 HTML5 和 JS-SDK 的方法换成微信小程序的 wxml 和 wx.requestPayment()。

20.10 小程序开发过程中的常见问题

本节主要介绍小程序在开发、部署、运维过程中，在写代码以外会碰到的一些问题。

20.10.1 使用 HTTPS

小程序在界面上和开发者服务器的通信都强制使用了 HTTPS 协议进行通信（包括 wx.request、WebSocket、图片上传、下载等），那么如果线上测试环境还没有申请 SSL 证书，或没有支持 HTTPS 访问怎么办呢？

在测试阶段，我们可以临时添加一个证书，做法如下。

第一步：打开 IIS。

第二步：在左侧【连接】区域中选中所部署的小程序网站。

第三步：在右侧的【操作】区域中的【编辑网站】下【绑定...】按钮。

第四步：单击"网站绑定"窗口中的"添加"按钮，在"类型"下拉框中选择"https"，端口默认 443（此地址不能带特殊端口），在"主机名"中输入和小程序后台设置匹配的安全域名，如图 20-70 所示。

图20-70

在"SSL 证书"下拉框中默认显示的是"未绑定"，此时如果你有合法的 SSL 证书，可以进行绑定，如果只是测试，可以选择"WMSVC"选项，如图 20-71 所示。

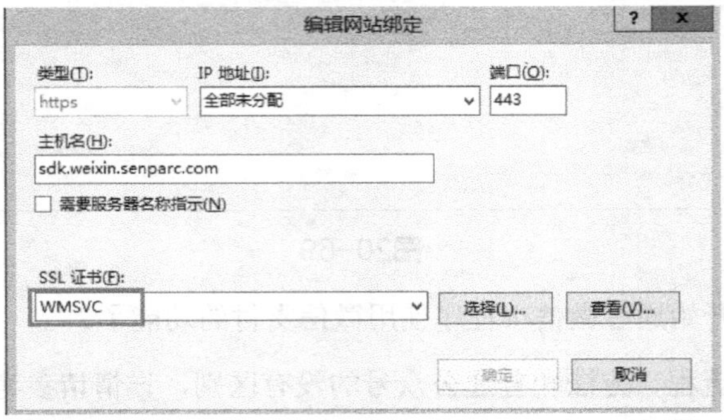

图20-71

如果在"SSL 证书"下拉框中找不到"WMSVC"选项，说明还有服务没有安装，请参考本章 20.10.2 节"安装 WMSVC 证书"。

注意：使用 WMSVC 证书只能暂时解决设置 HTTPS 协议访问的问题，用户通过浏览器访问时，浏览器仍然可能给出危险提示，会严重影响用户体验，以 Chrome 浏览器为例，如图 20-72 所示。

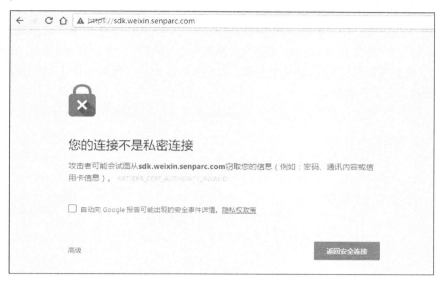

图20-72

即使用户手动同意继续访问，⚠ https 提示仍然会一直显示。那么如何在最短的时间内申请到一个免费的 SSL 证书呢？请参考本章 20.10.3 节“申请免费的 SSL 证书”。浏览器认可的证书可会显示绿色的锁标识 🔒 https，如图 20-73 所示。

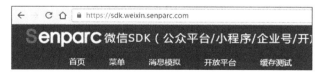

图20-73

第五步：单击【确定】按钮，完成绑定操作，如图 20-74 所示。

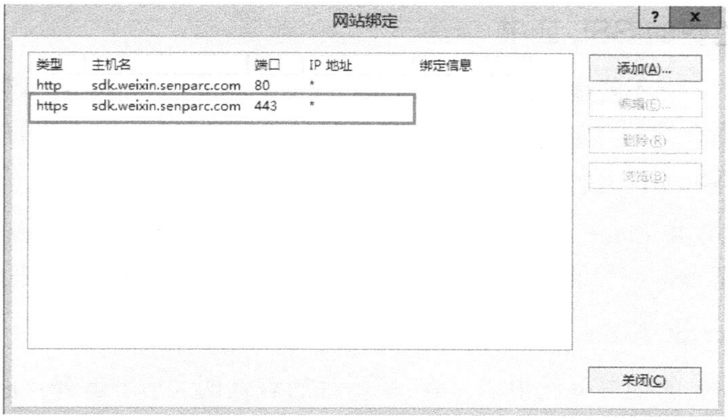

图20-74

如果服务器系统内或云主机外部开启了防火墙，需要将 443 端口放行（入站规则）。

注意：经测试，在正式发布之后的实际生产环境最好使用正式申请的证书（包括在手机端测试），否则可能导致请求无效。

20.10.2 安装 WMSVC 证书

参考本章 20.8.2 节"在服务器上配置 WebSocket"安装 WebSocket 服务的步骤，进入到"添加角色功能向导"的"服务角色"步骤，在右侧"角色"树状结构中，依次打开【Web 服务器(IIS)】>【管理工具】，找到【管理服务】，选中复选框，如图 20-75 所示。然后单击【下一步】及【安装】按钮，完成安装，关闭向导窗口。

图20-75

安装之后通常无需重启，即可在 IIS 的"编辑网站绑定"对话框中的"SSL 证书"下拉框中看到"WMSVC"选项。

20.10.3 申请免费的 SSL 证书

如果 WMSVC 证书不能满足需要，那么我们就需要申请一个和域名绑定的被浏览器认可的证书。这里介绍一种免费的 SSL 证书的申请和安装方式。我本人比较喜欢的是"Let's Encrypt" 643#472（https://letsencrypt.org/）。

Let's Encrypt 是由 Linux 基金会托管，由 Mozilla、思科、Akamai、IdenTrust 和 EFF 等组织发起，是一个比较靠谱的免费证书，"花头精"比较少，作为临时的安全证书用还是非常不错的。

使用 Let's Encrypt 的安全证书，有 2 点需要注意：

1）Let's Encrypt 的证书每次申请只有 3 个月的有效期（官方解释：https://letsencrypt.org/2015/11/09/why-90-days.html），因此如果是长期使用，需要注意续期的问题。

2）Let's Encrypt 的证书申请是有频率限制的（官方说明：https://letsencrypt.org/docs/rate-limits/），例如每个注册域名每周最多能申请 20 个证书，并对访问量做了限制。当然常规的开发测试，或是

第 20 章 微信小程序

流量比较小的网站，可以忽略这些限制，但还是建议你在使用前全面了解一下，避免发生突发事件。

通常 SSL 的传统安装步骤是比较繁琐的，Let's Encrypt 也不例外，好在官方提供了一个自动申请和安装的工具，使我们有可能在几分钟之内完成整个 SSL 证书的申请、安装、绑定和第一次浏览。下面就让我们开始吧！

第一步：下载安装工具

下载地址 643#473：http://files.cnblogs.com/files/szw/letsencrypt-win-simple.V1.9.1.zip

下载后解压到一个固定位置（由于安装后程序会自动执行任务，帮助 SSL 证书自动续期，因此位置必须固定），解压后文件如图 20-76 所示。

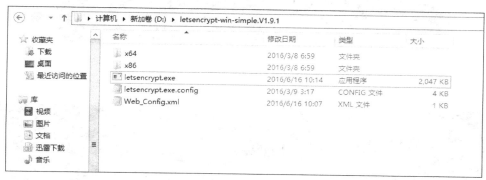

图20-76

第二步：打开工具

按住键盘上的 Shift 键，同时在文件窗口内空白处单击鼠标右键，可以看到一个"在此处打开命令窗口"的选项，如图 20-77 所示，单击它。

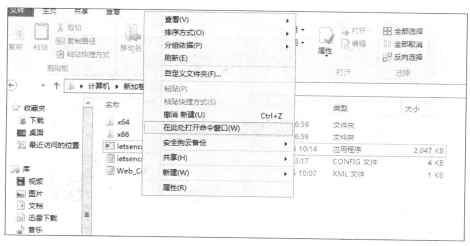

图20-77

在打开的命令行窗口中，输入 letsencrypt.exe，如图 20-78 所示。

图20-78

按下回车,打开工具,如图 20-79 所示。

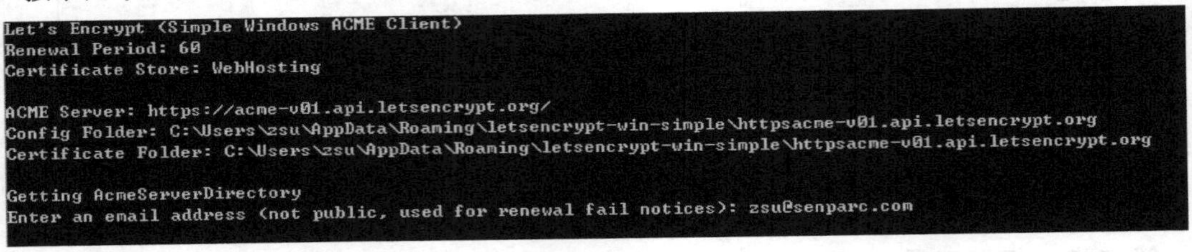

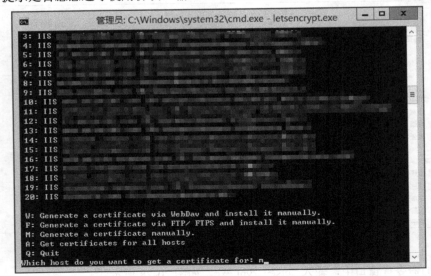

图20-79

首次运行工具会提示输入一个 Email 地址,输入一个常用地址,回车。

随后会提示是否愿意遵守使用协议,输入 Y。随后进入证书申请过程,如图 20-80 所示。

图20-80

第一个问题是询问我们需要为哪一个网站安装证书,并提供了一种手动安装的选项,我们选择手动安装，输入 m，按回车。

随后工具提示我们输入一个域名，如图 20-81 所示。

图20-81

在这里我们输入另外一个网站的域名：weixin.senparc.com（和 sdk.weixin.senparc.com 是独立关系），按回车。

如图 20-82 所示，随后工具提示输入网站所在的本地路径，我们输入网站的根目录物理路径，回车。

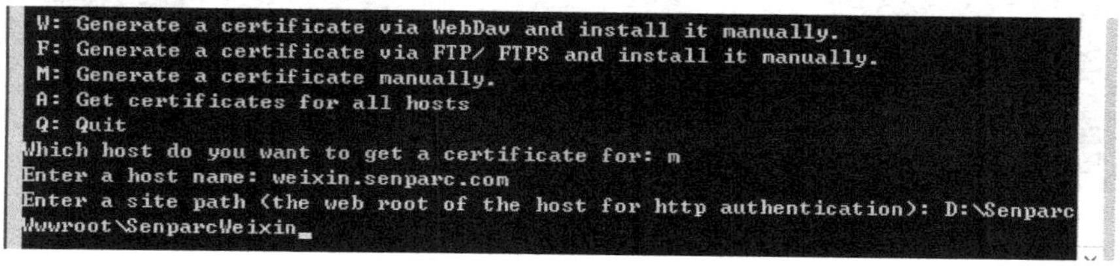

图20-82

随后，工具会在网站根目录下创建一个名为 .well-known 的文件夹，并在下面创建一个随机命名的文件，并进行远程访问测试，以确保以上域名和物理路径都没有错误。

如果顺利，并且已经在本机上使用此工具安装过证书，可以看到如图 20-83 所示的提示。

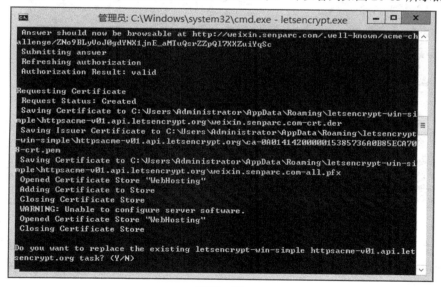

图20-83

提示的内容是否覆盖已经存在的任务（自动更新证书的任务），输入 Y（不要按回车）。

随后还会出现一个提示，询问是否要以某个用户身份来执行任务，输入 Y（不要按回车）。

接下来输入管理员账号、密码，如图 20-84 所示。

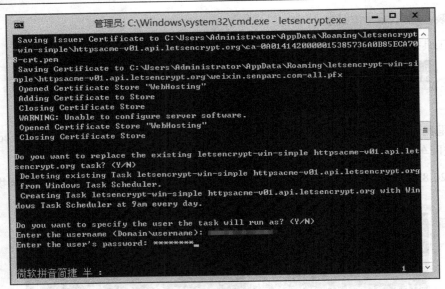

图20-84

按回车，如果信息无误，则会看到证书安装成功的提示，如图20-85所示。

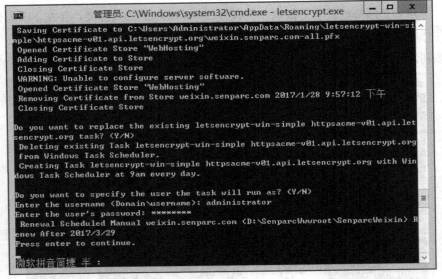

图20-85

从提示中可以看到证书的有效期只有 3 个月，虽然已经添加了更新任务，仍然建议人为关注一下。当然这毕竟只是一个免费的证书，实际生产环境建议使用付费的证书，在各种保障及浏览器认可程度上都会有些许差别。

证书成功安装之后，使用 Chrome 浏览器打开网站，如图20-86所示。

提示：证书安装成功后，默认的证书路径为：

C:\Users\Administrator\AppData\Roaming\letsencrypt-win-simple\httpsacme-v01.api.letsencrypt.org\ 。

图20-86

20.10.4 解决 Unexpected response code: 200 错误

在实际开发过程中,我们发现即使严格按照本章介绍的步骤配置 WebSocket 环境,仍然可能在 WebSocket 握手阶段收到异常信息:failed: Error during WebSocket handshake: Unexpected response code: 200,如图 20-87 所示。

图20-87

我们总结了几个比较可能的原因:

1) 程序配置层面,由于路由设置、通配符设置等原因,导致 WebSocket 的地址无法访问,例如项目中引用了某些外部的 HttpHandler 对请求进行了接管,这一条建议优先进行排除。

2) 服务器层面,服务器上如果安装了"安全狗"等安全软件,可能会导致 ISAPI 映射被修改,此时需要对软件进行设置,或移除 ISAPI 对应的映射设置。修改方式如下。

第一步:打开 IIS,在左侧"网站"菜单中选中当前网站,在右侧双击 ,如图 20-88 所示。

图20-88

如果看到除 ASP.Net 开头以外的项目,需要特别引起注意,可以对这些项目单击鼠标右键,单击【删除】按钮。注意:32 位和 64 位都要清理干净。

第二步:再次在左侧"网站"菜单中选中当前网站,在右侧双击 ,如图 20-89 所示。

图20-89

将第三方软件的映射删除：对项目单击鼠标右键，单击【删除】按钮。

3）IIS 没有启用 WebSocket。解决方案如下：

第一步：打开 IIS，在左侧"网站"菜单中选中当前网站，在右侧双击 配置编辑器。

第二步：将"自"选中全局或当前网站的配置文件。

第三步：将"节"选中 system.webServer/websocket。

第四步：将 enabled 选项设为 True，如图 20-90 所示，重启网站，完成。

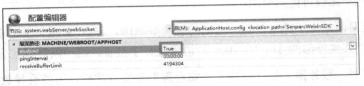

图20-90

习题

20.1 "小程序的管理后台入口和公众号是一样的"，这样的说法正确吗？

20.2 "小程序使用 HTML5 的格式标准编辑页面，在 iOS 和 Android 上的表现也很一致"，这句话里面有哪些错误？

20.3 目前小程序的程序包大小限制为多少？

20.4 小程序使用哪些方法和应用服务器通信？详细说明每个的适用场景。

20.5 小程序的 MessageHandler 和公众号的有什么区别和共同点？

20.6 如何获取小程序的二维码？